Typisierung und Auswahl von Referenzstrategien für den Werkzeugeinkauf

Typing and Selection of Reference Strategies for Tool Sourcing

Von der Fakultät für Maschinenwesen
der Rheinisch-Westfälischen Technischen Hochschule Aachen
zur Erlangung des akademischen Grades eines
Doktors der Ingenieurwissenschaften
genehmigte Dissertation

vorgelegt von

Jens Philipp Helbig

Berichter/in:

Univ.-Prof. Dr.-Ing. Dipl.-Wirt. Ing. Günther Schuh
apl. Prof. Dr.-Ing. Wolfgang Boos

Tag der mündlichen Prüfung: 23. September 2022

Diese Dissertation ist auf den Internetseiten der Universitätsbibliothek online verfügbar.

ERGEBNISSE AUS DER PRODUKTIONSTECHNIK

Jens Helbig

Typisierung und Auswahl von Referenzstrategien für den Werkzeugeinkauf

Herausgeber:
Prof. Dr.-Ing. T. Bergs
Prof. Dr.-Ing. Dipl.-Wirt. Ing. G. Schuh
Prof. Dr.-Ing. C. Brecher
Prof. Dr.-Ing. R. H. Schmitt

Band 38/2022

Fraunhofer
IPT

Bibliografische Information der Deutschen Nationalbibliothek
Die Deutsche Nationalbibliothek verzeichnet diese Publikation in der Deutschen Nationalbibliografie; detaillierte bibliografische Daten sind im Internet über https://portal.dnb.de abrufbar.

Jens Helbig:

Typisierung und Auswahl von Referenzstrategien für den Werkzeugeinkauf

1. Auflage, 2022

Gedruckt auf holz- und säurefreiem Papier, 100% chlorfrei gebleicht.

Apprimus Verlag, Aachen, 2022
Wissenschaftsverlag des Instituts für Industriekommunikation und Fachmedien an der RWTH Aachen
Steinbachstr. 25, 52074 Aachen
Internet: www.apprimus-verlag.de, E-Mail: info@apprimus-verlag.de

Druck: CPI Druckdienstleistungen GmbH, Ferdinand-Jühlke-Straße 7 I 99095 Erfurt

ISBN 978-3-98555-122-4

D 82 (Diss. RWTH Aachen University, 2022)

Vorwort

Die vorliegende Dissertation entstand während meiner Zeit als wissenschaftlicher Mitarbeiter am Lehrstuhl für Produktionssystematik des Werkzeugmaschinenlabors WZL der Rheinisch-Westfälischen Technischen Hochschule Aachen. Mein besonderer Dank gilt meinem Doktorvater Herrn Professor Günther Schuh, Inhaber des Lehrstuhls Produktionssystematik am WZL. Für die Übernahme des Korreferats danke ich Herrn Professor Wolfgang Boos. Ebenso danke ich Herrn Professor Eike Stumpf für den Prüfungsvorsitz sowie Herrn Professor Stefan Pischinger für die Übernahme des Prüfungsbeisitzes.

Das industrienahe, innovative und inspirierende Forschungsumfeld der RWTH Aachen am Campus Melaten hat die optimalen Voraussetzungen für die Erstellung einer praxisnahen Dissertation geboten. Insbesondere die Unternehmensbesuche im Rahmen des Wettbewerbs „Excellence in Production“ sowie das Umfeld der WBA Aachener Werkzeugbau Akademie GmbH haben einen wertvollen Beitrag zur Erstellung meiner Dissertation geleistet. Für die vertrauensvolle Zusammenarbeit und die Erfahrungen, die ich in zahlreichen Industrieprojekten im In- und Ausland sammeln konnte, bedanke ich mich vor allem bei Herrn Professor Boos und Dr. Tobias Hensen. Zudem bedanke ich mich bei all denjenigen Unternehmen, die mich durch Experteninterviews sowie im Rahmen der Validierung der Dissertationsergebnisse unterstützt haben.

Ein ganz besonderer Dank gilt meinen großartigen ehemaligen Kolleginnen und Kollegen aus der Abteilung Unternehmensentwicklung am WZL. Ich danke Dr. Michael Salmen, Dr. Thomas Kuhlmann und Dr. Advan Begovic für das notwendige Vertrauen, das sie mir zu Beginn meiner Tätigkeit am WZL geschenkt haben. Jan Wiese und Dr. Christoph Kelzenberg danke ich für die intensiven inhaltlichen Diskussionen, die von der Ideenfindung bis zur Abgabe meiner Dissertation eine großartige Unterstützung waren. Ein ganz besonderer Dank gilt außerdem Dr. Johan de Lange, Dr. David Goertz, Dr. Felix Stracke, Dr. Thilo Schultes, Dr. Julian Boshof, Dr. Max Busch, Christoph Ebbecke, Tim Graberg und vielen weiteren langjährigen Wegbegleitern und Freunden am WZL für die lebhaften Diskussionen und die vielen großartigen Stunden neben der Arbeit. Ein weiterer Dank gilt außerdem meinem ehemaligen Team studentischer Mitarbeiter und Abschlussarbeiter um u. a. Paul Krüger, Maximilian Ruetz und Maik Schöpping.

Der wichtigste und abschließende Dank gilt meiner Familie. Ich bedanke mich bei meinen Eltern sowie meinen Schwestern Vera und Anna. Eure Vorbildfunktion und das stabile familiäre Umfeld waren eine wichtige Voraussetzung für ein erfolgreiches Studium und die anschließende Promotion. Der größte Dank gilt Johanna sowie unseren gemeinsamen Kindern Paul und Lotta, denen ich diese Dissertation widme. Ihr habt mir zu Hause immer den Rückhalt und die Kraft gegeben, Zeit und Engagement für die Erstellung der Dissertation aufzuwenden. Die vielen arbeitsintensiven Stunden bedeuteten für euch viel Verzicht und Rücksichtnahme, ohne die die Erstellung dieser Arbeit nicht möglich gewesen wäre.

Lippstadt, im November 2022 | Jens Helbig

Kurzzusammenfassung

Eine zentrale Herausforderung produzierender Unternehmen besteht darin, die internationale Wettbewerbsfähigkeit sicherzustellen. Dazu gehört sowohl eine kosteneffiziente und wettbewerbsfähige Leistungserstellung als auch die Sicherstellung von technologischem Vorsprung und Know-how-Schutz. In diesem Kontext hinterfragen produzierende Unternehmen zunehmend, welche Rolle die Werkzeugversorgung in diesem Spannungsfeld spielt und in welchem Umfang Werkzeuge intern hergestellt oder extern zugekauft werden sollten.

In der industriellen Praxis haben sich unterschiedliche Ansätze in Bezug auf den strategischen Werkzeugeinkauf produzierender Unternehmen etabliert. Die Möglichkeiten reichen von einer rein internen Werkzeugherstellung durch den internen Werkzeugbau über Mischformen aus interner und externer Werkzeugherstellung bis hin zum Fremdbezug des gesamten Werkzeugbedarfs über externe Werkzeugbaubetriebe.

Das Ziel dieser Dissertation ist die Identifikation, Typisierung und Auswahl etablierter Referenzstrategien in Bezug auf den Werkzeugeinkauf produzierender Unternehmen. Hierzu wird ein zweiteiliges Zielbild konzeptioniert. Der erste Teil umfasst die Durchführung einer empirischen Studie zur Identifikation und Typisierung etablierter Referenzstrategien. In diesem Rahmen werden der strategische Werkzeugeinkauf verschiedener produzierender Unternehmen in Form von Fallstudien systematisch analysiert sowie Strategietypen abgeleitet und beschrieben. In Teil II des Zielbildes folgt die Entwicklung einer Methodik zur Auswahl und unternehmensindividuellen Anpassung einer geeigneten Referenzstrategie.

Die Forschungsergebnisse werden mithilfe der BSH Hausgeräte GmbH und der Weidmüller Interface GmbH & Co. KG in zwei produzierenden Unternehmen validiert. Im Rahmen der Validierung werden die identifizierten und typisierten Referenzstrategien plausibilisiert. Zudem wird die Methodik zur Auswahl einer geeigneten Referenzstrategie in der betrieblichen Praxis angewendet.

Der wissenschaftliche Beitrag besteht darin, aus der empirischen Untersuchung einzelner Fallstudien theoretische und allgemeingültige Erkenntnisse abzuleiten. Die systematische Beschreibung von Referenzstrategien sowie die Entwicklung einer Methodik zu deren Auswahl und individuellen Anpassung dienen im Umkehrschluss der industriellen Praxis als Orientierungshilfe, um den strategischen Werkzeugeinkauf produzierender Unternehmen optimal auszulegen.

Abstract

Ensuring the international competitiveness is a key challenge for manufacturing companies. This includes both cost-efficient and competitive value creation as well as the development of technological advantages and know-how protection. In this context, manufacturing companies are increasingly questioning their tool supply strategy. Especially regarding the extent of tools which should be manufactured internally or purchased from external tool shops.

In industrial practice, various approaches have been established with regard to the strategic tool sourcing of manufacturing companies. Established strategies range from purely internal toolmaking to a mixed internal and external tool supply to a fully external tool sourcing from external tool shops.

The aim of this dissertation is the identification, typing and selection of established reference strategies with regard to the tool sourcing of manufacturing companies. For this purpose, a two-part target picture is conceptualized. The first part includes an empirical study to identify and type established reference strategies. In this context, the strategic tool sourcing of various manufacturing companies is systematically analyzed by the conduction of different case studies. Based on these case studies strategy types are derived and described. Part II of the target picture covers the development of a methodology for the selection and individual adaptation of a suitable reference strategy.

The research results are validated with the help of the two manufacturing companies BSH Hausgeräte GmbH and Weidmüller Interface GmbH & Co. KG. As part of the validation, the identified and typed reference strategies are checked for plausibility. In addition, the methodology for the selection of a suitable reference strategy is applied in operational practice.

The scientific contribution consists in deriving theoretical and generally valid findings from the empirical investigation of individual case studies. The systematic description of reference strategies as well as the development of a methodology for their selection and individual adaptation guide manufacturing companies to optimally design their strategic tool sourcing.

I Inhaltsübersicht

II Inhaltsverzeichnis

III Abbildungsverzeichnis

IV Abkürzungsverzeichnis

Aufl.	Auflage
Auftr.-Strg.	Auftragssteuerung
bspw.	beispielsweise
bzw.	beziehungsweise
ca.	circa
d. h.	das heißt
DSM	Design Structure Matrix
ehem.	ehemals
EK	Einkauf
Engin.	Engineering
ES	Edelstahl
et al.	et alii
etc.	et cetera
G_{Kennz}	Gewichtung Kennzahl
G_{Strat}	Gewichtung strategische Bedeutung
Hrsg.	Herausgeber
i. A. a.	in Anlehnung an
i. d. R.	in der Regel
Jg.	Jahrgang
JiS	Just-in-Sequence
JiT	Just-in-Time
L_{ex}	Externe Leistungsfähigkeit
L_i	Interne Leistungsfähigkeit
L_{rel}	Relative Leistungsfähigkeit
Max.	Maximum
Min.	Minimum
Mio.	Millionen
MoB	Make or Buy

Mrd.	Milliarden
Nr.	Nummer
o. Ä.	oder Ähnliches
OEM	Original Equipment Manufacturer
P(W)	Punktwert
P_{ex}	Punktwert externer Werkzeugbau
P_i	Punktwert interner Werkzeugbau
P_{max}	Maximaler Punktwert
P_{min}	Minimaler Punktwert
s.	siehe
S.	Seite
SB	Strategiebaustein
SEP	strategische Erfolgsposition
Sonst.	Sonstiges Material
Std.	Stunde
strateg.	strategisch
TKZ	Technologisches Kompetenzzentrum
Tsd.	Tausend
u.	und
u. a.	unter anderem
vgl.	vergleiche
W	Kennzahlenwert
W_{ex}	Kennzahlenwert externer Werkzeugbau
W_i	Kennzahlenwert interner Werkzeugbau
W_{max}	Maximaler Kennzahlenwert
W_{min}	Minimaler Kennzahlenwert
Wz.	Werkzeuge
WZB	Werkzeugbau
WZ-Bedarf	jährlicher Neuwerkzeugbedarf

WZ-Cluster	Werkzeugcluster
WZ-EK	Werkzeugeinkauf
WZ-Versorgung	Werkzeugversorgung
WZL	Werkzeugmaschinenlabor WZL der RWTH Aachen
z. B.	zum Beispiel
zeitl.	zeitlich

1 Einleitung

In diesem ersten Kapitel erfolgt die Einführung in die vorliegende Arbeit. Zunächst wird die Ausgangssituation der Industrie beschrieben. Daran angeschlossen wird die Problemstellung der Praxis formuliert, aus der sich die Forschungsfrage dieser Arbeit ableitet. Es folgt die Darlegung des Forschungsansatzes, mit dem die Forschungsergebnisse erarbeitet worden sind. Das Kapitel schließt mit dem Aufbau der Arbeit.

1.1 Ausgangssituation

Die Industrie ist die wirtschaftliche Basis für Wohlstand und Beschäftigung in Deutschland.[1] Daher ist sie von zentraler Bedeutung und wird auch als das „Rückgrat“ der deutschen Wirtschaft bezeichnet.[2] Laut dem statistischen Bundesamt erwirtschaftete die Industrie im Jahr 2020 mit 22,9 % fast ein Viertel der gesamten Bruttowertschöpfung in Deutschland.[3] Dabei hat die Wirtschaftsleistung der Industrie in den letzten Jahren kontinuierlich zugenommen, sodass ihre Bruttowertschöpfung innerhalb der vergangenen Dekade um insgesamt ca. 34 % gestiegen ist.[4] Lediglich aufgrund der Corona-Pandemie kam es im Jahr 2020 zu leicht rückläufigen Zahlen. Im gesamtwirtschaftlichen Vergleich entwickelte sich die Industrieproduktion jedoch robust und ist weniger stark von der Krise betroffen als andere Wirtschaftssektoren.[5]

Produzierende Unternehmen stehen dennoch vor grundlegenden Herausforderungen, um sich im globalisierten Marktumfeld positionieren und durchsetzen zu können.[6] In den vergangenen Jahrzehnten hat die deutsche Industrie lange von der Internationalisierung profitiert. In der jüngeren Vergangenheit ist der internationale Wettbewerbsdruck jedoch signifikant gestiegen, sodass die globalen Marktanteile der deutschen Industrie aufgrund aufstrebender Schwellenmärkte in Ost- und Südostasien sowie in Mittel- und Osteuropa gesunken sind.[7] Daher besteht die zentrale Aufgabe produzierender Unternehmen darin, die internationale Wettbewerbsfähigkeit sicherzustellen. Dazu gehört auf der einen Seite die Realisierung einer kosteneffizienten und wettbewerbsfähigen Leistungserstellung.[8] Zudem besteht auf der anderen Seite die Notwendigkeit, den technologischen Vorsprung durch eine agile Innovationslandschaft und

---

1 Vgl. Bardt; Lichtblau (Industriepolitische Herausforderungen), 2020, S. 5.

2 Vgl. Kuhlmann (Corporate Tooling), 2017, S. 2; Schultes (Lieferantenvernetzung im Werkzeugbau), 2020, S. 1.

3 Vgl. Statistisches Bundesamt (Stichwort: „Anteile Bruttowertschöpfung in Deutschland“), 2021.

4 Ergebnis einer Auswertung öffentlich verfügbarer Datensätze des statistischen Bundesamtes. Vgl. Statistisches Bundesamt (Stichwort: „Bruttowertschöpfung in Deutschland"), 2021.

5 Vgl. Bundesministerium für Wirtschaft (Wirtschaftliche Entwicklung), 2021.

6 Vgl. de Lange (Prozessmodell Werkzeugbau), 2020, S. 1; Helmold (Innovatives Lieferantenmanagement), 2021, S. 1.

7 Vgl. Bardt; Lichtblau (Industriepolitische Herausforderungen), 2020, S. 14.

8 Vgl. Kuhlmann (Corporate Tooling), 2017, S. 2.

einen aktiven Know-how-Schutz – insbesondere gegenüber aufstrebenden Industrienationen wie China – beizubehalten.[9]

Im Kontext dieser Herausforderungen ist die Konzentration produzierender Unternehmen auf ihre Kernkompetenzen essenziell, da sie die Ressourcen, die Fähigkeiten und das Wissen beschreiben, die einen Wettbewerbsvorteil schaffen.[10] Diese zunehmende Konzentration produzierender Unternehmen auf die Kernkompetenzen führt dazu, dass das Einkaufsvolumen und damit der Wertschöpfungsanteil, der durch externe Wertschöpfungspartner generiert wird, stetig zunimmt. Der Fremdleistungsanteil für Waren und Dienstleistungen erreicht in der Industrie mittlerweile einen durchschnittlichen Wert von über 70 %.[11] Dadurch hat die strategische Bedeutung des Einkaufs deutlich zugenommen, sodass neben der Minimierung von Kosten die geeignete Integration von leistungsstarken Lieferanten in eigene Prozesse neue Schwerpunkte des Einkaufs sind.[12] Aus diesem Grund hat der Einkauf einen erheblichen Einfluss auf die Zielgrößen Kosten, Qualität, Zeit und Innovation.[13] Demzufolge besitzt der Einkauf produzierender Unternehmen eine Schlüsselfunktion, um bestehende Herausforderungen erfolgreich zu adressieren.

Die voranschreitende Globalisierung, die rasante Innovationsgeschwindigkeit, die Covid-19-Krise, die Notwendigkeit zur globalen und digitalen Vernetzung sowie die Transparenz über einen Großteil der wertschöpfenden Tätigkeiten innerhalb global verteilter Lieferketten führt zu der Frage, welchen Einfluss der Einkauf auf wettbewerbsentscheidende Differenzierungsmerkmale in Zukunft haben wird.[14] Einerseits existieren durch die Fremdvergabe von Leistungsumfängen Chancen in Bezug auf Kostenreduzierungen, Zeitersparnisse oder die Identifikation zusätzlicher Innovationspotenziale.[15] Andererseits ist die abnehmende Wertschöpfungstiefe im eigenen Unternehmen mit gewissen Risiken verbunden, da die Abhängigkeit von Lieferanten zunimmt und Faktorkostenvorteile aufgrund steigender Lohnkosten in Schwellenländern, volatiler Währungsparitäten und logistischer Herausforderungen nicht zwingend gewährleistet sind.[16] Des Weiteren besteht die Gefahr des Know-how-Verlusts, sodass entscheidende Differenzierungsmerkmale durch die Fremdvergabe verloren gehen können.[17] Zudem hat die Corona-Pandemie im Jahr 2020 offengelegt, dass internationale Lieferketten sensibel sind und globale Krisen immense Auswirkungen auf die hiesige Industrie haben können.[18]

---

9 Vgl. Bardt; Lichtblau (Industriepolitische Herausforderungen), 2020, S. 61 f.

10 Vgl. Helmold (Innovatives Lieferantenmanagement), 2021, S. 45.

11 Vgl. Bräkling; Oidtmann (Erfolgreich einkaufen), 2019, S. 10; Bräkling & Oidtmann beziehen sich bei ihren Ausführungen auf Daten des statistischen Bundesamtes.

12 Vgl. Hofmann; Staiger (Beschaffungskompetenzen 4.0), 2020, S. 1.

13 Vgl. Bräkling; Oidtmann (Erfolgreich einkaufen), 2019, S. 9 ff.

14 Vgl. Helmold; Terry (Lieferantenmanagement 2030), 2016, S. 5; Helmold (Innovatives Lieferantenmanagement), 2021, S. 1.

15 Vgl. Bräkling; Oidtmann (Erfolgreich einkaufen), 2019, S. 10 ff.

16 Vgl. Helmold; Terry (Lieferantenmanagement 2030), 2016, S. 5.

17 Vgl. Cohen; Eimicke (Management Fundamentals), 2020, S. 103.

18 Vgl. Flach; Steininger (Globalisierung nach Covid-19), 2020, S. 19 ff.

Diese offengelegte Verwundbarkeit globaler Lieferketten hat zu einer zunehmenden Skepsis in Bezug auf die Globalisierung geführt.[19]

Insbesondere der Werkzeugeinkauf stellt produzierende Unternehmen im Kontext der aufgeführten Chancen und Risiken vor steigende Herausforderungen. Der zunehmende Kostendruck bei zeitgleich kürzeren Produktlebenszyklen zwingt produzierende Unternehmen dazu, den Werkzeugeinkauf zu internationalisieren.[20] Aufgrund eines steigenden Werkzeugbedarfs bei produzierenden Unternehmen sowie der mittlerweile hohen Werkzeugbaukompetenz aufstrebender Nationen – allen voran China – ergeben sich große Potenziale in Bezug auf die Internationalisierung der Werkzeugversorgung.[21] Gleichzeitig haben Werkzeuge eine hohe strategische Bedeutung und einen großen Einfluss auf die Wettbewerbsdifferenzierung produzierender Unternehmen. Durch die Schlüsselposition des Werkzeugbaus zwischen Produktentwicklung und Serienproduktion hat dieser großen Einfluss auf das Zielsystem produzierender Unternehmen.[22] Der Einfluss auf Produktinnovationen in Richtung der Produktentwicklung sowie auf Prozessinnovationen in Richtung der Serienproduktion ist hoch. Zusätzlich haben die Wertschöpfungsaktivitäten des Werkzeugbaus unmittelbaren Einfluss auf die Produktionskosten, Time-to-Market sowie die vom Endkunden wahrgenommene Produktqualität.[23] Daraus resultiert, dass die Bedeutung des strategischen Werkzeugeinkaufs signifikant zunimmt. Unter Berücksichtigung der aktuellen Herausforderungen in der Industrie müssen produzierende Unternehmen sich systematisch die Frage stellen, welche Werkzeuge im unternehmensintern hergestellt werden, welche Werkzeuge an externe Lieferanten fremdvergeben werden und wie sich diese Make-or-Buy-Entscheidung auf die strategische Ausrichtung der internen Werkzeugherstellung sowie die externe Werkzeugversorgung auswirkt.

1.2 Problemstellung

Produzierende Unternehmen benötigen Werkzeuge, um die Serienproduktion betreiben zu können.[24] Zur Deckung ihres Werkzeugbedarfs können sie die benötigen Werkzeuge in Abhängigkeit von einer werkzeugbezogenen Make-or-Buy-Entscheidung entweder im internen Werkzeugbau in Eigenfertigung herstellen oder bei externen Werkzeugbaubetrieben auf dem Beschaffungsmarkt fremdbeziehen.[25] Diese werkzeugbezogene Make-or-Buy-Entscheidung sowie die daraus resultierende strategische Ausrichtung des Werkzeugeinkaufs hängt in der Praxis von unterschiedlichen Faktoren ab.[26]

19 Vgl. Felbermayr et al. (Lieferketten nach Corona), 2020 S. 6.

20 Vgl. Boos et al. (Werkzeugeinkauf), 2020, S. 24.

21 I. A. a. Boos et al. (World of Tooling), 2018, S. 5.

22 Vgl. Klocke et al. (Zukunftsstudie Werkzeug- und Formenbau), 2005, S. 14 f.

23 Vgl. Schuh et al. (Operative Exzellenz im Werkzeugbau), 2010, S. 12 f.

24 Vgl. Kuhlmann (Corporate Tooling), 2017, S. 2.

25 Vgl. Eversheim; Klocke (Werkzeugbau mit Zukunft), 1998, S. 3 f.

26 Vgl. Helbig; Ochel (Make-or-Buy-Strategien), 2020, S. 52 f.

Einerseits bestimmen technologische Anforderungen und die Komplexität des Produkt- bzw. Werkzeugspektrums in Abhängigkeit von den Kompetenzen des internen Werkzeugbaus sowie potenzieller Lieferanten über Eigenfertigung und Fremdvergabe des Werkzeugbedarfs.[27] Sofern externe Lieferanten nicht in der Lage sind, die geforderten Qualitätsvorgaben zu erfüllen, ist eine interne Werkzeugherstellung unausweichlich. Auf der anderen Seite beeinflussen strategische Zielgrößen die werkzeugbezogene Make-or-Buy-Entscheidung. Da der Werkzeugbau maßgeblich Produkt- und Prozessinnovationen sowie zu kurzen Markteinführungszeiten befähigt, trägt er zur Wettbewerbsfähigkeit produzierender Unternehmen bei. In diesem Zusammenhang können strategische Gründe wie Know-how-Schutz und die Unabhängigkeit vom Beschaffungsmarkt einerseits für eine interne Werkzeugherstellung sprechen.[28] Andererseits können externe Werkzeugbaubetriebe und das gesamte im Markt zur Verfügung stehende Know-how verwendet werden, um zusätzliche Innovationspotenziale zu identifizieren. Zudem können durch die Fremdvergabe von Werkzeugumfängen kostengünstigere Werkzeuge am externen Markt beschafft werden und damit Investitionen in den internen Werkzeugbau sowie Kapitalanlagen und Fixkosten reduziert werden.[29] Diese Einsparungen beeinflussen das Unternehmensergebnis positiv. Daher existieren gleichermaßen strategische Gründe, die gegen einen internen Werkzeugbau und für die Fremdvergabe von Werkzeugen sprechen. Dies gilt insbesondere für produzierende Unternehmen, bei denen das Werkzeugspektrum nur indirekt zur Differenzierung des Endprodukts beiträgt.

In Abhängigkeit von diesen technologischen und strategischen Kriterien existieren in der Praxis produzierende Unternehmen, die hohe Investitionen in den internen Werkzeugbau tätigen und große Umfänge des Werkzeugbedarfs in Eigenfertigung herstellen. Gleichzeitig verfolgen andere Unternehmen die Strategie, den Großteil des Werkzeugbedarfs an externe Werkzeugbaubetriebe zu vergeben. Wiederum andere Unternehmen stellen aufgrund eines sehr heterogenen Werkzeugbedarfs einen Teil der benötigten Werkzeuge intern her und kaufen zusätzlich Werkzeuge extern ein. Aufgrund der in Kapitel 1.1 dargelegten Herausforderungen stehen aktuell zahlreiche Unternehmen vor der Frage, ob ihre derzeitige Strategie in Bezug auf die Werkzeugversorgung die Richtige ist und welche strategische Ausrichtung in Zukunft entscheidend für die Wettbewerbsfähigkeit des Unternehmens sein wird. In den vergangenen Jahren ist in der Praxis vermehrt zu beobachten, dass produzierende Unternehmen einerseits den Umfang intern hergestellter Werkzeuge aufgrund eines steigenden Kostendrucks bei einer gleichzeitigen Leistungssteigerung des Beschaffungsmarktes reduzieren. Gleichzeitig existieren Unternehmen, die bisher keine Neuwerkzeuge intern hergestellt haben, aber nun einen

[27] Vgl. Helbig; Ochel (Make-or-Buy-Strategien), 2020, S. 52 f.

[28] Vgl. Schuh et al. (Wertschöpfungstiefe im Werkzeugbau), 2012, S. 797; Klein (Werkzeugbau), 2019, S. 58.

[29] I. A. a. Schuh et al. (Geschäftsmodelle im Werkzeugbau), 2012, S. 753.

internen Werkzeugbau aufbauen, um ihre Abhängigkeit vom Markt zu reduzieren und ihre Wettbewerbsfähigkeit zu steigern.[30]

Folglich stellt sich für viele produzierende Unternehmen aufgrund der einerseits hohen strategischen Bedeutung der Werkzeuge für Produktion und Differenzierung sowie dem andererseits steigenden Kostendruck in Kombination mit aufstrebenden Werkzeugbaumärkten die Frage, welche Werkzeuge im internen Werkzeugbau – sofern existent – hergestellt und welche Werkzeuge an externe Werkzeugbaubetriebe fremdvergeben werden sollen. Da die Make-or-Buy-Entscheidung die Identität einer Organisation definiert, wird durch diese Fragestellung und der daraus abzuleitenden Make-or-Buy-Strategie unmittelbar die Größe und die strategische Ausrichtung des internen Werkzeugbaus sowie die Gesamtverantwortung für den Werkzeugeinkauf bestimmt.[31] Weder in der Praxis noch in der wissenschaftlichen Literatur existieren Ansätze, die diese Fragestellung ausreichend adressieren und produzierende Unternehmen zu der Auswahl und Gestaltung einer geeigneten Strategie befähigen. Die werkzeugbezogene Make-or-Buy-Entscheidung sowie die Strategie der gesamten Werkzeugversorgung mit Eigenfertigung und Fremdvergabe werden im Rahmen dieser Arbeit unter dem Begriff des strategischen Werkzeugeinkaufs subsummiert und adressiert.[32]

1.3 Forschungsfrage

Die Forschungsfrage dieser Arbeit wird aus der dargelegten Problemstellung abgeleitet und adressiert die Gestaltung des strategischen Werkzeugeinkaufs. Dabei umfasst der Begriff des strategischen Werkzeugeinkaufs unterschiedliche Themenbereiche. Zunächst wird die werkzeugbezogene Make-or-Buy-Entscheidung adressiert. Dazu werden sowohl strategische Ziele, die ausgehend von der strategischen Ausrichtung und dem Produktspektrum produzierender Unternehmen an die Werkzeugversorgung gestellt werden, sowie die interne und externe Leistungsfähigkeit im Kontext der Werkzeugherstellung berücksichtigt. Ausgehend von der werkzeugbezogenen Make-or-Buy-Entscheidung wird die Gestaltung des strategischen Werkzeugeinkaufs mit den Schwerpunkten strategische Planung, Einkaufsorganisation sowie -prozessen ganzheitlich betrachtet. Demnach kann die übergeordnete Forschungsfrage dieser Arbeit folgendermaßen formuliert werden:

Wie muss der strategische Werkzeugeinkauf produzierender Unternehmen unter Berücksichtigung von Eigen- und Fremdfertigung der Werkzeuge ganzheitlich gestaltet werden?

30 Bspw. hat die Porsche AG die Werkzeugbausparte von Kuka Systems GmbH übernommen sowie die Schuler AG die Aweba Werkzeugbau GmbH und die ElringKlinger AG die Maier Formenbau GmbH akquiriert. Vgl. Klein (Werkzeugbau), 2019, S. 58.

31 I. A. a. Zwicker (Interner Werkzeugbau als Erfolgsfaktor), 2014, S. 101 f.; Cohen; Eimicke (Management Fundamentals), 2020, S. 103.

32 Im heuristischen Bezugsrahmen in Abbildung 3 wird der Zusammenhang zwischen der Werkzeugversorgung und dem strategischen Werkzeugeinkauf grafisch dargestellt.

Die Gestaltung des strategischen Werkzeugeinkaufs ist aufgrund unternehmensspezifischer Anforderungen und Rahmenbedingungen grundsätzlich individuell zu betrachten. Dennoch kann die Kenntnis über dessen, was sich in der Vergangenheit erfolgreich bewährt hat, von großer Hilfe sein, um „das Rad nicht zwei Mal zu erfinden“.[33] Daher werden zur Beantwortung der Forschungsfrage unter Verwendung empirischer Forschungsmethoden etablierte Referenzstrategien in der Praxis identifiziert und typisiert. Zudem wird eine Methodik entwickelt, die produzierende Unternehmen bei der Auswahl und der individuellen Anpassung einer Referenzstrategie unterstützt. Gemäß KUBICEK werden in Kapitel 3.4 Teilforschungsfragen formuliert, die unter Berücksichtigung des Handlungsbedarfs aus Praxis und Theorie detailliert werden.[34]

1.4 Forschungsansatz

Der entwickelte Forschungsansatz basiert auf wissenschaftstheoretischen Grundlagen, die am Lehrstuhl für Produktionssystematik des Werkzeugmaschinenlabors WZL der RWTH Aachen seit vielen Jahren erfolgreich angewendet werden.[35]

Die Entwicklung des Forschungsansatzes beruht auf dem gemeinsamen Verständnis, dass wissenschaftliche Forschung von einer Prozesshaftigkeit gekennzeichnet ist. BINDER & KANTOWSKY verwenden für den Forschungsprozess die treffende Metapher einer Reise, bei der von einem bestimmten Ort ausgehend unbekannte und bisher unentdeckte Orte, Länder und Kontinente erforscht werden. Um einen nachvollziehbaren und überprüfbaren Weg des Erkenntnisgewinns sicherzustellen, sind der Ausgangspunkt der Reise und die Mittel, mit der die Reise bestritten werden, zu beschreiben.[36]

Nachdem der von BINDER & KANTOWSKY genannte Ausgangspunkt in vorigen Teilkapiteln bereits thematisiert wurde, wird nachfolgend die wissenschaftstheoretische Einordnung systematisiert. Daraus wird schließlich das methodische Vorgehen abgeleitet, welches zur Erarbeitung von Forschungsergebnissen und für die Beantwortung der Forschungsfrage verwendet wird.

1.4.1 Wissenschaftstheoretische Einordnung

Das Ziel der vorliegenden Arbeit impliziert einen Erkenntnisgewinn, der über die bisher bekannten und wissenschaftlich dokumentierten Sachverhalte hinausgeht. Ein nachvollziehbarer Erkenntnisgewinn beruht dabei auf einer grundlegenden Erkenntnisperspektive oder einem

[33] Vgl. Frick (Erfolgreiche Geschäftsmodelle im Werkzeugbau), 2005, S. 2.

[34] Vgl. Kubicek (Heuristische Bezugsrahmen), 1977, S. 17 ff.

[35] Vgl. z. B. Frick (Erfolgreiche Geschäftsmodelle im Werkzeugbau), 2005, S. 3 ff.; Kuhlmann (Corporate Tooling), 2017, S. 5 ff.; Schultes (Lieferantenvernetzung im Werkzeugbau), 2020, S. 4 ff.

[36] Vgl. Binder; Kantowsky (Technologiepotentiale), 1996, S. 3.

sogenannten „basic belief system" mit bestimmten Prinzipien.[37] Ein solches „basic belief system" bedarf keiner weiteren Begründung, da es nicht nachgewiesen werden kann und daher als Vorverständnis der Arbeit anzusehen ist.[38]

Die Wissenschaftstheorie gilt als Gesamtheit der Bemühungen zur Beantwortung verschiedener wissenschaftlicher Fragestellungen. Dazu zählt u. a. auch die Frage danach, wie die Richtigkeit wissenschaftlicher Aussagen und Erkenntnisse überprüft werden kann.[39] Daher eignet sich die wissenschaftstheoretische Einordnung dieser Arbeit in das Spektrum der Wissenschaften als grundlegende Erkenntnisperspektive und stellt damit den Ausgangspunkt für alle nachfolgenden Überlegungen dar.

Für die Systematisierung der in verschiedenen wissenschaftlichen Disziplinen erlangten Erkenntnisse sowie der hierzu verwendeten Methoden ist zunächst eine Differenzierung zwischen Formal- und Realwissenschaften hilfreich.[40] Die **Formalwissenschaften**, zu denen die Disziplinen Philosophie, Logik und Mathematik gezählt werden können, sind analytisch und beziehen sich nicht auf tatsächlich existierende Objekte. Daher erfolgt die Prüfung der Erkenntnisse nicht über eine empirische Betrachtung der Wirklichkeit, sondern vielmehr über die Suche nach logischen Widersprüchen.[41]

Die **Realwissenschaften**, zu denen die Natur- und Sozialwissenschaften gezählt werden, bemühen sich um die Beschreibung, Erklärung und Gestaltung sinnlich wahrnehmbarer Wirklichkeitsausschnitte. ULRICH & HILL unterscheiden diese ferner in reine Grundlagenwissenschaften und angewandte Handlungswissenschaften. Bei den reinen Grundlagenwissenschaften steht die Erklärung von Wirklichkeitsausschnitten im Zentrum. Bei angewandten Wissenschaften steht die Analyse menschlicher Handlungsalternativen sowie die Gestaltung sozialer und technischer Systeme im Vordergrund.[42] In Abbildung 1 wird die Wissenschaftssystematik grafisch veranschaulicht.

---

[37] Vgl. Binder; Kantowsky (Technologiepotentiale), 1996, S. 4.

[38] Vgl. Guba; Lincoln (Competing Paradigms), 1994, S. 107.

[39] Vgl. Ulrich; Hill (Wissenschaftstheoretische Grundlagen Teil I), 1976, S. 304 f.

[40] Vgl. Ulrich; Hill (Wissenschaftstheoretische Grundlagen Teil I), 1976, S. 305; Schanz (Wissenschaftstheoretische Grundfragen), 1987, S. 2040.

[41] Vgl. Schanz (Wissenschaftstheoretische Grundfragen), 1987, S. 2040.

[42] Vgl. Ulrich; Hill (Wissenschaftstheoretische Grundlagen Teil I), 1976, S. 305.

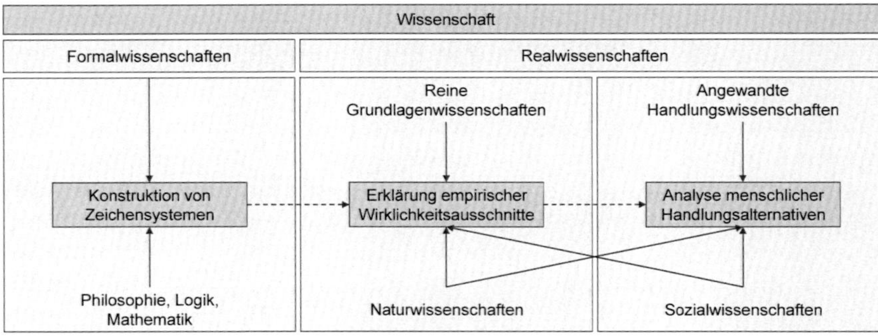

Abbildung 1: Wissenschaftssystematik[43]

Die Fragestellung dieser Arbeit ist aufgrund der praktischen Problemstellung, bei der die Betrachtung produzierender Unternehmen im Vordergrund steht, den Realwissenschaften zuzuordnen.[44] Dabei bewegt sich diese Arbeit an der Schnittstelle zwischen den Betriebs- und Ingenieurwissenschaften, die den angewandten Handlungswissenschaften zugeordnet werden können.[45] Im Fokus steht die Theoriebildung auf Basis von Beobachtungen der Wirklichkeit, in dessen Rahmen empirische Methoden eingesetzt werden.

1.4.2 Methodisches Vorgehen

Das methodische Vorgehen folgt dem einheitlichen Verständnis der Ingenieurwissenschaften. Demnach wird Forschung als kontinuierlicher Lern- und Erkenntnisprozess im praktischen Anwendungszusammenhang verstanden, in dem näher zu untersuchende Probleme durch Erfahrungswissen theoretisch gefasst und präzisiert werden.[46] Ein solcher iterativer Lern- und Erkenntnisprozess wird im Rahmen der angewandten Handlungswissenschaften forschungsmethodologisch auch explorative Forschung genannt oder als explorativer Forschungszyklus bezeichnet.[47] Das charakterisierende Merkmal explorativer Forschung besteht darin, dass ein Forschungsdesign angelegt wird, mit dem auf Basis von Erfahrungswissen und empirischer Untersuchungen allgemeine Aussagen über die Realität konstruiert werden können.[48] Das in Abbildung 2 dargestellte methodische Vorgehen stellt den explorativen Forschungszyklus dar, der sich in den Ingenieurwissenschaften etabliert hat und auf die wissenschaftstheoretischen Arbeiten von KUBICEK und TOMCZAK zurückgeht.

---

43 I. A. a. Ulrich; Hill (Wissenschaftstheoretische Grundlagen Teil I), 1976, S. 305.

44 I. A. a. Schanz (Wissenschaftstheoretische Grundfragen), 1987, S. 2040.

45 I. A. a. Ulrich; Hill (Wissenschaftstheoretische Grundlagen Teil I), 1976, S. 305.

46 Vgl. Kubicek (Heuristische Bezugsrahmen), 1977, S. 14.

47 Vgl. Tomczak (Forschungsmethoden), 1992, S. 84.

48 I. A. a. Kubicek (Heuristische Bezugsrahmen), 1977, S. 14.

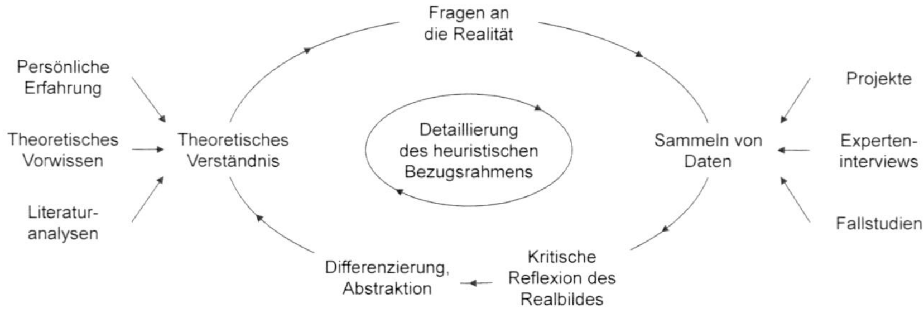

Abbildung 2: Methodisches Vorgehen[49]

Im Zentrum des explorativen Forschungszyklus steht die Detaillierung des **heuristischen Bezugsrahmens**.[50] Ausgangspunkt des heuristischen Bezugsrahmens ist ein theoretisches Problem, zu dessen Identifikation der Forscher eine theoretische Perspektive entwickelt, unter der das Problem gedanklich-sprachlich erfasst werden kann. Der heuristische Bezugsrahmen basiert auf dem Vorverständnis des Forschers, welches aus seinem akademischen Training und seiner beruflichen Sozialisation hervorgeht. Durch die schrittweise Präzision dieser Perspektive erfüllt der heuristische Bezugsrahmen die Zielsetzung, die Erfahrungsgewinnung im Rahmen des Forschungsprozesses vorzubereiten.[51]

Formal wird der heuristische Bezugsrahmen als ein Diagramm aus Kästchen und Pfeilen oder Kanten zwischen diesen Kästchen dargestellt. Die Kästchen repräsentieren relevante Kategorien oder Analyseeinheiten, die die Elemente der Problembeschreibung bilden. Im Zuge der Problemdefinition werden Verbundenheitsannahmen formuliert, die als Pfeile oder Kanten dargestellt werden.[52] Auf Basis der in Kapitel 1.2 formulierten Problemstellung wird für diese Arbeit der in Abbildung 3 dargestellte heuristische Bezugsrahmen entwickelt.

Produzierende Unternehmen stellen den Betrachtungsbereich der vorliegenden Arbeit dar. Gemäß der zuvor beschriebenen Problemstellung benötigen produzierende Unternehmen Werkzeuge, die unter Berücksichtigung von strategischen Zielen entweder in Eigenfertigung oder in Fremdfertigung hergestellt werden können. Dieser Zusammenhang wird durch die vier Elemente Werkzeugbedarf, strategische Ziele sowie Beschaffungsmarkt und interner Werkzeugbau abgebildet. Der strategische Werkzeugeinkauf bildet die Schnittstelle zwischen diesen vier Elementen und den produzierenden Unternehmen. Somit stellt der strategische Werkzeugeinkauf das zentrale Gestaltungselement dieser Arbeit dar. In der Praxis existierende Referenzstrategien verbinden analog zum strategischen Werkzeugbau gleichermaßen die vier Elemente Werkzeugbedarf, strategische Ziele, Beschaffungsmarkt und interner Werkzeugbau.

49 I. A. a. Kubicek (Heuristische Bezugsrahmen), 1977, S. 14; Tomczak (Forschungsmethoden), 1992, S. 84; Zohm (Management von Diskontinuitäten), 2004, S. 9.

50 Vgl. Tomczak (Forschungsmethoden), 1992, S. 84.

51 Vgl. Kubicek (Heuristische Bezugsrahmen), 1977, S. 17.

52 Vgl. Kubicek (Heuristische Bezugsrahmen), 1977, S. 18.

Sie dienen produzierenden Unternehmen als Orientierungshilfe bei der individuellen Gestaltung des strategischen Werkzeugeinkaufs.

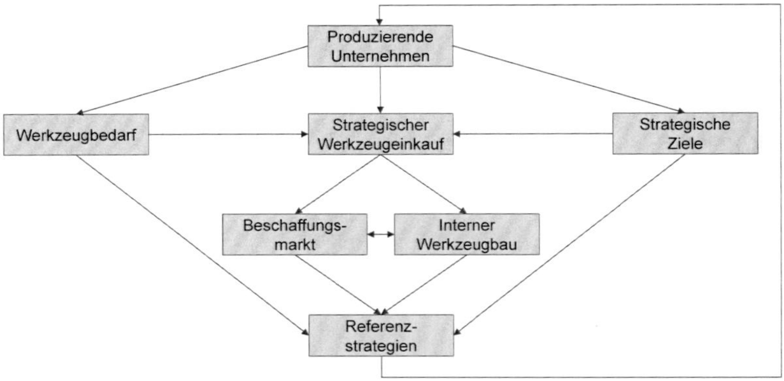

Abbildung 3: Heuristischer Bezugsrahmen[53]

Ein heuristischer Bezugsrahmen beinhaltet das Potenzial für wissenschaftlichen Fortschritt, welcher von der Auswahl des Forschungsdesigns und dem Verhalten des Forschers bei der Datenerhebung und -auswertung abhängt.[54] Zur Sicherstellung eines möglichst großen Potenzials für wissenschaftlichen Fortschritt ist das forscherische Vorgehen wie in Abbildung 2 dargestellt durch eine ständige Interaktion zwischen Fragen an die Realität, der Sammlung von Daten, einer kritischen Reflexion des Realbildes, Differenzierung und Abstraktion sowie der theoretischen Verarbeitung dessen gekennzeichnet.[55] In das theoretische Verständnis fließen neben den Erkenntnissen aus dem Forschungsprozesses auch das persönliche Erfahrungswissen und das theoretisches Vorwissen des Forschers sowie durchgeführte Literaturanalysen ein. Das Sammeln der Daten erfolgt auf Basis durchgeführter Industrie- und Forschungsprojekte, Experteninterviews sowie der daraus abgeleiteten Beschreibung von Fallstudien. Aufgrund des pragmatischen Wissenschaftsziels kommt dem dadurch intensiven Einbezug der Praxis in den Forschungsprozess eine besondere Bedeutung zu.[56]

Der **Einbezug der Praxis** erfolgt insbesondere durch die Verwendung qualitativer Forschungsmethoden. Für die Identifikation und Typisierung von Referenzstrategien, die ein elementarer Bestandteil der Forschungsfrage sind, hat sich die Durchführung von Fallstudien als zielführend herausgestellt. Fallstudien gelten als etablierte Methode in der qualitativen Forschung und können in drei wesentliche Schritte unterteilt werden.[57] Zu Beginn steht die Vor-

[53] Eigene Darstellung, i. A. a. Kubicek (Heuristische Bezugsrahmen), 1977, S. 17.

[54] Vgl. Kubicek (Heuristische Bezugsrahmen), 1977, S. 24.

[55] I. A. a. Tomczak (Forschungsmethoden), 1992, S. 84.

[56] Vgl. Frick (Erfolgreiche Geschäftsmodelle im Werkzeugbau), 2005, S. 10.

[57] Vgl. Sutton (Qualitative Research), 1997, S. 98; Frick (Erfolgreiche Geschäftsmodelle im Werkzeugbau), 2005, S. 11 f.

bereitung bzw. die Planung der Fallstudien, welche die Konzeptionierung des Forschungsdesigns sowie die Auswahl der Fallbeispiele umfasst.[58] Im zweiten Schritt erfolgt die Datenerhebung, für die sich insbesondere die Durchführung von leitfadengestützten Experteninterviews anbietet, deren typisches Einsatzgebiet die Fallstudie ist.[59] Für die Verallgemeinerung der Forschungsergebnisse folgt im Rahmen der abschließenden Auswertung eine Typisierung von Referenzstrategien, um die charakterisierenden Merkmale in Bezug auf den strategischen Werkzeugeinkauf sichtbar machen zu können.[60] Die detaillierte Herleitung und Beschreibung des empirischen Forschungsdesigns erfolgt durch die Thematisierung der Grundlagen sozialwissenschaftlicher Forschung in Kapitel 5.1.

Neben der Verwendung qualitativer Forschungsmethoden ergänzt das **persönliche Erfahrungswissen** des Forschers den Forschungsprozess. Die persönliche und insbesondere praktische Erfahrung sowie das theoretische Vorwissen basieren auf den Tätigkeiten als wissenschaftlicher Mitarbeiter des Lehrstuhls für Produktionssystematik am Werkzeugmaschinenlabor WZL der RWTH Aachen von 2016 bis 2021. Bei zahlreichen Industrie- und Forschungsprojekten sowie Lehr- und Weiterbildungsveranstaltungen im universitären und berufsbildenden Umfeld standen stets produzierende Unternehmen und deren Werkzeugversorgung im Betrachtungsbereich der Arbeit. Bei einzelnen Projekten lag der Fokus insbesondere auf dem strategischen Werkzeugeinkauf.[61] Zudem hatte der Autor zunächst als Projektmitarbeiter und anschließend als Projektleiter des Wettbewerbs „Excellence in Production“ zum „Werkzeugbau des Jahres“ in den Jahren 2017, 2018 und 2019 die Möglichkeit, jährlich 300 Werkzeugbaubetriebe zu analysieren und zu bewerten. Im Rahmen des Wettbewerbs fanden jährlich ca. 15 Vor-Ort-Besuche bei führenden internen sowie externen Werkzeugbaubetrieben statt, bei denen stets ein intensiver Austausch mit Experten aus der Praxis zum Themenbereich der vorliegenden Arbeit stattfand.

1.5 Aufbau der Arbeit

Die vorliegende Arbeit dient der Dokumentation des Forschungsprozesses sowie der Darstellung der erzielten Forschungsergebnisse. Der Aufbau der Arbeit folgt der Phasen angewandter Forschung nach ULRICH.[62] Die einzelnen Phasen der angewandten Forschung nach ULRICH sind in Abbildung 4 dargestellt und werden über die Pfeile mit den Kapiteln der vorliegenden Arbeit in Beziehung gesetzt.

58 Vgl. Yin (Case Study Research), 2018, S. 25 ff.

59 Vgl. Kaiser (Qualitative Experteninterviews), 2014, S. 4.

60 Vgl. Lang; Ruesch Schweizer (Qualitative Inhaltsanalyse und Typenbildung), 2020, S. 16.

61 Exemplarisch kann hier das Konsortialprojekt „Make-or-Buy – Strategien für eine bedarfsgerechte Werkzeugversorgung“ genannt werden. Vgl. Helbig; Ochel (Make-or-Buy-Strategien), 2020, S. 51 ff.

62 Vgl. Ulrich (Management), 1984, S. 192 f.

Abbildung 4: Aufbau der Arbeit in Bezug auf die Phasen angewandter Forschung nach ULRICH[63]

Der Forschungsprozess beginnt mit der Praxis, indem im **ersten Kapitel** zunächst die Ausgangssituation und Problemstellung erläutert werden. Aus dieser praxisrelevanten Problemstellung wird anschließend die zentrale Forschungsfrage abgeleitet, die dieser Arbeit zugrunde liegt. Zudem werden der Forschungsansatz und der Aufbau der Arbeit beschrieben.

Im **zweiten Kapitel** werden ausgewählte Grundlagen der Arbeit thematisiert, die im Zusammenhang mit der Problemstellung und der Forschungsfrage stehen. Dazu werden industriell produzierende Unternehmen als Betrachtungsbereich und der strategische Einkauf im Allgemeinen sowie der strategische Werkzeugeinkauf im Speziellen als Gestaltungsbereich eingeführt. Im Betrachtungs- und Gestaltungsbereich werden insbesondere zentrale Begrifflichkeiten definiert und abgegrenzt sowie bisherige wissenschaftliche Erkenntnisse dargelegt. Das Kapitel schließt mit dem Handlungsbedarf aus der Praxis ab.

Das **dritte Kapitel** dient der Analyse problemrelevanter Forschungsansätze im Kontext der Problemstellung. Hierzu wird zunächst ein Bewertungs- und Anforderungssystem definiert, auf dessen Basis eine fundierte Bewertung relevanter Ansätze ermöglicht wird. Anschließend folgen die Auswahl und Bewertung problemrelevanter Forschungsansätze, woraus der Handlungsbedarf aus der Theorie abgeleitet wird. Aufbauend darauf erfolgt die Detaillierung der eingangs dargelegten Forschungsfrage.

Im **vierten Kapitel** erfolgt die Konzeption des Zielbildes. Hierzu werden zunächst die Grundlagen der System- und Modelltheorie erläutert und ein Ordnungsrahmen für die Konzeption des Zielbildes hergeleitet. Aus dem Ordnungsrahmen sowie den zuvor herausgestellten Handlungsbedarfen wird schließlich ein Zielbild für die Identifikation, Typisierung und Auswahl von Referenzstrategien konzeptioniert, durch deren anschließende Detaillierung produzierenden

[63] Eigene Darstellung, i. A. a. Ulrich (Management), 1984, S. 193.

Unternehmen eine Orientierungshilfe für die Gestaltung des strategischen Werkzeugeinkaufs gegeben wird.

Im **fünften Kapitel** erfolgt mit der empirischen Identifikation und Typisierung von Referenzstrategien der erste Teil der Detaillierung des in Kapitel vier konzeptionierten Zielbildes. Zunächst werden hierzu die Grundlagen der empirischen Sozialforschung detailliert, woraus das Forschungsdesign für die empirische Untersuchung abgeleitet wird. Nach einer detaillierten Beschreibung von Fallbeispielen werden Merkmale und Merkmalsausprägungen hergeleitet und in ein Modell in Form eines morphologischen Kastens integriert. Abschließend werden die untersuchten Fallbeispiele zu Referenzstrategien zusammengefasst und mithilfe des morphologischen Kastens beschrieben.

Im **sechsten Kapitel** wird mit der Methodik zur Auswahl von Referenzstrategien der zweite Teil des in Kapitel vier konzeptionierten Zielbildes detailliert. Das Kapitel beinhaltet zunächst die Darstellung theoretischer Vorüberlegungen, wodurch ein Zusammenhang zwischen den in Kapitel fünf identifizierten Referenzstrategien und der Methodik zur Auswahl ebendieser hergestellt wird. Anschließend wird das Vorgehen zur Anwendung der Methodik, welche in eine Analyse- und eine Gestaltungsphase mit jeweils drei Methodikschritten unterteilt wird, beschrieben.

Das **siebte Kapitel** dient der Validierung der erzielten Forschungsergebnisse im Anwendungszusammenhang, die anhand von zwei Unternehmensbeispielen beschrieben wird. Damit endet der angewandte Forschungsprozess in der Praxis.[64] Das Kapitel schließt mit der kritischen Reflexion der Forschungsergebnisse ab.

Die Arbeit endet mit einer Zusammenfassung und einem Ausblick im **achten Kapitel**. In der Zusammenfassung werden die erarbeiteten Forschungsergebnisse in einem Kurzüberblick beschrieben. In dem Ausblick werden mögliche Anknüpfungspunkte für fortführende Forschungen aufgezeigt.

[64] I. A. a. Ulrich (Management), 1984, S. 192.

2 Grundlagen der Arbeit

Im zweiten Kapitel werden die Grundlagen des Betrachtungs- und Gestaltungsbereichs erläutert. Im ersten Teil des Kapitels erfolgt die Beschreibung industriell produzierender Unternehmen als Betrachtungsbereich der Arbeit. Im zweiten Teil des Kapitels wird mit den allgemeinen Grundlagen des strategischen Einkaufs in den Gestaltungsbereich der Arbeit eingeführt. Der strategische Werkzeugeinkauf wird im zweiten Teil des Kapitels ebenso thematisiert. Das Kapitel schließt mit einer Gegenüberstellung des strategischen Einkaufs im Allgemeinen und dem strategischen Werkzeugeinkauf im Speziellen ab, woraus schließlich die Herleitung des Handlungsbedarfs aus der Praxis erfolgt.

2.1 Industriell produzierende Unternehmen

Im ersten Teil des Kapitels werden die Grundlagen industriell produzierender Unternehmen beschrieben, die den Betrachtungsbereich der vorliegenden Arbeit darstellen. Ziel des Kapitels ist es, den konkreten Zusammenhang zwischen der industriellen Produktion, der industriellen Wertschöpfung und dem Werkzeugbau zu erläutern. Das Kapitel gliedert sich daher in drei zentrale Teile. Zunächst erfolgt die Begriffsdefinition der industriellen Produktion sowie die Beschreibung der Branchenstruktur industriell produzierender Unternehmen. Der anschließende Teil dient der grundlegenden Beschreibung der industriellen Wertschöpfung. Abschließend erfolgt die Beschreibung des Werkzeugbaus, der produzierende Unternehmen mit der Herstellung von Werkzeugen zur industriellen Produktion und somit zur industriellen Wertschöpfung befähigt.

2.1.1 Industrielle Produktion

Im folgenden Kapitel erfolgt die Beschreibung der industriellen Produktion. Hierzu wird zunächst der Begriff der industriellen Produktion definiert. Anschließend wird die Branchenstruktur industriell produzierender Unternehmen charakterisiert.

2.1.1.1 Begriffsdefinition industrielle Produktion

Die Volkswirtschaft kann aus wissenschaftlichen Gesichtspunkten klassischerweise in drei Wirtschaftssektoren – den primären, sekundären und tertiären Sektor – eingeteilt werden.[65] Der primäre Sektor, dem klassischerweise land- und forstwirtschaftliche sowie Fischereiunternehmen zuzuordnen sind, dient der sogenannten Urproduktion. Der sekundäre Sektor beschreibt das produzierende Gewerbe und umfasst Unternehmen, die Produkte weiterverarbeiten.[66] Zum sekundären Sektor zählen Unternehmen aus den Bereichen Energie- und Wasserversorgung, Bergbau, verarbeitendes Gewerbe und Baugewerbe. Der tertiäre Sektor stellt das Dienstleistungsgewerbe dar, in dem Handel und Verkehr, Dienstleistungsunternehmen, Staat

[65] Vgl. Cezanne (Allgemeine Volkswirtschaftslehre), 1999, S. 515.

[66] Vgl. Bardmann (Grundlagen der Allgemeinen Betriebswirtschaftslehre), 2019, S. 792.

und private Haushalte zusammengefasst werden.[67] In jüngerer Vergangenheit wird von einigen Autoren zusätzlich ein vierter Sektor genannt, in den Tätigkeiten aus den Bereichen Informationsdienstleistungen, Beratung und Hochtechnologie fallen.[68]

Der Fokus dieser Arbeit liegt in der Betrachtung des sekundären Sektors, dem die **industrielle Produktion** zugeordnet wird.[69] Der Begriff (industrielle) Produktion leitet sich aus dem lateinischen Begriff „producere" ab und bedeutet wörtlich übersetzt „etwas hervorbringen, erzeugen". Die Produktion beschreibt gemäß KELLNER ET AL. nach heutigem Verständnis analog zur wörtlichen Übersetzung „die Erzeugung von Gütern unter Kombination von Produktionsfaktoren". Die erzeugten Güter werden Produkte genannt.[70] In der Produktionstheorie existieren grundsätzlich einheitliche Begriffsdefinitionen der Produktion, welche immer als Prozess verstanden wird.[71] DYCKHOFF bezeichnet die Produktion als einen durch Menschen veranlassten, systematisch vollzogenen und im Hinblick auf eine angestrebte Nutzenerhöhung („Wertschöpfung") gelenkten Transformationsprozess, welcher nicht der unmittelbaren Befriedigung eigner Bedürfnisse dient.[72] Vielmehr hat die Produktion stets eine wirtschaftliche Motivation eines Unternehmens zur Grundlage.[73] Folglich wird die industrielle Produktion als Wertschöpfungsprozess definiert, den industriell produzierende Unternehmen zur wirtschaftlichen und gewinnbringenden Herstellung von Produkten in Form von Gütern oder Dienstleistungen anwenden.[74]

2.1.1.2 Branchenstruktur industriell produzierender Unternehmen

In Abgrenzung zur industriellen Produktion wird der Begriff „(produzierende) Industrie" gemäß KUHLMANN für diejenige Branche verwendet, der die Unternehmen mit industrieller Produktion, also industriell produzierende Unternehmen, zugeordnet werden können.[75] Die **Industrie** ist mit europaweit rund 30 Millionen Beschäftigten und ca. 250.000 Unternehmen ein bedeutender Bereich der europäischen Wirtschaft.[76] Insbesondere hierzulande hat die Industrie im europäischen Vergleich eine besonders große Bedeutung.[77] In der Bundesrepublik Deutschland arbeiteten im Jahr 2020 ca. 27 % der Erwerbstätigen in diesem Wirtschaftssektor. Der europaweite Durchschnitt lag im Vergleich dazu bei etwa 25 %.[78] In Bezug auf die Bruttowertschöpfung der Bundesrepublik Deutschland war der Anteil der Industrie im Jahr 2020 mit 22,9 % im

[67] Vgl. Cezanne (Allgemeine Volkswirtschaftslehre), 1999, S. 515.

[68] Vgl. Bardmann (Grundlagen der Allgemeinen Betriebswirtschaftslehre), 2019, S. 792.

[69] I. A. a. Eichhorn; Merk (Das Prinzip Wirtschaftlichkeit), 2016, S. 113.

[70] Vgl. Kellner et al. (Produktionswirtschaft), 2018, S. 2.

[71] Vgl. Kuhlmann (Corporate Tooling), 2017, S. 42.

[72] Vgl. Dyckhoff (Konzeption der Produktionstheorie), 2003, S. 3; Dyckhoff (Produktionstheorie), 2006, S. 3.

[73] Vgl. Dyckhoff (Betriebliche Produktion), 1994.

[74] Vgl. Günther; Tempelmeier (Produktion und Logistik), 2016, S. 2.

[75] Vgl. Kuhlmann (Corporate Tooling), 2017, S. 48.

[76] Vgl. Westkämper; Löffler (Strategien der Produktion), 2016, S. 12.

[77] Vgl. Weber et al. (Einführung in die Betriebswirtschaftslehre), 2018, S. 16.

[78] Vgl. Statistisches Bundesamt (Stichwort: "Erwerbstätige in den Wirtschaftssektoren"), 2021.

europäischen Vergleich überdurchschnittlich hoch.[79] Damit lag der Anteil 6,5 Prozentpunkte über dem Durchschnitt der europäischen Union. Das Bundesministerium für Wirtschaft und Energie hat 2019 mit der Vorstellung der „Nationalen Industriestrategie 2030“ sogar bekannt gegeben, einen Anteil von 25 % anzustreben. Zu den umsatzstärksten Industrien zählen die Automobilindustrie, der Maschinenbau, die Lebensmittelindustrie, die chemische Industrie, die Metallerzeugnisse herstellende Industrie sowie die Elektronikindustrie. Die in 2017 in Deutschland erwirtschafteten Umsätze der jeweiligen Industrien sind in Abbildung 5 dargestellt.

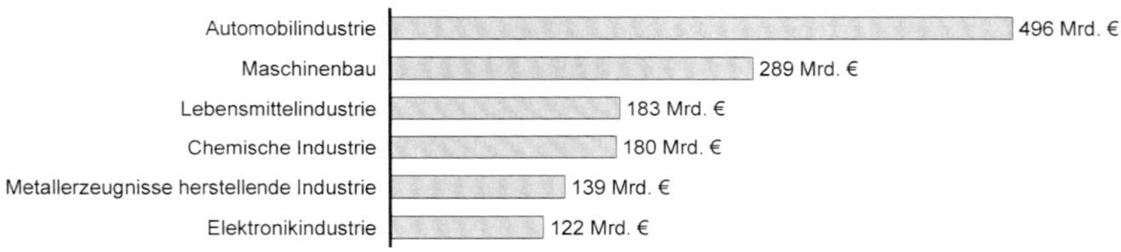

Abbildung 5: Umsatz der sechs umsatzstärksten Industrien[80]

Der Gesamtumsatz der Industrie lag im Jahr 2017 laut statistischem Bundesamt bei ca. 2.193 Mrd. €, wovon die Automobilindustrie mit nur 11,7 % der Beschäftigten (866.365) 22,6 % (496 Mrd. €) des Umsatzes generiert. Der Maschinenbau beschäftigt mit 1,14 Mio. (15,4 %) Beschäftigten die meisten Mitarbeiter der Industrie und erzielt mit 289 Mrd. € etwa 13,2 % des Gesamtumsatzes. Obwohl die Metallerzeugnisse herstellende Industrie zu den sechs Umsatzstärksten zählt, sind dort relativ geringe Beschäftigungszahlen zu verzeichnen. Die Gummi- und Kunststoffwarenindustrie zählt im Gegensatz dazu zu den Mitarbeiterstärksten, obwohl deutlich geringere Umsätze als in der Metallerzeugnisse herstellenden Industrie erzielt werden. Die sechs mitarbeiterstärksten Industrien Deutschlands sind in Abbildung 6 dargestellt.

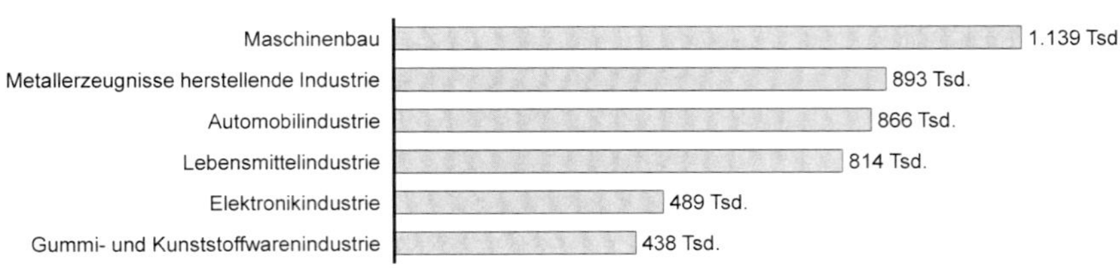

Abbildung 6: Beschäftigungszahlen der sechs mitarbeiterstärksten Industrien[81]

---

79 I. A. a. Statistisches Bundesamt (Zahl der Woche), 2019; Statistisches Bundesamt (Stichwort: „Anteile Bruttowertschöpfung in Deutschland“), 2021.

80 Ergebnis einer Auswertung öffentlich verfügbarer Datensätze des statistischen Bundesamtes. Vgl. Statistisches Bundesamt (Stichwort: "Verarbeitendes Gewerbe"), 2017.

81 Ergebnis einer Auswertung öffentlich verfügbarer Datensätze des statistischen Bundesamtes. Vgl. Statistisches Bundesamt (Stichwort: "Verarbeitendes Gewerbe"), 2017.

2.1.2 Industrielle Wertschöpfung

In Kapitel 2.1.1.1 wurde herausgestellt, dass die industrielle Produktion einen Wertschöpfungsprozess beschreibt. Daher wird nachfolgend der Begriff der industriellen Wertschöpfung definiert. Zudem wird anschließend die Wertekette bzw. Wertschöpfungskette als Prozess der industriellen Wertschöpfung eingeführt. Da ein Wertschöpfungsprozess in der Praxis in der Regel nicht in einem einzelnen Unternehmen, sondern in Kooperation mit Wertschöpfungspartnern erfolgt, werden abschließend die Wertschöpfung in Netzwerken sowie die Kooperation in Wertschöpfungsnetzwerken thematisiert.

2.1.2.1 Begriffsdefinition industrielle Wertschöpfung

Unter **Wertschöpfung** wird allgemein der von einem Unternehmen geschaffene Wert verstanden.[82] In der wissenschaftlichen Literatur sowie auch in der Praxis wurde der Begriff Wertschöpfung sowie dessen englisches Pendant „Value Added“ im Laufe der Zeit vielschichtig definiert und interpretiert.[83]

Im Jahr 1790 definierte COX die Wertschöpfung **im volkswirtschaftlichen Kontext** erstmals als „value of production in the economy minus the cost of bought-in materials and services“.[84] Diese Begriffsdefinition bezeichnet die Wertschöpfung als denjenigen Produktionswert einer Volkswirtschaft abzüglich der dafür aufgebrachten Kosten. Trotz umfassender Diskussionen des Wertschöpfungsbegriffs – insbesondere in den letzten hundert Jahren – wird am Grundkonzept des Wertschöpfungsverständnisses als gesamtwirtschaftlicher Produktionswert bis in die heutige Zeit festgehalten.[85]

Neben der volkswirtschaftlichen Perspektive hat der Wertschöpfungsbegriff zudem eine große Bedeutung für die **Betriebswirtschafts- und Managementlehre**.[86] Aus betriebswirtschaftlicher Sicht ist das Ziel eines Unternehmens, durch den Einsatz von Ressourcen wie z. B. Wissen, Mitarbeitern, Maschinen und Rohstoffen einen Mehrwert zu schaffen und diesen in Form von Produkten oder Dienstleistungen zu verkaufen.[87] In diesem Zusammenhang kann die Wertschöpfung einerseits als Ergebnis der Leistungserstellung und andererseits als Prozess der Leistungserstellung verstanden werden.[88] Die auf MÜLLER-STEWENS & LECHNER zurückzuführende Definition des Wertschöpfungsbegriffs als „Prozess des Schaffens von Mehrwert durch Bearbeitung“ wird insbesondere in der produzierenden Industrie häufig verwendet.[89] Aus diesem Grund wird dieses Begriffsverständnis in der vorliegenden Arbeit übernommen und die

---

[82] Vgl. Thommen et al. (Allgemeine Betriebswirtschaftslehre), 2017, S. 407.

[83] Vgl. Haller (Wertschöpfungsrechnung), 1997, S. 29.

[84] Vgl. Haller (Wertschöpfungsrechnung), 1997, S. 77.

[85] Vgl. Haller (Wertschöpfungsrechnung), 1997, S. 81; i. A. a. Redlich; Moritz (Zukunft der Wertschöpfung), 2018, S. 1.

[86] Vgl. Wunderer; Jaritz (Unternehmerisches Personalcontrolling), 2006, S. 30 ff.

[87] Vgl. Redlich; Moritz (Zukunft der Wertschöpfung), 2018, S. 1.

[88] Vgl. Kuhlmann (Corporate Tooling), 2017, S. 17.

[89] Vgl. Müller-Stewens; Lechner (General Management Navigator), 2005, S. 355; Komorek (Kollaborative Wertschöpfung), 2014, S. 13; Salmen (Digital vernetzter Shopfloor), 2016, S. 15.

industrielle Wertschöpfung als Prozess des Schaffens von Mehrwert definiert. Es folgt daher eine genauere Betrachtung der industriellen Wertschöpfung als Prozess.

2.1.2.2 Industrielle Wertschöpfung als Prozess

In vielen Unternehmen hat sich im Kontext der **industriellen Wertschöpfung** ein Denken und Handeln im Rahmen von sogenannten **Werteketten** (teilweise auch Wertschöpfungsketten genannt) etabliert. Gemäß MÜLLER-STEWENS & LECHNER bezeichnen Werteketten einen theoretischen Ansatz, der eine aneinandergereihte Abfolge von Aktivitäten beschreibt. Der Begriff der Wertekette wurde vor allem von PORTER geprägt, der sie Mitte der 1980er Jahre als „Value Chain" in die Strategiediskussion einführte.[90] Seitdem wird die in Abbildung 7 dargestellte Wertekette im Kontext des Wertschöpfungsprozesses als gültig anerkannt.[91]

Abbildung 7: Wertekette nach PORTER[92]

Laut PORTER lassen sich alle Tätigkeiten eines Unternehmens, durch die ein Produkt entworfen, hergestellt, vertrieben und ausgeliefert wird, in einer Wertekette darstellen. Die Wertekette setzt sich aus Wertaktivitäten zusammen, die sich in zwei allgemeine Typen – primäre und unterstützende Aktivitäten – unterteilen lassen. Die primären Aktivitäten befassen sich mit der physischen Herstellung des Produkts, dessen Verkauf sowie der Kundenübergabe und dem Kundendienst. Primäre Aktivitäten eines jeden Unternehmens können in die fünf Kategorien Eingangslogistik, Operationen, Marketing & Vertrieb, Ausgangslogistik und Services eingeteilt werden. Die unterstützenden Aktivitäten sind für die Aufrechterhaltung der primären Aktivitäten zuständig, indem sie für den Einkauf von Inputfaktoren, die technologische Weiterentwicklung, menschliche Ressourcen und weitere unternehmensweite Funktionen sorgen. Die Art und Weise, mit der Unternehmen Wertaktivitäten ausführen, ist von den zu erzielenden Wettbewerbsvorteilen abhängig. Die Ausführung der Wertaktivitäten entscheidet darüber, ob gegen-

[90] Vgl. Müller-Stewens; Lechner (Strategic Management Navigator), 2016, S. 356 f.

[91] Vgl. Baumöl; Bockshecker (Digitale Wertschöpfung), 2019, S. 149.

[92] Vgl. Porter (Wettbewerbsvorteile), 2014, S. 64.

über Konkurrenten Kosten- bzw. Differenzierungsvorteile zur Befriedigung der Kundenbedürfnisse erreicht werden können. Daher betont PORTER die Notwendigkeit, die Wertekette eines Unternehmens zur Untersuchung der Wettbewerbsvorteile zu analysieren.[93]

Die Wertekette ist keine Ansammlung von unabhängigen Wertaktivitäten, sondern ein System interdependenter Aktivitäten. Daher ist die Betrachtung von Verknüpfungen innerhalb der Wertekette ein elementarer Bestandteil der Wertschöpfung.[94] Die Ausführung der industriellen Wertschöpfung erfolgt in der Regel nicht in einem einzelnen Betrieb. Vielmehr werden stattdessen Lieferanten in den Leistungserstellungsprozess eingebunden. Folglich ist nicht nur eine horizontale Verknüpfung der Wertekette innerhalb eines Unternehmens, sondern insbesondere auch eine vertikale Verknüpfung zwischen der unternehmensinternen sowie der Wertekette von Lieferanten relevant.[95] Nachfolgend werden daher die Grundlagen der Wertschöpfung in Netzwerken thematisiert.

2.1.2.3 Wertschöpfung in Netzwerken

Die Wertschöpfung in Netzwerken beschreibt eine moderne Form der zwischenbetrieblichen Zusammenarbeit zur Herstellung von Gütern und Dienstleistungen. Eigenständige Unternehmen bringen ihre spezifischen Kompetenzen und Ressourcen in derartige Netzwerke ein, um den Zielkonflikt zwischen Spezialisierung und einem breiten Leistungsangebot entgegenzuwirken.[96] Zur Strukturierung der unternehmensübergreifenden Wertschöpfungsaktivitäten unterscheidet KNECHT die Begriffe Wertschöpfungskette, Wertschöpfungspyramide und Wertschöpfungsnetzwerk.[97]

Die **Wertschöpfungskette** beschreibt eine einfache Abfolge von unterschiedlichen Wertschöpfungsaktivitäten in einem Wertschöpfungsprozess. Dabei ist der Output einer Wertschöpfungsaktivität immer alleiniger Input der nachfolgenden Wertschöpfungsaktivität. Bei der **Wertschöpfungspyramide** fließen wie bei der Wertschöpfungskette alle produzierten Materialien in eine Richtung. Der Unterschied beider Auffassungen besteht darin, dass eine Wertschöpfungsaktivität bei der Betrachtung der Wertschöpfungspyramide mehrere Wertschöpfungsaktivitäten bzw. mehrere Lieferanten als Vorgänger besitzt. **Wertschöpfungsnetzwerke** beschreiben darüber hinaus die Verflechtungen von Lieferanten und Abnehmern. In einem Wertschöpfungsnetzwerk überlagern sich verschiedene Wertschöpfungsaktivitäten, sodass Entwicklungsleistungen bspw. parallel zur Produktherstellung weiterverfolgt werden.[98] Diese Form der Überlagerung verschiedener Prozesse ist charakteristisch für reale Aktivitäten der vernetzten Wertschöpfung. Grundsätzlich können die Wertschöpfungskette und die Wertschöpfungspyramide als eine vereinfachte Form der Wertschöpfungsnetzwerke bezeichnet

[93] Vgl. Porter (Wettbewerbsvorteile), 2014, S. 65 ff.
[94] Vgl. Porter (Wettbewerbsvorteile), 2014, S. 78 f.
[95] Vgl. Porter (Wettbewerbsvorteile), 2014, S. 81.
[96] Vgl. Schuh et al. (Einkaufsstrukturen), 2014, S. 52 f.
[97] Vgl. Knecht (Wertschöpfungsnetzwerke), 2003, S. 17.
[98] Vgl. Knecht (Wertschöpfungsnetzwerke), 2003, S. 16 f.

werden.[99] Die unterschiedlichen Formen zur Wertschöpfung in Netzwerken sind in Abbildung 8 dargestellt.

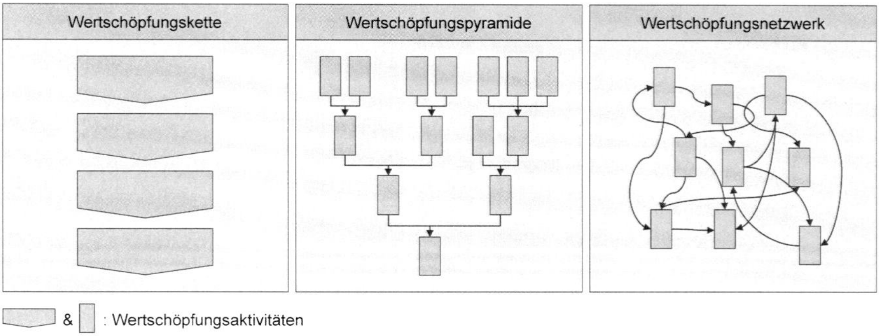

Abbildung 8: Formen der Wertschöpfung in Netzwerken nach KNECHT[100]

2.1.2.4 Kooperationen in Wertschöpfungsnetzwerken

Ausgehend von der in Kapitel 2.1.2.3 beschriebenen Auffassung stellen Wertschöpfungsnetzwerke eine zwischenbetriebliche Zusammenarbeit dar, bei der eigenständige Unternehmen ihre spezifischen Fähigkeiten und Ressourcen einbringen. Die überbetriebliche Zusammenarbeit zweier oder mehrerer Unternehmen innerhalb einer Netzwerkstruktur kann unter dem Begriff **Kooperation** zusammengefasst werden. Die im Netzwerk agierenden Unternehmen werden als Partner bezeichnet.[101] Für die weiteren Ausführungen werden die in Wertschöpfungsnetzwerken agierenden Unternehmen Wertschöpfungspartner oder in Bezug auf unternehmensübergreifende Wertschöpfungsnetzwerke auch Lieferanten genannt.

Die von PORTER beschriebene **vertikale Kooperation zwischen Wertschöpfungspartnern** als Lieferant und einem Unternehmen hat einen großen Einfluss auf die gesamte Wertschöpfungskette.[102] SCHUH spricht Lieferanten bezogen auf die Kundenzufriedenheit des Endkunden eine Schlüsselrolle zu und fasst wichtige Ziele für die Kooperation mit Lieferanten zusammen:[103]

- Sicherstellung der festgelegten Qualität der gelieferten Produkte
- Minimierung der Kosten (Anschaffungskosten, Fehlmengenkosten, Lagerhaltungskosten, Kosten für Wareneingangs- und Qualitätsprüfungskosten etc.)
- Sicherheit in der Versorgung und hohe Liefertreue
- Kurze Fertigungsdurchlaufzeiten beim Lieferanten

---

[99] Vgl. Schuh et al. (Vernetzte Wertschöpfung), 2011, S. 477.

[100] Vgl. Knecht (Wertschöpfungsnetzwerke), 2003, S. 16.

[101] Vgl. Schleyer (Kooperationsmanagement), 2006, S. 84; Schuh et al. (Vernetzte Wertschöpfung), 2011, S. 478.

[102] I. A. a. Porter (Wettbewerbsvorteile), 2014, S. 81 f.

[103] Vgl. Schuh et al. (Lieferantenauswahl), 2014, S. 186 ff.

- Stärkung der eigenen Wettbewerbsfähigkeit durch Ausschöpfung des Innovationspotenzials der Lieferanten
- Bereitschaft für Investitionen und Fähigkeit zur Selbstfinanzierung von Entwicklungsaufgaben
- Flexibilität und hohe Anpassungsfähigkeit an neue Situationen

Die Ziele seitens der Lieferanten haben einen großen Einfluss auf die Kosten und die Qualität der Endprodukte. Zudem werden durch die unternehmensübergreifende Kooperation Lieferzeiten und Innovationsgrad beeinflusst.[104] Für die zielgerichtete zwischenbetriebliche Zusammenarbeit existieren unterschiedliche Formen von Kooperationen. Zur Typisierung von Kooperationsformen unterscheidet SCHUH in Anlehnung an die Typologie von SNOW ET AL.[105] drei generische Netzwerkformen und Kooperationen:[106]

- **Interne Netzwerke** existieren in großen Organisationen wie z. B. Konzernen und Unternehmensgruppen. Am Wertschöpfungsnetzwerk partizipieren rechtlich eigenständige Unternehmensbereiche, die über eine zentrale Unternehmenseinheit miteinander verbunden sind. Die zentrale Unternehmenseinheit übernimmt die strategische Steuerung der unabhängigen Unternehmenseinheiten z. B. in Form einer Konzernzentrale oder einer Holding.
- **Stabile Netzwerke** bezeichnen Strukturen, in denen unabhängige, spezialisierte Unternehmen entlang der Wertschöpfungskette eines großen Unternehmens gemeinsam Produkte oder Dienstleistungen herstellen. Die Kooperation basiert auf der Koordination eines zentralen Unternehmens und zeichnet sich durch eine funktional-orientierte Funktionsstruktur aus. Durch eine partielle Auslagerung von Wertschöpfungsaktivitäten wird die Flexibilität der gesamten Wertschöpfungskette erhöht.
- **Dynamische Netzwerke** beschreiben Wertschöpfungsnetzwerke, die durch einen Pool potenzieller Lieferanten gekennzeichnet sind. Die Zusammenarbeit der Wertschöpfungspartner erfolgt auftragsbezogen und zeitlich begrenzt. Dynamische Netzwerke zeichnen sich durch die Fähigkeit aus, sich an schnell verändernde und kompetitive Unternehmensumwelten anzupassen. Auch bei dieser Kooperationsform existiert ein zentrales Unternehmen, dem neben der strategischen Führung eine Vermittlungsfunktion zwischen den Wertschöpfungspartnern zuzuschreiben ist.

In der Praxis haben sich gemäß SCHUH über die vorgestellte generische Typisierung verschiedene Kooperationsformen in Wertschöpfungsnetzwerken etabliert. Die Kooperationsformen können anhand der Dimensionen Zielsetzung und Kooperationsgrundlage eingeteilt werden. Die unterschiedlichen Kooperationsformen sowie deren Einteilung in die genannten Dimensionen sind in der nachfolgenden Abbildung 9 dargestellt.

[104] Vgl. Schuh et al. (Lieferantenauswahl), 2014, S. 187.

[105] Vgl. Snow et al. (Network Organizations), 1992, S. 11 ff.

[106] Vgl. Schuh et al. (Vernetzte Wertschöpfung), 2011, S. 486 f.

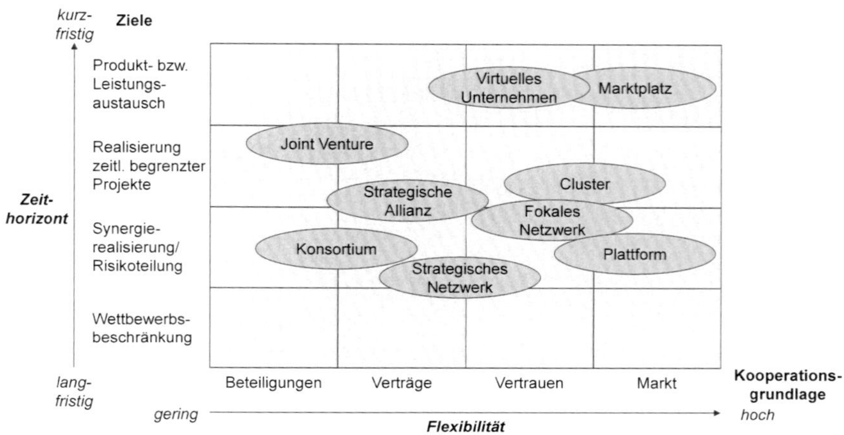

Abbildung 9: Kooperationsformen und Wertschöpfungsnetzwerke[107]

Charakteristisch für **strategische Netzwerke** sind langfristige und stabile Kunde-Lieferanten-Beziehungen mit einem einheitlichen Marktauftritt. Dabei legt ein fokales Netzwerkunternehmen mit Leitungsfunktion – optional unter Beteiligung der Netzwerkpartner – die strategische Zielsetzung fest. Das Ziel strategischer Netzwerke ist die effiziente Abwicklung der operativen Zusammenarbeit. Durch die Spezifizierung der einzelnen Netzwerkpartner kann das strategische Netzwerk ein breites Produkt- und Dienstleistungsangebot bei einer gleichzeitigen Realisierung effizienter Prozessabläufe sicherstellen.[108]

Strategische Allianzen beschreiben langfristige und gleichberechtigte Partnerbeziehungen. Das Ziel der Partnerunternehmen ist es, eigene Schwächen durch die Stärken anderer Partnerunternehmen zu kompensieren.[109] Im Gegensatz zu strategischen Netzwerken findet kein gemeinsamer Marktauftritt statt. Vielmehr sind strategische Allianzen Kooperationen zwischen aktuellen oder potenziellen Konkurrenten eines Geschäftsfelds. Die Flexibilität strategischer Allianzen ist vergleichbar mit der Flexibilität strategischer Netzwerke.[110]

Das **Joint Venture** (auch Gemeinschaftsunternehmen genannt) beschreibt die horizontale und häufig grenzüberschreitende Kooperation von zwei oder mehreren Unternehmen. Die Partnerunternehmen gründen ein gemeinschaftliches Unternehmen, an dem sie paritätische Kapitalbeteiligungen besitzen. Im Vergleich zu strategischen Allianzen erfolgt bei einem Joint

[107] Vgl. Schuh et al. (Vernetzte Wertschöpfung), 2011, S. 488; i. A. a. Bickhoff et al. (Mit Virtuellen Unternehmen zum Erfolg), 2003, S. 28.

[108] Vgl. Schuh et al. (Vernetzte Wertschöpfung), 2011, S. 488.

[109] Vgl. Sydow (Strategische Netzwerke), 1992, S. 63.

[110] Vgl. Schuh et al. (Vernetzte Wertschöpfung), 2011, S. 488 f.

Venture die Institutionalisierung der Kooperation.[111] Ziel eines Joint Ventures ist die Nutzung verbundener Erfolgspotenziale, um gemeinsam Märkte zu erschließen.[112]

Konsortien können vertikale und horizontale Kooperationen von Unternehmen sein. In komplexen Projekten werden Kooperationen für die gemeinsame Erfüllung genau abgegrenzter Aufgaben gebildet, um die Kompetenzen und Kapazitäten der beteiligten Unternehmen auszubauen. Die Verbindung zwischen den Partnerunternehmen ist auf die Dauer des Projekts befristet und wird vertraglich geregelt.[113]

Fokale Netzwerke sind ökonomisch-monetär orientiert. Die Zielsetzung der beteiligten Partner besteht in der Sicherstellung von Effizienz und Flexibilität bei der Erschließung netzwerkinterner oder netzwerkexterner Nutzenpotenziale. Im Zentrum des fokalen Netzwerks steht der Leistungserstellungsprozess. Die beteiligten Akteure agieren als proprietäres, interorganisatorisches Geschäftssystem, das alle Stufen der Wertschöpfungskette umfasst.[114]

Marktplätze eignen sich als Tausch- und Informationsnetzwerke, die durch einen Organisator erschaffen werden. Bei dem Handel von Leistungen bzw. Wirtschaftsgütern steht die Effizienz der wirtschaftlichen Ressourcenallokation im Vordergrund. Die Kooperationslogik umfasst dabei die drei Ebenen Kooperationspotenzial, Marktteilnehmer und Transaktionen der Marktteilnehmer. Die Beziehungen zwischen partizipierenden Unternehmen ist durch Kurzfristigkeit und hohe Flexibilität geprägt.[115]

Plattformen beschreiben lose Kopplungen von Unternehmen, denen dynamische Netzwerke mit offener und geschlossener Systemführerschaft zugeordnet werden können. Die Kooperationsbeziehungen beschränken sich auf die Initiierung und Anbahnung von Projekten. Das Ziel dieser Kooperationsform ist der Aufbau von strategischer Flexibilität der beteiligten Unternehmen. Der Fokus der Wertschöpfung liegt auf der Erkennung von Geschäftschancen durch einen Austausch von Informationen und Wissen.[116]

Bei **virtuellen Unternehmen** handelt es sich um ein Organisations- und Managementkonzept, das durch die Formlosigkeit der Organisation geprägt ist.[117] Eigenständige Unternehmen schließen sich zu einem temporären Bündnis zusammen, um für einen begrenzten Zeitraum als Einheit zu agieren.[118] Das Ziel dieser Kooperationsform ist die Verknüpfung von Kernkompetenzen zur Erhöhung von Flexibilität und Effizienz.[119]

Cluster beschreiben die geographische Konzentration miteinander verbundener Unternehmen, spezialisierter Zulieferer und Dienstleister. Diese Unternehmen können gegenseitig im

[111] Vgl. Sydow (Strategische Netzwerke), 1992, S. 64.
[112] Vgl. Schuh et al. (Vernetzte Wertschöpfung), 2011, S. 489.
[113] Vgl. Schuh et al. (Vernetzte Wertschöpfung), 2011, S. 490.
[114] Vgl. Wegehaupt (Führung von Produktionsnetzwerken), 2004, S. 17.
[115] Vgl. Schuh et al. (Vernetzte Wertschöpfung), 2011, S. 490.
[116] Vgl. Schuh et al. (Vernetzte Wertschöpfung), 2011, S. 491.
[117] Vgl. Schuh et al. (Vernetzte Wertschöpfung), 2011, S. 491.
[118] Vgl. Byrne (The Virtual Cooperation), 1993, S. 36.
[119] Vgl. Schuh et al. (Vernetzte Wertschöpfung), 2011, S. 491.

Wettbewerb zueinanderstehen und gleichzeitig miteinander kooperieren.[120] Zentrales Element eines Clusters ist die Entstehung, der Erwerb, die Weiterentwicklung sowie der Transfer von Wissen. Die informellen Beziehungen zwischen den beteiligten Akteuren sind dabei von entscheidender Bedeutung.[121]

2.1.3 Werkzeugbau

In den Kapiteln 2.1.1 und 2.1.2 wurden die industrielle Produktion als Wertschöpfungsprozess begrifflich eingeführt sowie die Grundlagen der industriellen Wertschöpfung erläutert. Ein wesentlicher Bestandteil der industriellen Produktion und somit der industriellen Wertschöpfung ist die Versorgung produzierender Unternehmen mit Werkzeugen.[122] Daher erfolgen zunächst die Begriffsdefinitionen von Werkzeug und Werkzeugbau sowie die Beschreibung des Leistungsspektrums des Werkzeugbaus. Anschließend wird der Werkzeugbau in den Prozess der industriellen Wertschöpfung eingeordnet.

Die Grundlagen dieses Kapitels sind auf verschiedene Dissertationen des Lehrstuhls für Produktionssystematik am Werkzeugmaschinenlabor WZL der RWTH Aachen zurückzuführen. Aus der jüngeren Vergangenheit können die Dissertationen von KUHLMANN[123], SALMEN[124], BEGOVIC[125], HENSEN[126] und PITSCH[127] exemplarisch genannt werden. Deren Auffassung ist häufig auf das Standardwerk „Werkzeugbau mit Zukunft“[128] von EVERSHEIM & KLOCKE zurückzuführen. Auf diesen und weiteren Arbeiten basieren auch die nachfolgend beschriebenen Grundlagen des Werkzeugbaus.

2.1.3.1 Begriffsdefinition Werkzeug

Die industrielle Produktion erfolgt durch den Einsatz von Werkzeugen.[129] Ein **Werkzeug** kann als ein komplexes Produkt definiert werden, welches für die Produktion von Teilen eingesetzt wird und zahlreiche individuelle Funktionen und Merkmale aufweist.[130] Eine klare Abgrenzung zwischen den Begriffen Werkzeug und sonstigen Betriebsmitteln ist in der Literatur nicht eindeutig auszumachen, sodass diese teilweise gleichgesetzt werden.[131] EVERSHEIM & KLOCKE hingegen definieren das Werkzeug wie in Abbildung 10 dargestellt als eine Unterkategorie der

[120] Vgl. Porter (Local Clusters in a Global Economy), 2000, S. 16.

[121] Vgl. Schuh et al. (Vernetzte Wertschöpfung), 2011, S. 491.

[122] I. A. a. Eversheim; Klocke (Werkzeugbau mit Zukunft), 1998, S. 1.

[123] Vgl. Kuhlmann (Corporate Tooling), 2017.

[124] Vgl. Salmen (Digital vernetzter Shopfloor), 2016.

[125] Vgl. Begovic (Datenbasiertes Wissensmanagement im Werkzeugbau), 2017.

[126] Vgl. Hensen (Strategische Auslegung), 2017.

[127] Vgl. Pitsch (Vernetzung von Werkzeugbaustandorten), 2014.

[128] Vgl. Eversheim; Klocke (Werkzeugbau mit Zukunft), 1998.

[129] Vgl. Salmen (Digital vernetzter Shopfloor), 2016, S. 37.

[130] Vgl. Klocke; Arntz (Technologien für den Werkzeug- und Formenbau), 2004, S. 10-9 ff.

[131] Vgl. Brankamp (Wettbewerbsfaktor Werkzeug- und Betriebsmittelbau), 1991, S. 5.

Betriebsmittel, zu denen neben dem Werkzeug auch Prüfmittel, Vorrichtungen, Sondermaschinen und Modelle zählen.[132]

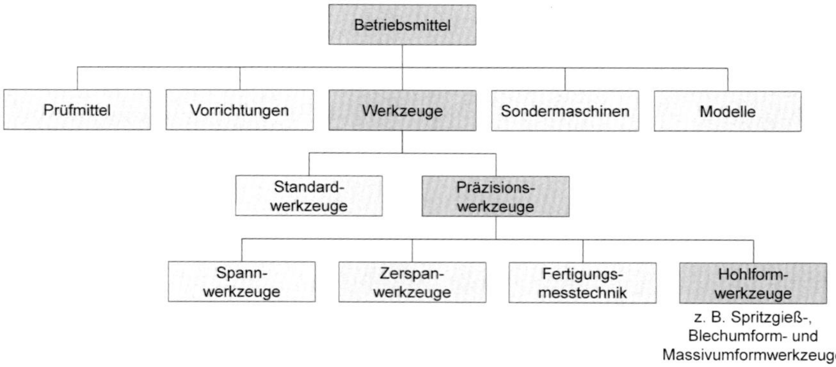

Abbildung 10: Einordnung und Abgrenzung des Werkzeugbegriffs[133]

Werkzeuge können wiederum in Standard- und Präzisionswerkzeuge unterteilt werden.[134] Der Betrachtungsbereich dieser Arbeit beschränkt sich auf Hohlformwerkzeuge als eine Unterkategorie der Präzisionswerkzeuge. Typische Hohlformwerkzeuge sind z. B. Spritzgieß-, Blechumform- und Massivumformwerkzeuge.[135]

2.1.3.2 Begriffsdefinition Werkzeugbau

Der **Werkzeugbau** hat die Aufgabe, Werkzeuge und andere Betriebsmittel wie z. B. Vorrichtungen oder Sondermaschinen für produzierende Unternehmen bereitzustellen.[136] Demnach stellt der Werkzeugbau Betriebsmittel bzw. Werkzeuge her, die eine industrielle Produktion ermöglichen. Der Werkzeugbau wird gemäß FRICK als Oberbegriff definiert, der auch die häufig verwendeten Synonyme Formenbau, Werkzeug- und Formenbau sowie Werkzeug- und Anlagenbau umfasst.[137] Der Werkzeugbau umfasst nach dieser Definition alle Unternehmen oder Abteilungen eines produzierenden Unternehmens, die Werkzeuge herstellen.[138] Diese werkzeugherstellenden Unternehmen und Abteilungen eines produzierenden Unternehmens werden im Folgenden als Werkzeugbaubetriebe bezeichnet.

---

132 Vgl. Eversheim; Klocke (Werkzeugbau mit Zukunft), 1998, S. 24 ff.

133 Vgl. Begovic (Datenbasiertes Wissensmanagement im Werkzeugbau), 2017, S. 61; i. A. a. Eversheim; Klocke (Werkzeugbau mit Zukunft), 1998, S. 24 ff.

134 Vgl. Begovic (Datenbasiertes Wissensmanagement im Werkzeugbau), 2017, S. 61.

135 Vgl. Eversheim; Klocke (Werkzeugbau mit Zukunft), 1998, S. 25 f.; Kozielski (Integratives Kennzahlensystem), 2011, S. 13 f.

136 Vgl. Eversheim; Klocke (Werkzeugbau mit Zukunft), 1998, S. 1.

137 Vgl. Frick (Erfolgreiche Geschäftsmodelle im Werkzeugbau), 2005, S. 21.

138 Vgl. Pitsch (Vernetzung von Werkzeugbaustandorten), 2014, S. 34.

Der Werkzeugbau unterteilt sich hinsichtlich des Marktzugangs in interne und externe Werkzeugbaubetriebe, die sich in ihrer Zielsetzung und ihren Eigenschaften unterscheiden.[139] **Interne Werkzeugbaubetriebe** stellen Abteilungen, Cost Center oder Profit Center innerhalb eines produzierenden Unternehmens dar und versorgen in der Regel die Serienproduktion des Mutterunternehmens mit Werkzeugen. Die Zielsetzung des internen Werkzeugbaus ist die effiziente und zuverlässige Sicherstellung der Werkzeugversorgung für das Mutterunternehmen.[140] Dabei steht insbesondere eine hohe Verfügbarkeit, der Know-how-Schutz sowie in Teilen auch die Innovation der Serienproduktion im Vordergrund. Auf diese Weise wird die Wettbewerbsfähigkeit des gesamten Unternehmens bei einer geringen Abhängigkeit von externen Werkzeuglieferanten sichergestellt.[141] **Externe Werkzeugbaubetriebe** hingegen agieren unternehmensunabhängig und bieten ihre Leistungen am freien Markt an.[142] Das primäre Ziel externer Werkzeugbaubetriebe ist die Gewinnmaximierung und die langfristige Sicherstellung der eigenen Wettbewerbsfähigkeit.[143]

Die Anzahl interner und externer Werkzeugbaubetriebe ist nahezu ausgeglichen. Eine Auswertung einer Datenbank des Werkzeugmaschinenlabors WZL der RWTH Aachen und des Fraunhofer-Instituts für Produktionstechnologie IPT ergibt, dass der deutsche Werkzeugbau sich in 51 % interne und 49 % externe Werkzeugbaubetriebe aufteilt.[144] Folglich gibt es in der produzierenden Industrie auf der einen Seite Unternehmen, die Werkzeuge im internen Werkzeugbau herstellen. Auf der anderen Seite gibt es gleichermaßen produzierende Unternehmen, die Werkzeuge bei externen Werkzeugbaubetrieben einkaufen. Demzufolge hat die werkzeugbezogene Make-or-Buy-Entscheidung unter Berücksichtigung von Werkzeugkosten, Werkzeugqualität, Innovation und Know-how-Schutz in vielen Unternehmen eine große Bedeutung.

2.1.3.3 Leistungsspektrum

Werkzeugbaubetriebe bieten ein umfangreiches Leistungsangebot an. Neben Sachleistungen, die mit der Herstellung von Werkzeugen die Kernleistungen des Werkzeugbaus umfassen, sind industrielle Dienstleistungen ein wesentlicher Bestandteil des angebotenen Leistungsspektrums.[145] Wie in Kapitel 2.1.3.1 beschrieben beinhalten die **Sachleistungen** des Werkzeugbaus im Wesentlichen Hohlformwerkzeuge, denen Blechverarbeitungs-, Massivumform-, Kunststoff-, (Druck-)Gieß und sonstige Werkzeuge zugeordnet werden können.[146] Neben der

[139] Vgl. Eversheim; Klocke (Werkzeugbau mit Zukunft), 1998, S. 3 ff.

[140] Vgl. Kuhlmann (Corporate Tooling), 2017, S. 66.

[141] Vgl. Kuhlmann (Geschäftsprozesse im Werkzeugbau), 2011, S. 27.

[142] Vgl. Hensen (Strategische Auslegung), 2017, S. 33 f.

[143] Vgl. Boos (Modulare Werkzeuge), 2008, S. 28.

[144] Ergebnis einer im Jahr 2019 durchgeführten Auswertung der gemeinsamen Datenbank des Werkzeugmaschinenlabors WZL der RWTH Aachen und des Fraunhofer-Instituts für Produktionstechnologie IPT.

[145] Vgl. Hensen (Strategische Auslegung), 2017, S. 35.

[146] Vgl. Eversheim; Klocke (Werkzeugbau mit Zukunft), 1998, S. 25 f.; Kozielski (Integratives Kennzahlensystem), 2011, S. 13 f.

Herstellung von Neuwerkzeugen übernehmen Werkzeugbaubetriebe häufig auch Wiederhol-, Änderungs- sowie Reparatur- und Wartungsaufträge. Der Unterschied der einzelnen Auftragsarten besteht im Wesentlichen darin, dass bei der Durchführung von Neuaufträgen der Aufwand im Engineering und der Werkzeugkonstruktion höher ausfällt.[147] Die **industriellen Dienstleistungen** des Werkzeugbaus umfassen sowohl der Werkzeugherstellung vor- als auch nachgelagerte Dienstleistungen. Beispiele für die industriellen Dienstleistungen des Werkzeugbaus sind die Übernahme von Bauteilkonstruktion und -entwicklung, die Bauteiloptimierung durch die Werkzeugkonstruktion, die Anlaufbegleitung der Serienproduktion sowie die Produktion von Kleinserien.[148] Daran angelehnt beschreibt KUHLMANN die in Abbildung 11 dargestellte Klassifizierung des Leistungsspektrums des Werkzeugbaus.

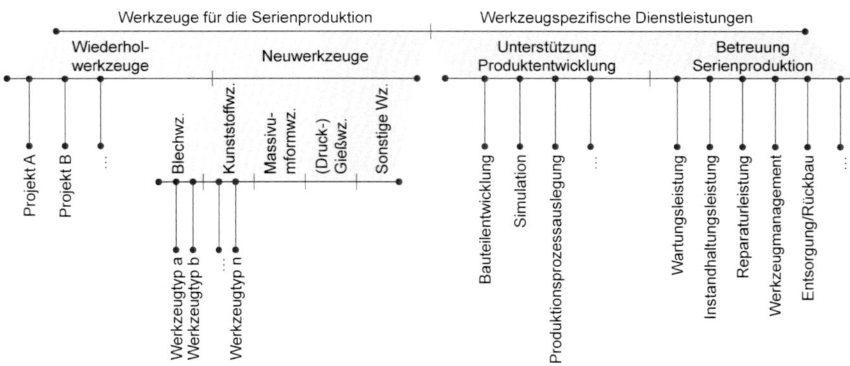

Abbildung 11: Klassifizierung Leistungsspektrum Werkzeugbau nach KUHLMANN[149]

KUHLMANN klassifiziert das Leistungsspektrum des Werkzeugbaus auf oberster Ebene in „Werkzeuge für die Serienproduktion" und „werkzeugspezifische Dienstleistungen". Die Werkzeuge für die Serienproduktion umfassen sowohl Neu- als auch Wiederholwerkzeuge, denen wiederum unterschiedliche Werkzeugprojekte bzw. Werkzeugtypen zugeordnet werden können. Die werkzeugspezifischen Dienstleistungen unterscheidet KUHLMANN in vorgelagerte Dienstleistungen für die Unterstützung der Produktentwicklung und in nachgelagerte Dienstleistungen für die Betreuung der Serienproduktion. Diese Hauptgruppen können wiederum in spezifische Dienstleistungen wie z. B. die Durchführung von Bauteilentwicklungen, Simulationen oder Wartungsleistungen unterschieden werden.[150]

---

[147] Vgl. Eversheim; Klocke (Werkzeugbau mit Zukunft), 1998, S. 24.

[148] Vgl. Kühn (Lebenszyklusorientierte Leistungssysteme im Werkzeugbau), 2016, S. 41.

[149] Vgl. Kuhlmann (Corporate Tooling), 2017, S. 158 f.

[150] Vgl. Kuhlmann (Corporate Tooling), 2017, S. 157 ff.

2.1.3.4 Einordnung in die industrielle Produktion

Der Werkzeugbau ist Bestandteil der Wertschöpfungskette produzierender Unternehmen. Innerhalb der industriellen Produktion bzw. der Wertschöpfungskette produzierender Unternehmen ist der Werkzeugbau zwischen der Produktentwicklung und der Serienproduktion einzuordnen.[151] Die Aktivitäten des Werkzeugbaus gliedern sich in die Phasen Akquise, Konstruktion, Arbeitsvorbereitung, mechanische Fertigung, Montage, Try-Out sowie indirekte Bereiche (vgl. Abbildung 12).[152]

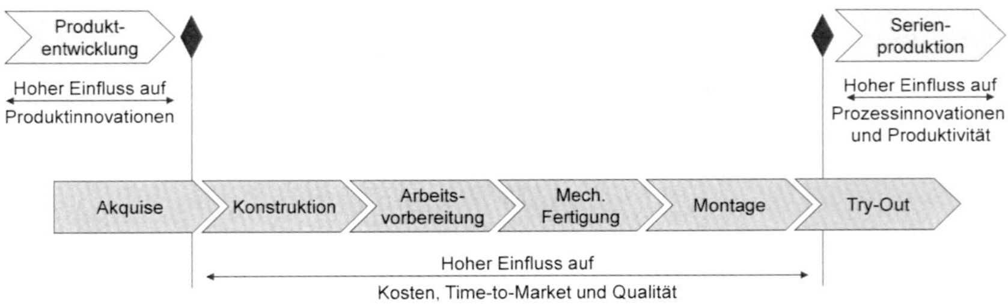

Abbildung 12: Position des Werkzeugbaus in der industriellen Wertschöpfung[153]

Der Werkzeugbau hat eine große Bedeutung für die industrielle Wertschöpfung. Durch seine Schlüsselposition zwischen der Produktentwicklung und Serienproduktion hat der Werkzeugbau großen Einfluss auf das Zielsystem produzierender Unternehmen.[154] Der Werkzeugbau hat durch die angebotenen vorgelagerten Dienstleistungen einerseits einen hohen Einfluss auf Produktinnovationen in Richtung der Produktentwicklung. Andererseits kann der Werkzeugbau durch nachgelagerte Dienstleistungen Prozessinnovationen und die Produktivität der Serienproduktion beeinflussten. Zusätzlich haben die Wertschöpfungsaktivitäten des Werkzeugbaus unmittelbaren Einfluss auf Kosten, Time-to-Market sowie die vom Endkunden wahrgenommene Qualität.[155]

Die Leistungserbringung des Werkzeugbaus und damit die Werkzeugversorgung produzierender Unternehmen kann wie zuvor beschrieben sowohl durch interne als auch externe Werkzeugbaubetriebe erfolgen. Bezogen auf das in Kapitel 2.1.2 beschriebene Wertschöpfungsverständnis kann die Integration des Werkzeugbaus in die Wertekette produzierender Unternehmen gemäß PORTER folglich auf zwei unterschiedliche Arten erfolgen. Auf der einen Seite können interne Werkzeugbaubetriebe als Abteilung, Cost Center oder Profit Center ein Bestandteil der Wertekette produzierender Unternehmen sein. In diesem Fall erfolgt eine horizontale Integration des Werkzeugbaus in die Wertekette des betrachteten Unternehmens. Auf

151 Vgl. Schuh et al. (Fokus Automobilindustrie), 2013, S. 9.

152 Vgl. Schuh et al. (Fokus Automobilindustrie), 2013, S. 9; Salmen (Digital vernetzter Shopfloor), 2016, S. 50.

153 Vgl. Schuh et al. (Operative Exzellenz im Werkzeugbau), 2010, S. 12.

154 Vgl. Klocke et al. (Zukunftsstudie Werkzeug- und Formenbau), 2005, S. 14 f.

155 Vgl. Schuh et al. (Operative Exzellenz im Werkzeugbau), 2010, S. 12 f.

der anderen Seite kann die Integration des Werkzeugbaus eine vertikale Integration darstellen. Sofern das betrachtete Unternehmen sich aus strategischen Gründen dazu entscheidet, die Leistungen des Werkzeugbaus bei einem externen Werkzeugbaubetrieb einzukaufen, erfolgt eine vertikale Verknüpfung der Wertekette des produzierenden Unternehmens und der Wertekette des externen Werkzeugbaubetriebs. In diesem Fall ist der externe Werkzeugbaubetrieb als Werkzeuglieferant und das betrachtete Unternehmen Teil eines gemeinsamen Wertschöpfungsnetzwerkes.

Die Voraussetzung für die Entscheidung darüber, welche Form der Werkzeugversorgung von produzierenden Unternehmen gewählt wird und wie diese strategisch ausgestaltet werden sollte, stellt die werkzeugbezogene Make-or-Buy-Entscheidung als Teil des strategischen Werkzeugeinkaufs dar. Zudem werden unter dem strategischen Werkzeugeinkauf zusätzlich zu strategischen Gestaltungsmöglichkeiten auch Fragestellungen in Bezug auf die Gestaltung von Einkaufsorganisation und -prozessen adressiert. Damit bildet der strategische Werkzeugeinkauf die Schnittstelle zwischen dem produzierenden Unternehmen sowie der Werkzeugversorgung durch einen internen bzw. externe Werkzeugbaubetriebe. Daher wird der strategische Einkauf zunächst im Allgemeinen sowie anschließend der Werkzeugeinkauf im Speziellen als Gestaltungsbereich dieser Arbeit thematisiert.

2.2 Strategischer Einkauf

Die Grundlagen des strategischen Einkaufs dienen der Einführung in den Gestaltungsbereich der vorliegenden Arbeit. Einleitend erfolgt die Definition und Abgrenzung grundlegender Begrifflichkeiten sowie die Beschreibung der historischen Entwicklung des strategischen Einkaufs. Anschließend werden die Ziele und Aufgaben des strategischen Einkaufs thematisiert. Im vierten, fünften und sechsten Teil erfolgt mit der strategischen Beschaffungsplanung, der Einkaufsorganisation sowie den Einkaufsprozessen die Beschreibung von drei wesentlichen Themenbereichen des strategischen Einkaufs im Allgemeinen. Im siebten Teil werden die Grundlagen des strategischen Werkzeugeinkaufs im Speziellen erläutert.

2.2.1 Begriffsdefinitionen

Die Begriffe strategischer Einkauf und Einkaufsstrategie sind eine Komposition der Begriffe Einkauf und Strategie. Sowohl die Definition des Einkaufs- als auch des Strategiebegriffs werden in der wissenschaftlichen Literatur divers diskutiert. Im Folgenden werden zunächst die Begriffe Einkauf und Strategie genauer betrachtet, um daraus ein einheitliches Verständnis für die Begriffe strategischer Einkauf und Einkaufsstrategie abzuleiten.

2.2.1.1 Begriffsdefinition Einkauf

Häufig werden Begriffe wie Versorgung, Beschaffung und Einkauf als gleichbedeutend angesehen, als Synonym verwendet oder nicht einheitlich definiert.[156] Gleichzeitig existieren in der Literatur mit der Logistik, der Materialwirtschaft und dem Supply Management den Einkauf

[156] Vgl. Berning (Beschaffungsmarketing), 1996, S. 2; Schulte (Logistik), 2005, S. 263; Heß (Supply-Strategien in Einkauf und Beschaffung), 2008, S. 21; van Weele; Eßig (Strategische Beschaffung), 2017, S. 18.

umgebende Disziplinen, die nicht immer klar voneinander abgegrenzt werden.[157] Eine Gegenüberstellung der unterschiedlichen Begriffsdefinitionen ist notwendig.

Eine häufig in der Literatur zu findende Definition der **Beschaffung** ist auf ARNOLD zurückzuführen. ARNOLD definiert die Beschaffung als Summe sämtlicher „unternehmens- und/oder marktbezogenen Tätigkeiten, die darauf ausgerichtet sind, einem Unternehmen die benötigten, aber nicht selbst hergestellten Objekte verfügbar zu machen".[158] LARGE greift diese Definition auf und stellt heraus, dass die Beschaffung die Funktion erfüllt, Organisationseinheiten mit benötigten Gütern zu versorgen.[159] Die zu beschaffenden Güter werden auch als Beschaffungsobjekte bezeichnet und umfassen Sachgüter, Rechte, Dienstleistungen, Arbeitskräfte, Informationen und Kapital.[160] VAN WEELE ET AL. definieren den Beschaffungsbegriff auf eine ähnliche Weise.[161]

In der Literatur werden die Begriffe **Einkauf** und Beschaffung traditionell gleichgesetzt.[162] WEIGEL & RÜCKER definieren den Einkauf als Versorgungsfunktion im Unternehmen, die „für die Sicherstellung der Verfügbarkeit von Beschaffungsobjekten wie Erzeugnissen, Anlagen, Betriebsmitteln und Dienstleistungen verantwortlich" ist.[163] Diese Definition erinnert sehr stark an die aufgeführte Definition des Beschaffungsbegriffs.

Bei anderen Autoren ist hingegen eine Unterscheidung beider Begriffe im Umfang der darunter zu fassenden strategischen Tätigkeiten zu finden. Nach Auffassung von VAN WEELE ET AL. umfasst der Einkauf im Gegensatz zur Beschaffung lediglich die operative Bestellabwicklung. Die Beschaffung deckt darüber hinaus die gesamte Bandbreite strategischer Tätigkeiten ab.[164] Eine vergleichbare Abgrenzung beider Begriffe stellt KAUFMANN heraus. Die traditionellen Tätigkeiten des Einkaufs starten laut KAUFMANN mit der Bedarfsermittlung von Beschaffungsobjekten und enden mit der Überwachung des Einkaufsprozesses. Die Beschaffung ist demnach im Gegensatz zum Einkauf breiter aufgestellt und umfasst darüber hinaus strategisch relevante Tätigkeiten.[165]

Die Definition, dass der Einkauf lediglich operative Tätigkeiten abdeckt, ist in der Literatur keineswegs unumstritten. Entgegen der Begriffsdefinition von VAN WEELE ET AL. und KAUFMANN

[157] Vgl. Weigel; Rücker (Praxisguide Strategischer Einkauf), 2015, S. 2.

[158] Vgl. Arnold (Beschaffungsmanagement), 1997, S. 3.

[159] Vgl. Large (Strategisches Beschaffungsmanagement), 2012, S. 2.

[160] Vgl. Arnold (Beschaffungsmanagement), 1997, S. 3.

[161] Vgl. van Weele; Eßig (Strategische Beschaffung), 2017, S. 20.

[162] Vgl. Bichler (Beschaffungs- und Lagerwirtschaft), 2010, S. 29; van Weele; Eßig (Strategische Beschaffung), 2017, S. 20.

[163] Vgl. Weigel; Rücker (Praxisguide Strategischer Einkauf), 2015, S. 2.

[164] Vgl. van Weele; Eßig (Strategische Beschaffung), 2017, S. 18 f.

[165] Vgl. Kaufmann (Purchasing and Supply Management), 2002, S. 9.

fassen unterschiedliche andere Autoren unter dem Einkauf sowohl operative als auch strategische Tätigkeiten zusammen.[166] Folglich ist eine klare Abgrenzung der Begriffe Einkauf und Beschaffung in der Literatur nicht eindeutig auszumachen.

Die Abgrenzung der Begriffe Einkauf und Beschaffung zur Logistik, zur Materialwirtschaft und zum Supply Management kann hingegen klarer formuliert werden. Es besteht weitestgehend Einigkeit darüber, dass der Einkauf bzw. die Beschaffung die Schnittstelle zwischen Unternehmen und Lieferanten beschreibt. Die **Materialwirtschaft** umfasst darüber hinaus zusätzlich die wirtschaftliche Bereitstellung von Materialien innerhalb des Unternehmens. Dazu zählen weitere Aufgabenbereiche wie z. B. Lagerhaltung und Transport. Somit stellt die Materialwirtschaft einen Teilbereich der gesamten logistischen Versorgungskette dar.[167] Die **Logistik** hat darüber hinaus die Aufgabe, den gesamten Material- und Informationsfluss zu gestalten und schließt sowohl den internen Material- und Informationsfluss als auch den Material- und Informationsfluss zu Lieferanten und Abnehmern ein.[168] Das **Supply Management** umfasst zusätzlich dazu alle weiteren Prozesse des gesamten Versorgungssystems eines Unternehmens. Nach Auffassung von ARNOLD ist das Supply Management die Zusammenfassung von Beschaffung, Materialwirtschaft und Logistik,[169] wohingegen im angelsächsischen Raum das Supply Management teilweise mit dem Einkauf bzw. der Beschaffung gleichgesetzt wird.[170]

Aufbauend auf den gängigen Begriffsdefinitionen wird in der vorliegenden Arbeit der Einkauf als Schnittstelle zwischen einem Unternehmen und dessen Lieferanten gesehen, um die Güterversorgung sicherzustellen. Der Einkauf wird entsprechend der Definitionen von ARNOLD und SCHULTE von den Begriffen Materialwirtschaft, Logistik und Supply Management abgegrenzt. Die Begriffe Einkauf und Beschaffung werden für die vorliegende Arbeit gleichgesetzt und synonym verwendet. Es wird definiert, dass der Einkauf sowohl strategische als auch operative Tätigkeiten umfasst. Für eine klare Abgrenzung strategischer und operativer Einkaufsaktivitäten erfolgt in Kapitel 2.2.3.3 eine detaillierte Beschreibung der Aufgaben des strategischen Einkaufs.

2.2.1.2 Begriffsdefinition Strategie und Referenzstrategie

Der **Strategiebegriff** leitet sich ursprünglich aus dem altgriechischen Wort „strategos“ ab und bedeutet „Heerführer“.[171] Seit der Einführung des „strategos“ als Wahlamt vor 2.500 Jahren erfährt der Strategiebegriff zahlreiche Neubestimmungen.[172] Bevor der Strategiebegriff Einzug

166 Vgl. Wildemann (Electronic Sourcing), 2009, S. 48 f.; Schuh et al. (Einkaufsstrukturen), 2014, S. 37 f.; Weigel; Rücker (Praxisguide Strategischer Einkauf), 2015, S. 3 f.

167 Vgl. Schulte (Logistik), 2005, S. 2.

168 Vgl. Arnold (Beschaffungsmanagement), 1997, S. 6.

169 Vgl. Arnold (Beschaffungsmanagement), 1997, S. 8.

170 Vgl. Kaufmann (Purchasing and Supply Management), 2002, S. 12; van Weele; Eßig (Strategische Beschaffung), 2017, S. 20.

171 Vgl. Hungenberg (Strategisches Management in Unternehmen), 2014, S. 5.

172 Vgl. Kuss et al. (Strategieaufruf), 2013, S. 193.

in die Wirtschaftswissenschaften fand, wurde er zunächst durch die Verwendung im militärischen Kontext geprägt.[173] Im Jahr 1832 beschreibt VON CLAUSEWITZ die Strategie als „die Lehre vom Gebrauch der Gefechte zum Zweck des Krieges".[174] Die Strategie ist laut VON CLAUSEWITZ der „Kriegsplan", aus dem sich die Handlungen ableiten lassen, um die gesetzten Ziele der Kriegsführung zu erreichen.[175]

Mitte des 20. Jahrhunderts erhält der Strategiebegriff durch die Begründung der Spieltheorie Einzug in die Wirtschaftswissenschaften.[176] NEUMANN & MORGENSTERN definieren die Strategie als „vollständigen Plan", welche Spielzüge ein Spieler zu wählen hat.[177] Die Wahl der Strategie wird durch verfügbare Informationen, festgelegte Spielregeln und insbesondere das Verhalten anderer Spieler beeinflusst.[178]

In den 1960er Jahren führen CHANDLER, ANSOFF als Vertreter des "Harvard-Approach" den Strategiebegriff im anglo-amerikanischen Raum in die Managementlehre ein. Seitdem haben sich bis heute zwei grundlegende Strategieverständnisse durchgesetzt. Zum einen existiert ein „klassisches Strategieverständnis", dem stellvertretend die Strategiedefintion von CHANDLER zugeordnet werden kann. Zum anderen existiert eine „Gegenposition", die in der Strategiedefinition von MINTZBERG begründet liegt.[179]

Stellvertretend für das **klassische Strategieverständnis** definiert CHANDLER die Strategie als „determination of the basic long-term goals and objectives of an enterprise, and the adoption of courses of action and the allocation of resources necessary for carrying out these goals".[180] Für die Vertreter des klassischen Strategieverständnisses ist die Strategie ein geplantes Bündel von Maßnahmen, mit dem die langfristigen Unternehmensziele erreicht werden sollen. Die Strategie ist folglich planbar und langfristig ausgerichtet.

Stellvertretend für die **Gegenposition** des klassischen Strategieverständnisses kritisiert MINTZBERG, dass die Definition der „Strategie als ein Plan" der Verwendung der Strategie in der Praxis häufig widerspricht. Vielmehr muss der Strategiebegriff seiner Auffassung nach breiter gefasst werden, indem sie nicht nur ein Plan, sondern auch „ein Muster" ist, an dem sich das Handeln eines Unternehmens beständig orientiert.[181] Demnach entspricht die geplante Strategie nicht zwangsläufig der realisierten Strategie. Aufgrund von unvorhersehbaren Einflüssen kann eine geplante Strategie verworfen oder eine ungeplante Strategie realisiert

[173] Vgl. Hungenberg (Strategisches Management in Unternehmen), 2014, S. 5.

[174] Vgl. von Clausewitz (Vom Kriege), 2004, S. 65.

[175] Vgl. von Clausewitz (Vom Kriege), 2004, S. 113.

[176] Vgl. Welge et al. (Strategisches Management), 2017, S. 17.

[177] Vgl. Neumann; Morgenstern (Spieltheorie und wirtschaftliches Verhalten), 1961, S. 79.

[178] Vgl. Morgenstern (Spieltheorie), 1968, S. 149.

[179] Vgl. Welge et al. (Strategisches Management), 2017, S. 18.

[180] Vgl. Chandler (Strategy and Structure), 1962, S. 13.

[181] Vgl. Mintzberg; McHugh (Strategy Formation), 1985, S. 161 f.

werden.[182] Neben der „Strategie als Plan“ und der „Strategie als Muster“ umfasst das vollständige Strategieverständnis von MINTZBERG zudem die „Strategie als Position“, die „Strategie als Perspektive“ und die „Strategie als List“, die gemeinsam die „fünf Grundpfeiler der Strategie“ bilden.[183]

Aufbauend auf den beschriebenen Definitionen wird der Strategiebegriff in der vorliegenden Arbeit als Verhaltensmuster verstanden, an dem sich das Handeln eines Unternehmens ausrichtet, um die langfristigen Unternehmensziele zu erreichen. Obwohl die Strategie langfristig ausgerichtet ist, werden durch die Auslegung als Verhaltensmuster durchaus auch kurzfristige Entscheidungen und Handlungen beeinflusst. Dabei ist eine Strategie grundsätzlich unternehmensindividuell zu entwickeln.[184] Dennoch können signifikant unterschiedliche Strategietypen beschrieben werden, die produzierenden Unternehmen zum Erkennen einer geeigneten strategischen Grundausrichtung dienen. Diese strategischen Grundausrichtungen werden gemäß SCHUH im Folgenden als **Referenzstrategien** bezeichnet, die produzierenden Unternehmen als Orientierungshilfe dienen, jedoch nicht die unternehmensspezifisch notwendige Verifizierung und Ausgestaltung der individuellen Strategie ersetzen.[185]

2.2.1.3 Begriffsdefinition strategischer Einkauf

Ähnlich wie für den Einkaufsbegriff existieren auch für den strategischen Einkauf unterschiedliche Begriffsbezeichnungen. Eine Abgrenzung der Begriffe Beschaffungsmanagement, strategisches Beschaffungsmanagement, Einkaufsmanagement, strategische Beschaffung und strategischer Einkauf ist nicht eindeutig.

Nach Auffassung von LARGE kann die Gesamtheit aller Tätigkeiten zur Erfüllung der Unternehmensfunktion der Beschaffung bzw. des Einkaufs als **Beschaffungsmanagement** zusammengefasst werden.[186] Unter den Begriff **strategisches Beschaffungsmanagement** fallen demnach nur noch die Teilmenge der Tätigkeiten, die einen strategischen Bezug aufweisen. Im Wesentlichen lassen sich dem strategischen Beschaffungsmanagement laut LARGE einige wichtige Merkmale zuordnen. Zu den Merkmalen des strategischen Beschaffungsmanagements zählen eine langfristige Ausrichtung, die Realisierung von Erfolgspotenzialen in Bezug auf den Beschaffungsprozess, die Erreichung langfristiger Ziele sowie die konkrete Ausrichtung der Beschaffung auf den Erfolg des gesamten Unternehmens, um Wettbewerbsvorteile erreichen zu können.[187]

SCHUH & HOPPE definieren das Einkaufsmanagement auf eine ähnliche Art und Weise. Nach Auffassung von SCHUH & HOPPE umfasst das **Einkaufsmanagement** die strukturelle Gestaltung und langfristige Zusammenarbeit zwischen Lieferanten und dem eigenen Unternehmen.

---

[182] Vgl. Mintzberg (Strategische Planung), 1994, S. 29 f.

[183] Vgl. Mintzberg et al. (Strategy Safari), 1999, 22 ff.

[184] Vgl. Frick (Erfolgreiche Geschäftsmodelle im Werkzeugbau), 2005, S. 2.

[185] Vgl. Schuh (Referenzstrategien), 2002, S. 27.

[186] Vgl. Large (Strategisches Beschaffungsmanagement), 2012, S. 21.

[187] Vgl. Large (Strategisches Beschaffungsmanagement), 2012, S. 29 ff.

Das Einkaufsmanagement ist bezogen auf die Bedeutung und Fristigkeit mit strategischen Aufgaben betreut.[188]

VAN WEELE ET AL. definieren den Begriff **strategische Beschaffung** gleichermaßen. Die strategische Beschaffung umfasst den Teilbereich der Beschaffung, dem ein strategischer Charakter zugeschrieben werden kann. Dazu gehören in erster Linie die Bedarfsspezifikation, die Lieferantenauswahl sowie der Vertragsabschluss. Angeschlossen an diese Tätigkeiten folgen die operativen Aufgaben der Beschaffung.[189]

WEIGEL schreibt dem **strategischen Einkauf** diejenigen Tätigkeiten zu, die dem Bestellvorgang vorgelagert sind. Der strategische Einkauf übernimmt die Tätigkeiten, die über das operative Tagesgeschäft hinausgehen und schafft somit die Rahmenbedingungen für den operativen Einkauf. Dazu zählen die Festlegung der strategischen Grundrichtung von Einkaufsaktivitäten, die Identifikation potenzieller Beschaffungsmärkte, die Verhandlung von Rahmenverträgen mit Lieferanten sowie beschaffungsbezogene Prozessoptimierungen.[190]

CARR & SMELTZER definieren den strategischen Einkauf als denjenigen Prozess, der zur Planung, Implementierung, Evaluierung und zum Controlling von strategischen und operativen Einkaufsentscheidungen zuständig ist. Der strategische Einkauf beschreibt die Funktion, die alle Einkaufsaktivitäten koordiniert, um die langfristigen Unternehmensziele zu erreichen.[191]

Bei der Betrachtung der aufgezeigten Begriffsdefinitionen fällt auf, dass alle genannten Definitionen Einkaufs- bzw. Beschaffungsaktivitäten fokussieren, die einen strategischen Bezug aufweisen. In der wissenschaftlichen Literatur lassen sich die Begriffe strategisches Beschaffungsmanagement, Einkaufsmanagement, strategische Beschaffung und strategischer Einkauf demnach nicht klar voneinander abgrenzen. In der vorliegenden Arbeit werden die beschriebenen Begriffe unter dem strategischen Einkauf zusammengefasst und mit ihm gleichgesetzt. Zu dem strategischen Einkauf zählen aufbauend auf den beschriebenen Definitionen diejenigen Einkaufsaktivitäten, die einen strategischen Bezug aufweisen. Beispiele für strategische Einkaufsaktivitäten sind in erster Linie langfristig ausgelegte Aktivitäten wie z. B. Make-or-Buy-Überlegungen, Beschaffungsmarktforschung, die strategische Beschaffungsplanung, die Lieferantenauswahl, Vertragsverhandlungen und -abschlüsse sowie die Steuerung der Lieferantenbasis.[192] Eine genauere Betrachtung der Aufgaben des strategischen Einkaufs folgt in Kapitel 2.2.3.3.

---

188 Vgl. Schuh; Hoppe (Einleitung und Abgrenzung Einkaufsmanagement), 2014, S. 7.

189 Vgl. van Weele; Eßig (Strategische Beschaffung), 2017, S. 22 f.

190 Vgl. Weigel; Rücker (Praxisguide Strategischer Einkauf), 2015, S. 3 f.

191 Vgl. Carr; Smeltzer (Definition of strategic Purchasing), 1997, S. 201.

192 Vgl. Wildemann (Electronic Sourcing), 2009, S. 49; Schuh et al. (Einkaufsstrukturen), 2014, S. 37.

2.2.1.4 Begriffsdefinition Einkaufsstrategie

Die **Einkaufsstrategie** hat auf den ersten Blick große Ähnlichkeit mit dem Begriff des strategischen Einkaufs.[193] Genauer betrachtet unterscheiden sich die beiden Begriffe hingegen voneinander, sodass eine Differenzierung notwendig ist. Die Einkaufsstrategie stellt im Gegensatz zum strategischen Einkauf eine Funktionalstrategie dar.[194] Demnach ist sie – neben anderen Funktionalstrategien wie bspw. der Produktions- oder Marketingstrategie – die Strategie für den Unternehmensbereich Einkauf und gibt die Art und Weise für die Durchführung von Einkaufsaktivitäten vor.[195] Während der strategische Einkauf die Summe der strategischen Einkaufsaktivitäten umfasst, gibt die Einkaufsstrategie den Rahmen für die Durchführung der Einkaufsaktivitäten vor und verbindet die Aspekte des strategischen Einkaufs „zu einem Ganzen".[196]

Die Einkaufsstrategie dient analog zum definierten Strategiebegriff der Realisierung langfristig ausgelegter Einkaufsziele.[197] Die Einkaufsstrategie wird aus der übergeordneten Unternehmensstrategie abgeleitet und ist das Ergebnis eines Managementprozesses.[198] Die Unternehmensstrategie bestimmt damit, welche langfristigen Ziele die Einkaufsstrategie verfolgt. Im Falle einer angestrebten Kostenführerschaft werden bspw. vorrangig Kostentreiber isoliert. Bei einer Differenzierungsstrategie gilt es, besondere Alleinstellungsmerkmale zu identifizieren und zu gestalten.[199] Die Einkaufsstrategie hat damit großen Einfluss auf die Schaffung und Sicherung von Wettbewerbsvorteilen. Auf diese Weise kann die Einkaufsstrategie sowohl zur Grundwettbewerbsfähigkeit eines Unternehmens beitragen als auch die Entwicklung zusätzlicher Erfolgspotenziale wie z. B. die Innovationsfähigkeit eines Unternehmens bekräftigen.[200] Der Begriff der **Referenzstrategie** wird in Analogie zur Definition des allgemeinen Strategiebegriffs aus Kapitel 2.2.1.2 auch als eine strategische Grundausrichtung einer Einkaufsstrategie verwendet.

2.2.2 Entwicklung des strategischen Einkaufs

In dem folgenden Unterkapitel wird die Entwicklung des strategischen Einkaufs in Wissenschaft und Praxis erläutert, wodurch die Aktualität der Forschungsfrage, die dieser Arbeit zugrunde liegt, im Kontext der internationalen wissenschaftlichen Literatur herausgestellt wird.

Die historische Entwicklung des strategischen Einkaufs zeigt, dass die strategische Bedeutung des Einkaufs in den vergangenen 70 Jahren deutlich zugenommen hat. Zu Beginn der Entwicklung hatte der Einkauf zunächst keinen Einfluss auf den Unternehmenserfolg. Im Laufe

---

193 Vgl. Large (Strategisches Beschaffungsmanagement), 2012, S. 38.

194 Vgl. Schuh et al. (Einkaufsstrategie), 2014, S. 88.

195 Vgl. Large (Strategisches Beschaffungsmanagement), 2012, S. 38 f.

196 Vgl. Palupski (Management von Beschaffung), 2002, S. 234.

197 Vgl. Welge et al. (Strategisches Management), 2017, S. 575.

198 Vgl. Large (Strategisches Beschaffungsmanagement), 2012, S. 39; Büsch (Praxishandbuch Strategischer Einkauf), 2013, S. 109 f.

199 Vgl. Arnold (Beschaffungsmanagement), 1997, S. 64.

200 Vgl. Heß (Strategischer Einkauf und Supply-Strategie), 2017, S. 7.

der Jahre hat ein Umdenken stattgefunden. Aufgrund der zunehmenden strategischen Bedeutung des Einkaufs ist auch der Einfluss des Einkaufs auf den Unternehmenserfolg gestiegen. In der heutigen Zeit hat der Einkauf einen großen Einfluss auf schnelle Reaktionszeiten, geringe Kosten, eine hohe Qualität sowie auf die Komplexität und Innovationsfähigkeit produzierender Unternehmen (vgl. Abbildung 13).

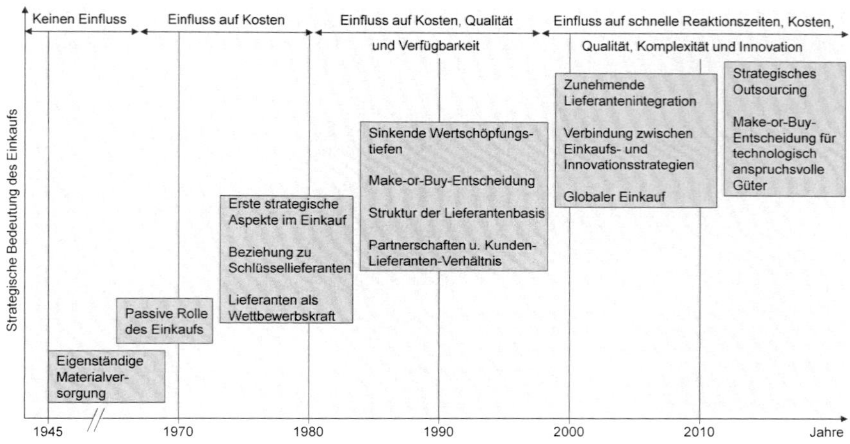

Abbildung 13: Historische Entwicklung des strategischen Einkaufs[201]

In der Zeit nach dem zweiten Weltkrieg spielt der Einkauf in den meisten Unternehmen eine untergeordnete Rolle. Produzierende Unternehmen verfolgen in dieser Zeit die Strategie, ihren Materialbedarf eigenständig abzudecken.[202] In den 1970er Jahren verändert sich dieses Verständnis und der Einkauf gewinnt sowohl in der Praxis als auch als akademische Disziplin an Bedeutung.[203] AMMER stellt heraus, dass der Einkauf Anfang der 1970er Jahre eine passive Rolle in den Unternehmen einnimmt. Dadurch hat der Einkauf zu dieser Zeit keinen aktiven Einfluss auf die Erreichung der Unternehmensziele.[204]

Mit Beginn der Ölkrise 1973-1974 gewinnt der Einkauf aufgrund von Lieferschwierigkeiten entlang der Wertschöpfungskette weiter an Bedeutung. Um die Positionierung von Unternehmen zu stärken, wird der Einkauf zum Managementthema. Erstmalig rücken neben den operativen auch strategische Aspekte wie eine Verbesserung der Beziehung mit Schlüssellieferanten in den Fokus des Einkaufs.[205] Im Jahr 1980 betont PORTER die strategische Bedeutung der Lieferanten als eine treibende Kraft des Wettbewerbs. Der Managementtheoretiker stellt bspw.

---

[201] Eigene Darstellung, i. A. a. die in Kapitel 2.2.2 genannte Literatur.

[202] Vgl. van Weele; Eßig (Strategische Beschaffung), 2017, S. 229.

[203] Vgl. McIvor et al. (The Evolution of Purchasing), 1997, S. 165.

[204] Vgl. Ammer (Purchasing Department), 1974, S. 37.

[205] Vgl. Farmer (Developing Purchasing Strategies), 1981, S. 116.

eine stabile und wettbewerbsfähige Lieferantenbasis sowie den optimalen Grad der vertikalen Integration als zentrale Fragestellungen für die Entwicklung einer Einkaufsstrategie heraus.[206]

Während der Einkauf bisher eine unterstützende Funktion einnimmt[207] und die Erreichung von Kostenvorteilen auf Basis der Transaktionskostentheorie in Anlehnung an WILLIAMSON[208] im Vordergrund des Einkaufs stehen[209], nimmt die strategische Bedeutung des Einkaufs in den Folgejahren weiter zu. Aufgrund sinkender Wertschöpfungstiefen hat die Integration von Lieferanten in interne Unternehmensprozesse Mitte der 1980er und in den 1990er Jahren eine große Bedeutung. Nach Auffassung von BURT & SOUKUP haben Zukaufkomponenten erheblichen Einfluss auf Kosten, Qualität und Marktverfügbarkeit hergestellter Produkte. Aus diesem Grund ist eine frühzeitige Integration der Lieferanten in die Produktentwicklung entscheidend.[210] MORGAN führt diesen Ansatz weiter aus und sieht im Gegensatz zum Aufbau einer großen Lieferantenbasis erhebliche Vorteile in einer partnerschaftlichen Zusammenarbeit mit einer kleinen Anzahl von Lieferanten.[211] Aufbauend auf den Beobachtungen der damit einhergehenden stärkeren Kooperation von Unternehmen und Lieferanten diskutieren GADDE & HÅKANSSON drei wesentliche Dimensionen der Einkaufsstrategie. Die erste maßgebliche strategische Fragestellung adressiert die Make-or-Buy-Entscheidung, d. h. die Entscheidung darüber, welche Produkte oder Komponenten intern in der eigenen Produktion (Make) bzw. extern bei einem Lieferanten (Buy) hergestellt werden. Die zweite Fragestellung zielt auf die Struktur der Lieferantenbasis ab, die die Anzahl der auszuwählenden Lieferanten sowie die Organisation der Lieferantenbeziehung umfasst. Mit der dritten Fragestellung wird dem Kunden-Lieferanten-Verhältnis eine bedeutende Rolle zugeschrieben, da Lieferanten zunehmend Bestandteil der eigenen Wertschöpfung werden.[212] TRENT & MONCZKA konnten im Rahmen einer durchgeführten Studie diese Entwicklung des Einkaufs – von einer operativ-taktischen hin zu einer zunehmend strategisch tätigen Abteilung – in den 1990er Jahren empirisch nachweisen.[213]

In der wissenschaftlichen Literatur der 2000er und 2010er Jahre nimmt die Integration des Einkaufs in wertschöpfende Prozesse nach wie vor eine große Rolle ein. SCHIELE zitiert eine Vielzahl von Studien zur Integration des Einkaufs in die Produktentwicklung. Schnelle Reaktionszeiten gegenüber neuen Marktsituationen, eine Reduktion von Kosten und Komplexität, eine höhere Qualität sowie eine erhöhte Innovationsfähigkeit sind wesentliche Vorteile, die durch die Integration des Einkaufs erzielt werden können.[214] Neben der in den 1980er und

[206] Vgl. Porter (Competitive Strategy), 1998, S. 122 f.

[207] Vgl. Carr; Smeltzer (Definition of strategic Purchasing), 1997, S. 199.

[208] Vgl. Williamson (The Transaction Cost Approach), 1981, S. 548 ff.

[209] Vgl. van Weele; Eßig (Strategische Beschaffung), 2017, S. 227.

[210] Vgl. Burt; Soukup (Purchasing's Role in New Product Development), 1985, S. 92 f.

[211] Vgl. Morgan (The Purchasing Revolution), 1987, S. 51 ff.

[212] Vgl. Gadde; Håkansson (The changing Role of Purchasing), 1994, S. 27 f.

[213] Vgl. Trent; Monczka (Purchasing Trends and Changes), 1998, S. 10.

[214] Vgl. Schiele (Early Supplier Integration), 2010, S. 139 ff.

1990er Jahren diskutierten Lieferantenintegration identifiziert SCHIELE insbesondere Erfolgsbeispiele für eine Verbindung zwischen Einkaufs- und Innovationsstrategie.[215] TRENT & MONCZKA beschreiben darüber hinaus die zunehmende horizontale Integration der Einkaufsabteilungen global aufgestellter Unternehmen. Diese beschaffen nicht nur individuell für lokale Standorte auf internationalen Märkten, sondern verfolgen dabei eine unternehmensweit abgestimmte Strategie.[216] Zudem zählen ein steigender Kostendruck, die Volatilität der Beschaffungsmärkte, kürzere Produktlebenszyklen, häufigere technische Innovationen, rasante Entwicklungen in der Informations- und Kommunikationstechnologie sowie die zunehmende Globalisierung zu den Herausforderungen des Einkaufs im 21. Jahrhundert. Aus diesem Grund gewinnt auch der globale Einkauf komplexer Module an Bedeutung.[217]

Obwohl die strategische Bedeutung des Einkaufs in 1980er und 1990er Jahren bereits gestiegen ist, zeigen Analysen der aktuellen wissenschaftlichen Literatur weiterhin Forschungsdefizite in diesem Bereich auf. MEDINA SERRANO ET AL. zeigen auf, dass bspw. im Bereich der Make-or-Buy-Entscheidung vor 1996 weniger als 10 % der aktuell vorhandenen wissenschaftlichen Publikationen zu diesem Thema erschienen sind. Über 60 % der Publikationen wurden erst in der jüngeren Vergangenheit veröffentlicht. Dennoch identifizieren die Autoren weiterhin Forschungsdefizite im Themenkomplex des strategischen Einkaufs.[218] Aktuellere Publikationen wie bspw. von den Autoren BREM & ELSNER[219], MOSCHURIS[220], AGBURU ET AL.[221] oder FARINA ET AL.[222] setzen sich insbesondere mit der strategischen Auslagerung von Wertschöpfungsaktivitäten sowie dem Einkauf von technologisch anspruchsvollen Gütern auseinander. Damit unterstreichen die historischen und aktuellen Entwicklungen des strategischen Einkaufs die Aktualität der vorliegenden Forschungsfrage. Dies gilt insbesondere in Bezug auf den strategischen Werkzeugeinkauf, da Werkzeuge als Beschaffungsobjekt strategisch wichtige und technologisch anspruchsvolle Güter darstellen und in der bisherigen wissenschaftlichen Literatur im Kontext des strategischen Einkaufs kaum bis gar nicht berücksichtigt werden.

2.2.3 Ziele und Aufgaben des strategischen Einkaufs

Nachdem im vorigen Kapitel die historische Entwicklung des strategischen Einkaufs aufgezeigt wurde, werden nachfolgend grundlegende Inhalte und Erkenntnisse des strategischen Einkaufs thematisiert. Eingangs wird in diesem Kapitel dazu der Begriff des Beschaffungsobjekts eingeführt, das im Zentrum der Beschaffung steht. Anschließend werden die Ziele und Aufgaben des Einkaufs systematisiert.

---

215 Vgl. Schiele (Early Supplier Integration), 2010, S. 145 f.

216 Vgl. Trent; Monczka (Excellence in Global Sourcing), 2005, S. 25 f.

217 Vgl. Kerkhoff; Michalak (Erfolgsgarantie Einkaufsorganisation), 2007, S. 19 ff.

218 Vgl. Medina Serrano et al. (Should we Make or Buy), 2018, S. 139 ff.

219 Vgl. Brem; Esner (Make-or-buy Decisions on technology intensive Products), 2018, S. 1850046-1 ff.

220 Vgl. Moschuris (Decision-making Criteria in tactical Make-or-Buy), 2015.

221 Vgl. Agburu et al. (Effect of Outsourcing Strategies), 2017.

222 Vgl. Fariñas et al. (Sourcing Strategies and Productivity), 2016.

2.2.3.1 Beschaffungsobjekt

In Bezug auf die Definition des Einkaufsbegriffs in Kapitel 2.2.1.1 hat der Einkauf die Aufgabe, nicht selbst hergestellte Güter bzw. Objekte – sogenannte **Beschaffungsobjekte** – verfügbar zu machen. Unternehmen benötigen grundsätzlich Sachgüter, Rechte, Dienstleistungen, Arbeitskräfte, Informationen und Kapital.[223]

ARNOLD hebt für den Einkauf produzierender Unternehmen insbesondere die Bedeutung der Produktivgüter hervor, die gemäß der in Abbildung 14 dargestellten Gütersystematik nach PFEIFFER & BISCHOF mit den Produktions- und Investitionsgütern in zwei Hauptgruppen von Beschaffungsobjekten eingeteilt werden können.[224]

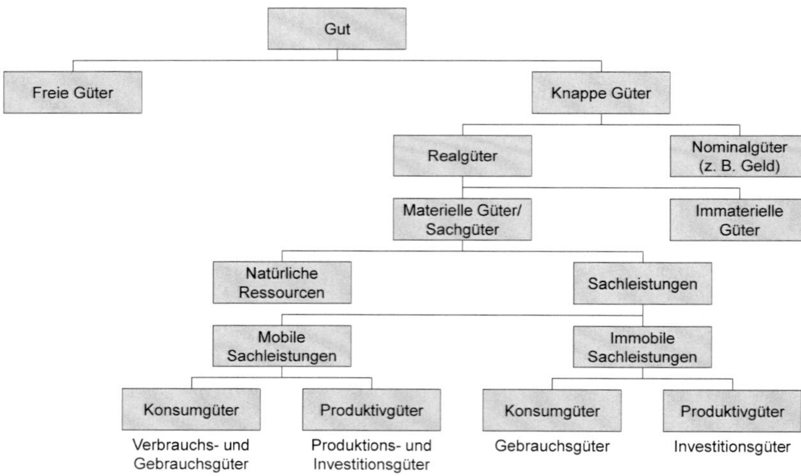

Abbildung 14: Gütersystematik nach PFEIFFER & BISCHOF[225]

Zu den **Produktionsgütern** zählen bspw. Rohmaterial, Vorprodukte oder Komponenten, die im Produktionsprozess direkt weiterverarbeitet werden. Die Weiterverarbeitung kann verändert oder unverändert stattfinden. **Investitionsgüter** hingegen werden nicht unmittelbar weiterverarbeitet, sondern über mehrere Perioden hinweg in der Produktion eingesetzt. Investitionsgüter können sowohl mobiler also auch immobiler Art sein. Zu den mobilen Investitionsgütern zählen z. B. Werkzeuge, die im Fokus dieser Arbeit stehen. Maschinen, Gebäude, komplexe Anlagen oder Systeme sind Beispiele für immobile Investitionsgüter.[226]

LARGE unterscheidet im Gegensatz zu ARNOLD fünf Beschaffungsobjekthauptgruppen.[227] Neben dem Produktionsmaterial und den Investitionsgütern, die der Beschreibung der zwei

[223] Vgl. Arnold (Beschaffungsmanagement), 1997, S. 3.

[224] Vgl. Arnold (Beschaffungsmanagement), 1997, S. 3 f.

[225] Vgl. Pfeiffer; Bischof (Investitionsgüterabsatz), 1974, S. 920.

[226] Vgl. Arnold (Beschaffungsmanagement), 1997, S. 3 f.

[227] Vgl. Large (Strategisches Beschaffungsmanagement), 2012, S. 7 ff.

Hauptgruppen von Beschaffungsobjekten nach ARNOLD entsprechen, unterscheidet LARGE Beschaffungsobjekte zusätzlich in Betriebsstoffe, Dienstleistungen und Handelswaren. Während das Produktionsmaterial in Form von Rohstoffen, Halb- und Fertigerzeugnissen direkt in das Endprodukt eingeht, werden **Betriebsstoffe** nur indirekt für den Produktionsprozess benötigt. Beispiele für Betriebsstoffe sind Reparatur- und Instandhaltungsmaterial sowie Verpackungen, sofern diese nicht zum Produkt als solches zählen. Die vierte Hauptgruppe umfasst **Dienstleistungen**, die den immateriellen Gütern zugeordnet werden können.[228] Zu den Dienstleistungen zählen z. B. Logistikdienstleistungen wie Transport und Lagerleistungen sowie Lohnfertigung („verlängerte Werkbank"), Beratungs- und IT-Dienstleistungen.[229] KAUFMANN plädiert ebenfalls dafür, Dienstleistungen wie z. B. Reparatur und Instandhaltung zu den Beschaffungsobjekten zu zählen und rechnete diesen Beschaffungsobjekten bereits Anfang des 21. Jahrhunderts eine wachsende Bedeutung innerhalb der produzierenden Industrie zu.[230] Die fünfte Hauptgruppe umfasst die **Handelswaren**, die im Gegensatz zum Produktionsmaterial ohne eine zusätzliche Bearbeitung weiterveräußert werden.[231]

Der Fokus der vorliegenden Arbeit liegt auf dem Einkauf von Werkzeugen. Unabhängig von einer Unterscheidung in zwei oder fünf Hauptgruppen von Beschaffungsobjekten, ordnen sowohl ARNOLD als auch LARGE Werkzeuge der Gruppe der Investitionsgüter zu.[232] Folglich wird mit dem Werkzeugeinkauf im späteren Verlauf der Arbeit die Betrachtung des Investitionsgütereinkaufs in den Vordergrund gestellt. Der Einkauf von Dienstleistungen wird im Sinne von **industriellen Dienstleistungen** ebenfalls als Teil des Gestaltungsbereichs angesehen. Industrielle Dienstleistungen können über das Kernprodukt hinaus als eigenständige Leistungen oder als produktergänzende Nebenleistungen angeboten werden.[233] Zu den industriellen Dienstleistungen zählen im Kontext von Werkzeugen bspw. eine Beratung im Engineering, die Inbetriebnahme von Werkzeugen sowie die Durchführung von Reparaturen,[234] welche eng in Verbindung zum Werkzeug als Kernprodukt stehen.[235]

2.2.3.2 Ziele des strategischen Einkaufs

In Kapital 2.2.1.4 wurde beschrieben, dass die Aufgaben des Einkaufs in einem Unternehmen von der Einkaufsstrategie, welche die langfristig ausgelegten Ziele des Einkaufs definiert, bestimmt werden.[236] Die Ziele, die durch die Einkaufsstrategie vorgegeben werden, müssen wie

228 Vgl. Corsten; Gössinger (Dienstleistungsmanagement), 2007, S. 20; Large (Strategisches Beschaffungsmanagement), 2012, S. 7 ff.

229 Vgl. Large (Strategisches Beschaffungsmanagement), 2012, S. 12.

230 Vgl. Kaufmann (Purchasing and Supply Management), 2002, S. 11 f.

231 Vgl. Large (Strategisches Beschaffungsmanagement), 2012, S. 13.

232 Vgl. Arnold (Beschaffungsmanagement), 1997, S. 3; Large (Strategisches Beschaffungsmanagement), 2012, S. 12.

233 Vgl. Homburg; Garbe (Industrielle Dienstleistungen), 1996, S. 258 f.

234 Vgl. Killinger (Produktbegleitende Dienstleistungen), 1999, S. 135.

235 Vgl. Kühn (Lebenszyklusorientierte Leistungssysteme im Werkzeugbau), 2016, S. 40 ff.; siehe hierzu auch die Ausführungen zum Leistungsspektrum des Werkzeugbaus in Kapitel 2.1.3.3.

236 Vgl. Welge et al. (Strategisches Management), 2017, S. 575.

die Ziele anderer Funktionalstrategien aus den Unternehmenszielen abgeleitet werden.[237] Hinsichtlich des Zielinhalts wird in der Betriebswirtschaftslehre grundsätzlich in Sach- und Formalziele unterschieden. Gemäß THOMMEN ET AL. stellen **Formalziele** übergeordnete Ziele wie die Produktivität, Wirtschaftlichkeit, Rentabilität und Gewinn dar. **Sachziele** beziehen sich hingegen auf das konkrete Handeln bei der Ausübung verschiedener betrieblicher Funktionen und umfassen u. a. alle Ziele, die mit der Leistungserstellung zusammenhängen.[238]

In Bezug auf den Einkauf kann gemäß GROCHLA & SCHÖNBOHM bei der Sicherstellung des generellen Ziels der **Versorgungssicherheit** ein Spannungsfeld zwischen drei Zielen unterschieden werden. Das Spannungsfeld umfasst das **Kostenreduzierungs-**, das **Leistungsverbesserungs-** sowie das **Autonomieerhaltungsziel**, welche jeweils aufeinander abgestimmt werden müssen.[239] ARNOLD fügt bezugnehmend auf GROCHLA & SCHÖNBOHM hinzu, dass die Gewichtung dieser Ziele abhängig von der gewählten Wettbewerbsstrategie eines Unternehmens ist.[240] Das Ziel der Versorgungssicherheit muss laut ARNOLD unabhängig von der Wettbewerbsstrategie eines Unternehmens gesehen werden, da die Versorgungssicherheit eine unabdingbare Voraussetzung für die Leistungserstellung darstellt. Das Kostenreduzierungs- und Leistungsverbesserungsziel müssen sich hingegen an der Wettbewerbsstrategie des Unternehmens ausrichten und entsprechende Kosten- oder Differenzierungsvorteile schaffen. Das Autonomieerhaltungsziel wird von ARNOLD nicht weiter aufgegriffen.[241]

Der Einkauf hat zusammengefasst das Ziel, die Versorgung eines Unternehmens mit Beschaffungsobjekten in richtiger **Qualität**, in richtiger **Menge**, zur richtigen **Zeit**, am richtigen **Ort** sicherzustellen.[242] Bei der Bereitstellung von Beschaffungsobjekten stehen häufig die Kosten als ein wesentliches Einkaufsziel im Vordergrund.[243] Neben unmittelbaren Kosteneinsparungen kann der Einkauf auf strategischer Ebene darüber hinaus über eine Steigerung der **Innovationsfähigkeit**, einer Verbesserung der **Qualität** sowie der Erhöhung der **Flexibilität** zur

---

[237] Vgl. Grochla et al. (Erfolgreiche Beschaffung), 1982, S. 5; Arnold (Beschaffungsmanagement), 1997, S. 10; Lorenzen et al. (Einkauf), 2018, S. 10.

[238] Vgl. Thommen et al. (Allgemeine Betriebswirtschaftslehre), 2017, S. 44 ff.

[239] Vgl. Grochla; Schönbohm (Beschaffung in der Unternehmung), 1980, S. 34 f.

[240] Arnold nennt im Zusammenhang mit den Einkaufszielen die drei Wettbewerbsstrategien Kostenführerschaft, Differenzierung und Konzentration auf Schwerpunkte nach Porter. Die Strategie der Kostenführerschaft hat das Ziel, innerhalb einer Branche bzw. eines Marktsegments einen umfassenden Kostenvorteil zu erreichen. Bei der Strategie der Differenzierung liegt der Fokus darauf, sich durch einzigartige Merkmale im Leistungsangebot von Marktteilnehmern zu unterscheiden. Die dritte Wettbewerbsstrategie konzentriert sich darauf, in einer Marktnische zu agieren und dadurch Wettbewerbsvorteile zu generieren. Vgl. Porter (Competitive Strategy) 1998, S. 35 ff.

[241] Vgl. Arnold (Beschaffungsmanagement), 1997, S. 10 f.; Arnold (Strategische Beschaffungsplanung), 2007, S. 15.

[242] Vgl. Arnold (Beschaffungsmanagement), 1997, S. 66; Arnold (Strategische Beschaffungsplanung), 2007, S. 17; Schuh; Guo (Grundlagen des Einkaufsmanagements), 2014, S. 20.

[243] Vgl. Schuh; Guo (Grundlagen des Einkaufsmanagements), 2014, S. 20.

Wettbewerbsfähigkeit von produzierenden Unternehmen beitragen.[244] Die detaillierte Beschreibung der aufgeführten Einkaufsziele erfolgt in der wissenschaftlichen Literatur weitestgehend implizit in der Beschreibung der Aufgaben des Einkaufs, auf die nachfolgend eingegangen wird.

2.2.3.3 Aufgaben des strategischen Einkaufs

Die Aufgaben des Einkaufs werden grundsätzlich an den Zielen des Einkaufs ausgerichtet und in operative und strategische Aufgaben unterschieden.[245] Bei ARNOLD sind auf **operativer Ebene** im Wesentlichen die Ziele und Aufgaben wiederzufinden, die auf das Ziel der Versorgungssicherheit einzahlen. Hierunter fallen die Ziele und Aufgaben, Beschaffungsobjekte in richtiger Menge, zur richtigen Zeit, in richtiger Qualität, am richtigen Ort bereitzustellen.[246] Die **strategischen Ziele und Aufgaben** ermöglichen im Gegensatz zu den operativen Zielen und Aufgaben die Sicherung und Verbesserung der Wettbewerbsfähigkeit des Unternehmens und können nach ARNOLD in die vier Bereiche Integrations- und Innovationsfähigkeit sowie vertikale und horizontale Verbundeffekte unterteilt werden (vgl. Abbildung 15).[247]

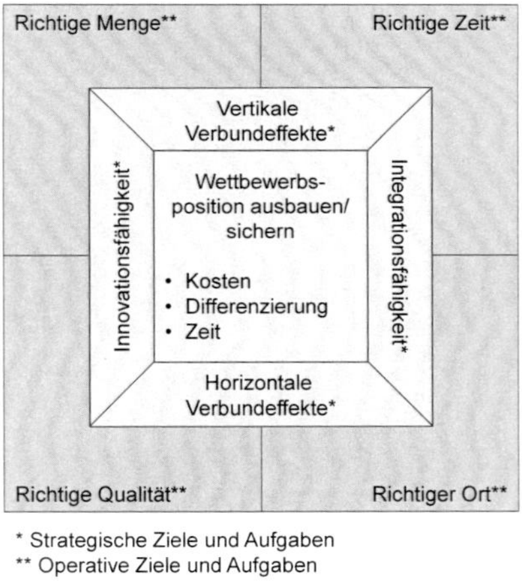

Abbildung 15: Ziele und Aufgaben des Einkaufs nach ARNOLD[248]

Die Aufgabe der **Integrationsfähigkeit** besteht darin, vom Lieferanten bezogene Vorleistungen in die Wertschöpfungsprozesse des einkaufenden Unternehmens zu integrieren und

[244] Vgl. Arnold (Beschaffungsmanagement), 1997, S. 64 ff.; Large (Strategisches Beschaffungsmanagement), 2012, S. 49; van Weele; Eßig (Strategische Beschaffung), 2017, S. 14 f.

[245] Vgl. Arnold (Strategische Beschaffungsplanung), 2007, S. 14; Lorenzen et al. (Einkauf), 2018, S. 9.

[246] Vgl. Arnold (Beschaffungsmanagement), 1997, S. 66.

[247] Vgl. Arnold (Materialmanagement), 1989, S. 49 ff.

[248] Vgl. Arnold (Beschaffungsmanagement), 1997, S. 66.

Schnittstellen zwischen Kunde und Lieferanten zu optimieren.[249] Für eine erfolgreiche Integration des Einkaufs in interne Wertschöpfungsprozesse sind z. B. eine Integration von Einkauf und Lieferanten in die Entwicklung, die Produktionsplanung und die Logistik zu nennen.[250] Neben der Integrationsfähigkeit ist die **Innovationsfähigkeit** im strategischen Einkauf ebenfalls von großer Bedeutung. Leistungsfähige Lieferanten können zu einer Verkürzung der eigenen Produktentwicklungszeiten beitragen und im Sinne von „Time-to-Market" zeitliche Wettbewerbsvorteile herbeiführen.[251] Zudem können Lieferanten durch Produkt- und Prozessinnovationen Differenzierungs- und Kostenvorteile schaffen.[252] Der dritte und vierte Aufgabenschwerpunkt des strategischen Einkaufs besteht laut ARNOLD darin, vertikale und horizontale Verbundeffekte zu erschließen. **Vertikale Verbundeffekte** beinhalten bspw. die Schaffung von Planungssicherheit für Lieferanten durch einen frühzeitigen Informationsfluss. Darüber hinaus führen vertikale Verbundeffekte zu einer Reduzierung der Variantenzahl, um Skaleneffekte bei Lieferanten herbeizuführen oder die Prozesse des Lieferanten durch einen Wissenstransfer zu verbessern. **Horizontale Verbundeffekte** umfassen klassischerweise Einkaufskooperationen in genossenschaftlicher Form, um die Verhandlungsmacht zu stärken und Austauschbeziehungen beeinflussen zu können.[253]

Die Gegenüberstellung und Beschreibung operativer und strategischer Aufgaben des Einkaufs erfolgt bei ARNOLD zunächst auf eine relativ abstrakte Art und Weise. Eine deutlich konkretere Auflistung operativer und strategischer Einkaufsaufgaben ist auf WILDEMANN zurückzuführen, welche von SCHUH ET AL. aufgegriffen wird (vgl. Abbildung 16).

[249] Vgl. Arnold (Beschaffungsmanagement), 1997, S. 65.

[250] Vgl. van Weele (Purchasing Management), 1994, S. 17.

[251] Vgl. Arnold (Beschaffungsmanagement), 1997, S. 67.

[252] Vgl. Fuchs; Kaufmann (Von Zielen zu Erfolgen), 2008, S. 191; Bräkling; Oidtmann (Erfolgreich einkaufen), 2019, S. 12 f.

[253] Vgl. Arnold (Beschaffungsmanagement), 1997, S. 67 ff.

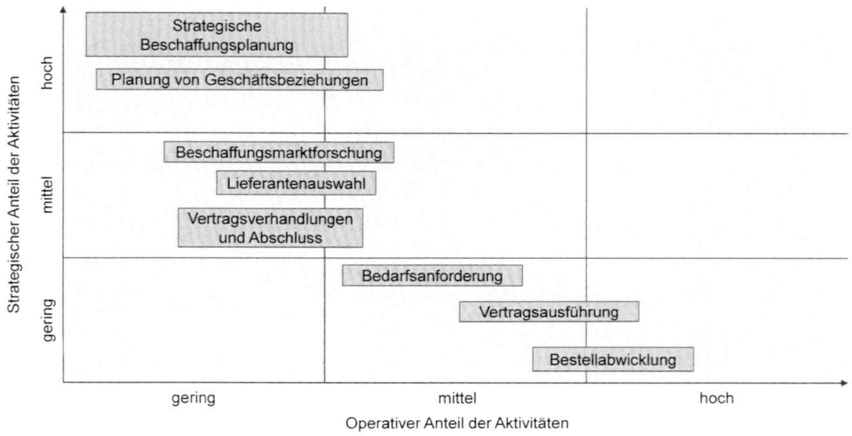

Abbildung 16: Strategische und operative Einkaufsaufgaben[254]

Die **operativen Aufgaben des Einkaufs** sind kurzfristig und auf das operative Tagesgeschäft eines produzierenden Unternehmens ausgerichtet.[255] Zu den operativen Einkaufsaufgaben zählen Tätigkeiten von der Definition der Bedarfsanforderungen über die Vertragsausführung bis zur letztendlichen Bestellabwicklung.[256] Im operativen Einkauf erfolgt die Festlegung von Mengen und Terminen, die Verhandlung von Preisen und Zahlungsbedingungen, die Prüfung und der Vergleich von Angeboten, die Bestellausführung und -überwachung, die Reklamation von Bestellvorgängen sowie sonstige damit zusammenhängende Verwaltungstätigkeiten.[257] Damit hat der operative Einkauf übergeordnet die Aufgabe, die Erreichung der strategischen Ziele des Einkaufs zu ermöglichen.[258]

Während operative Einkaufsaufgaben die Umsetzung der Konzepte in der betrieblichen Praxis sowie die Abwicklung des Tagesgeschäfts umfassen, zählen zu den **strategischen Aufgaben des Einkaufs** die Planung, die Entscheidungsvorbereitung und die Konzepterarbeitung.[259] Im Gegensatz zu den operativen Einkaufsaufgaben beeinflussen die strategischen Aufgaben des Einkaufs die Ausrichtung des Einkaufs grundlegend und sind langfristig ausgerichtet.[260] Eine Unterscheidung in kurzfristige, dispositive und langfristige, strukturelle, in die Zukunft gerichtete Einkaufsaufgaben erfolgte bereits in den frühen 1980er Jahren, um Unternehmen nicht

254 Vgl. Schuh et al. (Einkaufsstrukturen), 2014, S. 38; i. A. a. Wildemann (Einkaufspotenzialanalyse), 2008, S. 394; Wildemann (Electronic Sourcing), 2009, S. 49.

255 Vgl. Wannenwetsch (Integrierte Materialwirtschaft und Logistik), 2014, S. 114.

256 Vgl. Schuh et al. (Einkaufsstrukturen), 2014, S. 37.

257 Vgl. Wildemann (Electronic Sourcing), 2009, S. 49; Schuh et al. (Einkaufsstrukturen), 2014, S. 37.

258 Vgl. Wannenwetsch (Integrierte Materialwirtschaft und Logistik), 2014, S. 116.

259 Vgl. Wildemann (Einkaufspotenzialanalyse), 2008, S. 392 f.

260 Vgl. Schuh et al. (Einkaufsstrukturen), 2014, S. 37.

zum Reagieren zu zwingen, sondern die Grundlage für antizipatives Handeln zu schaffen.[261] Folglich gehört die strukturelle Gestaltung der langfristigen Zusammenarbeit zwischen Lieferanten und Abnehmern zu den Aufgaben des strategischen Einkaufs.[262] Dazu zählen zum einen die strategische Beschaffungsplanung mit Make-or-Buy-Entscheidungen und Beschaffungskonzepten wie Global-, Single oder Modular-Sourcing.[263] Zum anderen sind dem strategischen Einkauf organisations- und prozessbezogene Einkaufsaufgaben zuzuordnen, zu denen die Beschaffungsmarktforschung, die Lieferantenauswahl, Vertragsverhandlungen und -abschlüsse sowie die Steuerung der Lieferantenbasis zählen.[264]

Der Fokus dieser Arbeit liegt auf dem strategischen Einkauf. Daher werden die operativen Einkaufsaufgaben nachfolgend nicht weiter detailliert. Im Folgenden werden die strategischen Einkaufsaufgaben ausführlich beschrieben. Die Beschreibung der strategischen Einkaufsaufgaben wird auf Basis der vorherigen Ausführungen in drei Themenbereiche eingeteilt – die strategischen Beschaffungsplanung (vgl. Kapitel 2.2.4), die Einkaufsorganisation (vgl. Kapitel 2.2.5) sowie die Einkaufsprozesse (vgl. 2.2.6).

2.2.4 Strategische Beschaffungsplanung

Die **strategische Beschaffungsplanung** hat unter den Aufgaben des Einkaufs einen besonders hohen strategischen Stellenwert.[265] Aus diesem Grund hat die strategische Beschaffungsplanung eine große Bedeutung für die Verbesserung der Wettbewerbsfähigkeit von Unternehmen.[266] Der Begriff der strategischen Beschaffungsplanung ist in der wissenschaftlichen Literatur mehrfach zu finden,[267] eine eindeutige Definition sowie eine einheitliche Verwendung des Begriffes gibt es jedoch nicht. Gemäß LARGE umfasst die strategische Beschaffungsplanung vor allem die sogenannte Beschaffungsobjektstruktur- sowie die Lieferantenstrukturplanung.[268] Als eine wichtige Möglichkeit zur bewussten **Beschaffungsobjektstrukturplanung** ist die beschaffungsobjektbezogene Make-or-Buy-Entscheidung zu nennen.[269] Die **Lieferantenstrukturplanung** beinhaltet insbesondere die Gestaltung einer Sollstruktur der Lieferantenbasis unter Berücksichtigung unterschiedlicher Sourcing-Konzepte.[270] Die Make-or-Buy-Entscheidung sowie verschiedene Sourcing-Konzepte werden bei ARNOLD auch unter dem Begriff **Beschaffungskonzeption** als ein Teilbereich der strategischen Beschaffungsplanung

---

261 Vgl. Grochla et al. (Erfolgreiche Beschaffung), 1982, S. 5.

262 Vgl. Arnold (Einkaufsorganisation), 2003, S. 146 f.

263 I. A. a. Wannenwetsch (Integrierte Materialwirtschaft und Logistik), 2014, S. 116.

264 I. A. a. Schuh; Ünlü (Ordnungsrahmen Einkaufsmanagement), 2014, S. 12 ff.

265 Vgl. Ausführungen in Kapitel 2.2.3.3 und insbesondere Abbildung 16.

266 Vgl. Arnold (Strategische Beschaffungsplanung), 2007, S. 15; Wildemann (Einkaufspotenzialanalyse), 2008, S. 392.

267 Vgl. Arnold (Beschaffungsmanagement), 1997, S. 56 ff.; Arnold (Strategische Beschaffungsplanung), 2007, S. 14 ff.; Large (Strategisches Beschaffungsmanagement), 2012, S. 41; Schuh et al. (Einkaufsstrukturen), 2014, S. 37 f.

268 Vgl. Large (Strategisches Beschaffungsmanagement), 2012, S. 41 f.

269 Vgl. Grochla; Schönbohm (Beschaffung in der Unternehmung), 1980, S. 67; Large (Strategisches Beschaffungsmanagement), 2012, S. 88.

270 Vgl. Large (Strategisches Beschaffungsmanagement), 2012, S. 143.

zusammengefasst.[271] Da es keine eindeutige Definition beider Begriffe gibt, werden die strategische Beschaffungsplanung und die Beschaffungskonzeption im Rahmen dieser Arbeit gleichermaßen verwendet. Im Folgenden werden die Grundlagen der Make-or-Buy-Entscheidung sowie verschiedene Sourcing-Konzepte als zentrale Fragestellungen der strategischen Beschaffungsplanung thematisiert.

2.2.4.1 Make-or-Buy-Entscheidung

Im strategischen Einkauf wird der **Make-or-Buy-Entscheidung** im Zusammenhang mit der Optimierung der Wertschöpfungstiefe[272] in produzierenden Unternehmen eine besondere Bedeutung zugeschrieben.[273] Gleichzeitig ist die Make-or-Buy-Entscheidung der Ausgangspunkt aller strategischen Einkaufsentscheidungen.[274] Sie bezieht sich auf die Frage, ob unter Berücksichtigung der Unternehmensziele das Erstellen einer materiellen oder immateriellen Leistung durch das Unternehmen selbst („Make“) oder („or“) durch Dritte („Buy“) erfolgen soll.[275] Folglich liefert die Make-or-Buy-Entscheidung im Ergebnis, welche Güter und Dienstleistungen in Eigenfertigung herzustellen oder extern am Markt zu beschaffen sind.[276]

SYDOW & MÖLLERING führen neben der klassischen Betrachtungsweise, Güter und Dienstleistungen entweder intern zu fertigen oder extern zu beschaffen, eine dritte Option „Cooperate“ ein. Laut SYDOW & MÖLLERING kommt es infolge strategischen und organisatorischen Wandels häufig zu einer Produktion in Netzwerken. „Cooperate“ beschreibt eine Mischform, bei der keine vollständige Make-or-Buy-Entscheidung getroffen wird, sondern vielmehr ein „Make-and-Buy“ – eine gleichzeitige Umsetzung von Eigen- und Fremdfertigung – erfolgt.[277]

Make-or-Buy-Entscheidungen können in Abhängigkeit von Fristigkeit und Reichweite der Entscheidung einen strategischen, taktischen oder operativen Charakter aufweisen.[278] Auf **strategischer Ebene** sind grundsätzliche, langfristig ausgerichtete Entscheidungen über die Eigen- und Fremdfertigung zu treffen. In Summe resultiert aus den strategischen Make-or-Buy-Entscheidungen die Konfiguration der gesamten Wertschöpfungskette.[279] Die Konfiguration

---

271 Vgl. Arnold (Strategische Beschaffungsplanung), 2007, S. 13 ff.

272 In der Literatur werden die Begriffe **Fertigungstiefe** (vgl. Wildemann (Einkaufspotenzialanalyse), 2008, S. 393), **Leistungstiefe** (vgl. Lorenzen et al. (Einkauf), 2018, S. 79) und **Wertschöpfungstiefe** (vgl. Müller-Stewens; Lechner (Strategic Management Navigator), 2016, S. 360) teilweise gleichbedeutend beschrieben und in der vorliegenden Arbeit daher synonym verwendet. I. A. a. die Definition von Müller-Stewens & Lechner wird die Wertschöpfungstiefe als Verhältnis von eigener Wertschöpfung zur Gesamtwertschöpfung, die für ein Produkt oder eine Dienstleistung notwendig ist, verstanden. Vgl. Müller-Stewens; Lechner (Strategic Management Navigator), 2016, S. 360.

273 Vgl. Wildemann (Einkaufspotenzialanalyse), 2008, S. 393; Schuh; Ünlü (Ordnungsrahmen Einkaufsmanagement), 2014, S. 12.

274 Vgl. Arnold (Strategische Beschaffungsplanung), 2007, S. 35.

275 Vgl. Lorenzen et al. (Einkauf), 2018, S. 79.

276 Vgl. Arnold (Beschaffungsmanagement), 1997, S. 94.

277 Vgl. Sydow; Möllering (Produktion in Netzwerken), 2009, S. 33 f.

278 I. A. a. Mikus (Make-or-buy-Entscheidungen), 2001, S. 24 ff.

279 Vgl. Irle (Rationalität von Make-or-Buy), 2011, S. 13.

der gesamten Wertschöpfungskette ermöglicht den Aufbau und die Nutzung von Kosten- und Differenzierungsvorteilen.[280] Die Ergebnisse der strategischen Make-or-Buy-Entscheidungen stellen den Rahmen für die Make-or-Buy-Entscheidungen der taktischen Ebene dar. Auf **taktischer Ebene** erfolgt eine Konkretisierung der strategischen Make-or-Buy-Entscheidungen in Bezug auf einzelne Produktarten und Teilprozesse.[281] Zudem weisen taktische Make-or-Buy-Entscheidungen einen zunehmenden Quantifizierungsgrad z. B. in Bezug auf das Beschaffungsvolumen, die Betriebsmittelausstattung sowie die zeitliche Planung auf.[282] Make-or-Buy-Entscheidungen auf **operativer Ebene** konkretisieren die Aufteilung des benötigten Volumens einzelner Perioden auf die Bereitstellungswege, die im Rahmen von taktischen Make-or-Buy-Entscheidungen getroffen wurden.[283] Der Betrachtungsbereich der vorliegenden Arbeit liegt im Wesentlichen auf der strategischen Ebene der Make-or-Buy-Entscheidungen.

Bei einer strategischen Make-or-Buy-Entscheidung ist zu beachten, dass diese nicht nur auf Basis der Kostenverhältnisse getroffen werden darf, sondern insbesondere Kernkompetenzen und strategische Erfolgspositionen (SEP) im Vordergrund stehen.[284] Obwohl Kostensenkungen in der wissenschaftlichen Literatur am häufigsten als Vorteil der Fremdvergabe genannt werden,[285] geht es um weit mehr als den monetären Vergleich.[286] Abbildung 17 zeigt eine Übersicht unterschiedlicher Vorteile der Eigen- und Fremdfertigung.

Vorteile Eigenfertigung („Make")
▪ Wirksame Kontrolle von Qualität und Fertigung
▪ Geheimhaltung von Eigenentwicklungen
▪ Erhöhung der Kernkompetenzen
▪ Schnelle Zusammenarbeit von Entwicklung, Einkauf und Produktion
▪ Bessere Auslastung von Maschinen und Personal
▪ Kürzere Reaktionszeiten

Vorteile Fremdfertigung („Buy")
▪ Weniger Kosten für Lager, Sicherheitsbestände, Kapitalbindung
▪ Niedrigere Fertigungstiefe und weniger Fixkosten
▪ Schnellere Anpassung an Nachfrageänderungen
▪ Weniger Produktionsrisiko, Ausschusskosten, Überstunden
▪ Nutzung der Fertigungskompetenzen des Zulieferers
▪ Weniger Maschinen, Gebäude, Anlagen

Abbildung 17: Vorteile Eigen- und Fremdfertigung[287]

Zur Entscheidungsfindung über Eigen- und Fremdfertigung hilft eine systematische Analyse.[288] Grundsätzlich können in der wissenschaftlichen Literatur verschiedene theoretische Ansätze unterschieden werden. IRLE teilt theoretische Ansätze auf Basis einer Literaturanalyse

280 Vgl. Porter (Wettbewerbsvorteile), 2014, S. 82; für eine detaillierte Definition der Wertschöpfungskette (auch Wertekette genannt) siehe auch Kapitel 2.1.2.2.

281 Vgl. Irle (Rationalität von Make-or-Buy), 2011, S. 14.

282 Vgl. Bloech et al. (Einführung in die Produktion), 2014, S. 96.

283 I. A. a. Mikus (Make-or-buy-Entscheidungen), 2001, S. 27.

284 Vgl. Ballmer (Traditionellen Einkauf hinter sich lassen), 2003, S. 954.

285 Vgl. Kremic et al. (Outsourcing decision support), 2006, S. 471.

286 Vgl. Wannenwetsch (Integrierte Materialwirtschaft und Logistik), 2014, S. 158.

287 Vgl. Wannenwetsch (Integrierte Materialwirtschaft und Logistik), 2014, S. 158.

288 Vgl. Wannenwetsch (Integrierte Materialwirtschaft und Logistik), 2014, S. 158.

in sechs Gruppen ein, die im Folgenden erwähnt, im Umfang dieser Arbeit aber nicht detailliert beschrieben werden:[289]

- Kostenrechnerische Ansätze
- Transaktionskostentheorie
- Ressourcenorientierter Ansatz, insbesondere Kernkompetenzansatz
- Beziehungsorientierter Ansatz
- Ansatz von PORTER
- Ansatz von HARRIGAN

Gemäß HEß werden im Rahmen unternehmensstrategischer Make-or-Buy-Analysen die drei häufigsten theoretischen Ansätze aufgegriffen, deren Beschreibung teilweise mit der Einteilung von IRLE übereinstimmt.[290]

Der erste Ansatz berücksichtigt laut HEß Potenziale aus **wettbewerbsstrategischer** Betrachtungsweise. In Bezug auf die Wertekettenanalyse nach PORTER[291] stehen bei der wettbewerbsstrategischen Betrachtungsweise Fragestellungen im Vordergrund, die den Fokus auf einen Kosten- oder Leistungsvorteil durch die Fremdvergabe von Leistungsumfängen („Buy") legen. Typische Vorteile können sein, wenn Lieferanten z. B. größere Skaleneffekte erreichen oder Synergien mit anderen Produkten erzielen können. Gleichzeitig können aber auch strategische Gründe wie z. B. eine zu große Abhängigkeit von Lieferanten für eine interne Herstellung („Make") sprechen.[292]

Bei dem zweiten Ansatz steht die Betrachtung der **Kernkompetenzen** im Vordergrund. Hierbei gilt grundsätzlich, alle Leistungen, die direkt mit den Kernkompetenzen zusammenhängen, intern auszuführen.[293] Leistungen, die nicht die Kernkompetenzen betreffen, werden zu möglichst geringen Kosten intern hergestellt oder extern beschafft. Sofern die interne Herstellung nicht zu wettbewerbsfähigen Kosten möglich ist, erfolgt eine externe Beschaffung. Bei einer kostengünstigeren internen Leistungserstellung erfolgt die Eigenfertigung der Leistungen.[294]

Der dritte Ansatz ist auf die **Transaktionskostentheorie** von WILLIAMSON[295] zurückzuführen. Zu Transaktionskosten zählen z. B. Anbahnungs- und Verhandlungskosten, Aufwände für die Koordination und Abwicklung der Fremdvergabe sowie Kosten für eine Qualitäts- und Wareneingangskontrolle bzw. etwaige Zusatzkosten für nachträgliche Änderungen.[296] In Bezug auf die Transaktionskosten wird die Art der Leistung nach Spezifität und Unsicherheit unterschie-

289 Vgl. Irle (Rationalität von Make-or-Buy), 2011, S. 19 ff.

290 Vgl. Heß (Supply-Strategien in Einkauf und Beschaffung), 2008, S. 124 ff.

291 Vgl. Porter (Wettbewerbsvorteile), 2014, S. 65 ff.

292 Vgl. Heß (Supply-Strategien in Einkauf und Beschaffung), 2008, S. 124.

293 Vgl. Boutellier (Make-or-Buy), 2003, S. 458.

294 Vgl. Heß (Supply-Strategien in Einkauf und Beschaffung), 2008, S. 125.

295 Vgl. Williamson (The Transaction Cost Approach), 1981, S. 548 ff.

296 Vgl. Picot (Gestaltung der Leistungstiefe), 1991, S. 344.

den. Spezifität bedeutet, dass Leistungen auf einen spezifischen Verwendungszweck angepasst werden müssen und mit spezifischen Investitionen verbunden sind. Unsicherheit beschreibt das Beschaffungsrisiko und damit verbunden potenziell hohe Transaktionskosten. Hohe Spezifität und Unsicherheit sprechen für eine interne Leistungserstellung, eine geringe Spezifität und Unsicherheit für einen Fremdbezug am Markt.[297]

In Bezug auf die Make-or-Buy-Entscheidung und der damit verbundenen Optimierung der Wertschöpfungstiefe wird eine Verknüpfung der drei vorgestellten Ansätze empfohlen, um gleichermaßen Aspekte der Wettbewerbsstrategie, der Kernkompetenzen sowie der Transaktionskosten in die Make-or-Buy-Entscheidung einfließen zu lassen.[298] Ebenso ist dabei zu berücksichtigen, dass die Entscheidung nicht nur ausgehend von der strategischen Betrachtungsweise ist, sondern auch von externen Einflüssen wie z. B. der Marktsituation in den relevanten Märkten abhängt.[299] Grundsätzlich gilt es, Produkte und Dienstleistungen mit einer hohen strategischen Bedeutung für das Unternehmen und einer geringen Verfügbarkeit von Lieferanten intern herzustellen und übrige Produkte einzukaufen.[300]

Die in Abbildung 18 dargestellte Make-or-Buy-Entscheidungsmatrix nach FORTMANN & GBUREK stellt einen Ansatz dar, bei dem sowohl die strategische Bedeutung der Beschaffungsobjekte für das produzierende Unternehmen sowie die Eigenkompetenz im Vergleich zum Lieferanten bewertet wird. Demzufolge ist die interne Herstellung strategisch wichtiger Produkte und Dienstleistungen mit hoher Eigenkompetenz sowie der Fremdbezug strategisch weniger wichtiger Projekte mit geringer Eigenkompetenz auszuwählen. Für die übrigen Fälle herrscht eine Indifferenz über die Make-or-Buy-Entscheidung und es muss eine detaillierte Analyse weiterer Faktoren wie z. B. Durchlaufzeiten, Prozessabläufe und Schnittstellen sowie Lagerbestände durchgeführt werden.[301]

297 Vgl. Heß (Supply-Strategien in Einkauf und Beschaffung), 2008, S. 126.

298 Vgl. Heß (Supply-Strategien in Einkauf und Beschaffung), 2008, S. 127.

299 Vgl. Schuh et al. (Einkaufsstrategie), 2014, S. 91.

300 Vgl. Boutellier (Make-or-Buy), 2003, S. 457.

301 Vgl. Fortmann; Gburek (Make-or-Buy-Entscheidung), 2008, S. 376 ff.

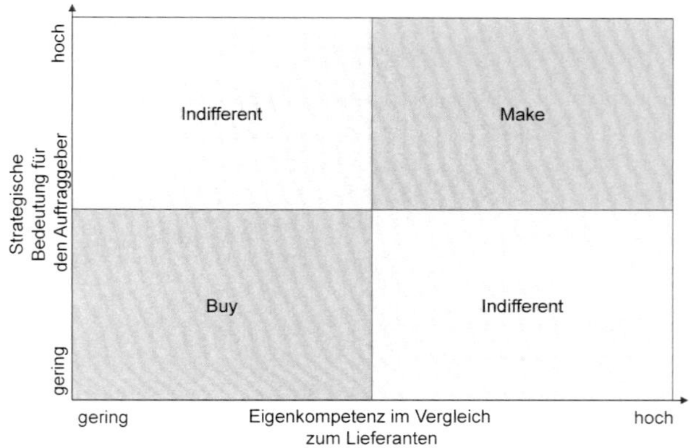

Abbildung 18: Make-or-Buy-Entscheidungsmatrix nach FORTMANN & GBUREK[302]

2.2.4.2 Sourcing-Konzepte

Die sinnvolle Kombination einkaufsstrategischer Elemente und Prinzipien sind Kern des strategischen Einkaufs und charakterisieren die Einkaufsstrategie. ARNOLD bezeichnet ebendiese Kombination von Merkmalsausprägungen als **Sourcing-Konzepte**. Zur Typologie von Sourcing-Konzepten differenziert ARNOLD folgende Merkmalsdimensionen:[303]

- Träger der Wertschöpfung (Make-or-Buy-Konzept)
- Anzahl der Bezugsquellen (Lieferantenkonzepte)
- Komplexität des Inputfaktors (Objektkonzepte)
- Art der Bereitstellung (Zeitkonzepte)
- Größe des Marktraumes (Arealkonzepte)
- Struktur der beschaffenden Organisation (Subjektkonzepte)
- Ort der Wertschöpfung (Wertschöpfungskonzepte)

Naben ARNOLD beschreiben viele andere Autoren vergleichbare Sourcing-Konzepte, die begrifflich teilweise mit Beschaffungs- bzw. Einkaufsstrategien gleichgesetzt werden. WANNENWETSCH beschreibt unter dem Begriff Beschaffungsstrategien z. B. Inhalte, die ARNOLD in ähnlicher Form unter dem Begriff Sourcing-Konzepte einführt.[304] HEß entwickelt einen Ansatz zur nachhaltigen Entwicklung einer Supply-Strategie und beruft sich dabei in Teilen ebenfalls auf die Sourcing-Konzepte von ARNOLD.[305] Bei weiteren Autoren wie z. B. VAN WEELE & ESSIG, SYDOW & MÖLLERING oder LARGE sind vergleichbare Ausführungen von Sourcing-Konzepten

302 Vgl. Fortmann; Gburek (Make-or-Buy-Entscheidung), 2008, S. 376.

303 Vgl. Arnold (Beschaffungsmanagement), 1997, S. 93.

304 Vgl. Wannenwetsch (Integrierte Materialwirtschaft und Logistik), 2014, S. 171 ff.

305 Vgl. Heß (Strategischer Einkauf und Supply-Strategie), 2017, S. 105.

zu finden,[306] sodass eine Orientierung an der Typologie von ARNOLD als grundlegend angesehen und im Folgenden detailliert beschrieben wird.

Die erste Merkmalsdimension **Träger der Wertschöpfung (Make-or-Buy-Konzept)** beschreibt im Wesentlichen die Ausführungen zur Make-or-Buy-Entscheidung im vorherigen Kapitel. Aus diesem Grund wird die Entscheidung über Eigenfertigung und Fremdbezug in diesem Kapitel nicht weiter vertieft. Die übrigen Merkmalsdimensionen setzen voraus, dass im Rahmen der Make-or-Buy-Analyse die Entscheidung über Eigenfertigung und Fremdbezug von Gütern oder Dienstleistungen getroffen worden ist.[307]

Die Betrachtung der **Anzahl der Bezugsquellen (Lieferantenkonzept)** führt zu einer Unterscheidung in Single-Sourcing, Sole Sourcing, Dual Sourcing und Multiple Sourcing. **Single Sourcing** bezeichnet die Beschaffung bestimmter Güter bei nur einem einzigen Lieferanten.[308] Sofern Unternehmen Güter aufgrund einer Monopolstellung des Lieferanten nur bei einem Lieferanten beziehen können, wird auch der Begriff **Sole Sourcing** verwendet.[309] Wettbewerbsvorteile werden insbesondere durch eine partnerschaftliche Zusammenarbeit erzielt. Gleichzeitig muss ein enges Vertrauensverhältnis zum Lieferanten bestehen, da sich das beschaffende Unternehmen in die Abhängigkeit eines einzelnen Lieferanten gibt.[310] Durch die Nutzung einer zweiten Bezugsquelle kann diese Abhängigkeit und das damit einhergehende Risiko reduziert werden.[311] Der Einbezug eines zweiten Lieferanten wird als **Dual Sourcing** bezeichnet. Auf diese Weise können die Vorteile des Single Sourcing genutzt und Nachteile abgeschwächt werden.[312] **Multiple Sourcing** beschreibt die Strategie, gleiche Güter und Dienstleistungen von einer Vielzahl von Lieferanten zu beziehen.[313] Multiple Sourcing zielt darauf ab, den Wettbewerb unter den Lieferanten zu stimulieren und auf diese Weise insbesondere Kostenvorteile zu erzielen.[314] Eine Verwendung mehrerer Lieferanten für gleiche Güter und Dienstleistungen gehen nachteilig mit hohen Transaktionskosten und geringeren Skaleneffekten bei den Lieferanten einher.[315]

Die **Komplexität des Inputfaktors (Objektkonzept)** zielt auf den Komplexitätsgrad des Beschaffungsobjekts ab, wobei in Unit Sourcing und Modular bzw. System Sourcing unterschieden wird. **Unit Sourcing** bezeichnet die Beschaffung von Rohmaterial oder einzelner Komponenten, die erst am Ende der Wertschöpfungskette zu einem funktionstüchtigen Endprodukt

---

306 Vgl. Sydow; Möllering (Produktion in Netzwerken), 2009, S. 33 f.; Large (Strategisches Beschaffungsmanagement), 2012, S. 134 ff.; van Weele; Eßig (Strategische Beschaffung), 2017, S. 300 ff.

307 Vgl. Arnold (Beschaffungsmanagement), 1997, S. 94 f.

308 Vgl. Wannenwetsch (Integrierte Materialwirtschaft und Logistik), 2014, S. 172.

309 Vgl. Owen Swift; Coe (Sourcing Preference Scale), 1994, S. 173; Arnold (Beschaffungsmanagement), 1997, S. 98; Werner (Supply Chain Management), 2010, S. 149.

310 Vgl. Wannenwetsch (Integrierte Materialwirtschaft und Logistik), 2014, S. 172.

311 Vgl. Werner (Supply Chain Management), 2010, S. 149.

312 Vgl. Wannenwetsch (Integrierte Materialwirtschaft und Logistik), 2014, S. 174.

313 Vgl. Wannenwetsch (Integrierte Materialwirtschaft und Logistik), 2014, S. 175.

314 Vgl. Arnold (Beschaffungsmanagement), 1997, S. 95 f.

315 Vgl. Wannenwetsch (Integrierte Materialwirtschaft und Logistik), 2014, S. 175.

zusammengebaut werden.[316] In diesem Fall ist die Komplexität gering. Bei einer Verlagerung zusätzlicher Fertigungsprozesse auf externe Lieferanten wird die Komplexität erhöht. Im Ergebnis werden bei dem Konzept des **Modular Sourcing** komplexe Systeme und komplette Baugruppen extern bezogen.[317] Auf diese Weise werden z. B. die Komplexität der eigenen Wertschöpfung und Schnittstellen reduziert. Hingegen besteht das Risiko einer hohen Abhängigkeit von Lieferanten und einem Verlust von internem Know-how. **System Sourcing** ist eine Erweiterung des Modular Sourcing, um eine Integration der Lieferanten in die Produktentwicklung. Bei Modul- und Systemlieferanten eignet sich eine räumliche Nähe zwischen Lieferanten und Kunden.[318]

Die **Art der Bereitstellung (Zeitkonzepte)** zielt auf die Bestandsreduktion ab. ARNOLD unterscheidet dabei zwischen Stock Sourcing, Demand Tailored Sourcing und dem **Just-in-Time-Konzept** (JiT).[319] Diese drei Konzepte werden nicht im Detail beschrieben, da in der aktuelleren Literatur lediglich zwischen JiT und **Just-in-Sequence** (JiS) differenziert wird.[320] Sowohl JiT als auch JiS bezeichnen eine produktionssynchrone Beschaffung bzw. Bereitstellung von Teilen für die Produktion.[321] Der Unterschied beider Konzepte besteht darin, dass bei JiT ein sogenannter Nullbestand angestrebt wird, indem eine Bedarfsauslösung erst bei einer signifikanten Bestandsreduktion erfolgt.[322] Bei JiS erfolgt hingegen eine taktgenaue Teilebereitstellung, um eine schnelle Anlieferung ohne zeitlichen Puffer zu realisieren.[323]

Im Rahmen der **Größe des Marktraumes (Arealkonzepte)** wird der geographische Raum, in dem die Einkaufsaktivitäten durchgeführt werden, eingegrenzt. Hierbei kann grundsätzlich in Local, Domestic und Global Sourcing unterschieden werden.[324] Beim **Local Sourcing** erfolgt der Einkauf benötigter Güter und Dienstleistungen regional. Aufgrund der unmittelbaren Nähe zum Lieferanten reduzieren sich Transport- und Logistikkosten. Gleichzeitig sind eine hohe Flexibilität sowie aufgrund der gleichen Sprache und Mentalität ein effektiver Austausch mit dem Lieferanten realisierbar.[325] Local Sourcing eignet sich daher insbesondere für hochwertige und komplexe Beschaffungsobjekte.[326] **Domestic Sourcing** bezeichnet im Gegensatz zum regionalen Bezug einen nationalen Bezug von Gütern und Dienstleistungen.[327] Ein wesentlicher Vorteil zum Local Sourcing ist bei diesem Konzept eine Erweiterung der potenziellen

---

316 Vgl. Arnold (Beschaffungsmanagement), 1997, S. 100.

317 Vgl. Wannenwetsch (Integrierte Materialwirtschaft und Logistik), 2014, S. 183.

318 Vgl. Werner (Supply Chain Management), 2010, S. 150 ff.

319 Vgl. Arnold (Beschaffungsmanagement), 1997, S. 104.

320 Vgl. Werner (Supply Chain Management), 2010, S. 155; Wannenwetsch (Integrierte Materialwirtschaft und Logistik), 2014, S. 188.

321 Vgl. Wannenwetsch (Integrierte Materialwirtschaft und Logistik), 2014, S. 188.

322 Vgl. Werner (Supply Chain Management), 2010, S. 155.

323 Vgl. Wannenwetsch (Integrierte Materialwirtschaft und Logistik), 2014, S. 188.

324 Vgl. Arnold (Beschaffungsmanagement), 1997, S. 111.

325 Vgl. Wannenwetsch (Erfolgreiche Verhandlungsführung), 2013, S. 350.

326 Vgl. Wannenwetsch (Integrierte Materialwirtschaft und Logistik), 2014, S. 176; van Weele; Eßig (Strategische Beschaffung), 2017, S. 300.

327 Vgl. Werner (Supply Chain Management), 2010, S. 152.

Lieferantenbasis, um z. B. auf zusätzliches Know-how zugreifen zu können.[328] Das Pendant zum Local bzw. Domestic Sourcing ist das **Global Sourcing**, bei dem der Einkauf auf internationale Märkte erweitert wird.[329] Vorteile des Global Sourcing sind eine weltweite Auswahl potenzieller Lieferanten, eine Reduzierung von Abhängigkeiten und eine Durchsetzung günstiger Einstandspreise. Demgegenüber steht ein erhöhtes Lieferrisiko sowie die Gefahr mangelnder Zuverlässigkeit und erhöhter Transaktionskosten aufgrund sprachlicher und interkultureller Differenzen.[330] Ein Konzentration internationaler, miteinander interagierender Lieferanten in der gleichen geographischen Region wird als **Cluster Sourcing** bezeichnet, was zusätzliche Vorteile z. B. in Bezug auf Innovation und Produktivität bietet.[331]

Die Frage nach der **Struktur der beschaffenden Organisation (Subjektkonzepte)** bezieht sich darauf, ob die Einkaufsaktivitäten eines Unternehmens unternehmensindividuell oder gemeinsam mit Kooperationspartnern durchgeführt werden.[332] **Individual Sourcing** beschreibt den individuellen Einkauf eines Unternehmens und stellt die traditionelle Ausprägung des Einkaufs dar. **Collective Sourcing** bezeichnet die Beschaffung von Gütern und Dienstleistungen in Einkaufskooperationen.[333] Diese Form des Einkaufs zielt auf nachhaltige Kosten- und Effizienzvorteile ab, die sich insbesondere kleine und mittlere Unternehmen zunutze machen können. Das kooperative Handeln kann z. B. durch vertragliche Vereinbarungen, Abstimmungen zu Produktstandardisierungen oder der gemeinsamen Durchführung von Benchmarkings sehr vielfältig sein.[334]

Bei der Frage nach dem **Ort der Wertschöpfung (Wertschöpfungskonzepte)** wird in External Sourcing und Internal Sourcing unterschieden. **External Sourcing** stellt die traditionelle Form der Wertschöpfung dar, bei der die Leistungserbringung ausschließlich in den Produktionsstätten des Lieferanten erfolgt. Beim **Internal Sourcing** erfolgt hingegen eine deutlich stärkere Integration des Lieferanten in die unternehmensinternen Prozesse, sodass die räumliche Trennung zwischen beiden Transaktionspartnern aufgehoben wird. Beispiele für das Internal Sourcing sind die Gründung von Industrieparks, die Ansiedlung vom Lieferanten in der Produktionsstätte des Abnehmers oder eine direkte Integration des Lieferanten in die Produktionsprozesse des Abnehmers.[335] Die spezifischen Vor- und Nachteile der beschriebenen Sourcing-Konzepte werden in Abbildung 19 zusammengefasst.

---

[328] Vgl. Wannenwetsch (Integrierte Materialwirtschaft und Logistik), 2014, S. 176 f.

[329] Vgl. Werner (Supply Chain Management), 2010, S. 152.

[330] Vgl. Wannenwetsch (Integrierte Materialwirtschaft und Logistik), 2014, S. 178.

[331] Vgl. Schiele (Cluster Sourcing), 2007, S. 16.

[332] Vgl. Schulte (Logistik), 2005, S. 290 f.

[333] Zu Einkaufskooperationen siehe auch Kapitel 2.2.5.3.

[334] Vgl. Arnold (Beschaffungsmanagement), 1997, S. 116 f.

[335] Vgl. Arnold (Beschaffungsmanagement), 1997, S. 121 f.

Merkmals-dimension	Merkmals-ausprägung	Vorteile	Nachteile
Anzahl der Bezugs-quellen (Lieferanten-konzept)	Single/ Sole Sourcing	▪ Enge Zusammenarbeit ▪ Geringe Preise durch höheres Bestellvolumen ▪ Geringe Bestell- und Transaktionskosten ▪ Geringe logistische Komplexität und bessere Kontrolle	▪ Hohe Abhängigkeit vom Lieferanten ▪ Geringe Flexibilität ▪ Aufwendiger Lieferantenwechsel ▪ Engpässe bei Ausfall des Lieferanten ▪ Fehlende Vergleichbarkeit zu anderen Lieferanten
	Dual Sourcing	▪ Hohe Versorgungssicherheit ▪ Enge Zusammenarbeit ▪ Geringe Preise durch hohes Bestellvolumen ▪ Geringe Bestell- und Transaktionskosten ▪ Geringe logistische Komplexität	▪ Preisgabe von Firmen-Know-how ▪ Teilweise Abhängigkeit von Lieferanten ▪ Mittlere Flexibilität
	Multiple Sourcing	▪ Geringe Risiken eines Produktionsausfalls ▪ Hohe Konkurrenz unter den Lieferanten	▪ Hohe Transaktionskosten ▪ Hohe Bestellkosten ▪ Geringe Rabatte aufgrund fehlender Volumenbündelung
Komplexität des Inputfaktors (Objekt-konzept)	Unit Sourcing	▪ Große Lieferantenauswahl bei einfachen Standardteilen ▪ Beibehaltung des Prozesswissens über einen Großteil der Wertschöpfungskette	▪ Hohe interne Komplexität ▪ Hohe Transaktionskosten bei Einbezug weiterer Einzelteillieferanten
	Modular Sourcing/ System Sourcing	▪ Reduzierte Schnittstellen ▪ Konzentration auf Kernkompetenzen ▪ Förderung gleichbleibender Qualität ▪ Reduzierte Logistikkosten ▪ Flexibilität bei Änderungen ▪ Festlegung von Qualitätsstandards	▪ Gegenseitige Abhängigkeit ▪ Hoher Abstimmungsaufwand ▪ Aufwendiger Lieferantenwechsel ▪ Preisgabe von Know-how
Art der Bereitstellung (Zeit-konzepte)	Just-in-Time (JiT)/ Just-in-Sequence (JiS)	▪ Erhöhter Materialumschlag ▪ Geringe Kapitalbindung ▪ Verbesserte Produktqualität ▪ Verbesserter Lieferantenservice ▪ Verkürzte Beschaffungszeit ▪ Geringer Lagerbestand	▪ Hohe Abhängigkeit vom Lieferanten ▪ Erhöhtes Risiko von Produktions-unterbrechungen durch negative Umwelteinflüsse ▪ Hohe Transportkosten
Größe des Marktraumes (Areal-konzepte)	Local/ Domestic Sourcing	▪ Hohe Lieferantennähe ▪ Hohe Versorgungssicherheit ▪ Geringe Transport- und Nebenkosten ▪ Hohe Flexibilität bei Änderungen	▪ Fehlende internationale Kontakte und Erweiterung von Know-how ▪ Kapazitätsgrenzen der lokalen/ inländischen Zulieferer
	Global/ Cluster Sourcing	▪ Weltweite Auswahl der leistungsstärksten Lieferanten ▪ Erweiterung von Know-how ▪ Reduzierte Einkaufspreise ▪ Ausnutzung von Wechselkursschwankungen ▪ Risikoverteilung ▪ Verbesserte Innovationsfähigkeit und gesteigerte Produktivität (nur bei Cluster Sourcing)	▪ Währungsrisiken, Wechselkursschwankungen ▪ Zollprobleme, hohe Bürokratie, Korruption ▪ Kommunikations- und Logistikprobleme ▪ Qualitätsrisiken ▪ Marken- und Patentrechtsverletzungen
Struktur der beschaffen-den Organisation (Subjekt-konzepte)	Individual Sourcing	▪ Kein zusätzlicher Koordinationsaufwand	▪ Schwache Verhandlungsposition
	Collective Sourcing	▪ Kosten- und Effizienzgewinne, gerade für kleine und mittlere Unternehmen	▪ Hoher Koordinationsaufwand
Ort der Wert-schöpfung (Wert-schöpfungs-konzepte)	External Sourcing	▪ Flexibilität bei Lieferantenauswahl	▪ Hohe Entfernung zwischen Lieferant und Abnehmer
	Internal Sourcing	▪ Enge Integration des Lieferanten in Fertigungsprozesse	▪ Gegenseitige Abhängigkeit ▪ Erhöhter Platzbedarf

Abbildung 19: Vor- und Nachteile verschiedener Sourcing-Konzepte[336]

[336] Eigene Darstellung, i. A. a. Wannenwetsch (Integrierte Materialwirtschaft und Logistik), 2014, S. 173 ff.; Werner (Supply Chain Management), 2010, S. 148 ff.; Arnold (Beschaffungsmanagement), 1997, S. 93 ff.

Auf Basis der dargestellten Vor- und Nachteile der verschiedenen Sourcing-Konzepte gilt es, diese geeignet miteinander zu kombinieren. Laut ARNOLD eignet sich für eine Auswahl und Kombination der aufgezeigten Sourcing-Konzepte ein morphologischer Kasten.[337] Potenzielle Kombinationsmöglichkeiten der Sourcing-Konzepte sind in Abbildung 20 dargestellt.

Lieferantenkonzept	Sole Sourcing	Single Sourcing	Dual Sourcing	Multiple Sourcing
Objektkonzept	Unit Sourcing	Modular Sourcing	System Sourcing	
Arealkonzept	Local Sourcing	Domestic Sourcing	Global Sourcing	
Zeitkonzept	Just-in-Time	Just-in-Sequence		
Subjektkonzept	Individual Sourcing	Collective Sourcing		
Wertschöpfungskonzept	External Sourcing	Internal Sourcing		

Abbildung 20: Kombinationsmöglichkeiten der Sourcing-Konzepte nach ARNOLD[338]

2.2.5 Einkaufsorganisation

Der Einkauf eines Unternehmens bedarf einer anforderungsgerechten Organisationsgestaltung, um Einkaufsaufgaben effizient ausführen zu können. Dabei gilt es sowohl die Integration des Einkaufs in das zu beschaffende Unternehmen als auch die Kooperation mit externen Partnern und Lieferanten zu gestalten. Die Gestaltung der passenden Organisationsstruktur kann nicht generell für jedes Unternehmen gleich beantwortet werden, sondern ist individuell und situationsabhängig.[339] Die Integration der Einkaufsorganisation in Unternehmen kann dabei verschiedene Formen annehmen, deren Auswahl und Ausgestaltung von unterschiedlichen Einflussfaktoren abhängen. Daher erfolgt zunächst eine Beschreibung der Einflussfaktoren auf die Auswahl und Ausgestaltung der Einkaufsorganisation. Anschließend werden die gängigsten Organisationsformen zur Integration des Einkaufs im Unternehmen mit deren spezifischen Vor- und Nachteilen beschrieben. Abschließend wird auf die Einkaufs- und Zulieferkooperation eingegangen.

2.2.5.1 Einflussfaktoren auf die Gestaltung der Einkaufsorganisation

Die Auswahl und Ausgestaltung der Einkaufsorganisation ist von unternehmens-, beschaffungsmarkt- sowie beschaffungsobjektbezogenen Einflussfaktoren abhängig.[340] Die Unternehmensgröße bestimmt z. B. den Umfang und die Organisation der Einkaufsaktivitäten. In großen Unternehmen gibt es in der Regel eigene Einkaufsabteilungen, wohingegen in kleinen und mittelgroßen Unternehmen Einkaufsaktivitäten häufig nebenbei von der Verwaltung durchgeführt werden.[341] Gleichzeitig entscheiden die technologische Dynamik der Beschaf-

[337] Vgl. Arnold (Beschaffungsmanagement), 1997, S. 123.

[338] Vgl. Arnold (Sourcing-Konzepte), 1996, S. 1871; Arnold (Einkaufsorganisation), 2003, S. 156.

[339] Vgl. Arnold (Praxishandbuch Beschaffung – Einkaufsorganisation), 2007, S. 58.

[340] Vgl. Schuh et al. (Einkaufsstrukturen), 2014, S. 25.

[341] Vgl. Arnold (Beschaffungsmanagement), 1997, S. 203.

fungsmärkte sowie Eigenschaften der Beschaffungsobjekte über die Flexibilität und den Standardisierungsgrad in der Einkaufsorganisation.[342] Eine detaillierte Übersicht der jeweiligen Einflussfaktoren auf die Einkaufsorganisation ist in Abbildung 21 dargestellt.

Unternehmensbezogene Einflussfaktoren	Beschaffungsmarktbezogene Einflussfaktoren	Beschaffungsobjektbezogene Einflussfaktoren
▪ Unternehmensgröße und -struktur ▪ Standorte und Werksstruktur ▪ Unternehmensziele und strategische Ausrichtung ▪ Unternehmenskultur ▪ Homogenität der Geschäftsfelder, Diversität des Produktspektrums ▪ Leistungstiefe und Bedarfsstrukturen	▪ Verfügbarkeit von Ressourcen ▪ Technologische Dynamik der Beschaffungsmärkte ▪ Konkurrenzverhältnisse auf der Lieferantenseite ▪ Logistische Infrastruktur der Beschaffungsmärkte ▪ Regionale Besonderheiten und Länderspezifika	▪ Entwicklungsintensität der Beschaffungsobjekte ▪ Strategische Relevanz der Beschaffungsobjekte ▪ Logistische Relevanz der Beschaffungsobjekte ▪ Einkaufsvolumen und Länge der Einkaufszyklen

Abbildung 21: Einflussfaktoren auf die Einkaufsorganisation[343]

In Abhängigkeit der in Abbildung 21 dargestellten Einflussfaktoren erfolgt die Ausgestaltung der Einkaufsorganisation. Im Folgenden werden zunächst die Möglichkeiten der Integration der Einkaufsorganisation im Unternehmen thematisiert. Anschließend erfolgt die Beschreibung der Möglichkeiten zur Einkaufs- und Zulieferkooperation.

2.2.5.2 Integration der Einkaufsorganisation im Unternehmen

In der wissenschaftlichen Literatur werden unterschiedliche Möglichkeiten zur Integration der Einkaufsorganisation im Unternehmen diskutiert.[344] Die Fragestellungen nach der geeigneten Organisationsform beziehen sich z. B. auf den Grad der Zentralisierung bzw. Dezentralisierung, die Gestaltung von Weisungs- und Entscheidungsrechten, der Beteiligung von Fachabteilungen an Entscheidungen sowie der Standardisierung und Formalisierung von Prozessabläufen.[345] Häufig diskutierte Organisationsformen sind der zentrale und der dezentrale Einkauf sowie verschiedene hybride Organisationsformen.[346] In Abbildung 22 sind die häufigsten Organisationsformen zur Integration des Einkaufs schematisch dargestellt. Die Darstellung der hybriden Organisationsform erfolgt am Beispiel der Stab-/Linien-Organisationsform, die eine häufig vorzufindende Variante hybrider Organisationsformen beschreibt.

342 Vgl. Arnold (Praxishandbuch Beschaffung – Einkaufsorganisation), 2007, S. 63.

343 Vgl. Schuh et al. (Einkaufsstrukturen), 2014, S. 26; i. A. a. Arnold (Beschaffungsmanagement), 1997, S. 203 ff.; Arnold (Praxishandbuch Beschaffung – Einkaufsorganisation), 2007, S. 63; Reinelt (Zentraler oder dezentraler Einkauf), 2010, S. 37 f.

344 Vgl. Fröhlich; Lingohr (Organisatorischer Wandel im Einkauf), 2010, S. 16.

345 Vgl. Arnold (Einkaufsorganisation), 2003, S. 143.

346 Vgl. Schuh et al. (Einkaufsstrukturen), 2014, S. 27.

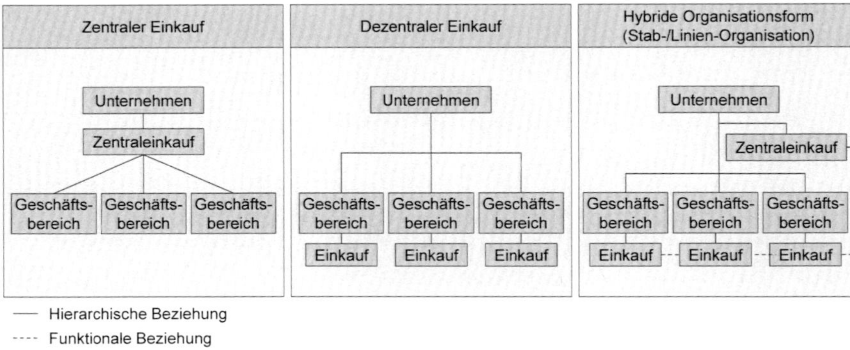

Abbildung 22: Organisationsformen zur Integration des Einkaufs[347]

Der **zentrale Einkauf** – auch **Zentraleinkauf** genannt – beschreibt eine Organisationsform, bei der die Einkaufsabteilung zentral für das gesamte Unternehmen agiert.[348] Ausschließlich der Zentraleinkauf ist für den gesamten Einkaufsprozess von der Planung über die Durchführung bis zur Kontrolle aller im Unternehmen benötigten Lieferungen und Leistungen verantwortlich, sodass in dezentralen Organisationseinheiten keine Einkaufsaktivitäten stattfinden.[349] Der Zentraleinkauf ist häufig in der Firmenzentrale angesiedelt und kooperiert eng mit zentralen Konstruktions- oder Entwicklungsabteilungen.[350] Durch eine Zentralisierung des Einkaufs lassen sich übergreifende Synergien realisieren, Einkaufsprozesse standardisieren und vorteilhafte Verhandlungspositionen gegenüber Lieferanten realisieren. Demgegenüber stehen Nachteile wie z. B. eine große Entfernung des Einkaufs zu den Bedarfsträgern sowie die Gefahr von Zielkonflikten zwischen Einkauf und ergebnisverantwortlichen Organisationseinheiten.[351] Insgesamt verfolgen Unternehmen mit einem zentralen Einkauf das Ziel, unmittelbare und mittelbare Einkaufskosten zu minimieren.[352]

Bei einem **dezentralen Einkauf** werden alle Einkaufsaktivitäten von den Mitarbeitern der bedarfstragenden Abteilungen übernommen.[353] Ein grundlegendes Merkmal dieser Struktur besteht darin, dass das Unternehmen in eigenverantwortliche Geschäftsbereiche aufgeteilt ist. Jeder dieser Geschäftsbereiche handelt weitestgehend autonom und ist für seine eigenen Einkaufsaktivitäten verantwortlich.[354] Durch die damit verbundene Nähe des Einkaufs zum operativen Geschäft können kürzere Entscheidungswege und eine höhere Flexibilität erreicht sowie eine bessere Kundenorientierung mit größerem technologischen Know-how aufgebaut

347 Eigene Darstellung, i. A. a. Schuh et al. (Einkaufsstrukturen), 2014, S. 30; van Weele; Eßig (Strategische Beschaffung), 2017, S. 396 ff.

348 Vgl. van Weele; Eßig (Strategische Beschaffung), 2017, S. 397.

349 Vgl. Reinelt (Zentraler oder dezentraler Einkauf), 2010, S. 33.

350 Vgl. van Weele; Eßig (Strategische Beschaffung), 2017, S. 397.

351 Vgl. Reinelt (Zentraler oder dezentraler Einkauf), 2010, S. 33.

352 Vgl. Sydow; Möllering (Produktion in Netzwerken), 2009, S. 154.

353 Vgl. Schuh et al. (Einkaufsstrukturen), 2014, S. 28.

354 Vgl. van Weele; Eßig (Strategische Beschaffung), 2017, S. 396.

werden.[355] Nachteilig wirken sich hingegen Redundanzen in Know-how aufgrund fehlender Synergien sowie hohe Prozesskosten infolge einer geringeren Marktmacht aus.[356] Zudem besteht die Gefahr des „Maverick Buying“.[357] **Maverick Buying** beschreibt einen unkontrollierten „Einkauf am Einkauf vorbei“, bei dem Einkaufsprozesse schlecht organisiert, Rahmenverträge geringfügig oder nicht genutzt werden und keine strukturierte Selektion von Lieferanten erfolgt.[358]

Der zentrale und dezentrale Einkauf beschreiben Extremausprägungen, die in der Praxis häufig kombiniert werden. Die Kombination von zentralen und dezentralen Einkaufsaktivitäten stellt eine Mischform bzw. eine sogenannte **hybride Organisationform** dar.[359] Ziel der hybriden Organisationform ist es, durch den Aufbau dezentraler Einkaufsabteilungen bei gleichzeitiger Existenz eines Zentraleinkaufs die Vorteile beider Organisationsformen zu nutzen, ohne durch die jeweiligen Nachteile zu stark beeinträchtigt zu werden.[360] Es kann beispielsweise durch das sogenannte **Lead-Buyer-Konzept** eine dezentrale Einkaufsabteilung strategische Einkaufsaktivitäten für andere dezentrale Einkaufsabteilungen übernehmen.[361] Sofern die dezentralen Einkaufsabteilungen hierarchisch dem jeweiligen Geschäftsbereich unterstellt sind und gleichzeitig eine funktionale Beziehung zum Zentraleinkauf besteht, wird in der Literatur auch der Begriff der **Stab-/Linien-Organisation** verwendet.[362] In Abbildung 23 erfolgt eine Auflistung der zentralen Vor- und Nachteile der beschriebenen Organisationsformen.

355 Vgl. Sydow; Möllering (Produktion in Netzwerken), 2009, S. 154.

356 Vgl. Reinelt (Zentraler oder dezentraler Einkauf), 2010, S. 35; Schuh et al. (Einkaufsstrukturen), 2014, S. 28.

357 Vgl. Reinelt (Zentraler oder dezentraler Einkauf), 2010, S. 34.

358 Vgl. Schwenk (Maverick Buying), 2011, S. 1; Schuh et al. (Einkaufsstrukturen), 2014, S. 35.

359 Vgl. Sydow; Möllering (Produktion in Netzwerken), 2009, S. 154; Schuh et al. (Einkaufsstrukturen), 2014, S. 28.

360 Vgl. Reinelt (Zentraler oder dezentraler Einkauf), 2010, S. 35.

361 Vgl. Reinelt (Zentraler oder dezentraler Einkauf), 2010, S. 35; van Weele; Eßig (Strategische Beschaffung), 2017, S. 399.

362 Vgl. van Weele; Eßig (Strategische Beschaffung), 2017, S. 400.

Organisations-form	Vorteile	Nachteile
Zentraler Einkauf	▪ Einfache Standardisierung von Prozessen und Spezifikationen ▪ Einfache Umsetzung einer unternehmensweiten, einheitlichen Einkaufsstrategie ▪ Klare Verantwortlichkeiten ▪ Einfache Kontrollierbarkeit der Prozesse ▪ Starke Verhandlungsposition durch Nachfragebündelung	▪ Risiko eines hohen Verwaltungsaufwandes und langwieriger Abläufe ▪ Große Distanz zwischen Einkauf und Bedarfsträgern ▪ Gefahr des Zielkonflikts zwischen Einkauf und ergebnisverantwortlichen Organisationseinheiten ▪ Hoher Koordinationsaufwand ▪ Fehlendes Bewusstsein für Beschaffungsvorgaben der zentralen Abteilung in den Organisationseinheiten
Dezentraler Einkauf	▪ Größtmögliche Integration in die betreffende Organisationseinheit ▪ Ausgeprägtes bedarfsbezogenes Fachwissen in den Beschaffungseinheiten ▪ Kurze Entscheidungswege und hohe Prozessgeschwindigkeit	▪ Redundante Strukturen ▪ Schwächere Verhandlungsposition und Synergieverluste bei gleichartigem Bedarf durch fehlende Nachfragebündelung ▪ Geringerer Standardisierungsgrad der Prozesse ▪ Gefahr des „Maverick Buying" ▪ Interne Konkurrenz um Lieferantenkapazität
Hybride Organisationsformen (z. B. Stab-/ Linien-Organisation)	▪ Erhöhte Reaktionsgeschwindigkeit im Vergleich zum Zentraleinkauf ▪ Detailliertere Produktkenntnis in den Beschaffungseinheiten ▪ Starke Vernetzung des Einkaufs im gesamten Unternehmen ▪ Einheitliche Materialgruppenstrategien ▪ Grenzüberschreitende Bündelung des Beschaffungsvolumens international agierender Konzerne	▪ Überschneiden von Einkaufskompetenzen ▪ Effizienzverluste durch Missverständnisse im Informationsaustausch ▪ Komplexere Zuordnung von Verantwortlichkeiten

Abbildung 23: Vor- und Nachteile verschiedener Organisationsformen[363]

2.2.5.3 Einkaufs- und Zulieferkooperation

Die Kooperation mit externen Unternehmen und insbesondere mit Lieferanten wird neben der Integration der Einkaufsorganisation in das zu beschaffende Unternehmen häufig diskutiert.[364] Grundsätzlich können gemäß Eßig zwei Formen der Einkaufs- und Zulieferkooperation unterschieden werden. Auf der einen Seite besteht die Möglichkeit, auf derselben Wertschöpfungsstufe zu kooperieren. Diese Form der Kooperation bezeichnet Eßig als horizontale Einkaufskooperation. Auf der anderen Seite besteht die Möglichkeit der vertikalen Zulieferkooperation, bei der die Zusammenarbeit zwischen Kunden und Lieferanten im Fokus steht.[365]

Die **horizontale Einkaufskooperation** dient der unternehmensübergreifenden Bündelung von Einkaufsaktivitäten, um z. B. Skaleneffekte zu erschließen (vgl. Abbildung 24).[366] Neben monetären Zielen wie der Reduzierung von Einstandspreisen, der Verbesserung von Zahlungs- und Lieferbedingungen oder der Optimierung von Bestellabwicklungskosten streben Unternehmen durch horizontale Einkaufskooperationen zusätzlich eine Erweiterung der Markttransparenz, einen Wissenstransfer sowie die Einbringung von Technologieanregungen an.[367]

---

363 Eigene Darstellung, i. A. a. Hirschsteiner (Einkaufs- und Beschaffungsmanagement), 2002, S. 113; Sydow; Möllering (Produktion in Netzwerken), 2009, S. 152 ff.; Reinelt (Zentraler oder dezentraler Einkauf), 2010, S. 33 ff.; Schuh et al. (Einkaufsstrukturen), 2014, S. 27 ff.; van Weele; Eßig (Strategische Beschaffung), 2017, S. 396 ff.

364 Vgl. Eßig (Beschaffungskooperation), 2007, S. 101.

365 I. A. a. Eßig (Beschaffungskooperation), 2007, S. 105 ff.

366 Vgl. Eßig (Beschaffungskooperation), 2007, S. 105 f.

367 Vgl. Lemme (Sparen mit Einkaufskooperation), 2010, S. 1 ff.

Den durch horizontale Einkaufskooperationen angestrebten Vorteilen steht hingegen ein erhöhter Koordinationsaufwand der gemeinsamen Einkaufsaktivitäten gegenüber.[368]

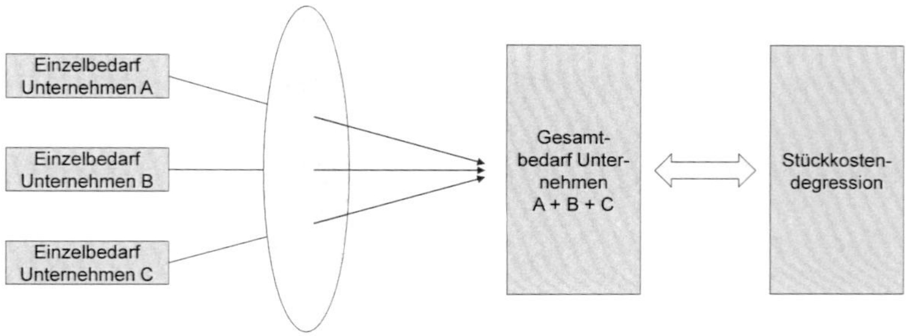

Abbildung 24: Horizontale Einkaufskooperation[369]

Die **vertikale Zulieferkooperation** fasst die Form der Zusammenarbeit zwischen dem beschaffenden Unternehmen und seinen Zulieferern zusammen. Besondere Bedeutung hat die vertikale Zulieferkooperation bei einer Verwendung der in Kapitel 2.2.4.2 beschriebenen Sourcing-Konzepte des Modular und System Sourcing, sodass in diesen Fällen eine Wertschöpfungspartnerschaft – auch **Wertschöpfungsnetzwerke**[370] genannt – entsteht.[371] Die Möglichkeiten einer Wertschöpfungspartnerschaft sind umfangreich, sodass sie im Bereich der wissenschaftlichen Literatur einen eigenen Themenbereich darstellen. Aus diesem Grund erfolgte eine ausführliche Beschreibung dieser Kooperationsformen bereits in Kapitel 2.1.2.4.

2.2.6 Einkaufsprozesse

Einkaufsprozesse stellen neben den grundsätzlichen strategischen Optionen, die in Kapitel 2.2.4 dargestellt worden sind, und der Einkaufsorganisation aus Kapitel 2.2.5 einen elementaren Themenbereich des strategischen Einkaufs dar.[372] Gemäß SCHUH & ÜNLÜ lassen sich Einkaufsprozesse in die drei Subthemen Analyse der Beschaffungsmärkte, Lieferantenauswahl sowie Steuerung der Lieferantenbasis gliedern.[373] Bei anderen Autoren ist zusätzlich das Beziehungsmanagement mit Lieferanten als Teilbereich der Einkaufsprozesse zu finden,[374] welches SCHUH & ÜNLÜ in Form der Lieferantenintegration als einen wichtigen Teilbereich der Steuerung der Lieferantenbasis verstehen.[375] Eine weitere wichtige Zielsetzung bei der Steuerung der Lieferantenbasis ist es, die Leistungsfähigkeit der Lieferantenbasis z. B. in

368 Siehe hierzu auch die Beschreibung der Vor- und Nachteile des Collective Sourcing in Kapitel 2.2.4.2.

369 Vgl. Eßig (Beschaffungskooperation), 2007, S. 106.

370 Vgl. Schuh et al. (Einkaufsstrukturen), 2014, S. 52 f.

371 Vgl. Eßig (Beschaffungskooperation), 2007, S. 108 ff.

372 Vgl. Schuh; Ünlü (Ordnungsrahmen Einkaufsmanagement), 2014, S. 9.

373 Vgl. Schuh; Ünlü (Ordnungsrahmen Einkaufsmanagement), 2014, S. 15.

374 Vgl. Stölzle (Beziehungsmanagement mit Lieferanten), 2007, S. 149 ff.

375 Vgl. Schuh et al. (Steuerung der Lieferantenbasis), 2014, S. 290 ff.

Bezug auf die Innovationsfähigkeit zu verbessern und die Lieferanten weiterzuentwickeln.[376] Ausgehend von dieser Auffassung werden nachfolgend die drei Subthemen Beschaffungsmarktforschung und Lieferantenauswahl, Lieferantenintegration sowie Lieferantenentwicklung thematisiert.

2.2.6.1 Beschaffungsmarktforschung und Lieferantenauswahl

Die **Beschaffungsmarktforschung** ist eine Voraussetzung für die erfolgreiche Lieferantenauswahl, da der Aufwand bei der Suche nach Neulieferanten maßgeblich von den Vorarbeiten im Rahmen der Beschaffungsmarktforschung abhängt.[377] Das Ziel der Beschaffungsmarktforschung besteht darin, die Transparenz über potenzielle Beschaffungsmärkte zu erlangen und die Lieferantenvorauswahl zu unterstützen.[378] Dabei gilt es, unter Berücksichtigung des Anforderungsprofils der Beschaffungsobjekte die relevanten Beschaffungsmärkte zu definieren und zu analysieren.[379] Zu den Aufgaben der Beschaffungsmarktforschung zählen die Bereitstellung allgemeiner Marktinformationen, produkt- und leistungsbezogener Informationen sowie von Informationen über Lieferanten, Abnehmer und die Wettbewerbssituation.[380]

Im Anschluss an die Beschaffungsmarktforschung folgen mit der Lieferantenidentifikation, -analyse und -bewertung die erweiterten Schritte der **Lieferantenauswahl**.[381] Während die Lieferantenauswahl in der Vergangenheit auf der Grundlage einiger Vergleichsangebote und dem niedrigsten Angebotspreis basierte, erfolgen Einkaufsentscheidungen heutzutage auf einer umfangreichen Bewertung der Leistungsfähigkeit vorausgewählter Lieferanten.[382] Für die Bewertung ist zu empfehlen, im ersten Schritt ein geeignetes Bewertungssystem zu entwerfen.[383] Ziel des Bewertungssystems ist eine ganzheitliche Bewertung.[384] Die Bewertungskriterien, die für die Lieferantenbewertung verwendet werden, können sehr vielfältig sein und umfassen z. B. Einkaufs-, Qualitäts-, Kosten- und Leistungskennzahlen sowie sonstige Kriterien wie Know-how, Kommunikation und Entwicklungspotenzial.[385] Auf Basis der durchgeführten Bewertung erfolgt die Lieferantenauswahl sowie die Durchführung von Vertragsverhandlungen und -abschlüssen.[386]

---

[376] Vgl. Schuh et al. (Steuerung der Lieferantenbasis), 2014, S. 255.

[377] Vgl. Large (Beschaffungsmarktforschung), 2007, S. 131; Large (Strategisches Beschaffungsmanagement), 2012, S. 173.

[378] Vgl. Reinelt (Multimediale Beschaffungsmarktforschung), 2002, S. 566 f.

[379] Vgl. Schuh; Ünlü (Ordnungsrahmen Einkaufsmanagement), 2014, S. 14; van Weele; Eßig (Strategische Beschaffung), 2017, S. 57.

[380] Vgl. Large (Beschaffungsmarktforschung), 2007, S. 135 ff.

[381] Vgl. Schuh; Ünlü (Ordnungsrahmen Einkaufsmanagement), 2014, S. 14.

[382] Vgl. Schuh et al. (Lieferantenauswahl), 2014, S. 183.

[383] Vgl. Heß (Strategischer Einkauf und Supply-Strategie), 2017, S. 135 ff.

[384] Vgl. Schuh et al. (Lieferantenauswahl), 2014, S. 203.

[385] Vgl. Schuh et al. (Lieferantenauswahl), 2014, S. 183; Heß (Strategischer Einkauf und Supply-Strategie), 2017, S. 135 f.

[386] Vgl. van Weele; Eßig (Strategische Beschaffung), 2017, S. 60.

2.2.6.2 Lieferantenintegration

Nach der Auswahl leistungsfähiger Lieferanten folgt die **Lieferantenintegration** in die internen Prozesse. Zielsetzung der Lieferantenintegration ist die Integration des Know-hows externer Partner in die eigene Wertschöpfungskette.[387] In der Literatur erfolgt die Beschreibung der Lieferantenintegration häufig in Abhängigkeit einer Lieferantenklassifizierung. Im Folgenden werden gemäß HEß sowie KIRST bzw. SCHUH ET AL. zwei unterschiedliche Formen der Lieferantenklassifizierung und der damit einhergehenden Lieferantenintegration beschrieben.

HEß kategorisiert Lieferanten zur Gestaltung der prozessseitigen Kooperation nach Intensität und Inhalt der Zusammenarbeit. Die Intensität der Zusammenarbeit beschreibt die Beziehung zu den Lieferanten. Der Inhalt der Zusammenarbeit spiegelt den Wertbeitrag der jeweiligen Lieferanten wider. In Kombination unterscheidet HEß vorgeschriebene Lieferanten, auszuphasende Lieferanten, Basislieferanten, Best-Cost-Lieferanten, Preferred Supplier, Entwicklungspartner und Innovationspartner (vgl. Abbildung 25).[388]

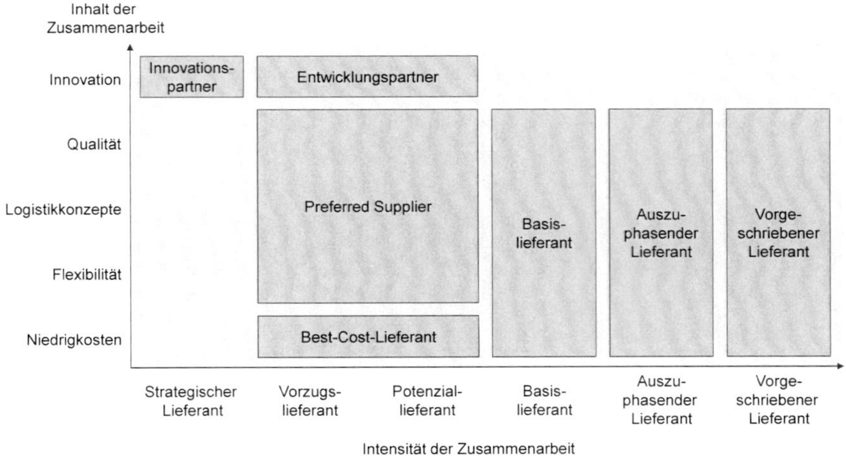

Abbildung 25: Beispielhafte strategische Lieferantenklassifizierung nach HEß[389]

Die Integration von **Innovationspartnern** ist durch eine sehr enge strategische Zusammenarbeit charakterisiert. Der Innovationspartner liefert nach Möglichkeit einen Beitrag zu den Leistungszielen des Unternehmens, wobei Kosten nicht vernachlässigt werden dürfen, aber nicht von zentraler Bedeutung sind. Die Bedeutung der **Entwicklungspartner** ist für das Unternehmen ebenfalls hoch, sodass die Zusammenarbeit mit der Form der Innovationspartner zu vergleichen ist. Der Unterschied besteht in erster Linie darin, dass der Entwicklungspartner vorrangig Design- und Entwicklungsprozesse für weniger bedeutsame Komponenten übernimmt

[387] Vgl. Hofbauer et al. (Wertorientierte Gestaltung der Lieferbeziehung), 2012, S. 104.

[388] Vgl. Heß (Strategischer Einkauf und Supply-Strategie), 2017, S. 148 ff.

[389] Vgl. Heß (Strategischer Einkauf und Supply-Strategie), 2017, S. 149.

oder lediglich den Entwicklungsprozess unterstützt. Bei dem **Preferred Supplier** zielt die partnerschaftliche Zusammenarbeit im Wesentlichen auf Leistungssteigerungen in den Bereichen Qualität, Logistik und Flexibilität ab. Bei **Best-Cost-Lieferanten** stehen hingegen die Verbesserung der Kostenposition im Zentrum der Partnerschaft. Zu den Basislieferanten wird im Gegenzug zu den bisher beschriebenen Lieferantenkategorien keine intensive partnerschaftliche Zusammenarbeit gepflegt. Es erfolgen lediglich „normale" transaktionsorientierte Geschäftsbeziehungen. Die Geschäftsbeziehungen zu **auszuphasenden Lieferanten** werden beendet, sodass keine weitere Zusammenarbeit erfolgt. Aufgrund einer Zwangspartnerschaft zu **vorgeschriebenen Lieferanten** unterliegt diese Zusammenarbeit ganz spezifischen Anforderungen.[390]

KIRST differenziert darüber hinaus verschiedene **Typen der Lieferanteneinbindung**, die SCHUH ET AL. ebenfalls aufgreifen.[391] Unterschieden wird unter der Verwendung leicht unterschiedlicher Begrifflichkeiten die verlängerte Werkbank, der Auftragspartner, der Modul- und Systemlieferant und der Partner. Die Lieferantentypen orientieren sich an den Kompetenzen und dem Know-how der Zulieferer und sind insbesondere von deren spezifischen Fähigkeiten abhängig.[392] In der genannten Reihenfolge der Lieferantentypen nimmt die Bedeutung für den Produktentstehungsprozess und die Intensität der Lieferantenintegration zu (vgl. Abbildung 26).

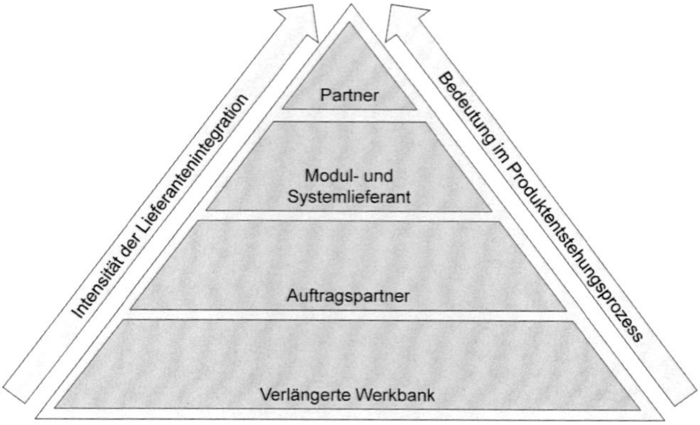

Abbildung 26: Typen der Lieferanteneinbindung[393]

[390] Vgl. Heß (Strategischer Einkauf und Supply-Strategie), 2017, S. 149 f.

[391] Vgl. Kirst (Lieferantenintegration im Produktentstehungsprozess), 2008, S. 96 ff.; Schuh et al. (Steuerung der Lieferantenbasis), 2014, S. 292.

[392] Vgl. Kirst (Lieferantenintegration im Produktentstehungsprozess), 2008, S. 97; Schuh et al. (Steuerung der Lieferantenbasis), 2014, S. 291.

[393] Vgl. Schuh et al. (Steuerung der Lieferantenbasis), 2014, S. 292, i. A. a. Kirst (Lieferantenintegration im Produktentstehungsprozess), 2008, S. 97.

Die Einbindung des Lieferanten als **Partner** stellt die engste Form der Lieferantenintegration dar. Der Partner zeichnet sich durch ein umfangreiches technologisches Know-how aus und bietet umfangreiche Entwicklungsservices bis hin zur Übernahme der Verantwortung für ganze Subsysteme eines Produkts an. Somit ist der Partner bereits bei der Ideengenerierung in der frühen Phase der Entwicklung integriert.[394] Die Beschreibung des Partners von KIRST und SCHUH ET AL. ist vergleichbar mit derjenigen des Innovationspartners von HEß. Die **Modul- und Systemlieferanten** liefern komplexe Module und Systeme, die mit anderen Beschaffungsobjekten abgestimmt werden müssen. Die Integration in den Produktentwicklungsprozess folgt etwas später als bei dem Partner, jedoch mit der Konzeptentwicklung ebenfalls zu einem frühen Zeitpunkt.[395] **Auftragspartner** haben nur noch einen geringen Einfluss auf das Design und die Spezifikationen des Beschaffungsobjekts. Die Beschaffungsobjekte der Auftragspartner sind zumeist einfache Bauteile und Komponenten, für die keine neuen Technologien entwickelt werden müssen.[396] Die Beschreibung der Modul- und Systemlieferanten bzw. der Auftragspartner ähnelt der Beschreibung der Entwicklungspartner bei HEß. Die **verlängerte Werkbank** hingegen stellt die loseste Form der Lieferantenintegration dar. Im Unterschied zum Auftragspartner werden lediglich Standardkomponenten bereitgestellt, sodass kein Einfluss auf die Produktspezifikationen besteht und keine Integration in die Produktentwicklung erfolgt.[397]

2.2.6.3 Lieferantenentwicklung

Die Steuerung der Lieferantenbasis hat neben der Beschaffungsmarktforschung sowie der Lieferantenauswahl und -integration eine große Bedeutung für den strategischen Einkauf, da Beziehungen zu Lieferanten durch Langfristigkeit geprägt sind.[398] Die Zielsetzung dabei ist es, die Leistungsfähigkeit der Lieferantenbasis z. B. in Bezug auf die Innovationsfähigkeit zu verbessern und die Lieferanten weiterzuentwickeln.[399]

Im Rahmen der **Lieferantenentwicklung** lassen sich gemäß HARTMANN grundsätzlich zwei Entwicklungsstrategien unterscheiden. Zum einen besteht die Möglichkeit, Lieferanten aktiv zu unterstützen und zu entwickeln (Aktive Entwicklung). Zum anderen können definierte Maßnahmen in Eigenverantwortung durch den Lieferanten umgesetzt werden (Eigenoptimierung). Die Alternativen zur Lieferantenentwicklung sind eine Volumenreduzierung bzw. das Ausphasen der Lieferantenbeziehung (vgl. Abbildung 27).[400]

---

394 Vgl. Schuh et al. (Steuerung der Lieferantenbasis), 2014, S. 292.

395 Vgl. Schuh et al. (Steuerung der Lieferantenbasis), 2014, S. 292.

396 Vgl. Schuh et al. (Steuerung der Lieferantenbasis), 2014, S. 293.

397 Vgl. Schuh et al. (Steuerung der Lieferantenbasis), 2014, S. 293.

398 Vgl. Schuh et al. (Steuerung der Lieferantenbasis), 2014, S. 255.

399 Vgl. Schuh et al. (Steuerung der Lieferantenbasis), 2014, S. 283.

400 Vgl. Hartmann (Lieferantenmanagement), 2004, S. 59 ff.

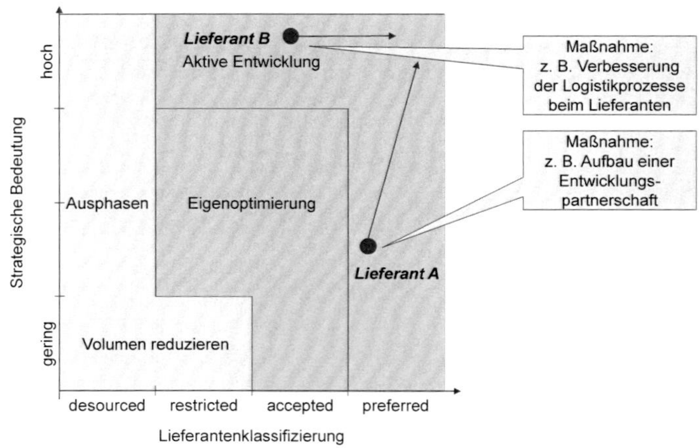

Abbildung 27: Entwicklungsstrategien der Lieferantenentwicklung nach HARTMANN[401]

SCHUH ET AL. greifen die Entwicklungsstrategien von HARTMANN auf und beschreiben, dass die gewählte Entwicklungsstrategie primär von der Leistungsfähigkeit des Lieferanten sowie seiner strategischen Bedeutung für den Abnehmer abhängt. Die **Eigenoptimierung** bietet sich für diejenigen Lieferanten an, bei denen nur geringe Entwicklungsbedarfe bestehen oder abnehmerspezifische Anpassungen erforderlich sind. Besteht ein größerer Entwicklungsbedarf oder ist die strategische Bedeutung des Lieferanten sehr hoch, ist eine **aktive Lieferantenentwicklung** anzustreben. Laut SCHUH ET AL. können für beide Entwicklungsstrategien unterschiedliche Aktivitäten zur Lieferantenentwicklung differenziert werden.[402] Die unterschiedlichen Aktivitäten zur Lieferantenentwicklung sind in Abbildung 28 dargestellt.

Aktivitäten der Eigenoptimierung	Aktivitäten der aktiven Entwicklung
▪ Zielvorgaben und Maßnahmen	▪ Analyse von Lieferantenaudits und -bewertungen
▪ Verstärkung des Wettbewerbs	▪ Beratung und Schulungen (strategisch/operativ)
▪ Preisverhandlungen	▪ Know-how-Transfer
▪ Festlegung von Strafen	▪ Unterstützung beim Markteintritt (Reverse Marketing)
	▪ Transfer von Ressourcen (personell/monetär)

Abbildung 28: Beispiele für Aktivitäten der Lieferantenentwicklung[403]

[401] Vgl. Hartmann (Lieferantenmanagement), 2004, S. 60.

[402] Vgl. Schuh et al. (Steuerung der Lieferantenbasis), 2014, S. 302.

[403] Vgl. Schuh et al. (Steuerung der Lieferantenbasis), 2014, S. 303.

2.2.7 Strategischer Werkzeugeinkauf

Der strategische Werkzeugeinkauf ist für produzierende Unternehmen ein Thema mit hoher praktischer Relevanz. Da die Anzahl benötigter Werkzeuge in Folge einer zunehmenden Variantenvielfalt bei gleichzeitig kürzeren Produktlebenszyklen signifikant zugenommen hat, ist die Bedeutung des Werkzeugeinkaufs in den letzten Jahren deutlich gestiegen. Gleichzeitig ist der Anteil der Werkzeugkosten an den Produktionskosten bezogen auf das einzelne Derivat gestiegen, sodass der Kostendruck auf den Werkzeugeinkauf zunimmt.[404]

Die Strukturierung der nachfolgenden Beschreibung des strategischen Werkzeugeinkaufs wird an die Struktur der allgemeinen Beschreibung des strategischen Einkaufs aus den vorherigen Teilkapiteln angelehnt. Zunächst erfolgt die Begriffsdefinition des strategischen Werkzeugeinkaufs mit einer anschließenden Beschreibung der Zielsetzung. Darauffolgend werden mit der strategischen Beschaffungsplanung, der Organisation sowie der Prozesse des Werkzeugeinkaufs die drei zuvor allgemein beschriebenen Themenbereiche des strategischen Einkaufs werkzeugbauspezifisch thematisiert.

Insgesamt existieren nur wenige wissenschaftliche Veröffentlichungen, in denen der Fokus auf den strategischen Werkzeugeinkauf gelegt wird. Daher basieren die nachfolgenden Beschreibungen teilweise auf den Erfahrungen, die im Rahmen der Tätigkeiten am Werkzeugmaschinenlabor WZL der RWTH Aachen in Zusammenarbeit mit produzierenden Unternehmen gesammelt werden konnten.

2.2.7.1 Begriffsdefinition strategischer Werkzeugeinkauf

In der wissenschaftlichen Literatur wird der strategische Einkauf häufig im Allgemeinen diskutiert, ohne dass eine explizite Betrachtung der Werkzeuge als Beschaffungsobjekte erfolgt. Folglich existiert in der wissenschaftlichen Literatur keine eigene Begriffsdefinition des strategischen Werkzeugeinkaufs.

In Kapitel 2.2.3.1 wurde mit einer Systematisierung der Beschaffungsobjekthauptgruppen nach ARNOLD und LARGE herausgestellt, dass Werkzeuge als Beschaffungsobjekte den mobilen Investitionsgütern zugeordnet werden können. Damit steht der Begriff des strategischen Werkzeugeinkaufs in enger Verbindung mit dem Begriff des **Investitionsgütereinkaufs**. Laut HOFMANN ET AL. beinhaltet der Investitionsgütereinkauf alle Prozesse zur Versorgung eines Unternehmens mit Investitionsgütern aus unternehmensexternen Quellen.[405] Investitionsgüter zeichnen sich dabei als Beschaffungsobjekte durch hohe einmalige Anschaffungskosten sowie durch zusätzlich laufende Betriebskosten aus. Sie haben eine hohe Bedeutung für die Aufrechterhaltung der Leistungsfähigkeit eines Unternehmens und sichern dessen zukünftige Leistungsfähigkeit.[406]

---

[404] Vgl. Schuh et al. (Internationaler Werkzeugbau), 2015, S. 37.

[405] Vgl. Hofmann et al. (Investitionsgütereinkauf), 2012, S. 13.

[406] Vgl. Hofmann et al. (Investitionsgütereinkauf), 2012, S. 1.

Diese Charakterisierung des Investitionsgütereinkaufs trifft grundsätzlich auch auf den strategischen Werkzeugeinkauf zu, ohne dass dieser Begriff in der wissenschaftlichen Literatur explizit definiert wird. Anstelle des strategischen Werkzeugeinkaufs ist hingegen der Begriff der **Werkzeugversorgung** zu finden. KUHLMANN beschreibt die Werkzeugversorgung als „die Bereitstellung von Werkzeugen und werkzeugspezifischen Leistungen durch interne und/oder externe Werkzeugbaubetriebe zur Befähigung einer Serienproduktion". KUHLMANN stellt zudem fest, dass die Funktion der Werkzeugversorgung in den wenigsten Unternehmen vorhanden ist und die Werkzeugversorgung unter anderem in die Bereiche Werkzeugbau und Werkzeugeinkauf fällt.[407] Eine explizite Abgrenzung von Werkzeugversorgung und Werkzeugeinkauf erfolgt nicht.

Folglich existiert in der wissenschaftlichen Literatur keine konkrete Begriffsdefinition des strategischen Werkzeugeinkaufs, die im Rahmen dieser Arbeit aufgegriffen werden kann. Daher wird die dieser Arbeit zugrundeliegende Begriffsdefinition des strategischen Werkzeugeinkaufs aus der Begriffsdefinitionen des strategischen Einkaufs aus Kapitel 2.2.1.3 sowie der Werkzeugversorgung abgeleitet. Im Verständnis dieser Arbeit umfasst der **strategische Werkzeugeinkauf** somit alle unternehmens- und/oder marktbezogenen Tätigkeiten, die einen strategischen Bezug aufweisen und darauf ausgerichtet sind, ein produzierendes Unternehmen unter Berücksichtigung von Eigenfertigung und Fremdbezug bestmöglich mit Werkzeugen zu versorgen. Damit hat der strategische Werkzeugeinkauf sowohl Schnittstellen zu der Bereitstellung der Werkzeuge durch den internen Werkzeugbau als auch zu externen, am Beschaffungsmarkt agierenden Werkzeugbaubetrieben. Der Begriff des strategischen Werkzeugeinkaufs weist damit eine hohe Ähnlichkeit zu KUHLMANN'S Begriffsverständnis der Werkzeugversorgung auf und wird daher im Folgenden synonym verwendet.

2.2.7.2 Zielsetzung des strategischen Werkzeugeinkaufs

Wie in Kapitel 2.1.3.1 beschrieben handelt es sich bei Werkzeugen in der Regel um Unikate, die für neuentwickelte Produkte individuell konstruiert und gefertigt werden. Folglich ist die Bestellhäufigkeit eines einzelnen Werkzeugs gering.[408] Gleichzeitig können die Investitionskosten für Werkzeuge sehr hoch ausfallen. Bei vergleichbaren Investitionsgütern mit einem hohen Bestellwert und einer geringen Bestellhäufigkeit ist der Einstandspreis in der Regel der maßgebliche Stellhebel des Einkaufs. Gleichzeitig ist die Betrachtung der „Total Cost of Ownership" – d. h. die Betrachtung der gesamten Lebenszykluskosten des Werkzeugs inkl. Wartung und Reparatur – von hoher Bedeutung.[409] Neben einer alleinigen Betrachtung des Einstandspreises und der Lebenszykluskosten gibt es weitere Faktoren, die für den Werkzeugeinkauf von Bedeutung sind. KUHLMANN leitet in Anlehnung an das Zielsystem der Leistungserstellung für eine Produktion nach GULDEN sowie das Zielsystem der Leistungserstellung für einen Werkzeugbaubetrieb nach KMOREK ein generisches Zielsystem für die Werkzeugversorgung von Produktionsnetzwerken ab (vgl. Abbildung 29).

---

[407] Vgl. Kuhlmann (Corporate Tooling), 2017, S. 3.

[408] Vgl. Eversheim; Klocke (Werkzeugbau mit Zukunft), 1998, S. 20.

[409] Vgl. Schuh et al. (Einkaufsstrukturen), 2014, S. 41.

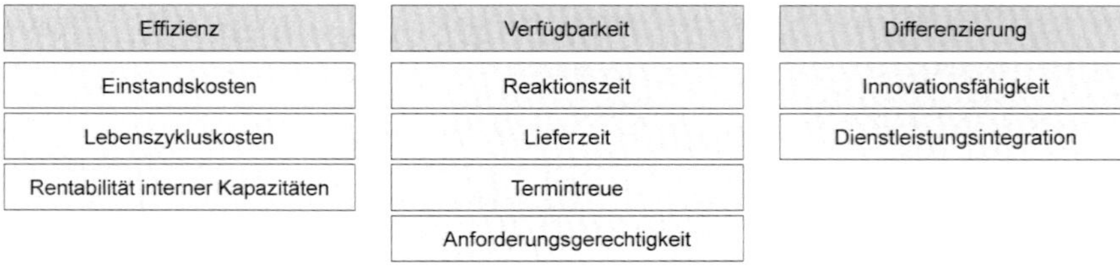

Abbildung 29: Generisches Zielsystem der Werkzeugversorgung nach KUHLMANN[410]

Der ersten Zieldimension **Effizienz** kann neben den Einstands- und Lebenszykluskosten die Rentabilität interner Kapazitäten zugeordnet werden. Darüber hinaus betrachtet KUHLMANN zwei weitere Zieldimensionen. Zum einen beschreibt er die Zieldimension **Verfügbarkeit**, die alle technologischen und prozessualen Zielkriterien zur Erfüllung der Werkzeugbedarfe umfasst. Dazu zählen die Zielkriterien Reaktionszeit, Lieferzeit, Termintreue und Anforderungsgerechtigkeit. Die dritte Zieldimension adressiert die Möglichkeit, die Werkzeugversorgung als Differenzierungsmerkmal zu nutzen. **Differenzierung** kann sowohl über den Beitrag des Werkzeugbaus zur Innovationsfähigkeit sowie über die Integration zusätzlicher Dienstleistungen in Bezug auf bspw. Wartung, Instandhaltung und Reparatur erfolgen.[411]

Auf der einen Seite bilden die von KUHLMANN abgeleiteten Zieldimensionen und Zielkriterien die in Abbildung 15 dargestellten übergeordneten Einkaufsziele Kosten, Differenzierung und Zeit sehr gut ab. Daher kann das beschriebene Zielsystem der Werkzeugversorgung in Teilen auf die Zielsetzungen des Werkzeugeinkaufs übertragen werden. Auf der anderen Seite finden Faktoren wie bspw. die Werkzeugqualität und der Schutz von internem Know-how, die für die in Kapitel 2.1.3.2 begründete werkzeugbezogene Make-or-Buy-Entscheidung von hoher Relevanz sind, keine vollumfassende Berücksichtigung.

2.2.7.3 Strategische Beschaffungsplanung im Werkzeugeinkauf

In vielen Unternehmen erfolgt die werkzeugbezogene **Make-or-Buy-Entscheidung** auf Basis einer grundsätzlichen strategischen Ausrichtung, dass Werkzeuge ausschließlich im internen Werkzeugbau hergestellt bzw. extern am Markt eingekauft werden. Gleichzeitig gibt es Unternehmen, die sowohl Werkzeuge intern herstellen als auch extern am Markt beziehen. Neben dem Schutz von unternehmensinternem Know-how, dem Einstandspreis des Werkzeugs oder sonstigen Differenzierungsmerkmalen haben verfügbare interne Kapazitäten ebenfalls einen Einfluss auf die werkzeugbezogene Make-or-Buy-Entscheidung. Sofern der interne Werkzeugbau über freie Kapazitäten verfügt, erfolgt keine bzw. nur in seltenen Fällen ein Werk-

410 Vgl. Gulden (Wertorientierte Gestaltung), 2009, S. 35.

411 Vgl. Kuhlmann (Corporate Tooling), 2017, S. 154 f.

zeugeinkauf bei externen Werkzeugbaubetrieben. Obwohl diese Thematik bei vielen produzierenden Unternehmen eine große Rolle spielt, existiert kein systematischer Ansatz für eine werkzeugbaubezogene Make-or-Buy-Entscheidung.[412]

Die Betrachtung verschiedener **Sourcing-Konzepte** in Bezug auf den Werkzeugeinkauf erfolgt in der wissenschaftlichen Literatur nicht. Es ist unumstritten, dass der Werkzeugeinkauf und im Zuge der Globalisierung zunehmend auch der internationale Werkzeugeinkauf an Bedeutung gewinnt. Aktuelle Auswertungen zeigen, dass die Werkzeugimporte deutscher Unternehmen aus China von 2015 bis 2018 um 61 % gestiegen sind.[413] Dennoch verfolgen produzierende Unternehmen bei der Auswahl geeigneter Sourcing-Konzepte individuelle Ansätze, ohne dass in der Literatur eine systematische Herangehensweise beschrieben wird.

2.2.7.4 Organisation des strategischen Werkzeugeinkaufs

In der Praxis haben sich für die Integration des Werkzeugeinkaufs in die Unternehmensorganisation drei Möglichkeiten etabliert. Die erste Möglichkeit ist die Durchführung des Werkzeugeinkaufs durch den Zentraleinkauf. Zweitens können einzelne Bereiche und Produktionslinien dezentral für den Werkzeugeinkauf verantwortlich sein. Zudem gibt es eine dritte Möglichkeit, die einen Sonderfall beschreibt. Sofern das produzierende Unternehmen einen Teil des Werkzeugbedarfs intern herstellt und einen Teil des Werkzeugbedarfs extern am Markt einkauft, kann der interne Werkzeugbau die Verantwortung für den Werkzeugeinkauf übernehmen.[414]

Eine wissenschaftliche Betrachtung der Organisation des Werkzeugeinkaufs existiert hingegen nicht. KUHLMANN beschreibt lediglich eine mögliche Matrixfunktion bzw. Abteilung mit dem Namen „Werkzeugversorgung" in der Organisation produzierender Unternehmen. Hierbei koordinieren Mitarbeiter aus der Produktion, dem Einkauf, dem Werkzeugbau und der Produktentwicklung gemeinsam die Erfüllung aller Werkzeugprojekte sowie werkzeugspezifischer Dienstleistungen.[415] Diese Integration der Werkzeugversorgung in die Unternehmensorganisation ist in Abbildung 30 dargestellt.

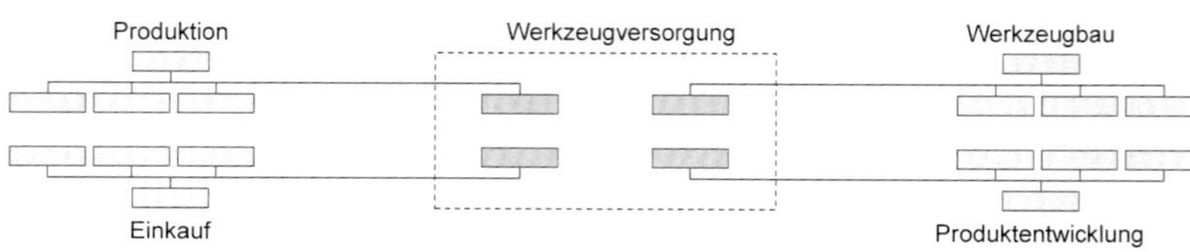

Abbildung 30: Organisatorische Verankerung der Werkzeugversorgung nach KUHLMANN[416]

[412] Dieser Absatz bezieht sich auf das Erfahrungswissen der Abteilung Unternehmensentwicklung des Lehrstuhls für Produktionssystematik am des Werkzeugmaschinenlabors WZL der RWTH Aachen.

[413] Vgl. United Nations Commodity Trade Statistics Database (UN Comtrade), 2019.

[414] Dieser Absatz bezieht sich auf das Erfahrungswissen der Abteilung Unternehmensentwicklung des Lehrstuhls für Produktionssystematik am des Werkzeugmaschinenlabors WZL der RWTH Aachen.

[415] Vgl. Kuhlmann (Corporate Tooling), 2017, S. 207.

[416] Vgl. Kuhlmann (Corporate Tooling), 2017, S. 207.

2.2.7.5 Prozesse des strategischen Werkzeugeinkaufs

In der produzierenden Industrie besteht in Bezug auf den Werkzeugeinkauf wachsendes Interesse an der **Beschaffungsmarktforschung und Lieferantenauswahl**. Dies belegen aktuelle Studien, die die WBA Aachener Werkzeugbau Akademie GmbH in Kooperation mit dem Werkzeugmaschinenlabor WZL der RWTH Aachen und dem Fraunhofer-Institut für Produktionstechnologie IPT durchgeführt hat. In den Jahren 2014 bis 2019 wurden nationale und internationale Lieferantenauswahlprojekte im Bereich des Werkzeugeinkaufs durchgeführt, aus denen Marktstudien zu den wichtigsten Werkzeugbaumärkten Deutschland[417], China[418], der Türkei[419], der Tschechischen Republik[420], Slowenien[421] und Südafrika[422] – teilweise in enger Zusammenarbeit mit namhaften Unternehmen aus der Automobilindustrie und Medizintechnik – veröffentlicht wurden.

Aus diesem Grund werden die Prozesse des Werkzeugeinkaufs in der Literatur umfangreicher thematisiert als die Bereiche der strategischen Beschaffungsplanung und Einkaufsorganisation. BOOS ET AL. konzeptionieren einen Lieferantenmanagementprozess für den Einkauf von Werkzeugen und Werkzeugkomponenten, der in Abbildung 31 dargestellt wird.

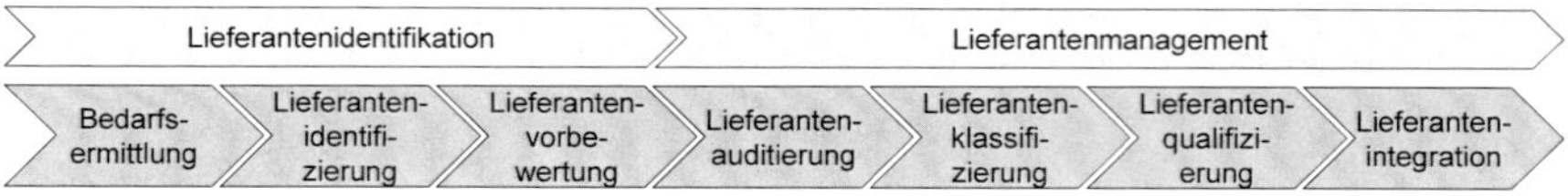

Abbildung 31: Lieferantenmanagementprozess nach BOOS ET AL.[423]

Der **Lieferantenmanagementprozess** teilt sich in die beiden Phasen Lieferantenidentifikation sowie Lieferantenmanagement. Im Rahmen der **Lieferantenidentifikation** werden geeignete Lieferanten ausgehend vom zuvor ermittelten Bedarf identifiziert. Die Bedarfsermittlung dient der Prognose des benötigten Werkzeugbedarfs. Dieser Phase der Lieferantenidentifikation ordnen BOOS ET AL. ebenfalls die Festlegung einer Make-or-Buy-Strategie zu, ohne genauer auf deren Ausgestaltung einzugehen. Im Anschluss daran folgt die Phase der Lieferantenidentifizierung, die die Recherche potenzieller Lieferanten in ausgewählten Werkzeugbaumärkten umfasst. Zudem werden relevante Daten zur Bewertung der Leistungsfähigkeit von potenziellen Lieferanten erhoben, um eine anschließende Lieferantenvorbewertung durchführen zu können. Somit werden die recherchierten Lieferanten hinsichtlich ihres Leistungsumfangs und ihrer Leistungsfähigkeit bewertet, um potenziell geeignete Lieferanten zu priorisieren. Diese Lieferanten durchlaufen schließlich die Phasen des **Lieferantenmanagements**. Im Rahmen

[417] Vgl. Boos et al. (Tooling in Germany), 2018.

[418] Vgl. Boos et al. (Tooling in China: Großblech- und Massivumformung), 2015; Boos et al. (Tooling in China: Spritzgießwerkzeugbau), 2016.

[419] Vgl. Boos et al. (Tooling in Turkey), 2016.

[420] Vgl. Boos et al. (Tooling in Czech Republic), 2018.

[421] Vgl. Boos et al. (Tooling in Slovenia), 2019.

[422] Vgl. Boos et al. (Tooling in South Africa), 2014.

[423] I. A. a. Boos et al. (Lieferantenmanagement im Werkzeugbau), 2018, S. 11.

einer Lieferantenauditierung erfolgt eine detaillierte Bewertung der potenziellen Lieferanten. Auf Basis dieser Bewertung werden die potenziellen Lieferanten in die Kategorien „keine Partnerschaft", „technologische Kompetenzerweiterung", „kostengünstige/reaktionsschnelle Dienstleister" und „strategische Innovationspartnerschaften" klassifiziert. Die Lieferantenqualifizierung dient schließlich der langfristigen erfolgreichen Zusammenarbeit zwischen Werkzeuglieferant und produzierendem Unternehmen. Diese kann durch Zielvorgaben, Beratung und Schulungen sowie ein gemeinsames Wissensmanagement erfolgen. Abschließend erfolgt mit der Lieferantenintegration die Einbindung von Lieferanten in die Auftragsabwicklung des einkaufenden Unternehmens.[424]

Neben der Beschreibung eines Lieferantenmanagementprozesses existiert in der Literatur eine Unterteilung von generischen Werkzeuglieferantentypen. FRICK entwickelt eine Systematik, mithilfe derer acht **generischen Werkzeuglieferantentypen** unterteilt werden können, die in der nachfolgenden Abbildung 32 dargestellt werden.

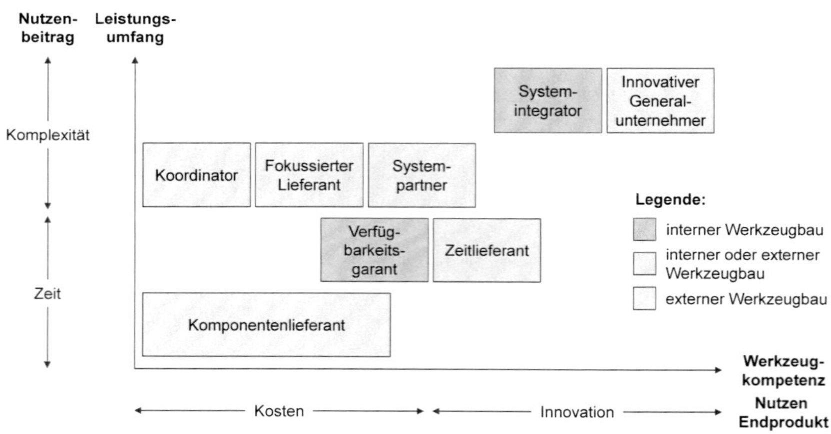

Abbildung 32: Typisierung von Werkzeuglieferanten nach FRICK[425]

Die Ableitung der Lieferantentypen basiert auf den Ergebnissen einer umfangreich ausgelegten Fallstudie zu erfolgreichen Geschäftsmodellen im Werkzeugbau. Die Lieferantentypen schließen sowohl interne als auch externe Werkzeugbaubetriebe ein und werden von FRICK hinsichtlich der Zusammenarbeit zwischen Werkzeugbau und Kunde sowie des entsprechenden Nutzens im Produkt differenziert. FRICK unterscheidet in den fokussierten Lieferanten, den Verfügbarkeitsgaranten, den Zeitlieferanten, den Koordinator, den Systempartner, den Systemintegrator sowie den innovativen Generalunternehmer.[426]

---

424 Vgl. Boos et al. (Lieferantenmanagement im Werkzeugbau), 2018, S. 11 ff.

425 Vgl. Frick (Erfolgreiche Geschäftsmodelle im Werkzeugbau), 2005, S. 195.

426 Vgl. Frick (Erfolgreiche Geschäftsmodelle im Werkzeugbau), 2005, S. 191 ff.

Der **fokussierte Lieferant** fertigt als Spezialist und strategischer Partner komplette Werkzeuge und bietet umfangreiche Dienstleistungen von der Beratung bei der Bauteilentwicklung bis zur Produktion von Kleinserien an. Das Produktspektrum, für welches dieser Lieferantentyp hochstandardisierte Werkzeuge herstellt, ist stark eingeschränkt. Er kann sowohl interner als auch externer Werkzeugbau sein und differenziert sich durch niedrige Kosten und kurze Lieferzeiten.[427]

Der **Verfügbarkeitsgarant** fokussiert sich auf Know-how-intensive Werkzeuge und garantiert die Verfügbarkeit der Produktion. Er agiert wie der fokussierte Lieferant ausschließlich als strategischer Partner. Als interner Dienstleister differenziert er sich insbesondere über Zeitvorteile im Falle eines Ausfalls der Produktionsanlagen.[428]

Der **Zeitlieferant** tritt als interner oder externer Werkzeugbau auf und zeichnet sich durch eine schnelle sowie termintreue Lieferung von abstimmungsintensiven, komplexen Werkzeugen aus. Er bedient sowohl strategische Partner als auch weitere Kunden und bietet neben einer Beratung der Bauteilentwicklung weitere Dienstleistungen wie z. B. eine Anlaufbegleitung der Serienproduktion an.[429]

Der **Koordinator** beliefert seine Kunden mit günstigen Standardwerkzeugen. Dabei zeichnet er sich durch eine reduzierte Komplexität beim Kunden und niedrige Kosten aus. Ähnlich wie der Zeitlieferant betreut der Koordinator sowohl strategische Partner als auch sonstige Kunden. Er bietet zudem ein breites Dienstleistungsspektrum mit Beratung bei der Bauteilentwicklung, Instandhaltung, Reparaturservice sowie Anlaufbegleitung an.[430]

Der **Systempartner** ist verstärkt in Kundenprozesse integriert, sodass er Kosten und die Komplexität beim Kunden reduziert. Er führt auf eigenen Produktionsanlagen Musterungen durch, sodass der Einarbeitungsaufwand der Werkzeuge auf Kundenseite reduziert wird. Der Systempartner bietet als interner oder externer Werkzeugbau ein breites Werkzeugspektrum für strategische Partner und weitere Kunden an.[431]

Der **Systemintegrator** bietet durch eine enge Integration beim Kunden eine hohe Innovationsfähigkeit. Er differenziert sich mit einer reduzierten Komplexität für den Kunden und als Befähiger für Innovationen, indem er als strategischer Partner sehr früh in die Bauteilentwicklung des Kunden integriert ist. Der Systemintegrator tritt als interner Dienstleister auf und kann darüber hinaus ebenfalls externe Kunden bedienen.[432]

Der **innovative Generalunternehmer** übernimmt die Verantwortung von der Bauteilentwicklung bis hin zur Lieferung von Kleinserien und bietet teilweise die Übernahme der kompletten

[427] Vgl. Frick (Erfolgreiche Geschäftsmodelle im Werkzeugbau), 2005, S. 192.
[428] Vgl. Frick (Erfolgreiche Geschäftsmodelle im Werkzeugbau), 2005, S. 192 f.
[429] Vgl. Frick (Erfolgreiche Geschäftsmodelle im Werkzeugbau), 2005, S. 193.
[430] Vgl. Frick (Erfolgreiche Geschäftsmodelle im Werkzeugbau), 2005, S. 193.
[431] Vgl. Frick (Erfolgreiche Geschäftsmodelle im Werkzeugbau), 2005, S. 193 f.
[432] Vgl. Frick (Erfolgreiche Geschäftsmodelle im Werkzeugbau), 2005, S. 194.

Bauteilentwicklung an. Er fokussiert sich auf strategische Partner und tritt als externer Werkzeugbau auf. Das vorrangige Differenzierungskriterium ist der Beitrag zur Innovationsfähigkeit seiner Kunden.[433]

FRICK leitet die genannten Lieferantentypen systematisch her, jedoch erfolgt bei genauerer Betrachtung nur eine indirekte Beschreibung dieser Lieferantentypen. Das Kernergebnis ist eine Beschreibung erfolgreicher Geschäftsmodelle im Werkzeugbau, sodass die Lieferantentypen im Wesentlichen aus Perspektive des Werkzeugbaus und nicht aus Perspektive produzierender Unternehmen beschrieben werden. Folglich sind die Erkenntnisse von FRICK wertvoll für die Entwicklung von Geschäftsmodellen im Werkzeugbau, liefern produzierenden Unternehmen in Bezug auf den strategischen Werkzeugeinkauf allerdings keinen signifikanten Mehrwert.

2.3 Handlungsbedarf aus der Praxis

Die industrielle Produktion beschreibt einen Wertschöpfungsprozess, der alle Aktivitäten zur Erfüllung der Unternehmensziele umfasst. Ein wesentlicher Bestandteil der industriellen Produktion ist die Versorgung produzierender Unternehmen mit Werkzeugen. Aufgrund der Schlüsselstellung zwischen Produktentwicklung und Serienproduktion hat der Werkzeugbau einen hohen Einfluss auf die Innovationsfähigkeit produzierender Unternehmen, Markteinführungszeiten, Produktionskosten sowie die vom Endkunden wahrgenommene Produktqualität.

Produzierende Unternehmen können die benötigten Werkzeuge sowohl in einen internen Werkzeugbau in Eigenfertigung herstellen als auch bei externen Werkzeugbaubetrieben am Beschaffungsmarkt fremdbeziehen. Die strategische Ausrichtung der Werkzeugversorgung hat in Abhängigkeit von der werkzeugbezogenen Make-or-Buy-Entscheidung verschiedene Vor- und Nachteile, die sich unterschiedlich auf die Innovationsfähigkeit, den Know-how-Schutz, die Markteinführungszeiten und Produktionskosten sowie auf weitere strategische Ziele auswirken. Damit besitzt die Gestaltung des strategischen Werkzeugeinkaufs eine hohe Relevanz und beeinflusst maßgeblich die Differenzierungsmerkmale produzierender Unternehmen.

Die historische Entwicklung und der aktuelle Stand der wissenschaftlichen Literatur zum strategischen Einkauf verdeutlichen den Einfluss, den dieser auf die Wettbewerbsfähigkeit produzierender Unternehmen hat. Bei der Betrachtung der Grundlagen des strategischen Einkaufs im Allgemeinen ist festzustellen, dass in den letzten Jahren mit der strategischen Beschaffungsplanung, der Einkaufsorganisation und den Einkaufsprozessen eine systematische Betrachtung von drei zentralen Themenbereichen erfolgte. Obwohl Werkzeuge als Beschaffungsobjekte in der Praxis eine hohe Relevanz für produzierende Unternehmen haben, findet der strategische Werkzeugeinkauf im Speziellen hingegen kaum Beachtung in der wissenschaftlichen Literatur.

In Abbildung 33 werden die Grundlagen des strategischen Einkaufs im Allgemeinen sowie des strategischen Werkzeugeinkaufs im Speziellen zusammenfassend gegenübergestellt. Sowohl

[433] Vgl. Frick (Erfolgreiche Geschäftsmodelle im Werkzeugbau), 2005, S. 194 f.

der strategische Einkauf als auch der strategische Werkzeugeinkauf haben einen hohen Einfluss auf die strategischen Ziele wie bspw. Zeit, Kosten, Qualität sowie Innovation und damit eine hohe Bedeutung für die Wettbewerbsfähigkeit produzierender Unternehmen. Während in den letzten Jahren bezogen auf den strategischen Einkauf eine systematische Betrachtung der zentralen Themenbereiche der strategischen Beschaffungsplanung, der Einkaufsorganisation und -prozesse im Allgemeinen erfolgte, bleibt eine systematische und ganzheitliche Betrachtung des strategischen Werkzeugeinkaufs im Speziellen aus.

Abbildung 33: Handlungsbedarf aus der Praxis[434]

Aus Sicht der betrieblichen Praxis besteht Handlungsbedarf, neben dem strategischen Einkauf im Allgemeinen auch den strategischen Werkzeugeinkauf im Speziellen genauer zu betrachten. In diesem Zusammenhang ist es erforderlich, die werkzeugbezogene Make-or-Buy-Entscheidung zu systematisieren, die nicht zuletzt einen entscheidenden Einfluss auf die Größe und strategische Ausrichtung des internen Werkzeugbaus hat. Daher ist es notwendig, Lösungen zu erarbeiten, die produzierende Unternehmen bei der Gestaltung des strategischen Werkzeugeinkaufs unter Berücksichtigung von Eigenfertigung und Fremdvergabe der Werkzeuge unterstützen. In diesem Zusammenhang muss gleichermaßen eine Betrachtung der drei zentralen Themenbereiche des strategischen Einkaufs in Bezug auf den strategischen Werkzeugeinkauf erfolgen. Konkret gilt es dabei, die strategische Planung, Organisation und Prozesse im strategischen Werkzeugeinkauf zu thematisieren.

In der betrieblichen Praxis gibt es industriell produzierende Unternehmen, die den strategischen Werkzeugeinkauf bereits erfolgreich gestalten. Bisher existieren allerdings weder empirische Untersuchungen zu diesen erfolgreichen Einkaufsstrategien, noch gibt es ein struktu-

434 Eigene Darstellung.

riertes Vorgehen zur Auswahl und Gestaltung einer erfolgreichen Ausrichtung des strategischen Werkzeugeinkaufs. Folglich besteht insbesondere in der Identifikation, Typisierung und Auswahl von Referenzstrategien Handlungsbedarf aus der Praxis.

3 Bewertung problemrelevanter Forschungsansätze

Im dritten Kapitel erfolgt die Bewertung problemrelevanter Forschungsansätze mit dem Ziel, einen Handlungsbedarf aus der Theorie in Bezug auf die Themenstellung der vorliegenden Arbeit aufzuzeigen. Es werden Forschungsansätze identifiziert und bewertet, die eine Beziehung zu dem im zweiten Kapitel vorgestellten Betrachtungs- und Gestaltungsbereich aufweisen. Darüber hinaus wird geprüft, ob die identifizierten Ansätze Aspekte berücksichtigen, die den aufgezeigten Handlungsbedarf aus der Praxis adressieren und Lösungsoptionen bereitstellen. Der Inhalt dieses Kapitels kann der zweiten und dritten Phase der angewandten Forschung nach ULRICH zugeordnet werden (vgl. Kapitel 1.5).

Nachfolgend wird zunächst die Systematik der Analyse beschrieben, indem sowohl das Bewertungs- als auch das Anforderungssystem für die Analyse und Bewertung problemrelevanter Forschungsansätze definiert wird. Anschließend erfolgt die systematische Auswahl, Beschreibung und Bewertung problemrelevanter Forschungsansätze. Aufbauend darauf wird der Handlungsbedarf aus der Theorie abgeleitet und die Forschungsfrage detailliert.

3.1 Systematik der Analyse

Die Systematik der Analyse ist angelehnt an das von KOMOREK[435] verwendete Vorgehen „Design der Analyse“ und teilt sich in die Definition des Bewertungssystems sowie die Herleitung problemrelevanter Anforderungen auf. Das Bewertungssystem umfasst die Beschreibung des methodischen Vorgehens, mit dem die Bewertung problemrelevanter Forschungsansätze durchgeführt wird. Das Anforderungssystem umfasst inhaltliche Anforderungen, die aus der Forschungsfrage, dem Betrachtungs- und Gestaltungsbereich sowie dem daraus abgeleiteten Handlungsbedarf aus der Praxis resultieren.

3.1.1 Bewertungssystem

Die Bewertung problemrelevanter Forschungsansätze kann auf unterschiedliche Art und Weise erfolgen.[436] LIKERT verwies bereits in der ersten Hälfte des 20. Jahrhunderts auf die Verwendung einer Bewertungsskala mit fünf Kategorien.[437] In der Wissenschaft hat sich insbesondere in den letzten Jahren die Verwendung einer diskreten Skala mit fünf unterschiedlichen Ausprägungen bewährt, wodurch eine differenzierte, vergleichbare und robuste Bewertung ermöglicht wird.[438] Dieses Bewertungssystem soll nachfolgend für die Bewertung problemrelevanter Forschungsansätze verwendet werden. Die fünf Ausprägungen der diskreten Skala sind „nicht erfüllt“, „sehr gering“, „gering“, „hoch“ und „sehr hoch“ und werden mithilfe von sogenannten Harvey Balls visualisiert (vgl. Abbildung 34).[439]

---

435 Vgl. Komorek (Kollaborative Wertschöpfung), 2014, S. 63 ff.

436 Vgl. Komorek (Kollaborative Wertschöpfung), 2014, S. 63.

437 Vgl. Linacre (Rating Scale Category Effectiveness), 2002, S. 87.

438 Vgl. Dawes (Point Scales), 2008, S. 62.

439 Vgl. Kett; Schewe (Management Skills), 2010, S. 129.

Abbildung 34: Harvey Balls und ihre Ausprägungen[440]

Im Anforderungssystem werden nachfolgend die Anforderungen mit den entsprechenden Ausprägungen hergeleitet und voneinander abgegrenzt.

3.1.2 Anforderungssystem

Das Anforderungssystem beinhaltet in Anlehnung an das Anforderungssystem von KUHLMANN zwei unterschiedliche Anforderungsdimensionen.[441] In der ersten Dimension wird die grundsätzliche Relevanz von Forschungsansätzen bewertet, indem der Bezug eines Ansatzes zum Gestaltungs- und Betrachtungsbereich der Arbeit betrachtet wird. Diese Bewertung dient der systematischen Auswahl von problemrelevanten Ansätzen, die anschließend mithilfe problemspezifischer Anforderungen detailliert bewertet werden. Die problemspezifischen Anforderungen stellen die zweite Dimension des Anforderungssystems dar.

Die Anforderungen zur Bewertung der **grundsätzlichen Relevanz** leiten sich aus dem Betrachtungs- und Gestaltungsbereich dieser Arbeit ab. Ein Forschungsansatz ist problemrelevant, sofern der Betrachtungsbereich einen hohen oder sehr hohen Bezug zu industriell produzierenden Unternehmen aufweist. Gleichzeitig muss ein hoher oder sehr hoher Bezug zum Gestaltungsbereich des strategischen Werkzeugeinkaufs vorliegen. Da es jedoch kaum wissenschaftliche Ansätze mit einem Bezug zum strategischen Werkzeugeinkauf im Speziellen gibt, werden auch Ansätze als relevant angesehen, die den strategischen Einkauf im Allgemeinen adressieren und auf den strategischen Werkzeugeinkauf übertragen werden können. Die Anforderungen dieses Betrachtungs- und Gestaltungsbereichs spannen gemeinsam eine Matrix auf, mit der ein Überblick über den Stand der wissenschaftlichen Forschung im Bereich des strategischen Werkzeugeinkaufs sowie thematisch angrenzender Forschungsbereiche dargestellt werden kann. Die in Abbildung 35 dargestellte Matrix zur Bewertung der Relevanz wissenschaftlicher Ansätze ermöglicht die systematische Auswahl problemrelevanter Forschungsansätze, die in den oberen rechten Quadranten der Matrix eingeordnet werden. Diese als problemrelevant eingeordneten Forschungsansätze werden anschließend detailliert und mithilfe problemspezifischer Anforderungen analysiert und bewertet. Wissenschaftliche Ansätze, die in die übrigen drei Quadranten der Matrix eingeordnet werden, haben nur einen geringen bis nicht vorhandenen Bezug zu einem oder beiden der relevanten Bereiche. Diese Ansätze werden als problemirrelevante Ansätze nachfolgend nicht im Detail analysiert. Bevor in Kapitel 3.2.1 die Einordnung wissenschaftlicher Ansätze in die in Abbildung 35 dargestellte Matrix erfolgt, werden zunächst die Anforderungen detailliert beschrieben.

---

[440] I. A. a. Komorek (Kollaborative Wertschöpfung), 2014, S. 64.

[441] Vgl. Kuhlmann (Corporate Tooling), 2017, S. 92 f.

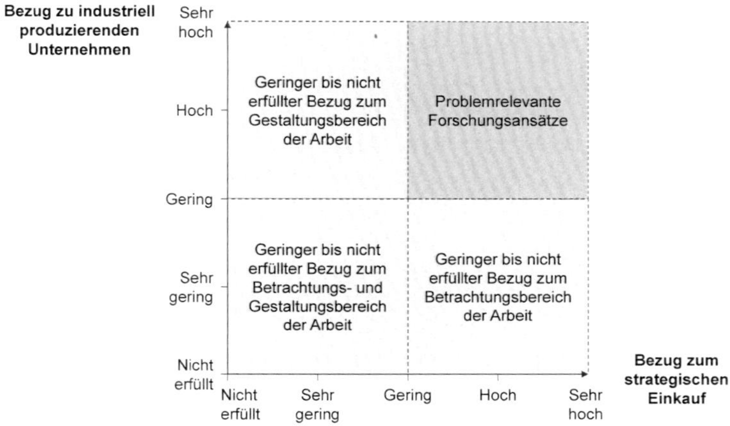

Abbildung 35: Matrix zur Bewertung der grundsätzlichen Relevanz wissenschaftlicher Ansätze[442]

Die **problemspezifischen Anforderungen** zur detaillierten Bewertung der problemrelevanten Forschungsansätze leiten sich aus der Forschungsfrage bzw. der in Kapitel zwei beschrieben Grundlagen dieser Arbeit ab. Die Typisierung stellt eine allgemeine problemspezifische Anforderung dar, um unterschiedliche Referenzstrategien für den strategischen Werkzeugeinkauf beschreiben und voneinander abgrenzen zu können. Die vier problemspezifischen Anforderungen Beschaffungsobjekt, Zielsystem sowie interne und externe Leistungsfähigkeit beschreiben notwendige Voraussetzungen, um eine erfolgreiche Referenzstrategie für den strategischen Werkzeugeinkauf auszuwählen und auf dieser Basis eine individuelle Einkaufsstrategie zu entwickeln. Diese vier Anforderungen dienen dazu, analytische Aspekte eines Forschungsansatzes zu bewerten. Die drei weiteren problemspezifischen Anforderungen strategische Planung, Organisation und Prozess dienen hingegen der Bewertung gestalterischer Aspekte eines Forschungsansatzes, die bei der Gestaltung des strategischen Werkzeugeinkaufs berücksichtigt werden müssen. Die problemspezifischen Anforderungen werden in Abbildung 36 dargestellt.

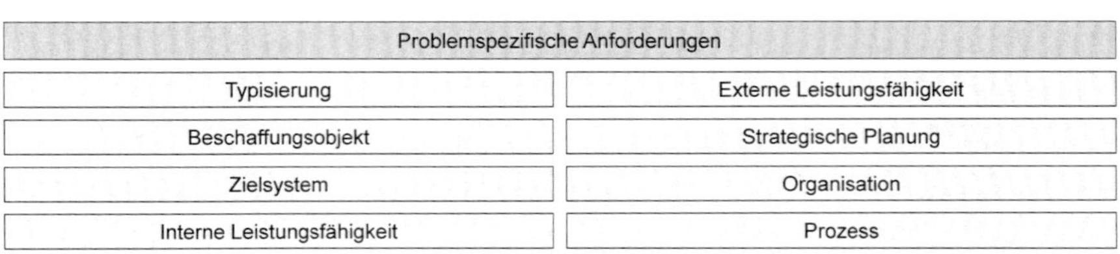

Abbildung 36: Problemspezifische Anforderungen[443]

[442] Eigene Darstellung, i. A. a. Kuhlmann (Corporate Tooling), 2017, S. 94.

[443] Eigene Darstellung.

3.1.2.1 Anforderungen zur Bewertung der grundsätzlichen Relevanz

Die Forschungsfrage dieser Arbeit bezieht sich auf den strategischen Werkzeugeinkauf industriell produzierender Unternehmen. Im zweiten Kapitel wurden die Grundlagen **industriell produzierender Unternehmen als Betrachtungsbereich** eingeführt. Insbesondere wurde die industrielle Produktion als Wertschöpfungsprozess thematisiert. In diesem Zusammenhang wurde herausgestellt, dass die Versorgung industriell produzierender Unternehmen mit Werkzeugen ein elementarer Bestandteil der industriellen Produktion bzw. der industriellen Wertschöpfung ist.[444] Ein wissenschaftlicher Ansatz hat somit eine sehr hohe Relevanz in Bezug auf den Betrachtungsbereich, sofern dieser nicht nur industriell produzierende Unternehmen als solche, sondern insbesondere die industrielle Produktion sowie dessen Schnittstelle zum Werkzeugbau und zur Werkzeugversorgung thematisiert. Für die Bewertung des Bezugs zum Betrachtungsbereich werden folgende Abstufungen definiert:

- **Nicht erfüllt:** Ein Ansatz hat keinerlei Bezug zu industriell produzierenden Unternehmen, der industriellen Produktion als Wertschöpfungsprozess, zum Werkzeugbau oder zur Werkzeugversorgung.
- **Sehr gering:** Ein Ansatz hat einen Bezug zu industriell produzierenden Unternehmen. Es besteht weder ein Bezug zur industriellen Produktion als Wertschöpfungsprozess noch zum Werkzeugbau oder zur Werkzeugversorgung.
- **Gering:** Ein Ansatz hat sowohl einen Bezug zu industriell produzierenden Unternehmen als auch zur industriellen Produktion als Wertschöpfungsprozess. Es besteht weder ein Bezug zum Werkzeugbau noch zur Werkzeugversorgung.
- **Hoch:** Ein Ansatz hat einen Bezug sowohl zu industriell produzierenden Unternehmen als auch zur industriellen Produktion als Wertschöpfungsprozess. Darüber hinaus erfolgt die Betrachtung der Schnittstelle zum Werkzeugbau im Allgemeinen, nicht aber bezogen auf die Werkzeugversorgung.
- **Sehr hoch:** Ein Ansatz hat einen Bezug sowohl zu industriell produzierenden Unternehmen, der industriellen Produktion als Wertschöpfungsprozess als auch zum Werkzeugbau und zur Werkzeugversorgung.

Neben dem relevanten Betrachtungsbereich industriell produzierender Unternehmen wurde im zweiten Kapitel **der strategische Einkauf als Gestaltungsbereich** dieser Arbeit thematisiert. Dabei wurden neben den Zielen und Aufgaben des strategischen Einkaufs die strategische Beschaffungsplanung, die Einkaufsorganisation sowie die Einkaufsprozesse als drei wesentliche Themenbereiche des strategischen Einkaufs eingeführt. Im Zusammenhang mit den Zielen und Aufgaben des Einkaufs, der Make-or-Buy-Entscheidung sowie der vertikalen Zulieferkooperation wurden mit der Wertschöpfung und der Wertschöpfungsvernetzung auch angrenzende Themenbereiche genannt. Vor dem Hintergrund der vorliegenden Forschungsfrage wurde anschließend der Bezug zum strategischen Werkzeugeinkauf hergestellt. Ein wissenschaftlicher Ansatz hat somit eine sehr hohe Relevanz in Bezug auf den Gestaltungsbereich,

[444] I. A. a. Eversheim; Klocke (Werkzeugbau mit Zukunft), 1998, S. 1.

sofern die zentralen Themenbereiche strategische Beschaffungsplanung, Einkaufsorganisation und Einkaufsprozesse im notwendigen Verständnis dieser Arbeit thematisiert werden. Für die Bewertung des Bezugs zum Gestaltungsbereich werden folgende Abstufungen definiert:

- **Nicht erfüllt:** Ein Ansatz hat keinerlei Bezug zum strategischen Einkauf im notwendigen Verständnis dieser Arbeit.
- **Sehr gering:** Ein Ansatz hat keinen direkten Bezug zum strategischen Einkauf, jedoch werden angrenzende Themenbereiche (z. B. kollaborative Wertschöpfung) als zentrale Gestaltungselemente eingeführt.
- **Gering:** Ein Ansatz hat einen geringen Bezug zum strategischen Einkauf. Eine Ausarbeitung der wesentlichen Themenbereiche des strategischen Einkaufs im notwendigen Verständnis dieser Arbeit erfolgt nicht.
- **Hoch:** Ein Ansatz beschreibt vereinzelt die Ausarbeitung der wesentlichen Themenbereiche des strategischen Einkaufs im notwendigen Verständnis dieser Arbeit.
- **Sehr hoch:** Ein Ansatz beschreibt die Ausarbeitung aller relevanten Themenbereiche des strategischen Einkaufs im notwendigen Verständnis dieser Arbeit.

3.1.2.2 Problemspezifische Anforderungen

Die **Typisierung** stellt eine allgemeine problemspezifische Anforderung dar, die sich aus der Forschungsfrage der vorliegenden Arbeit ableitet. Eine Einkaufsstrategie ist aufgrund des individuellen Kontexts für jedes Unternehmen grundsätzlich individuell zu erarbeiten. Dennoch bietet die Kenntnis über erfolgreiche Referenzstrategien produzierenden Unternehmen eine Hilfestellung bei der individuellen Strategieentwicklung.[445] Folglich dient die Typisierung der Beschreibung und Abgrenzung erfolgreicher Einkaufsstrategien, um auf dieser Basis eine geeignete Referenzstrategie auszuwählen und eine individuelle Einkaufsstrategie zu erarbeiten. Bei der Typisierung müssen dabei klare und strukturierte Typisierungsmerkmale berücksichtigt werden, die in Verbindung zu den Themenbereichen des strategischen Einkaufs und damit zu den gestalterischen Anforderungen strategische Planung, Organisation und Prozess stehen müssen. Für die Bewertung der Typisierung als problemspezifische Anforderung werden folgende Abstufungen definiert:

- **Nicht erfüllt:** Ein Ansatz berücksichtigt keinerlei Typisierung.
- **Sehr gering:** Ein Ansatz berücksichtigt eine Typisierung ansatzweise, indem eine Typisierung grundsätzlich möglich ist. Typisierungsmerkmale werden nicht vorgegeben.
- **Gering:** Ein Ansatz berücksichtigt eine Typisierung, die aber keinen konkreten Bezug zum strategischen Werkzeugeinkauf hat. Zudem erfolgt die Typisierung ohne klare und strukturierte Typisierungsmerkmale.
- **Hoch:** Ein Ansatz berücksichtigt eine Typisierung, indem klare und strukturierte Typisierungsmerkmale mit Bezug zum strategischen Werkzeugeinkauf vorgegeben werden. Eine konkrete Typisierung von Einkaufsstrategien erfolgt nicht.

---

[445] Vgl. Schuh (Referenzstrategien), 2002, S. 27; Frick (Erfolgreiche Geschäftsmodelle im Werkzeugbau), 2005, S. 2.

- **Sehr hoch:** Ein Ansatz berücksichtigt eine Typisierung, indem eine eindeutige Typisierung von Einkaufsstrategien anhand klarer und strukturierter Typisierungsmerkmale erfolgt.

Ein Forschungsansatz des strategischen Werkzeugeinkaufs muss zwingend das Anforderungsprofil des **Beschaffungsobjekts** berücksichtigen.[446] Bei der strategischen Auslegung des Einkaufs technisch komplexer Beschaffungsobjekte ist es erforderlich, sowohl den Bedarf zu spezifizieren als auch die Eigenschaften des Beschaffungsobjekts zu analysieren.[447] In Bezug auf das Werkzeug als Beschaffungsobjekt ist dabei einerseits das zukünftige Beschaffungsvolumen auf Basis der Unternehmensstrategie sowie zukünftiger Absatzprognosen des Endprodukts zu quantifizieren.[448] Andererseits umfasst das Anforderungsprofil des Beschaffungsobjekts auch technische Eigenschaften, um in Bezug auf die strategische Auslegung des Werkzeugeinkaufs die interne und externe Leistungsfähigkeit bewerten zu können. Um darüber hinaus die praktische Anwendbarkeit eines Ansatzes sicherzustellen, sollte ein geeigneter Forschungsansatz zudem ein Vorgehen beschreiben, mit dem das Beschaffungsobjekt in Bezug auf notwendige Bedarfe und technische Eigenschaften analysiert werden kann. Für die Bewertung des Beschaffungsobjekts als problemspezifische Anforderung werden folgende Abstufungen definiert:

- **Nicht erfüllt:** Ein Ansatz berücksichtigt die Analyse des Beschaffungsobjekts nicht.
- **Sehr gering:** Ein Ansatz berücksichtigt bei der Analyse des Beschaffungsobjekts weder notwendige Bedarfe noch notwendige technische Eigenschaften des Beschaffungsobjekts.
- **Gering:** Ein Ansatz berücksichtigt bei der Analyse des Beschaffungsobjekts entweder notwendige Bedarfe oder technische Eigenschaften des Beschaffungsobjekts.
- **Hoch:** Ein Ansatz berücksichtigt bei der Analyse des Beschaffungsobjekts sowohl notwendige Bedarfe als auch technische Eigenschaften des Beschaffungsobjekts. Ein konkretes Vorgehen für die Analyse wird nicht beschrieben.
- **Sehr hoch:** Ein Ansatz berücksichtigt bei der Analyse des Beschaffungsobjekts sowohl notwendige Bedarfe als auch technische Eigenschaften des Beschaffungsobjekts. Zudem wird ein konkretes Vorgehen für die Analyse beschrieben.

Die Einkaufsstrategie, die mit ihrem **Zielsystem** den Rahmen für durchzuführende Aktivitäten des strategischen Werkzeugeinkaufs aufspannt, orientiert sich als Funktionalstrategie an den langfristig ausgerichteten Unternehmenszielen. Neben der Betrachtung grundsätzlicher Ziele des Einkaufs muss ein problemrelevanter Forschungsansatz den Beitrag des strategischen Werkzeugeinkaufs zur Grundwettbewerbsfähigkeit eines Unternehmens berücksichtigen. Dabei müssen konkrete Zielkriterien wie bspw. die Sicherstellung von Innovationsfähigkeit und

---

[446] Vgl. Schuh; Ünlü (Ordnungsrahmen Einkaufsmanagement), 2014, S. 14.

[447] I. A. a. Large (Strategisches Beschaffungsmanagement), 2012, S. 68; van Weele; Eßig (Strategische Beschaffung), 2017, S. 44, S. 70.

[448] Vgl. Kuhlmann (Corporate Tooling), 2017, S. 97.

Know-how-Schutz für die Werkzeugversorgung produzierender Unternehmen definiert werden.[449] Aus diesen Zielkriterien ist in Bezug auf die strategische Auslegung des Werkzeugeinkaufs ein Zielsystem zu entwickeln, um anschließend die Leistungsfähigkeit der internen Wertschöpfung sowie die Leistungsfähigkeit externer Lieferanten bewerten zu können. Für die Bewertung des Zielsystems als problemspezifische Anforderung werden folgende Abstufungen definiert:

- **Nicht erfüllt:** Ein Ansatz berücksichtigt keine Analyse von Zielkriterien, sodass kein Zielsystem entwickelt wird.
- **Sehr gering:** Ein Ansatz berücksichtigt die Analyse von Zielkriterien, aber konkrete Ziele werden nicht genannt, sodass kein Zielsystem entwickelt wird.
- **Gering:** Ein Ansatz berücksichtigt die Analyse von Zielkriterien und nennt konkrete Ziele, die aber in Bezug auf die strategische Auslegung des Werkzeugeinkaufs nicht berücksichtigt werden. Die Entwicklung eines Zielsystems erfolgt nicht.
- **Hoch:** Ein Ansatz berücksichtigt die Analyse von Zielkriterien und nennt konkrete Ziele, die zu einem Zielsystem zusammengeführt werden. In Bezug auf die strategische Auslegung des Werkzeugeinkaufs wird eine qualitative Bewertung des Zielsystems berücksichtigt.
- **Sehr hoch:** Ein Ansatz berücksichtigt die Analyse von Zielkriterien und nennt konkrete Ziele, die zu einem Zielsystem zusammengeführt werden. In Bezug auf die strategische Auslegung des Werkzeugeinkaufs wird eine quantitative Bewertung des Zielsystems berücksichtigt.

Die Analyse der internen Leistungsfähigkeit und des externen Umfelds dürfen in Vorbereitung auf die Formulierung strategischer Leitlinien für den Werkzeugeinkauf nicht vernachlässigt werden.[450] Daher muss ein problemrelevanter Forschungsansatz zunächst eine Analyse der **internen Leistungsfähigkeit** berücksichtigen. Die interne Leistungsfähigkeit beschreibt die Fähigkeit eines Unternehmens, den geforderten Werkzeugbedarf mithilfe der internen Wertschöpfung abzubilden. Ein Ansatz muss Kennzahlen bereitstellen, welche die quantitative Bewertung von Kompetenzen, Ressourcen und Prozessen eines internen Werkzeugbaus ermöglicht. Für die Bewertung der internen Leistungsfähigkeit als problemspezifische Anforderung werden folgende Abstufungen definiert:

- **Nicht erfüllt:** Ein Ansatz berücksichtigt die Bewertung der internen Leistungsfähigkeit nicht.
- **Sehr gering:** Ein Ansatz berücksichtigt die qualitative Bewertung der internen Leistungsfähigkeit ohne Bezug auf die Werkzeugversorgung.
- **Gering:** Ein Ansatz berücksichtigt die quantitative Bewertung der internen Leistungsfähigkeit mithilfe von definierten Kennzahlen ohne Bezug auf die Werkzeugversorgung.
- **Hoch:** Ein Ansatz berücksichtigt die qualitative Bewertung der internen Leistungsfähigkeit mithilfe von definierten Kriterien in Bezug auf die Werkzeugversorgung.

[449] Vgl. Kuhlmann (Corporate Tooling), 2017, S. 96.
[450] Vgl. Schuh et al. (Einkaufsstrategie), 2014, S. 98.

- **Sehr hoch:** Ein Ansatz berücksichtigt die quantitative Bewertung der internen Leistungsfähigkeit mithilfe von definierten Kennzahlen in Bezug auf die Werkzeugversorgung.

Bei der strategischen Auslegung des Werkzeugeinkaufs muss nicht nur die interne Leistungsfähigkeit analysiert und bewertet werden. Gleichermaßen muss eine Analyse und Bewertung der **externen Leistungsfähigkeit** potenzieller Werkzeuglieferanten bzw. des Beschaffungsmarktes erfolgen.[451] Im Gegensatz zur internen Leistungsfähigkeit beschreibt die externe Leistungsfähigkeit die Fähigkeit des Beschaffungsmarktes, den geforderten Werkzeugbedarf abzubilden. Ein Vergleich der internen und externen Leistungsfähigkeit ermöglicht es produzierenden Unternehmen, Make-or-Buy-Entscheidungen zu treffen und den Werkzeugeinkauf darauf aufbauend auszulegen. Für die Bewertung der externen Leistungsfähigkeit als problemspezifische Anforderung werden analog zur internen Leistungsfähigkeit folgende Abstufungen definiert:

- **Nicht erfüllt:** Ein Ansatz berücksichtigt die Bewertung der externen Leistungsfähigkeit nicht.
- **Sehr gering:** Ein Ansatz berücksichtigt die qualitative Bewertung der externen Leistungsfähigkeit ohne Bezug auf die Werkzeugversorgung.
- **Gering:** Ein Ansatz berücksichtigt die quantitative Bewertung der externen Leistungsfähigkeit mithilfe von definierten Kennzahlen ohne Bezug auf die Werkzeugversorgung.
- **Hoch:** Ein Ansatz berücksichtigt die qualitative Bewertung der externen Leistungsfähigkeit mithilfe von definierten Kriterien in Bezug auf die Werkzeugversorgung.
- **Sehr hoch:** Ein Ansatz berücksichtigt die quantitative Bewertung der externen Leistungsfähigkeit mithilfe von definierten Kennzahlen in Bezug auf die Werkzeugversorgung.

Nachdem mit dem Beschaffungsobjekt, dem Zielsystem sowie der internen und externen Leistungsfähigkeit die vier problemspezifischen Anforderungen zur Bewertung analytischer Aspekte eingeführt wurden, beschreibt die Berücksichtigung von Elementen der **strategischen Planung** als einen der drei wesentlichen Themenbereiche des strategischen Einkaufs die erste von drei Anforderungen zur Bewertung gestalterischer Aspekte. Ein Forschungsansatz muss im notwendigen Verständnis dieser Arbeit konkrete Elemente wie die strategische Make-or-Buy-Entscheidung sowie die Entwicklung unterschiedlicher Sourcing-Konzepte berücksichtigen. Um einer hohen Praktikabilität sowie einem hohen Anwendungsbezug gerecht zu werden, müssen über die Nennung konkreter Elemente der strategischen Planung potenzielle Gestaltungsoptionen vorgegeben werden. Für die Bewertung der strategischen Planung als problemspezifische Anforderung werden folgende Abstufungen definiert:

- **Nicht erfüllt:** Ein Ansatz berücksichtigt die Make-or-Buy-Entscheidung und Sourcing-Konzepte als Elemente der strategischen Planung nicht.

[451] Vgl. Large (Strategisches Beschaffungsmanagement), 2012, S. 98.

- **Sehr gering:** Ein Ansatz berücksichtigt Elemente der strategischen Planung. Eine konkrete Benennung einkaufsspezifischer Elemente wie die Make-or-Buy-Entscheidung und Sourcing-Konzepte erfolgt nicht.
- **Gering:** Ein Ansatz berücksichtigt konkrete Elemente der strategischen Planung, welche vom notwendigen Verständnis dieser Arbeit abweichen.
- **Hoch:** Ein Ansatz berücksichtigt mit der Make-or-Buy-Entscheidung und Sourcing-Konzepten konkrete Elemente der strategischen Planung im notwendigen Verständnis dieser Arbeit. Potenzielle Gestaltungsoptionen werden nicht vorgegeben.
- **Sehr hoch:** Ein Ansatz berücksichtigt mit der Make-or-Buy-Entscheidung und Sourcing-Konzepten konkrete Elemente der strategischen Planung im notwendigen Verständnis dieser Arbeit und gibt potenzielle Gestaltungsoptionen vor.

Die Berücksichtigung der **Organisation** beschreibt als ein weiterer wesentlicher Themenbereich des strategischen Einkaufs neben der strategischen Planung die zweite problemspezifische Anforderung zur Bewertung gestalterischer Aspekte eines Forschungsansatzes. Ein Forschungsansatz muss im notwendigen Verständnis dieser Arbeit konkrete Elemente wie die Integration des Werkzeugeinkaufs in die Unternehmensorganisation enthalten. Um analog zur strategischen Planung einer hohen Praktikabilität sowie einem hohen Anwendungsbezug gerecht zu werden, müssen über die Nennung konkreter Elemente der Organisation potenzielle Gestaltungsoptionen vorgegeben werden. Für die Bewertung der Organisation als problemspezifische Anforderung werden folgende Abstufungen definiert:

- **Nicht erfüllt:** Ein Ansatz berücksichtigt keine Elemente der Organisation.
- **Sehr gering:** Ein Ansatz berücksichtigt Elemente der Organisation. Eine konkrete Benennung einkaufsspezifischer Elemente erfolgt nicht.
- **Gering:** Ein Ansatz berücksichtigt konkrete Elemente der Organisation, welche vom notwendigen Verständnis dieser Arbeit abweichen.
- **Hoch:** Ein Ansatz berücksichtigt konkrete Elemente der Organisation wie die Integration des Werkzeugeinkaufs in die Unternehmensorganisation im notwendigen Verständnis dieser Arbeit. Potenzielle Gestaltungsoptionen werden nicht vorgegeben.
- **Sehr hoch:** Ein Ansatz berücksichtigt konkrete Elemente der Organisation wie die Integration des Werkzeugeinkaufs in die Unternehmensorganisation im notwendigen Verständnis dieser Arbeit und gibt potenzielle Gestaltungsoptionen vor.

Die Berücksichtigung eines **Prozesses** beschreibt wie auch die strategische Planung und die Organisation als dritter wesentlicher Themenbereich des strategischen Einkaufs die dritte problemspezifische Anforderung zur Bewertung gestalterischer Aspekte eines Forschungsansatzes. Ein Forschungsansatz muss im notwendigen Verständnis dieser Arbeit konkrete Elemente wie die Lieferantenintegration in unternehmensinterne Prozesse sowie Möglichkeiten der Lieferantenentwicklung berücksichtigen. Analog zu den problemspezifischen Anforderungen strategische Planung und Organisation muss für die Sicherstellung einer hohen Praktikabilität sowie einem hohen Anwendungsbezug sowohl die Nennung konkreter prozessseitiger Elemente sowie die Vorgabe potenzieller Gestaltungsoptionen erfolgen. Für die Bewertung des Prozesses als problemspezifische Anforderung werden folgende Abstufungen definiert:

- **Nicht erfüllt:** Ein Ansatz berücksichtigt keine prozessseitigen Elemente.
- **Sehr gering:** Ein Ansatz berücksichtigt prozessseitige Elemente. Eine konkrete Benennung einkaufsspezifischer Elemente erfolgt nicht.
- **Gering:** Ein Ansatz berücksichtigt konkrete prozessseitige Elemente, welche vom notwendigen Verständnis dieser Arbeit abweichen.
- **Hoch:** Ein Ansatz berücksichtigt konkrete prozessseitige Elemente wie die Lieferantenintegration in unternehmensinterne Prozesse sowie Möglichkeiten der Lieferantenentwicklung im notwendigen Verständnis dieser Arbeit. Potenzielle Gestaltungsoptionen werden nicht vorgegeben.
- **Sehr hoch:** Ein Ansatz berücksichtigt konkrete prozessseitige Elemente wie die Lieferantenintegration in unternehmensinterne Prozesse sowie Möglichkeiten der Lieferantenentwicklung im notwendigen Verständnis dieser Arbeit und gibt potenzielle Gestaltungsoptionen vor.

3.2 Problemrelevante Forschungsansätze

Aufbauend auf der Systematik der Analyse werden nachfolgend problemrelevante Forschungsansätze vorgestellt und bewertet. Zunächst erfolgt die Auswahl derjenigen problemrelevanten Forschungsansätze, die anschließend im Detail vorgestellt werden. Abschließend werden die vorgestellten Ansätze mithilfe des zuvor definierten Anforderungssystems bewertet, um schließlich einen Handlungsbedarf aus der Theorie und die detaillierte Forschungsfrage abzuleiten.

3.2.1 Auswahl problemrelevanter Forschungsansätze

Die Auswahl problemrelevanter Forschungsansätze erfolgt wie in Kapitel 3.1.2 beschrieben mithilfe der Anforderungen zur Bewertung der allgemeinen Relevanz in Bezug auf den Betrachtungs- und Gestaltungsbereich der Arbeit. Abbildung 37 zeigt die Einordnung wissenschaftlicher Ansätze in Bezug zu industriell produzierenden Unternehmen sowie in Bezug zum strategischen Einkauf. Die wissenschaftlichen Ansätze, die einen geringen bis nicht erfüllten Bezug zum Betrachtungs- und bzw. oder Gestaltungsbereich der Arbeit aufweisen, lassen sich den vier Fokusgruppen Wertschöpfungsvernetzung, Wertschöpfungstiefengestaltung, Wertschöpfungsgestaltung im Werkzeugbau sowie Grundlagen strategischer Einkauf zuordnen. Bevor die detaillierte Vorstellung und Bewertung der problemrelevanten Ansätze erfolgt, werden die übrigen Ansätze zunächst kurz vorgestellt.

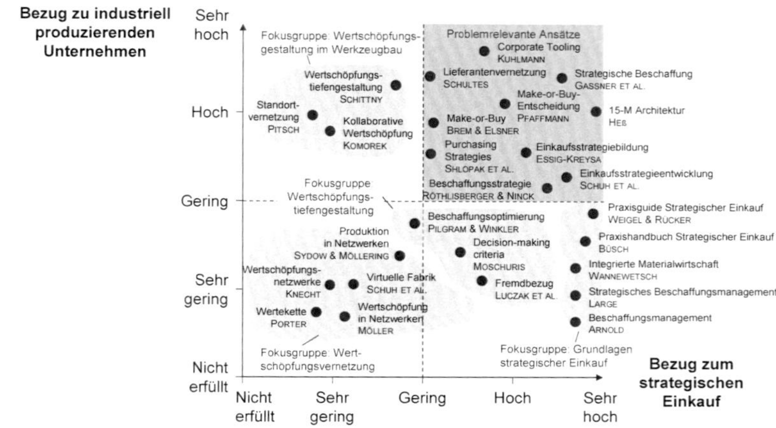

Abbildung 37: Bewertung der Relevanz wissenschaftlicher Ansätze[452]

Die Ansätze von PORTER, MÖLLER, KNECHT, SCHUH ET AL. sowie SYDOW & MÖLLERING können in der **Fokusgruppe Wertschöpfungsvernetzung** zusammengefasst werden. PORTER'S Wertekette gilt als Ursprung der Wertschöpfungsgestaltung.[453] Dabei beschreibt er nicht nur die interne Wertschöpfung von Unternehmen, sondern stellt mit der horizontalen und insbesondere der vertikalen Verknüpfung von Wertschöpfungsketten bereits die Weichen für die vernetzte Wertschöpfung.[454] MÖLLER vertieft die Grundzüge der vertikalen Wertschöpfungsvernetzung, indem er einen Gestaltungs- und Handlungsrahmen zur Wertschöpfungserzielung in Netzwerken vorstellt. Der Fokus dieses Modells liegt auf einem mehrdimensionalen Ansatz, bei dem die Dimensionen, Phasen, Ebenen und Aufgaben eines Wertschöpfungsnetzwerks unterschieden werden.[455] KNECHT legt den Fokus seines Ansatzes gleichermaßen auf die Wertschöpfung in Netzwerken, wobei er eine Methode für die strategische Positionierung von Zulieferunternehmen innerhalb von Wertschöpfungsnetzwerken herleitet.[456] SCHUH ET AL. entwickeln mit dem Modell der virtuellen Fabrik einen Ansatz für die Gestaltung und das Management von Wertschöpfungsnetzwerken mithilfe virtueller Unternehmen. Damit entwickeln sie die Ansätze der Wertschöpfungsnetzwerke weiter, da in diesem Modell die Bildung von Unternehmenskooperationen dynamisch und auftragsbezogen erfolgt.[457] SYDOW & MÖLLERING befassen sich im Gegensatz zu den bisher genannten Ansätzen weniger mit der Gestaltung von Wertschöpfungsnetzwerken, sondern sehen diese vielmehr als Ausgangspunkt für die Entwicklung eines ganzheitlichen Ansatzes zur Produktion in Netzwerken. Dabei wird auch die

---

452 Eigene Darstellung.

453 Vgl. Kuhlmann (Corporate Tooling), 2017, S. 104.

454 Vgl. Porter (Wettbewerbsvorteile), 2014, S. 81 ff.

455 Vgl. Möller (Wertschöpfung in Netzwerken), 2006, S. 89 f.

456 Vgl. Knecht (Wertschöpfungsnetzwerke), 2003, S. 140 ff.

457 Vgl. Schuh et al. (Vernetzte Wertschöpfung), 2011, S. 521 ff.

Kombination von Make, Buy und Cooperte thematisiert, sodass sich der Ansatz nah an der Fokusgruppe Wertschöpfungstiefengestaltung einordnen lässt.[458] Da die Ansätze der Fokusgruppe Wertschöpfungsvernetzung nicht spezifisch auf den Werkzeugbau bzw. die Werkzeugversorgung eingehen und die Aspekte des strategischen Einkaufs nicht vertiefen, weisen sie von allen analysierten wissenschaftlichen Ansätzen den geringsten Bezug zum Betrachtungs- und Gestaltungsbereich der Arbeit auf.

Die Ansätze der **Fokusgruppe Wertschöpfungstiefengestaltung** weisen tendenziell einen höheren Bezug zum Gestaltungs- und teilweise auch zum Betrachtungsbereich auf. Die Ansätze von LUCZAK ET AL. und MOSCHURIS thematisieren mit der Betrachtung der optimalen Fertigungstiefe und der damit einhergehenden Make-or-Buy-Entscheidung Teilaspekte des strategischen Einkaufs. LUCZAK ET AL. betrachten bereits in den 1990er Jahren die Frage nach Eigenherstellung bzw. Fremdbezug betrieblicher Leistungen. Als Entscheidungsunterstützung für Unternehmen entwickeln sie ein methodisches Vorgehen zur Entscheidungsfindung, bei dem in fünf Schritten sowohl strategische als auch eine taktisch-operative Aspekte berücksichtigt werden.[459] MOSCHURIS entwickelt im Gegensatz zu LUCZAK ET AL. keinen eigenen Ansatz zur Entscheidungsunterstützung von Unternehmen in Bezug auf die Make-or-Buy-Entscheidung. Vielmehr wertet er in diesem Zusammenhang eine empirische Befragung statistisch aus und zeigt relevante Entscheidungsfaktoren auf.[460] PILGRAM & WINKLER betrachten den Einkauf als Hebel zur Kostensenkung im Unternehmen und stellen die Durchführung von Beschaffungsoptimierungsprojekten in Industrieunternehmen vor. Diese Projekte umfassen eine Analyse auf den Ebenen des Unternehmens, der Beschaffungsgüter und der Lieferanten mit dem Ziel, Gestaltungsempfehlungen für die Beschaffungsoptimierung zu entwickeln.[461] Dabei stellen sie im Wesentlichen Kostensenkungspotenziale in den Mittelpunkt, die sich wie auch die Ansätze von LUCZAK ET AL. und MOSCHURIS nicht oder nur in geringem Maße auf die Werkzeugversorgung produzierender Unternehmen übertragen lassen. Obwohl die Ansätze von LUCZAK ET AL., MOSCHURIS sowie PILGRAM & WINKLER einen geringen bis hohen Bezug zum strategischen Einkauf aufweisen, sind sie aufgrund der geringen bis sehr geringen Übertragbarkeit auf die Werkzeugversorgung nicht problemrelevant.

Die Ansätze von PITSCH, KOMOREK und SCHITTNY haben einen deutlich stärkeren Bezug zum Betrachtungsbereich der Arbeit, da sie die **Wertschöpfungsgestaltung im Werkzeugbau** fokussieren. Gleichzeitig fehlt diesen Ansätzen – wie auch den zuvor bereits vorgestellten Ansätzen der Fokusgruppe Wertschöpfungsvernetzung – der Bezug zum strategischen Einkauf. PITSCH entwickelt in seiner Dissertation eine Methodik zur kompetenzfeldbasierten Vernetzung von Werkzeugbaustandorten. Die Methodik besteht aus den zwei Teilen Kompetenzfelder und Vernetzung, welche wiederum in jeweils drei Schritte untergliedert werden.[462] Das

[458] Vgl. Sydow; Möllering (Produktion in Netzwerken), 2009, S. 33 ff.

[459] Vgl. Luczak et al. (Fremdbezug), 1994, S. 179 ff.

[460] Vgl. Moschuris (Decision-making Criteria in tactical Make-or-Buy), 2015, S. 9 ff.

[461] Vgl. Pilgram; Winkler (Beschaffungsoptimierung in Industrieunternehmen), 2011, S. 26 ff.

[462] Vgl. Pitsch (Vernetzung von Werkzeugbaustandorten), 2014, S. 95 ff.

Gestaltungsmodell für kollaborative Wertschöpfung im industriellen Werkzeugbau nach KOMOREK beschreibt die drei Funktionen Handlungsfelder, Ergebnisse und Befähiger. Die Handlungsfelder umfassen im Kern die industrielle Auftragsabwicklung sowie die Kunden-, Lieferanten- und Standortvernetzung, deren Adressierung die zukünftige Wettbewerbsfähigkeit von Werkzeugbaubetrieben sicherstellen soll.[463] Der Ansatz nach SCHITTNY bietet eine Methodik zur Wertschöpfungstiefengestaltung im Werkzeugbau, die eine Grundlage zur Bewertung der Ressourcenplanung darstellt. Die sechs Schritte der Methodik gliedern sich in die drei Teile initiale Ressourcenauslegung, Bewertungssystem zur auslastungsabhängigen Ressourcenplanung und kontinuierliche Überprüfung.[464] Der Ansatz nach SCHITTNY lässt sich durch den hohen Bezug zum Werkzeugbau von den anderen Ansätzen der Wertschöpfungstiefengestaltung abgrenzen und befindet sich daher in der Fokusgruppe Wertschöpfungsgestaltung im Werkzeugbau.

Die **Grundlagen des strategischen Einkaufs** bilden die vierte Fokusgruppe. Die Werke von ARNOLD, LARGE, WANNEWETSCH, BÜSCH sowie WEIGEL & RÜCKER weisen im Vergleich zu den Ansätzen der drei anderen Fokusgruppen den mit Abstand höchsten Bezug zum strategischen Einkauf auf. ARNOLD zählt mit seinem Grundlagenwerk Beschaffungsmanagement[465] zu den renommiertesten deutschsprachigen Autoren auf diesem Gebiet. Die Inhalte besitzen seit 1997 Gültigkeit und viele Inhalte wie bspw. die Definitionen des Einkaufsbegriffs gehen auf dieses Werk zurück.[466] Einen vergleichbar hohen Stellenwert in der deutschsprachigen Einkaufsliteratur hat LARGE'S Werk zum strategischen Beschaffungsmanagement, in dem der strategische Einkauf gleichermaßen grundlegend thematisiert wird.[467] Ohne genauer auf die wesentlichen Schwerpunkte der Autoren WANNEWETSCH,[468] BÜSCH[469] sowie WEIGEL & RÜCKER[470] einzugehen, kann festgehalten werden, dass die hier dargestellte Grundlagenliteratur einen sehr hohen Bezug zum strategischen Einkauf aufweist. Aufgrund der hohen Allgemeingültigkeit dieser Werke ohne die Entwicklung problemspezifischer Ansätze ist die praktische Anwendbarkeit für industriell produzierende Unternehmen nicht in ausreichendem Maße gegeben. Dies gilt insbesondere in Bezug auf den strategischen Werkzeugeinkauf.

3.2.2 Vorstellung problemrelevanter Forschungsansätze

Im Folgenden werden die problemrelevanten Forschungsansätze im Detail vorgestellt. Die Reihenfolge der Vorstellung orientiert sich am Zeitpunkt der Erstveröffentlichung der Ansätze.

463 Vgl. Komorek (Kollaborative Wertschöpfung), 2014, S. 112.

464 Vgl. Schittny (Wertschöpfungstiefengestaltung im Werkzeugbau), 2015, S. 107 ff.

465 Vgl. Arnold (Beschaffungsmanagement), 1997.

466 Vgl. Kapitel 2.2.1.1.

467 Vgl. Large (Strategisches Beschaffungsmanagement), 2012.

468 Vgl. Wannenwetsch (Integrierte Materialwirtschaft und Logistik), 2014.

469 Vgl. Büsch (Praxishandbuch Strategischer Einkauf), 2013.

470 Vgl. Weigel; Rücker (Praxisguide Strategischer Einkauf), 2015.

3.2.2.1 Make-or-Buy-Entscheidungsansatz nach PFAFFMANN

PFAFFMANN entwickelt einen kompetenzbasierten Ansatz zur Strukturierung von Make-or-Buy-Entscheidungen. Der Ansatz bezieht sich hauptsächlich auf Unternehmen, die komplexe Produkte fertigen. Komplexe Produkte bezeichnen besitzen viele unterschiedliche Funktionen sowie viele interagierende Komponenten, werden in kleiner Stückzahl bei hoher Variantenvielfalt hergestellt und sind insgesamt entwicklungsintensiv.[471] Mit seinem Ansatz der Make-or-Buy-Entscheidung untersucht PFAFFMANN insbesondere, welche wertschöpfenden Tätigkeiten im Entwicklungsprozess an externe Unternehmen vergeben werden sollten und wie diese in den Entwicklungsprozess integriert werden können.[472]

Im Rahmen seiner Forschungsarbeit führt PFAFFMANN empirische Fallstudien durch, aus denen er neun Thesen ableitet, welche den Bezugsrahmen seines kompetenzbasierten Make-or-Buy-Entscheidungsansatzes darstellen. Die neun Thesen werden nachfolgend in Kurzform genannt:[473]

- **These I:** Make-Entscheidungen bedingen die Akkumulation von substanziellem und funktionalem Wissen.
- **These II:** Make-Entscheidungen sind Entscheidungen über den Aufbau und die Erweiterung der Aktivitätsfelder des Unternehmens und bedingen einen organisatorischen Lernprozess.
- **These III:** Make-Entscheidungen sind von Ertragsaussichten beeinflusst, die durch unternehmerisches Handeln induziert werden.
- **These IV:** Buy-Entscheidungen verschaffen Zugang zu funktionalem Wissen bei den Kooperationspartnern.
- **These V:** Mit Buy-Entscheidungen ist die Entstehung von Konflikten mit rechtlich selbstständigen Kooperationspartnern verbunden.
- **These VI:** Make-Entscheidungen sollten dann getroffen werden, wenn ein Unternehmen kaum oder gar nicht in der Lage ist, die Anforderungen über die benötigten Leistungen zu formulieren und/oder an potenzielle Zulieferer zu kommunizieren.
- **These VII:** Die Anzahl von Make-or-Buy-Optionen in der Entwicklung eines neuen Produktes hängt von der Gestaltung der Produktarchitektur ab.
- **These VIII:** Zwischenbetriebliche Spezialisierungsvorteile sind nur bei hinreichend entkoppelten Schnittstellen gewährleistet.
- **These IX:** Je dynamischer das technologische Umfeld und je größer die architektonische Kompetenz des Unternehmens im Produktentwicklungsprozess, desto mehr fordern Buy-Entscheidungen und die sich anschließende Integration von Zulieferunternehmen die dynamische Innovationsfähigkeit des Unternehmens.

[471] Vgl. Pfaffmann (Kompetenzbasiertes Management), 2001, S. 2.
[472] Vgl. Pfaffmann (Kompetenzbasiertes Management), 2001, S. 6.
[473] Vgl. Pfaffmann (Kompetenzbasiertes Management), 2001, S. 294

Der entwickelte Ansatz gliedert sich schließlich in drei Phasen, die an grundsätzliche unternehmensstrategische Vorüberlegungen angeschlossen werden können. Zeitlich und methodisch ordnet PFAFFMANN die drei Phasen dem Beginn des Produktentwicklungsprozesses zu.[474] Abbildung 38 gibt einen Überblick über die Phasen und Arbeitsschritte des Entscheidungsverfahrens und nimmt Bezug auf die neun zuvor formulierten Thesen.

Unternehmensstrategische Vorüberlegungen	Phase I: Analyse von Produkt und Kompetenz	Phase II: Integration des marktlichen Kontextes	Phase III: Determination der zwischenbetrieblichen Organisation
Grundsätzliche Entscheidungen über Festlegung der generellen Entscheidungsregel, insbesondere über • Positionierung auf der Wertschöpfungskette • Komponenten- vs. architekturbezogene Strategien im Aufbau von Kompetenz	1. Gestaltung der modularen Produktarchitektur 2. Ermittlung von Make-or-Buy-Optionen 3. Analyse der architektonischen und komponentenbezogenen Kompetenz 4. Kompetenzbasierte Evaluierung von Komponenten	1. Analyse der strateg. Bedeutung von Komponenten 2. Festlegung der Make-or-Buy-Entscheidung für „eindeutige" Komponenten 3. Technisch-wirtschaftliche Analyse von Zulieferunternehmen 4. Festlegung der Make-or-Buy-Entscheidung für unklare Komponenten	1. Ermittlung der zwischenbetrieblichen Interaktionsintensität 2. Gestaltung der zwischenbetrieblichen Organisationsstruktur 3. Gestaltung vertraglicher und außervertraglicher Regeln
Ziel: Klarheit in der strategischen Ausrichtung des Unternehmens	Ziel: Identifikation der Komponenten für Make-or-Buy-Entscheidungen	Ziel: Festlegung der Make-or-Buy-Entscheidung für das Endprodukt	Ziel: Start der Projektrealisierung
	Berücksichtigung von Thesen I, VII, VIII, IX	Berücksichtigung von Thesen II, III, IV, V, VI, IX	Berücksichtigung von Thesen IV, V

Abbildung 38: Kompetenzbasierter Make-or-Buy-Entscheidungsansatz nach PFAFFMANN[475]

Phase I dient zunächst der Analyse des Produkts und der Kompetenz mit dem Ziel, relevante Komponenten für die Make-or-Buy-Entscheidung zu identifizieren. Dabei sind die Produktarchitektur, Produktkomponenten sowie die zugrundeliegenden architektonischen und komponentenbezogenen Kompetenzen zu berücksichtigen.[476]

In Phase II folgt die Betrachtung potenzieller Zulieferunternehmen, Kunden und Wettbewerber des Unternehmens mit dem Ziel, die Make-or-Buy-Entscheidung für das Produkt festzulegen. In dieser Phase erfolgt die Integration des marktlichen Kontextes in die Make-or-Buy-Entscheidung. Die Make-or-Buy-Entscheidung wird dabei auf Komponentenebene getroffen. Gleichzeitig ist es in dieser Phase bereits möglich, Strategien zum Auf- und Abbau von architektonischen und komponentenbezogenen Kompetenzen zu formulieren.[477]

[474] Vgl. Pfaffmann (Kompetenzbasiertes Management), 2001, S. 293.

[475] Vgl. Pfaffmann (Kompetenzbasiertes Management), 2001, S. 296.

[476] Vgl. Pfaffmann (Kompetenzbasiertes Management), 2001, S. 293.

[477] Vgl. Pfaffmann (Kompetenzbasiertes Management), 2001, S. 293.

In Phase III wird auf Basis der in Phase II getroffenen Make-or-Buy-Entscheidung die zwischenbetriebliche Organisation gestaltet. Dazu werden die Integration von Zulieferunternehmen in den Entwicklungsprozess des Herstellers sowie zwischenbetriebliche Schnittstellen definiert. Im Anschluss daran kann der Start der Projektrealisierung erfolgen.[478]

Der Ansatz nach PFAFFMANN stellt einen Bezug zur produzierenden Industrie her, jedoch werden Investitionsgüter und insbesondere Werkzeuge nicht explizit betrachtet. Gleichzeitig werden Aspekte des strategischen Einkaufs nur am Rande berücksichtigt, sodass eine Übertragbarkeit des vorgestellten Ansatzes auf die der Arbeit zugrundeliegende Problemstellung nur bedingt möglich ist. Die problemspezifische Anforderung der Typisierung wird gar nicht berücksichtigt. Das Beschaffungsobjekt wird in geringem Maße betrachtet, wohingegen die Entwicklung eines Zielsystems sowie die Bewertung der internen und externen Leistungsfähigkeit nur in sehr geringem Maße erfolgt. Von den gestalterischen Anforderungen werden lediglich die Elemente der strategischen Planung in hohem Umfang berücksichtigt. Die Elemente der Organisation finden lediglich in geringem Maße und des Prozesses in sehr geringem Maße Berücksichtigung.

3.2.2.2 15M-Architektur der Supply-Strategie nach HEß

HEß stellt in seinem Werk „Supply-Strategien für Einkauf und Beschaffung" die 15M-Architektur der Supply-Strategie als systematischen und ganzheitlichen Ordnungsrahmen zur Entwicklung und Implementierung von Einkaufsstrategien vor. Die 15 Module (M1 bis M15) der 15M-Architektur stellen zentrale Handlungsfelder dar, die in sich eigenständig analysiert und gestaltet werden können. Die Nummerierung der Module soll eine logische Abfolge der jeweiligen Handlungsfelder widerspiegeln und wird vier übergeordneten Strategiebausteinen (SB) zugeordnet.[479] Die einzelnen Strategiebausteine sowie deren 15 Module werden in der folgenden Abbildung 39 skizziert.

Der erste Strategiebaustein Supply-Rahmenstrategie wird in die Teile Direktion und Koordination unterteilt. Der erste Teil Direktion umfasst die vier Module Basisstrategie entwickeln, Supply-Ziele formulieren, Strategy Map entwickeln sowie Supply-Märkte definieren und priorisieren. Durch die Analyse und Gestaltung dieser vier ersten Module wird die grundlegende strategische Ausrichtung der Supply-Strategie definiert. In diesem Zusammenhang werden bereits sogenannte Supply-Ziele in Kategorien wie z. B. Prozesskosten, Qualität der Beschaffungsobjekte oder Innovation formuliert und strategische Stoßrichtungen entwickelt.[480]

Anschließend erfolgt im zweiten Strategiebaustein Supply-Marktstrategie mit den Modulen 5 bis 8 die Entwicklung der Supply-Marktstrategie. In Modul 5 wird zunächst der Supply-Markt analysiert und segmentiert, um bei heterogenen Märkten spezifische Supply-Strategien zu entwickeln. Für den betrachteten Supply-Markt werden in Modul 6 die Supply-Marktziele formuliert. Aus Konsistenzgründen sollten die Ziele ähnlich strukturiert werden, wie die in Modul 2 definierten Supply-Ziele. In Modul 7 werden die Systematik zu den Gestaltungsfeldern der

[478] Vgl. Pfaffmann (Kompetenzbasiertes Management), 2001, S. 295.

[479] Vgl. Heß (Supply-Strategien in Einkauf und Beschaffung), 2008, S. 43.

[480] Vgl. Heß (Supply-Strategien in Einkauf und Beschaffung), 2008, S. 43 ff.

Strategie und die verfügbaren Handlungsoptionen formuliert. Die Konkretisierung und Ausarbeitung der Handlungsfelder zu einer Strategie werden in Modul 8 vollzogen.[481]

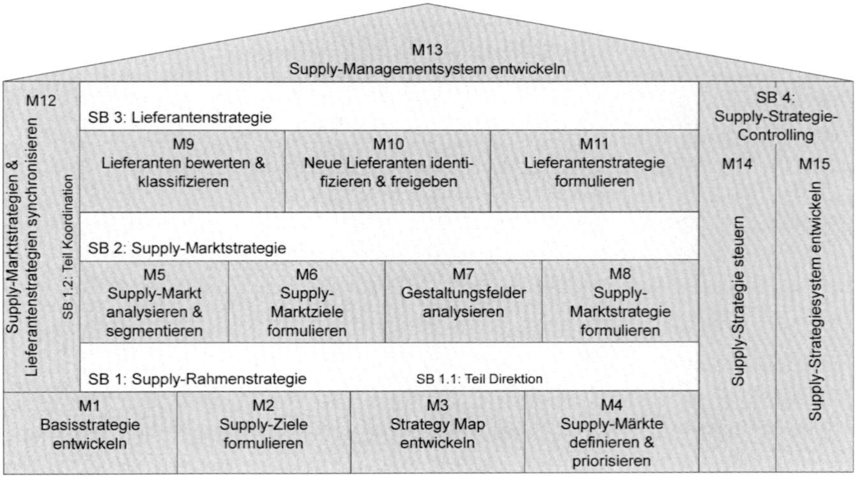

Abbildung 39: 15M-Architektur der Supply-Strategie nach HEß[482]

Im dritten Strategiebaustein Lieferantenstrategie werden in den Modulen 9 bis 11 die aktuellen Leistungen und Potenziale einzelner Lieferanten analysiert und darauf aufbauend eine Lieferantenstrategie entwickelt. Modul 9 leitet den Abschnitt der Lieferantenstrategie ein und beinhaltet die Lieferantenbewertung und -klassifizierung. Neu identifizierte Lieferanten werden in Modul 10 anhand ihrer Leistungspotenziale analysiert und anschließend freigegeben. In Modul 11 wird die Lieferantenstrategie formuliert. Gleichzeitig werden die Integration der Lieferanten in die Wertschöpfungskette des Unternehmens und die damit zusammenhängenden Kosten- und Leistungsziele mit dem Lieferanten festgelegt.[483]

Nach Strategiebaustein drei folgt mit den Modulen 12 und 13 die Synchronisierung der zuvor entwickelten Supply-Markt- und Lieferantenstrategien. Aufbauend darauf wird ein Supply-Managementsystem entwickelt, welches gemäß HEß die Voraussetzung für den zukünftigen Erfolg darstellt. Diese beiden Module lassen sich dem zweiten Teil des ersten Strategiebausteins zuordnen.[484]

Der vierte Strategiebaustein Supply-Strategie-Controlling setzt sich aus Modul 14 und 15 zusammen. In Modul 14 werden Maßnahmen zur Evaluation und Nachjustierung des Strategiefortschritts und der Performance zur Steuerung der Supply-Strategie definiert. Abschließend

---

[481] Vgl. Heß (Supply-Strategien in Einkauf und Beschaffung), 2008, S. 46 ff.

[482] Vgl. Heß (Supply-Strategien in Einkauf und Beschaffung), 2008, S. 43.

[483] Vgl. Heß (Supply-Strategien in Einkauf und Beschaffung), 2008, S. 48 f.

[484] Vgl. Heß (Supply-Strategien in Einkauf und Beschaffung), 2008, S. 50 f.

wird in Modul 15 das gesamte Supply-Strategie-System entwickelt, welches die Synchronisierung der vorangegangenen Module und eine abschließende ganzheitliche Betrachtung der Supply-Strategie umfasst.[485]

Die 15M-Architektur der Supply-Strategie nach HEß legt zusammenfassend einen Fokus auf die produzierende Industrie und betrachtet Beschaffungsobjekte aller Art. Dabei wird die Gestaltung eines vollständigen Vorgehens zur Entwicklung einer Einkaufsstrategie berücksichtigt. Das Vorgehen ist aufgrund der Allgemeingültigkeit des Ansatzes in Bezug auf die vorliegende Problemstellung sehr unkonkret und nur bedingt übertragbar. Insbesondere die Typisierung und die Bewertung der internen Leistungsfähigkeit werden dabei gar nicht berücksichtigt. Die Analyse des Beschaffungsobjektes sowie Elemente der Organisation werden ebenfalls nur in geringem Maße adressiert. Die Definition eines Zielsystems sowie die Elemente des Prozesses hingegen werden in hohem Maße und die externe Leistungsfähigkeit sowie Elemente der strategischen Planung in sehr hohem Maße betrachtet.

3.2.2.3 Strategische Beschaffung im Anlagenbau nach GASSNER ET AL.

GASSNER ET AL. sehen in der Globalisierung, den modernen Kommunikationsmöglichkeiten und einem starken Wettbewerb zunehmend die Möglichkeit für produzierende Unternehmen, am Markt zu agieren und Leistungen zu beschaffen. Daher entwickeln sie eine Vorgehensweise für den Anlagenbau, um eine optimale Versorgung mit Produktionsfaktoren zu erreichen. Das Ziel von GASSNER ET AL. ist dabei nicht eine Entscheidung für Unternehmen zu treffen, sondern vielmehr Unternehmen bei ihrem Entscheidungsprozess in Bezug auf die strategische Beschaffung von A-Teilen[486] zu unterstützen.[487]

Grundlage der Vorgehensweise nach GASSNER ET AL. bildet ein mehrstufiger, iterativer Prozess. Zunächst erfolgt dabei die Definition von Beschaffungszielen, Kriterien und Unterkriterien, die zu einer Zielhierarchie zusammengefasst werden. Anschließend erfolgt mithilfe gegebener Dimensionen die Auswahl von drei alternativen Strategien (vgl. Abbildung 40). Im anschließenden Schritt findet eine Bewertung und eine Priorisierung definierter Kriterien statt, wodurch dem Entscheider eine zu priorisierende Alternative vorgeschlagen wird. Schlussendlich wird überprüft, ob die Systematik aus Zielhierarchie und ausgewählter Alternative auf weitere Unternehmen übertragen werden kann, um Handlungsempfehlungen für die Beschaffung von A-Teilen abzuleiten.[488]

Für die objektive und strategische Lieferantenauswahl definieren GASSNER ET AL. ein Zielhierarchie mit Beschaffungszielen, die sich im optimalen Fall aus der Unternehmensstrategie ab-

[485] Vgl. Heß (Supply-Strategien in Einkauf und Beschaffung), 2008, S. 51.

[486] Als A-Teile werden diejenigen Komponenten bezeichnet, die bezogen auf die Gesamtheit der benötigten Komponenten mit einem geringen mengenmäßigen Anteil einen hohen wertmäßigen Anteil ausmachen.

[487] Vgl. Gassner et al. (Strategische Beschaffung im Anlagenbau), 2011, S. 228 ff.

[488] Vgl. Gassner et al. (Strategische Beschaffung im Anlagenbau), 2011, S. 229 f.

leiten. Neben den Kosten werden in der Zielhierarchie auch Qualitäts-, Verlässlichkeits-, Flexibilitäts-, Service- und gesellschaftspolitische Ziele untersucht. Alle Ziele ordnen sich dabei dem Oberziel der „optimalen Versorgung des Unternehmens mit Produktionsfaktoren" unter.[489]

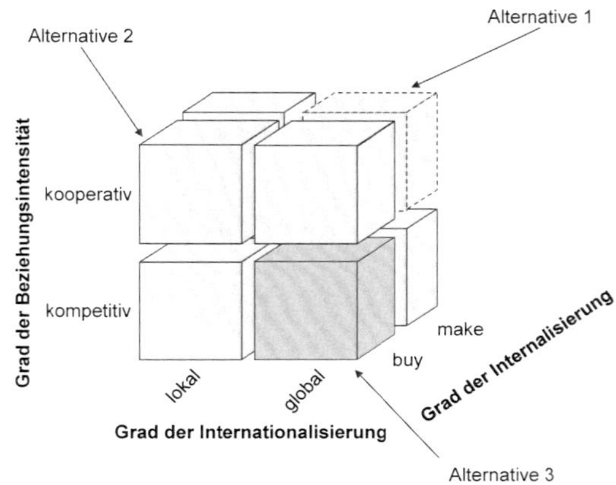

Abbildung 40: Dimensionen und Alternativen strategischer Beschaffung nach GASSNER ET AL.[490]

Für die Definition und Auswahl von strategischen Alternativen setzen GASSNER ET AL. auf drei Dimensionen mit jeweils zwei unterschiedlichen Ausprägungen. Die erste Dimension Beziehungsintensität beinhaltet die Ausprägungen kooperativ und kompetitiv. Die zweite Dimension Internationalisierung umfasst die Ausprägungen lokal und global. Die dritte Dimension berücksichtigt die Entscheidung über Eigen- (make) und Fremdfertigung (buy). Durch eine Kombination der unterschiedlichen Ausprägungen können schließlich acht verschiedene strategische Alternativen gebildet werden, von denen drei exemplarisch in Abbildung 40 hervorgehoben sind.[491]

Die von GASSNER ET AL. erarbeite Vorgehensweise ist aufgrund der Anwendung im Anlagenbau grundsätzlich gut auf den Werkzeugeinkauf übertragbar. Zudem werden Dimensionen der strategischen Beschaffungsplanung sowie konkrete Beschaffungsziele genannt und berücksichtigt, sodass die Anforderungen diesbezüglich in hohem Maße erfüllt werden. Insbesondere die Analyse der internen und externen Leistungsfähigkeit findet hingegen keine ausreichende Berücksichtigung. Zudem werden Elemente der Organisation und des Prozesses nur in geringem und die Analyse des Beschaffungsobjektes nur in sehr geringem Maße betrachtet. Der Ansatz schafft in Bezug auf die Erstellung von Referenzstrategien eine gute Grundlage, indem Typisierungsmerkmale vorgegeben werden. Daher wird die Anforderung der Typisierung in hohem Maße erfüllt.

489 Vgl. Gassner et al. (Strategische Beschaffung im Anlagenbau), 2011, S. 230 f.

490 Vgl. Gassner et al. (Strategische Beschaffung im Anlagenbau), 2011, S. 234.

491 Vgl. Gassner et al. (Strategische Beschaffung im Anlagenbau), 2011, S. 233 ff.

3.2.2.4 Einkaufsstrategiebildung nach ESSIG-KREYSA

ESSIG-KREYSA verfolgt mit ihrer Methodik zur Bildung von Einkaufsstrategien für technologisch anspruchsvolle Güter das Ziel, Effizienz- und Effektivitätsnachteile im strategischen Einkaufsmanagement abzubauen. Die Methodik setzt dabei an der Erhöhung der Beschaffungsmarkttransparenz an, um die Attraktivität von Beschaffungsmärkten besser bewerten zu können. Darauf aufbauend wird eine Systematik zur Beschreibung von Einkaufsstrategien für technologisch anspruchsvolle Güter entwickelt.[492]

Die von ESSIG-KREYSA entwickelte Methodik umfasst insgesamt fünf Schritte, die in Abbildung 41 zusammenfassend dargestellt werden.

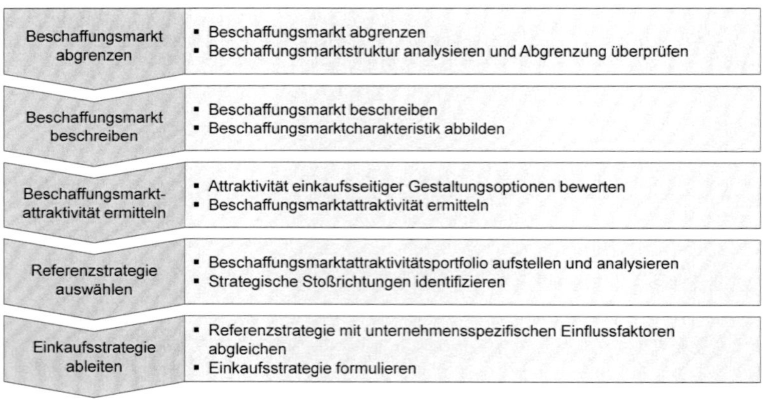

Abbildung 41: Methodik zur Bildung von Einkaufsstrategien nach ESSIG-KREYSA[493]

Im ersten Schritt wird der Beschaffungsmarkt abgegrenzt. Die Abgrenzung erfolgt mithilfe einer Analyse und Einordnung der Beschaffungsmärkte, welche von den definierten Beschaffungsgütern ausgehen. Im zweiten Schritt werden der betrachtete Beschaffungsmarkt sowie deren Marktgegebenheiten ganzheitlich beschrieben. Darauf aufbauend werden der Beschaffungsmarkt qualitativ analysiert sowie die Beschaffungsmarktcharakteristik beschrieben. Der dritte Schritt umfasst die kennzahlenbasierte quantitative Bewertung der Attraktivität einkaufsseitiger Gestaltungsoptionen. Daraus folgen anschließend eine Festlegung des Gestaltungsspielraums sowie die Bewertung der Beschaffungsmarktattraktivität. Im vierten Schritt werden Einkaufsreferenzstrategien selektiert und ausgewählt. Die Auswahl einer passenden Referenzstrategie erfolgt auf Basis der Beschaffungsmarktcharakteristik sowie anhand eines dafür entwickelten Portfoliomodells. Innerhalb der Referenzstrategie werden maßgebliche strategische Stoßrichtungen für die schlussendliche Ableitung einer Einkaufsstrategie identifiziert. Die Überführung der ausgewählten Referenzstrategie in eine individuelle Einkaufsstrategie erfolgt schließlich im fünften und abschließenden Schritt der Methodik.[494] In Abbildung 41 werden die

[492] Vgl. Essig-Kreysa (Einkaufsstrategiebildung für technologisch anspruchsvolle Güter), 2014, S. 6 f.

[493] Vgl. Essig-Kreysa (Einkaufsstrategiebildung für technologisch anspruchsvolle Güter), 2014, S. 145.

[494] Vgl. Essig-Kreysa (Einkaufsstrategiebildung für technologisch anspruchsvolle Güter), 2014, S. 145.

fünf Schritte der Methodik zur Bildung von Einkaufsstrategien für technologisch anspruchsvolle Güter zusammenfassend dargestellt.

ESSIG-KREYSA bezieht ihre Methodik auf technologisch anspruchsvolle Güter, was per Definition auch auf Werkzeuge bzw. den Werkzeugeinkauf zutrifft. Die Entwicklung einer individuellen Einkaufsstrategie erfolgt fast ausschließlich anhand einer Analyse und Beschreibung des Beschaffungsmarktes, welche von einer Betrachtung des Beschaffungsobjekts ausgeht. Die Analyse des Beschaffungsobjekts erfüllt die Anforderungen allerdings nur in geringem Maße, während der externe Beschaffungsmarkt umfangreich bewertet wird. Eine Überprüfung der internen Leistungsfähigkeit und damit einhergehend die Frage nach Eigen- bzw. Fremdfertigung sowie Elemente der Organisation und des Prozesses werden hingegen gar nicht berücksichtigt. Die Elemente der strategischen Planung und die Definition eines Zielsystems erfolgen auf Basis des Anforderungssystems nur in geringem Umfang. Zudem werden Voraussetzungen für die Typisierung von Einkaufsstrategien kaum berücksichtigt.

3.2.2.5 Prozess zur Entwicklung einer Einkaufsstrategie nach SCHUH ET AL.

SCHUH ET AL. postulieren, dass es im Jahr 2014 noch kein allgemeingültiges Verständnis in Bezug auf den Ablauf des Entwicklungsprozesses einer Einkaufsstrategie und der einzubindenden Methoden gibt. Sie sehen insbesondere in der Arbeit von HEß[495] wertvolle Beiträge für einen Strategieentwicklungsprozess im Einkauf und entwickeln diese Beiträge zum hier dargestellten Prozess zur Entwicklung einer Einkaufsstrategie weiter.[496]

Auf generischer Ebene sehen SCHUH ET AL. für die Entwicklung einer Einkaufsstrategie den typischen Ablauf der Strategieerarbeitung. Dieser besteht aus vier Phasen. In der ersten Phase erfolgt die Analyse des internen und externen Umfelds. Im Fokus stehen dabei die aktuelle eigene Position des Unternehmens im Vergleich zum externen Umfeld. In der zweiten Phase wird ausgehend von der aktuellen Position ein zukünftiger Zustand formuliert, indem die strategische Positionierung sowie strategische Ziele festgelegt werden. In der dritten Phase werden Maßnahmen sowie ein Umsetzungsplan erarbeitet. Damit wird festgelegt, wie die in Phase zwei definierten Ziele erreicht werden sollen. Die vierte Phase umfasst abschließend die Umsetzung und Kontrolle. In dieser letzten Phase sollen Strategieumsetzung und Zielerreichung geprüft sowie Maßnahmen zur Feinjustierung und Nachbesserung der entwickelten Strategie abgeleitet werden.[497] Die vier generischen Phasen sind im oberen Teil der nachfolgenden Abbildung 42 dargestellt.

---

[495] In Kapitel 3.2.2.2 wird die 15M-Architektur der Supply-Strategie nach HEß ausführlich beschrieben. Auf dieses Werk wird von SCHUH ET AL. ebenfalls verwiesen.

[496] Vgl. Schuh et al. (Einkaufsstrategie), 2014, S. 97.

[497] Vgl. Schuh et al. (Einkaufsstrategie), 2014, S. 97.

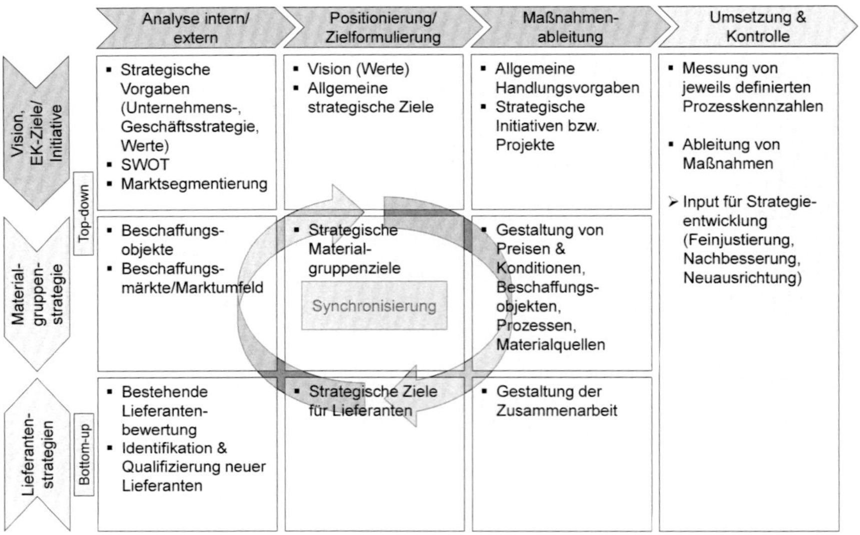

Abbildung 42: Prozess zur Entwicklung einer Einkaufsstrategie nach SCHUH ET AL.[498]

Im Rahmen des Einkaufsstrategieentwicklungsprozesses fokussieren SCHUH ET AL. ein differenziertes und mehrstufiges Verständnis einer Einkaufsstrategie. Dieses zeigt sich darin, dass die vier beschriebenen Phasen auf unterschiedlichen Ebenen durchgeführt werden. Ziel dabei ist es, sukzessive eine ganzheitliche Strategie zu erarbeiten. Als Ebenen werden die Einkaufsvision inklusive allgemeiner Einkaufsziele, die Materialgruppenstrategie sowie Lieferantenstrategien betrachtet.[499]

Prinzipiell kann die Entwicklung einer Einkaufsstrategie gemäß SCHUH ET AL. auf zwei unterschiedliche Weisen erfolgen. Zum einen kann die Definition von Einkaufszielen Top-down aus den übergeordneten Unternehmenszielen abgeleitet werden. Zum anderen können im Gegensatz dazu Bottom-up zunächst Ideen und Vorschläge auf unteren Ebenen gesammelt und anschließend priorisiert und konkretisiert werden. SCHUH ET AL. betonen, dass es in der unternehmerischen Praxis sinnvoll sei, ein beidseitiges Wechselspiel aus Top-down- und Bottom-up-Vorgehen anzuwenden.[500]

Zusammenfassend lässt sich feststellen, dass SCHUH ET AL. die in Kapitel 3.1.2 definierten Anforderungen teilweise erfüllen. Eine vom Beschaffungsobjekt ausgehende Zielformulierung sowie die Analyse des internen und externen Umfelds werden auf generischer Ebene berücksichtigt. Dabei wird das Beschaffungsobjekt im Verständnis dieser Arbeit unzureichend analysiert, sodass die Anforderungen diesbezüglich nur in geringem Maße erfüllt werden. Das Ziel-

498 Vgl. Schuh et al. (Einkaufsstrategie), 2014, S. 99.

499 Vgl. Schuh et al. (Einkaufsstrategie), 2014, S. 98.

500 Vgl. Schuh et al. (Einkaufsstrategie), 2014, S. 98.

system sowie Elemente der strategischen Planung werden hingegen in hohem Maße adressiert. Konkrete Hilfestellungen für die inhaltliche Gestaltung einer möglichen Einkaufsstrategie in Bezug auf die Elemente der Organisation und des Prozesses werden unzureichend gegeben. Die Bewertung der internen und externen Leistungsfähigkeit wird zwar erwähnt, jedoch findet keine kennzahlenbasierte Bewertung statt. Die Typisierung etablierter Einkaufsstrategien als Referenz für die Strategieentwicklung erfolgt nicht.

3.2.2.6 Entwicklung einer Beschaffungsstrategie nach RÖTHLISBERGER & NINCK

RÖTHLISBERGER & NINCK bekräftigen in Anlehnung an HEß eine inflationäre Verwendung des Strategiebegriffs in Kombination mit dem Beschaffungsbegriff sowie der Beschaffungsstrategieentwicklung.[501] Sie schlussfolgern daraus die Notwendigkeit, die Begriffsdefinition und die Inhalte der Beschaffungsstrategie zu klären, einen Beschaffungsstrategieentwicklungsprozess zu gestalten sowie Erfolgsfaktoren für die Bewertung von Beschaffungsstrategien zu identifizieren. Das daraus resultierende Ergebnis stellt ein Modell zur Erarbeitung einer Beschaffungsstrategie dar. Ein elementarer Bestandteil der Arbeit von RÖTHLISBERGER & NINCK ist in diesem Zusammenhang der Strategieentwicklungsprozess der Beschaffung. Zudem wird ein Maturitätsmodell entwickelt, um Handlungsempfehlungen für eine neue Beschaffungsstrategie zu geben.[502]

Das gewählte Vorgehen orientiert sich am klassischen Strategieentwicklungsprozess, der aus strategischer Analyse, Strategieformulierung und Strategieimplementierung besteht. Zunächst erfolgt dabei die Formulierung von Beschaffungszielen und einer Beschaffungsvision, welche aus der Unternehmensvision sowie den strategischen Unternehmenszielen abgeleitet werden. Daran angeschlossen startet die strategische Analyse, die sich in eine interne und eine externe Analyse aufteilt. Bestandteile der internen Analyse sind das Aufzeigen von internen Stärken sowie des erforderlichen Materialbedarfs. Die externe Analyse umfasst in erster Linie eine vom Beschaffungsobjekt ausgehende Beschaffungsmarktforschung. Die Strategieformulierung baut anschließend auf die interne und externe Analyse auf und besteht aus den vier Substrategien Material-, Lieferanten-, Kooperations- und Nachhaltigkeitsstrategie. Daran angeschlossen wird die Strategieimplementierung als tatsächliche Realisierung der Strategie erwähnt. Die Strategieimplementierung besteht aus den Bereichen Personal, Prozess, Technologie und Struktur. Der Strategieentwicklungsprozess nach RÖTHLISBERGER & NINCK schließt mit dem Beschaffungscontrolling ab, welches die Aufgabe hat, die Erreichung der Beschaffungsziele zu prüfen.[503] In Abbildung 43 ist der Strategieentwicklungsprozess der Beschaffung nach RÖTHLISBERGER & NINCK dargestellt.

[501] Vgl. Heß (Prozessansatz Beschaffungs- und Materialstrategien), 2004, S. 23.

[502] Vgl. Röthlisberger; Ninck (Entwicklung einer Beschaffungsstrategie), 2016, S. 110.

[503] Vgl. Röthlisberger; Ninck (Entwicklung einer Beschaffungsstrategie), 2016, S. 112 ff.

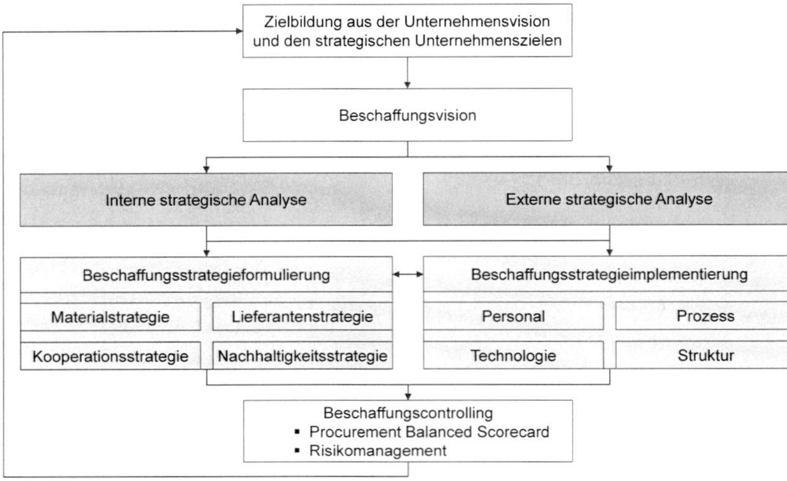

Abbildung 43: Strategieentwicklungsprozess der Beschaffung nach RÖTHLISBERGER & NINCK[504]

Neben dem beschriebenen Strategieentwicklungsprozess stellen RÖTHLISBERGER & NINCK zusätzlich ein dreistufiges Maturitätsmodell auf. Darin werden in einzelnen Bereichen des Strategieentwicklungsprozesses wie z. B. Zielbildung, Materialstrategie, Lieferantenstrategie, Kooperationsstrategie, Nachhaltigkeitsstrategie, Personal, Prozess usw. potenzielle inhaltliche Ausprägungen in drei Stufen beschrieben. Dieses Modell bzw. die darin beschriebenen Stufen dienen als inhaltlicher Benchmark einer potenziellen Beschaffungsstrategie und ermöglichen die Einordnung einer aktuellen Beschaffungssituation sowie eine daraus resultierende Ableitung von Handlungsempfehlungen für die zukünftige Beschaffungsstrategie.[505]

Das Modell zur Entwicklung einer Beschaffungsstrategie nach RÖTHLISBERGER & NINCK benennt viele Aspekte der in Kapitel 3.1.2 genannten Anforderungen. Ausgehend vom Beschaffungsobjekt erfolgt zwar eine Formulierung von Beschaffungszielen, jedoch in Bezug auf das Anforderungssystem nur in sehr geringem Umfang. Die Bewertung der internen und externen Leistungsfähigkeit erfolgt in geringem Maße. Indem im Maturitätsmodell potenzielle Gestaltungsoptionen vorgegeben werden, werden die drei gestalterischen Anforderungen in hohem Maße erfüllt. Zudem liefert das Maturitätsmodell durch die beschriebenen Stufen die Voraussetzung für eine Typisierung von Referenzstrategien, jedoch ohne konkrete Referenzstrategien zu beschreiben. Daher wird die Anforderung der Typisierung in hohem Umfang erfüllt. Die beschriebenen Stufen des Maturitätsmodells sind allerdings nur bedingt auf den Werkzeugeinkauf übertragbar, sodass das beschriebene Modell nicht vollständig auf die vorliegende Problemstellung übertragen werden kann.

504 Vgl. Röthlisberger; Ninck (Entwicklung einer Beschaffungsstrategie), 2016, S. 113.

505 Vgl. Röthlisberger; Ninck (Entwicklung einer Beschaffungsstrategie), 2016, S. 120 ff.

3.2.2.7 Corporate Tooling nach KUHLMANN

KUHLMANN entwickelt eine Methodik zur Gestaltung der Werkzeugversorgung produzierender Unternehmen. Ziel des Lösungsansatzes ist es, die Wertschöpfung in Bezug auf die Werkzeugversorgung internationaler Produktionsnetzwerke optimal auszulegen. Mit dem Ansatz „Corporate Tooling" zielt KUHLMANN insbesondere darauf ab, einen beliebigen Status quo der Werkzeugversorgung unter Berücksichtigung von Zielsystem, Werkzeugbedarf sowie internem und externem Marktangebot zu optimieren.[506]

Die Corporate Tooling Methodik besteht aus den zwei übergeordneten Phasen Zielsystem und Analyse sowie Konzeption und Umsetzung. Diesen übergeordneten Phasen können verschiedene Schritte zugeordnet werden, die sich wiederum in einzelne Aufgaben unterteilen.[507] Die Corporate Tooling Methodik nach KUHLMANN mit den zwei Phasen und den jeweiligen Schritten und Aufgaben ist in Abbildung 44 dargestellt.

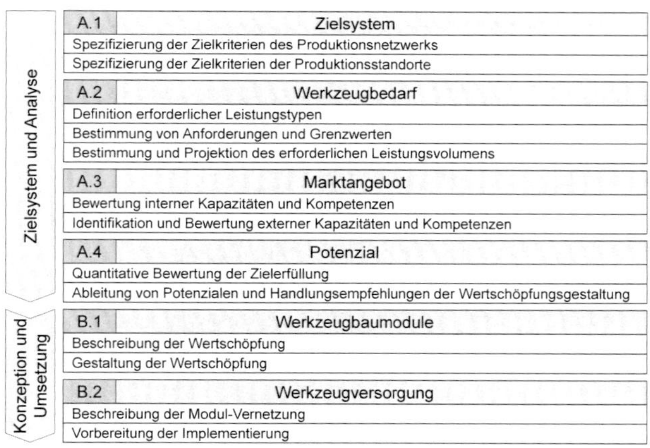

Abbildung 44: Corporate Tooling Methodik nach KUHLMANN[508]

Für die Optimierung des Status quo ist zunächst die erste Phase Zielsystem und Analyse zu durchlaufen. Im ersten Schritt erfolgt eine Spezifizierung der Zielkriterien auf den Ebenen des Produktionsnetzwerks sowie einzelner Produktionsstandorte. Im zweiten Schritt folgt die Bestimmung der organisatorischen und technologischen Anforderungen der benötigten Leistungstypen sowie eine Quantifizierung des Werkzeugbedarfs. Im dritten Schritt werden die internen sowie externen Kapazitäten und Kompetenzen bewertet, die zur Deckung des benötigten Werkzeugbedarfs zur Verfügung stehen. Aufbauend auf diesen ersten drei Schritten werden im vierten Schritt Potenziale abgeleitet, um Gestaltungsoptionen und Handlungsfelder

[506] Vgl. Kuhlmann (Corporate Tooling), 2017, S. 4 f.

[507] Vgl. Kuhlmann (Corporate Tooling), 2017, S. 137.

[508] Vgl. Kuhlmann (Corporate Tooling), 2017, S. 150.

für die Optimierung der Werkzeugversorgung zu priorisieren. Das Ergebnis der ersten Phase ist folglich die Potenzialbewertung des Status quo der Werkzeugversorgung.[509]

Im Anschluss an die erste Phase folgt mit der zweiten Phase Konzeption und Umsetzung die auf dem Status quo basierende Auslegung der Werkzeugversorgung. Im ersten Schritt der zweiten Phase erfolgt zunächst eine Beschreibung und Optimierung von Wertschöpfungs- bzw. Werkzeugbaumodulen zur Erstellung erforderlicher Werkzeugleistungen. Darüber hinaus werden die erforderlichen Werkzeugbaumodule im selbigen Schritt innerhalb des Produktionsnetzwerks des produzierenden Unternehmens allokiert. Im nachfolgenden und letzten Schritt der Methodik werden die Modul-Vernetzung beschrieben sowie die Umsetzung des Versorgungskonzepts vorbereitet.[510]

Zusammenfassend legt KUHLMANN mit seiner Methodik einen sehr hohen Fokus auf die Werkzeugversorgung. Neben der Berücksichtigung diverser Zielkriterien sowie dem benötigten Werkzeugbedarf werden sowohl die interne als auch die externe Leistungsfähigkeit des Marktes betrachtet und vollumfänglich erfüllt. Der Fokus der Gestaltung liegt in der zweiten Phase weitestgehend auf der Gestaltung interner Wertschöpfungsaktivitäten. Eine Beschreibung und Gestaltung strategischer Einkaufsaktivitäten zur ganzheitlichen Erarbeitung einer Strategie für den Werkzeugeinkauf erfolgt hingegen kaum. Daher werden die gestalterischen Elemente in Bezug auf die strategische Planung in geringem bzw. in Bezug auf Organisation und Prozess in sehr geringen Umfang erfüllt. Zudem wird die problemspezifische Anforderung der Typisierung gar nicht erfüllt.

3.2.2.8 Make-or-Buy-Vorgehen nach BREM & ELSNER

BREM & ELSNER entwickeln ein Vorgehen zum Treffen von Make-or-Buy-Entscheidungen für technologieintensive Produkte. Sie stellen heraus, dass sich basierend auf der Art der Make-or-Buy-Entscheidung unterschiedliche Vorgehensweisen etabliert haben. Grundsätzlich unterscheiden sie in ihrer Analyse zwei Arten von Make-or-Buy-Entscheidungen. Einerseits gibt es Make-or-Buy-Entscheidungen, die existierende Produkte betreffen und z. B. im Rahmen von Neuinvestitionen in Produktionsmittel entstehen (Typ 1). Andererseits existieren Make-or-Buy-Entscheidungen im Rahmen von Neuentwicklungen, die bereits zu Beginn des Entwicklungsprozesses getroffen werden und von höherer strategischer Bedeutung sind (Typ 2).[511]

Laut BREM & ELSNER wird die Make-or-Buy-Entscheidung vom Typ 1 eher zufällig getroffen und besteht aus drei Schritten. Zunächst werden betreffende Artikel identifiziert. Anschließend folgt eine Bewertung spezifischer Entscheidungskriterien wie z. B. die im Unternehmen vorhandenen Kompetenzen und Kostenstrukturen. Basierend auf dieser Bewertung wird schließlich eine Make-or-Buy-Entscheidung getroffen.

Die Make-or-Buy-Entscheidung vom Typ 2 erfolgt im Gegensatz dazu deutlich strukturierter und ist Bestandteil des Produktentwicklungsprozesses. Grundsätzlich besteht die Make-or-

[509] Vgl. Kuhlmann (Corporate Tooling), 2017, S. 144 ff.

[510] Vgl. Kuhlmann (Corporate Tooling), 2017, S. 147 ff.

[511] Vgl. Brem; Esner (Make-or-buy Decisions on technology intensive Products), 2018, S. 7.

Buy-Entscheidung vom Typ 2 aus den gleichen Schritten wie diejenige vom Typ 1. Dennoch gibt es gemäß BREM & ELSNER nennenswerte Unterschiede innerhalb des Vorgehens. Ein wesentlicher Unterschied besteht darin, dass die Frage nach Eigen- und Fremdfertigung vom Typ 2 deutlich früher, und zwar zum Zeitpunkt der Produktentstehung, fokussiert wird. Zudem wird in diesem Fall keine endgültige Make-or-Buy-Entscheidung getroffen, sondern diese lediglich von einem interdisziplinären Team vorbereitet.[512] Der Zeitpunkt der Make-or-Buy-Entscheidung vom Typ 2 sowie die drei zugehörigen Schritte sind in Abbildung 45 dargestellt.

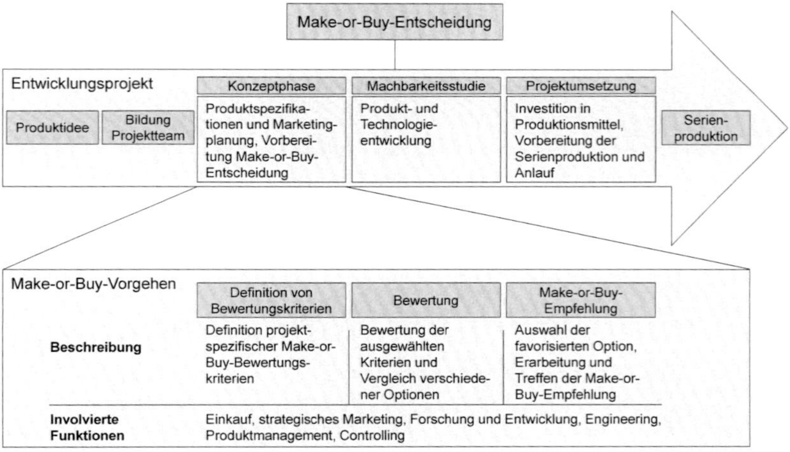

Abbildung 45: Vorgehen zur Make-or-Buy-Entscheidungsfindung (Typ 2) nach BREM & ELSNER[513]

Ähnlich wie der Ansatz von ESSIG-KREYSA fokussieren BREM & ELSNER mit ihrem Vorgehen technologieintensive Produkte, wie es auch auf die Werkzeugversorgung zutrifft. Die Beschreibung des dargestellten Vorgehens zur Make-or-Buy-Entscheidungsfindung sowohl vom Typ 1 als auch vom Typ 2 wird jedoch sehr oberflächlich dargelegt. Methodische Schritte, die eine tiefgreifende Analyse von Beschaffungsobjekt, Zielsystem sowie interner und externer Leistungsfähigkeit zulassen, finden kaum Beachtung. Daher werden die vier analytischen Anforderungen nur in sehr geringem Umfang erfüllt. Zudem kann durch das Vorgehen zur Make-or-Buy-Entscheidungsfindung keine ganzheitliche Einkaufsstrategie entwickelt werden. Elemente der strategischen Planung werden nur geringfügig, Elemente der Organisation in sehr geringem Maße und Elemente des Prozesses gar nicht ausgearbeitet. Gleichermaßen werden keine Typisierungsmerkmale vorgegeben, sodass die Anforderung der Typisierung ebenfalls nur in sehr geringem Maße erfüllt wird.

512 Vgl. Brem; Esner (Make-or-buy Decisions on technology intensive Products), 2018, S. 7.

513 Vgl. Brem; Esner (Make-or-buy Decisions on technology intensive Products), 2018, S. 8.

3.2.2.9 Purchasing Strategies, Tactics and Activities nach SHLOPAK ET AL.

SHLOPAK ET AL. entwickeln eine Methodik mit dem Ziel, Einkaufsstrategien zu definieren. Im Fokus steht dabei die Zusammenführung von strategischen Beschaffungszielen, relevanten Taktiken sowie deren Operationalisierung in spezifischen Aktivitäten. Der entwickelte Ansatz bezieht sich auf produzierende Unternehmen, die technologisch anspruchsvolle und kundenindividuelle Produkte herstellen. Insgesamt besteht die Methodik aus sechs Schritten.[514]

Eine Voraussetzung für die Anwendung der von SHLOPAK ET AL. entwickelten Methodik ist die Durchführung einer Einkaufsportfolioanalyse, dessen Ursprünge in der Einkaufsportfolio Matrix nach KRALJIC[515] liegen. Diese Einkaufsportfolioanalyse besteht aus einer 2x2-Matrix, welche durch die Achsen Beschaffungsrisiko und finanzieller Einfluss aufgespannt wird. In diese Matrix werden in Vorbereitung auf die Anwendung der Methodik alle Zukaufartikel in die vier Kategorien strategische, Engpass-, unkritische und Aufbauartikel eingeteilt.[516] In der nachfolgenden Abbildung 46 wird die Methodik zur Entwicklung von Strategien, Taktiken und Aktivitäten nach SHLOPAK ET AL. mit ihren sechs Schritten sowie der im Zentrum der Abbildung dargestellten Einkaufsportfolioanalyse veranschaulicht.

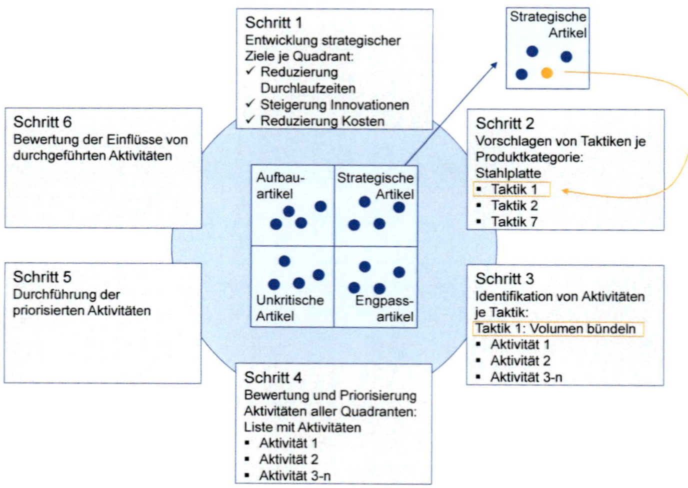

Abbildung 46: Entwicklung von Strategien, Taktiken und Aktivitäten nach SHLOPAK ET AL.[517]

Im Anschluss an die Durchführung der Einkaufsportfolioanalyse werden im ersten Schritt strategische Ziele für die einzelnen Artikelgruppen definiert. Diese Ziele können z. B. die Reduzierung von Kosten oder die Steigerung von Innovationen sein. Im zweiten Schritt werden relevante Taktiken für einzelne Produktkategorien vorgeschlagen. Zur Reduzierung von Kosten

[514] Vgl. Shlopak et al. (Purchasing Strategies), 2019, S. 562 ff.

[515] Vgl. Kraljic (Purchasing must become Supply Management), 1983, S. 113 f.

[516] Vgl. Gelderman; van Weele (Purchasing Portfolio Models), 2005, S. 20.

[517] Vgl. Shlopak et al. (Purchasing Strategies), 2019, S. 565.

kann bspw. das Beschaffungsvolumen gebündelt werden, um Skaleneffekte bei Lieferanten zu erreichen. Im dritten Schritt werden Maßnahmen bzw. Aktivitäten zur Umsetzung der jeweiligen Taktiken identifiziert. Hinsichtlich des Beispiels der Volumenbündelung könnte eine Aktivität die Konzentration der Beschaffungsvolumina auf eine einzige Großbestellung sein. Im vierten Schritt werden die identifizierten Aktivitäten bewertet und priorisiert, bevor im fünften Schritt priorisierte Aktivitäten durchgeführt werden. Im Rahmen der Durchführung der priorisierten Aktivitäten werden die Effekte auf die eingangs definierten Beschaffungsziele bewertet, um daraus Maßnahmen zur kontinuierlichen Verbesserung ableiten zu können.[518]

Wie bereits die von ESSIG-KREYSA entwickelte Methodik zur Einkaufsstrategiebildung sowie das Make-or-Buy-Entscheidungsvorgehen nach BREM & ELSNER bezieht sich auch die Methodik nach SHLOPAK ET AL. auf technologisch anspruchsvolle Güter, was per Definition auch auf Werkzeuge bzw. den Werkzeugeinkauf zutrifft. Darüber hinaus werden durch den ersten Schritt aufbauend auf einer Klassifizierung der Beschaffungsobjekte konkrete Beschaffungsziele formuliert. In Bezug auf das Anforderungssystem wird die Berücksichtigung der Beschaffungsobjekte mit der Ausprägung gering und das Zielsystem mit der Ausprägung hoch bewertet. Die folgenden Schritte der Methodik berücksichtigen aber weder die Analyse der internen und externen Leistungsfähigkeit noch die gestalterischen Aspekte in ausreichendem Maße. Zudem bliebt auch eine mögliche Typisierung von Einkaufsstrategien unbeachtet.

3.2.2.10 Lieferantenvernetzung nach SCHULTES

SCHULTES sieht insbesondere für die mittelständisch geprägte Branche Werkzeugbau die Notwendigkeit, sich im Leistungsspektrum zu fokussieren und durch die Kooperation und Vernetzung mit Lieferanten den Herausforderungen des Wettbewerbs zu begegnen. In Bezug auf die Vernetzung von Lieferanten und Werkzeugbaubetrieben geht gemäß SCHULTES großes Potenzial von der digitalen Vernetzung und der vierten industriellen Revolution aus. Dies nimmt er zum Anlass, um ein Gestaltungsmodell für die digitale Vernetzung von Werkzeugbaubetrieben und Lieferanten zu entwickeln, welches aus zwei Struktur-, einem Verhaltens- sowie vier Aktivitätselementen besteht (vgl. Abbildung 47).[519]

Die Strukturelemente bilden mit der Einkaufsorganisation und der Lieferantentypisierung die Basis für die digitale Vernetzung von Werkzeugbaubetrieben mit Lieferanten. Die Typisierung von Lieferanten ist von großer Bedeutung, da je nach Lieferantentyp unterschiedliche Teilbereiche der digitalen Vernetzung von Bedeutung sind. Gleichzeitig gilt es, die sich verändernden Kompetenzanforderungen und Aufgabenbereiche, die durch die digitale Vernetzung entstehen, optimal in die Einkaufsorganisation einzubinden.[520]

Das verhaltensbezogene Gestaltungselement wird durch die digitale Lieferantenplattform abgedeckt. Auf dieser Lieferantenplattform tragen sich sowohl Werkzeugbaubetriebe als auch

[518] Vgl. Shlopak et al. (Purchasing Strategies), 2019, S. 564 ff.

[519] Vgl. Schultes (Lieferantenvernetzung im Werkzeugbau), 2020, S. 1 ff.

[520] Vgl. Schultes (Lieferantenvernetzung im Werkzeugbau), 2020, S. 113 f.

deren Lieferanten ein, um die zwischenbetriebliche Kommunikation zu verbessern. Gleichermaßen soll die Lieferantenplattform die Markttransparenz steigern, um die Kenntnisse der Werkzeugbaubetriebe über den Lieferantenmarkt zu erhöhen.[521]

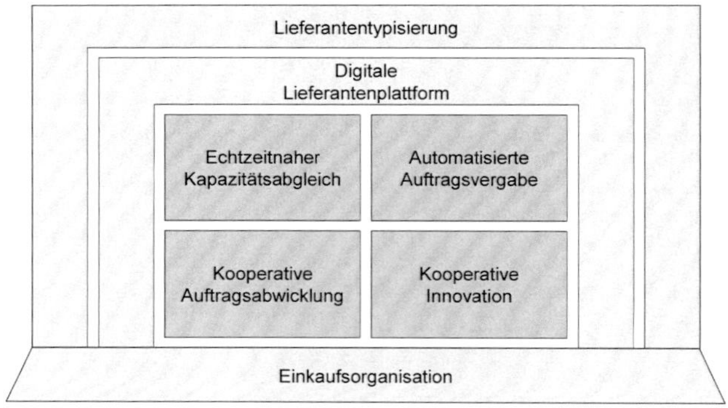

Abbildung 47: Gestaltungsmodell Lieferantenvernetzung im Werkzeugbau nach SCHULTES[522]

Durch die Gestaltung der Aktivitätselemente soll der operative Aufwand in der Auftragsvergabe und Abwicklung von Einkaufsaktivitäten reduziert werden. Zudem soll es möglich sein, durch diese Elemente die Termintreue zu erhöhen und die unternehmensübergreifende Auftragsvergabe zu automatisieren. Konkret bestehen die Aktivitätselemente des Gestaltungsmodells zur digitalen Vernetzung von Werkzeugbaubetrieben mit Lieferanten aus einem echtzeitnahen Kapazitätsabgleich, einer automatisierten Auftragsvergabe, einer kooperativen Auftragsabwicklung sowie kooperativen Innovationen.[523]

Insbesondere in Bezug auf die vier genannten Aktivitätselemente liegt der Fokus von SCHULTES bei der Entwicklung des beschriebenen Gestaltungsmodells auf der Optimierung operativer Einkaufsprozesse im Werkzeugbau. Zwar finden auch strategische Aspekte wie z. B. die Kooperation mit Lieferanten oder die Gestaltung der Einkaufsorganisation Berücksichtigung, jedoch ist dieser Ansatz in Bezug auf den strategischen Werkzeugeinkauf unvollständig. Daher erhalten die gestalterischen Anforderungen in Bezug auf die Organisation lediglich die Ausprägung gering und in Bezug auf die strategische Planung sowie den Prozess die Ausprägung sehr gering. Gründe hierfür sind, dass der Betrachtungsbereich des Ansatzes alleine auf dem Werkzeugbau bzw. auf Werkzeugbaubetrieben liegt und produzierende Unternehmen und deren Werkzeugversorgung nicht vollumfänglich einschließt. Die Analyse der externen Leistungsfähigkeit erfolgt durch eine Lieferantenbewertung in sehr hohem Maße, die Bewertung der internen Leistungsfähigkeit bleibt hingegen unberücksichtigt. Gleichermaßen werden die

[521] Vgl. Schultes (Lieferantenvernetzung im Werkzeugbau), 2020, S. 115.
[522] Vgl. Schultes (Lieferantenvernetzung im Werkzeugbau), 2020, S. 121.
[523] Vgl. Schultes (Lieferantenvernetzung im Werkzeugbau), 2020, S. 116 ff.

Beschaffungsobjekte umfangreich betrachtet, sodass diese Anforderung in hohem Maße erfüllt ist. Das Zielsystem wird im Verständnis dieser Arbeit in geringem Maße berücksichtigt, während eine Typisierung von Referenzstrategien mit diesem Ansatz nicht möglich ist.

3.2.3 Bewertung problemrelevanter Forschungsansätze

In diesem Kapitel werden die vorgestellten problemrelevanten Forschungsansätze bezugnehmend auf die in Kapitel 3.1.2.2 definierten problemspezifischen Anforderungen bewertet. Die Bewertung zeigt mittels der in Kapitel 3.1.1 beschriebenen diskreten Skala, in welchem Umfang die einzelnen Ansätze die jeweiligen Anforderungen erfüllen.

Von allen definierten problemrelevanten Anforderungen wird die **Typisierung** von den wenigsten problemrelevanten Ansätzen thematisiert. Bei sechs der zehn vorgestellten Ansätze findet die Typisierung keinerlei Berücksichtigung. Lediglich zwei Ansätze erfüllen diese Anforderung in hohem Maße. Durch das dreistufige Maturitätsmodell von RÖTHLISBERGER & NINCK werden konkrete Typisierungsmerkmale in Bezug auf den strategischen Einkauf vorgegeben, eine Festlegung von Strategietypen erfolgt dabei nicht. GASSNER ET AL. hingegen entwickeln mit dem Modell zur strategischen Beschaffung im Anlagenbau eine Möglichkeit, konkrete Strategiealternativen zu konzeptionieren. In vollem Umfang erfüllt jedoch keiner der vorgestellten problemrelevanten Ansätze die Anforderung der Typisierung potenzieller Referenzstrategien für den Werkzeugeinkauf.

Die Bewertung analytischer Aspekte erfolgt mittels der problemspezifischen Anforderungen Beschaffungsobjekt, Zielsystem sowie interne und externe Leistungsfähigkeit. Das Anforderungsprofil des **Beschaffungsobjekts** wird bei jedem der vorgestellten Ansätze zumindest in sehr geringem Umfang berücksichtigt. In den wenigsten Fällen werden hingegen sowohl notwendige Bedarfe als auch technische Eigenschaften des Beschaffungsobjekts adressiert. Lediglich die Forschungsansätze von KUHLMANN und SCHULTES betrachten das Beschaffungsobjekt, in diesen Fällen das Werkzeug, in der erforderlichen Detailtiefe. Im zweiten Schritt der Corporate Tooling Methodik folgt sogar die Beschreibung eines konkreten Vorgehens zur Bestimmung der organisatorischen und technologischen Anforderungen der benötigten Leistungstypen sowie eine Quantifizierung des Werkzeugbedarfs. Damit erfüllt der Ansatz von KUHLMANN die problemspezifische Anforderung Beschaffungsobjekt in vollem Umfang.

Das **Zielsystem** wird wie auch das Beschaffungsobjekt bei jedem der vorgestellten Ansätze mindestens in sehr geringem Umfang berücksichtigt. Die Entwicklung einer Einkaufsstrategie bzw. die Gestaltung des strategischen Einkaufs leitet sich im Regelfall aus den Zielen der Unternehmensstrategie ab. Die Ansätze von HEß, GASSNER ET AL., SCHUH ET AL. sowie SHLOPAK ET AL. nennen konkrete Zielkriterien, die in Bezug zur strategischen Auslegung des Einkaufs gesetzt werden. KUHLMANN entwickelt ein Zielsystem für die Werkzeugversorgung, welches konkrete Zielkriterien beinhaltet, die in nachfolgenden Methodikschritten in Form einer quantitativen Bewertung der Zielerfüllung berücksichtigt werden. Damit erfüllt der Ansatz von KUHLMANN die problemspezifische Anforderungen Zielsystem gemäß der Definition aus Kapitel 3.1.2.2 in vollem Umfang. Dennoch ist dabei anzumerken, dass KUHLMANN den Fokus seines Zielsystems auf die interne Wertschöpfung produzierender Unternehmen legt und die Zielkriterien daher für den strategischen Werkzeugeinkauf teilweise angepasst werden müssen.

Die **interne Leistungsfähigkeit** findet in vergleichsweise wenigen der beschriebenen problemrelevanten Ansätze Berücksichtigung. Fünf der zehn vorgestellten Ansätze gehen überhaupt nicht auf die Bewertung der internen Leistungsfähigkeit produzierender Unternehmen ein, sondern setzen bei der Herstellung der betrachteten Beschaffungsobjekte eine Fremdfertigung voraus. PFAFFMANN, SCHUH ET AL., RÖTHLISBERGER & NINCK sowie BREM & ELSNER beschreiben im Rahmen ihrer Ansätze zumindest eine qualitative Bewertung der internen Leistungsfähigkeit. Wie auch bei den zuvor betrachteten analytischen Anforderungen erfüllt die Corporate Tooling Methodik nach KUHLMANN als einziger Ansatz diese problemspezifische Anforderung in vollem Umfang, indem Kennzahlen zur quantitativen Bewertung der internen Leistungsfähigkeit definiert werden.

Die **externe Leistungsfähigkeit** wird von den vorgestellten Ansätzen im Vergleich zur internen Leistungsfähigkeit häufiger und anforderungsgerechter berücksichtigt. Die höhere Priorisierung der externen Leistungsfähigkeit kann dadurch erklärt werden, dass die interne Leistungsfähigkeit im Rahmen einer Make-or-Buy-Entscheidung von zentraler Bedeutung ist. Sofern die Make-or-Buy-Entscheidung bereits feststeht, liegt der alleinige Fokus hingegen auf einer umfassenden Betrachtung relevanter Beschaffungsmärkte. Dennoch erfüllen lediglich die Ansätze von HEẞ und KUHLMANN diese problemspezifische Anforderung in vollem Umfang, indem mithilfe definierter Kennzahlen eine quantitative Bewertung der externen Leistungsfähigkeit in Bezug auf das Zielsystem erfolgt.

Die Bewertung gestalterischer Aspekte erfolgt mittels der problemspezifischen Anforderungen strategische Planung, Organisation und Prozess. Die Aspekte der **strategischen Planung** werden von allen vorgestellten Ansätzen mindestens in sehr geringem Umfang berücksichtigt. Im notwendigen Verständnis dieser Arbeit erfüllen die Ansätze von PFAFFMANN, GASSNER ET AL., SCHUH ET AL. sowie RÖTHLISBERGER & NINCK diese Anforderungen in hohem Maße. Obwohl die strategische Planung in allen vorgestellten Ansätzen thematisiert wird, weist lediglich der Ansatz von HEẞ einen sehr hohen Erfüllungsgrad auf, da konkrete Gestaltungsoptionen vorgegeben werden.

Konkrete Elemente der **Organisation** werden von wenigen der vorgestellten problemrelevanten Ansätze erfüllt. Die Ansätze von PFAFFMANN, HEẞ, GASSNER ET AL. und SCHULTES erfüllen diese problemspezifische Anforderung zumindest in geringem Maße, jedoch weichen deren Ausführungen vom Verständnis dieser Arbeit ab. RÖTHLISBERGER & NINCK berücksichtigen organisationale Aspekte im notwendigen Verständnis dieser Arbeit und erfüllen diese Anforderung damit in hohem Maße.

Konkrete **prozessseitige** Elemente werden von keinem der vorgestellten Ansätze in vollem Umfang berücksichtigt. Sofern der Prozess als gestalterisches Element berücksichtigt wird, weichen die Ausführungen der Autoren in den meisten Fällen vom Verständnis dieser Arbeit ab oder werden nur in geringem Umfang und wenig konkret beschrieben. Das Prozessverständnis im Rahmen des strategischen Einkaufs deckt sich lediglich bei den Ansätzen von HEẞ sowie RÖTHLISBERGER & NINCK mit dem der vorliegenden Arbeit. Potenzielle Gestaltungsoptionen – insbesondere in Bezug auf die Übertragbarkeit auf den strategischen Werkzeugeinkauf – gibt keiner der beschriebenen problemrelevanten Ansätze vor.

Zusammenfassend wird festgestellt, dass keiner der vorgestellten problemrelevanten Ansätze die definierten problemspezifischen Anforderungen in vollem Umfang erfüllt. Folglich fehlt allen problemrelevanten Ansätzen in Bezug auf die Forschungsfrage dieser Arbeit der Zusammenhang zwischen analytischen und gestalterischen Aspekten für die ganzheitliche Auslegung des strategischen Werkzeugeinkaufs.

Das zusammenfassende Ergebnis der Bewertung ist in Abbildung 48 dargestellt.

		Typisierung	Beschaffungs-objekt	Zielsystem	Interne Leistungs-fähigkeit	Externe Leistungs-fähigkeit	Strategische Planung	Organisation	Prozess
Make-or-Buy-Entscheidungsansatz	PFAFFMANN (2001)	○	◑	◔	◔	◔	◕	◑	◔
15M-Architektur der Supply-Strategie	HEß (2008)	○	◑	◕	○	●	●	◑	◕
Strategische Beschaffung im Anlagenbau	GASSNER ET AL. (2011)	◕	◔	◕	○	○	◕	◑	◑
Einkaufsstrategiebildung	ESSIG-KREYSA (2014)	◔	◑	◑	○	◕	◑	○	○
Prozess zur Entwicklung einer Einkaufsstrategie	SCHUH ET AL. (2014)	○	◔	◕	◑	◑	◕	◔	◔
Entwicklung einer Beschaffungs-strategie	RÖTHLISBERGER & NINCK (2016)	◕	◔	◔	◑	◑	◕	◕	◕
Corporate Tooling	KUHLMANN (2017)	○	●	●	●	●	◑	◔	◔
Make-or-Buy-Vorgehen	BREM & ELSNER (2018)	◔	◔	◔	◔	◔	◑	◔	○
Purchasing Strategies, Tactics and Activities	SHLOPAK ET AL. (2019)	○	◑	◕	○	○	◔	○	◔
Lieferantenvernetzung	SCHULTES (2020)	○	◕	◑	○	●	◔	◑	◔

Abbildung 48: Bewertung problemrelevanter Forschungsansätze[524]

3.3 Handlungsbedarf aus der Theorie

In Kapitel 2.3 wurde ein Handlungsbedarf aus der Praxis identifiziert, der die Notwendigkeit aufzeigt, den strategischen Werkzeugeinkauf genauer zu betrachten. Im dritten Kapitel folgt darauf aufbauend die Analyse und Bewertung bereits bestehender, problemrelevanter Forschungsansätze. Zunächst wurde in Kapitel 3.1 das Bewertungs- und Anforderungssystem für die Durchführung der Analyse und Bewertung dieser Ansätze definiert.

Im Rahmen der Literaturrecherche konnten zahlreiche wissenschaftliche Ansätze identifiziert werden, die Überschneidungen zur Forschungsfrage der vorliegenden Arbeit aufweisen. Auf Basis der Bewertung der allgemeinen Relevanz, die sich aus dem Betrachtungs- und Gestaltungsbereich dieser Arbeit ableitet, wurden aus der wissenschaftlichen Forschung zehn

524 Eigene Darstellung.

problemrelevante Ansätze für eine detaillierte Analyse und Bewertung der problemspezifischen Anforderungen ausgewählt. Die Bewertung dieser problemrelevanten Forschungsansätze hat gezeigt, dass bisher kein Ansatz alle problemspezifischen Anforderungen in ausreichendem Maße erfüllt und für die ganzheitliche Auslegung des strategischen Werkzeugeinkaufs im notwendigen Verständnis dieser Arbeit geeignet ist. Insbesondere können folgende Defizite bisheriger Forschungsansätze festgestellt werden:

- Keiner der bestehenden Forschungsansätze stellt einen ausreichenden Zusammenhang zwischen analytischen und gestalterischen Aspekten des strategischen Werkzeugeinkaufs her.
- Keiner der bestehenden Forschungsansätze beschreibt in Bezug auf den strategischen Werkzeugeinkauf Gestaltungsoptionen der strategischen Planung, der Organisation und des Prozesses.
- Es existiert keine Typisierung bestehender Referenzstrategien für den Werkzeugeinkauf, welche produzierende Unternehmen als Hilfestellung für eine individuelle Gestaltung des strategischen Werkzeugeinkaufs verwenden können.
- Es existiert keine methodische Vorgehensweise, die produzierende Unternehmen für die Auswahl einer für sie geeigneten Referenzstrategie sowie die ganzheitliche Gestaltung des strategischen Werkzeugeinkaufs verwenden können.

Folglich existiert in der Wissenschaft derzeit kein Forschungsansatz, der den in Kapitel 2.3 identifizierten Handlungsbedarf aus der Praxis in ausreichender Form adressiert. Somit kann ein Handlungsbedarf aus der Theorie aufgezeigt werden, der die Notwendigkeit für die Entwicklung eines neuen Forschungsansatzes begründet.

3.4 Detaillierte Forschungsfrage

In den Kapiteln 2.3 und 3.3 konnte sowohl ein Handlungsbedarf aus der betrieblichen Praxis als auch aus der wissenschaftlichen Theorie begründet werden. Der Handlungsbedarf besteht darin, einen Ansatz für die ganzheitliche Gestaltung des strategischen Werkzeugeinkaufs zu entwickeln. Dieser Handlungsbedarf begründet die einleitend in Kapitel 1.3 formulierte zentrale Forschungsfrage:

Wie muss der strategische Werkzeugeinkauf industriell produzierender Unternehmen unter Berücksichtigung von Eigen- und Fremdfertigung der Werkzeuge ganzheitlich gestaltet werden?

Ausgehend von der zentralen Forschungsfrage können gemäß KUBICEK Teilforschungsfragen formuliert werden, welche die Beantwortung der zentralen Forschungsfrage schrittweise unterstützen.[525] Obwohl die Gestaltung des strategischen Werkzeugeinkaufs aufgrund des individuellen Kontextes eines betrachteten Unternehmens unternehmensspezifisch gestaltet werden muss, ist die Kenntnis etablierter Strategien von großer Hilfe. Bei der Entwicklung einer

[525] Vgl. Kubicek (Heuristische Bezugsrahmen), 1977, S. 17 ff.

individuellen strategischen Ausrichtung kann es für Unternehmen erstrebenswert sein, zunächst einen solchen bewährten Status zu erreichen.[526] Für die Identifikation strategischer Stoßrichtungen und die Entwicklung individueller Einkaufsstrategien ist die Identifikation von Referenzstrategien folglich von zentraler Bedeutung.[527] Zunächst muss daher ein Rahmen geschaffen werden, der die ganzheitliche Beschreibung etablierter Referenzstrategien für den strategischen Werkzeugeinkauf ermöglicht. Aus dieser Notwendigkeit leitet sich die erste Teilforschungsfrage ab:

Wie können Referenzstrategien für den Werkzeugeinkauf industriell produzierender Unternehmen ganzheitlich beschrieben werden?

Darüber hinaus ist es erforderlich, generische Referenzstrategien empirisch zu identifizieren, die sich in der betrieblichen Praxis etablieren konnten. Daraus kann unmittelbar die zweite Teilforschungsfrage abgeleitet werden, dessen Ergebnis die empirische Identifikation und Beschreibung etablierter Referenzstrategien für den Werkzeugeinkauf industriell produzierender Unternehmen ist:

Welche generischen Referenzstrategien haben sich für den Werkzeugeinkauf industriell produzierender Unternehmen in der betrieblichen Praxis etablieren können?

Die Branchenstruktur industriell produzierender Unternehmen ist sehr heterogen (vgl. Kapitel 2.1.1.2). Daher ist nicht davon auszugehen, dass sich für die gesamte Industrie eine einzelne generische Referenzstrategie bestimmen lässt. Vielmehr ist es wahrscheinlich, dass in der betrieblichen Praxis unterschiedliche etablierte Referenzstrategien identifiziert werden. Folglich müssen bei der Auswahl einer geeigneten Referenzstrategie individuelle Rahmenbedingungen wie das Werkzeugspektrum, die strategischen Ziele sowie die interne und externe Leistungsfähigkeit eines produzierenden Unternehmens berücksichtigt werden. Die Berücksichtigung der individuellen Rahmenbedingungen bedingt die dritte Teilforschungsfrage:

Wie können industriell produzierenden Unternehmen eine für sie geeignete Referenzstrategie auswählen?

Neben der Auswahl einer geeigneten Referenzstrategie gilt es zu prüfen, welche unternehmensspezifischen Anpassungen unter Berücksichtigung des individuellen Kontextes eines Unternehmens vorgenommen werden müssen. Darüber hinaus muss ein praktikables Vorgehen entwickelt werden, welches die Ableitung von Handlungsfeldern und Maßnahmen zur ganzheitlichen Gestaltung des strategischen Werkzeugeinkaufs praktikabel ermöglicht. Schließlich lässt sich daraus die vierte Teilforschungsfrage formulieren:

Wie kann die Umsetzung einer Methodik zur Auswahl einer geeigneten Referenzstrategie sowie der Ableitung von individuellen Handlungsfeldern und Maßnahmen sichergestellt werden?

---

526 Vgl. Frick (Erfolgreiche Geschäftsmodelle im Werkzeugbau), 2005, S. 2.

527 Vgl. Essig-Kreysa (Einkaufsstrategiebildung für technologisch anspruchsvolle Güter), 2014, S. 145.

Nachfolgend ist ein Lösungsansatz zu entwickeln, der die empirische Identifikation, Typisierung und Auswahl etablierter Referenzstrategien für die ganzheitliche Gestaltung des strategischen Werkzeugeinkaufs umfasst. Im Rahmen der Konzeptionierung und Detaillierung des Lösungsansatzes sind sowohl die zentrale Forschungsfrage als auch die Teilforschungsfragen zu beantworten.

4 Konzeptionierung des Zielbildes

In den vorangegangenen Kapiteln zwei und drei wurde der Handlungsdarf aus Theorie und Praxis abgeleitet.[528] Der Handlungsbedarf begründet die Entwicklung eines neuen wissenschaftlichen Lösungsansatzes, der produzierende Unternehmen zur ganzheitlichen Gestaltung des strategischen Werkzeugeinkaufs befähigt. Gemäß der aus dem Handlungsbedarf abgeleiteten Forschungsfragen muss ein Lösungsansatz entwickelt werden, der die empirische Identifikation, Typisierung und Auswahl etablierter Referenzstrategien umfasst. In diesem Kapitel wird daher ein Zielbild für die Identifikation, Typisierung und Auswahl von Referenzstrategien konzeptioniert, welches auf den bisherigen wissenschaftlichen Erkenntnissen zum strategischen Einkauf aufbaut. In Anlehnung an die Vorgehensweise angewandter Forschung nach ULRICH werden damit die Phasen drei, vier und fünf adressiert.[529]

Die Konzeptionierung des Zielbildes folgt dem Verständnis der Systemwissenschaften. Daher werden in diesem Kapitel zunächst die Grundlagen von Systemen, Modellen und Methodik thematisiert. Anschließend wird aus den bisherigen wissenschaftlichen Ansätzen im Kontext des strategischen Einkaufs ein generischer Ordnungsrahmen für die Konzeptionierung des Zielbildes hergeleitet. Auf dieser Basis erfolgt schließlich die Konzeptionierung des Zielbildes, indem dessen einzelne Bestandteile hergeleitet werden. Das Kapitel schließt mit der Synthese der einzelnen Bestandteile zum Zielbild und einem Zwischenfazit ab.

4.1 Grundlagen von Systemen, Modellen und Methodik

In der angewandten Forschung hat sich die Konzeptionierung von theoretischen Lösungen aufbauend auf dem Verständnis der Systemwissenschaften durchgesetzt.[530] Im Folgenden werden daher zunächst die Grundlagen der Systemtheorie, der Modelltheorie sowie der Methodik beschrieben.

4.1.1 Systemtheorie

Die **Systemtheorie** ist der Systemwissenschaft zuzuordnen, deren Ziel die Entwicklung von Erkenntnissen und Methoden ist, die im Rahmen konkreter Aufgaben für eine Anwendung empfohlen werden können.[531] Die Systemtheorie dient dem Zweck, unstrukturierte und spezi-

---

528 Vgl. Kapitel 2.3 und Kapitel 3.3.

529 Vgl. Kapitel 1.5.

530 Diverse Dissertationen (z. B. Kuhlmann (Geschäftsprozesse im Werkzeugbau), 2011, S. 67; Kühn (Lebenszyklusorientierte Leistungssysteme im Werkzeugbau), 2016, S. 85; Kuhlmann (Corporate Tooling), 2017, S. 127) verwenden bei der Entwicklung einer Methodik diesen Ansatz mit direktem oder indirektem Verweis auf Neemann (Schutz gegen Produktimitationen), 2007, S. 32, der die Grundlagen der System- und Modelltheorie sowie das Systems Engineering „als ein etablierter Lösungsansatz für komplexe Entscheidungsprobleme" bezeichnet.

531 Vgl. Patzak (Systemtechnik Grundlagen), 1982, S. 9.

fische Problemstellungen aus der Praxis zu verallgemeinern, um eine Basis für methodologische Grundlagen zu schaffen.[532] Somit dient die Systemtheorie dem Zweck, komplexe praktische Problemstellungen ganzheitlich und wissenschaftlich erfassen und lösen zu können.[533]

Ursprünglich verfasste bereits ARISTOTELES in der Antike den Satz, dass „das Ganze mehr ist als die bloße Summe seiner Teile“. Zu Beginn des 20. Jahrhunderts erhielt dieser Satz zunächst in der Biologie und später im Kontext der allgemeinen Systemtheorie eine neue Bedeutung.[534] In der heutigen Zeit ist die Systemtheorie in vielen verschiedenen wissenschaftlichen Disziplinen etabliert, sodass jede Wissenschaftsrichtung ihre jeweiligen zu betrachtenden Objekte als System versteht.[535] Im betriebswirtschaftlichen Verständnis wird die Systemtheorie bereits in den 1960er Jahren als „formale Wissenschaft von der Struktur, den Verknüpfungen und dem Verhalten irgendwelcher Systeme“ bezeichnet.[536] Dieses Verständnis besitzt noch heute Gültigkeit, sodass der Begriff des Systems von zentraler Bedeutung ist und genauer betrachtet werden muss.

In der Literatur wird der **Systembegriff** unterschiedlich definiert. Die unterschiedlichen Begriffsdefinitionen können häufig mit der fachlichen Herkunft der jeweiligen Definitionen begründet werden.[537] Eine häufig verwendete und allgemeingültige Definition des Systembegriffs ist auf PATZAK zurückzuführen. Demnach besteht ein System immer „aus einer Menge von Elementen, welche Eigenschaften besitzen und welche durch Relationen miteinander verknüpft sind“.[538] Ein System ist also „der von seiner Umwelt abgegrenzte Wirklichkeitsbereich, der untersucht werden soll“.[539] Die Systemgrenze unterscheidet dabei, welche Elemente zum System und welche Elemente zur Umwelt gezählt werden.[540] Theoretisch können Systeme laut PATZAK geschlossen sein und nicht mit ihrer Umwelt interagieren. In der Praxis ist hingegen die Betrachtung offener Systeme gegeben, sodass ein System immer in Austauschbeziehungen zu seiner Umwelt steht. Im Sinne der Systemhierarchie kann ein System immer auch als Teilsystem eines übergeordneten Systems verstanden werden und wiederum eigene Subsysteme besitzen. Das Legen der jeweiligen Systemgrenze ist dabei abhängig von der zugrundeliegenden Problemstellung und Zweckmäßigkeit der zu betrachtenden Fragestellung.[541]

In Bezug auf die dieser Arbeit zugrundeliegende Forschungsfrage können industriell produzierende Unternehmen in Anlehnung an den auf ULRICH[542] zurückzuführenden Ansatz, Unterneh-

[532] Vgl. Bruns (Systemtechnik), 1991, S. 6.
[533] Vgl. Ropohl (Systemtheorie der Technik), 2009, S. 73.
[534] Vgl. Patzak (Systemtechnik Grundlagen), 1982, S. 10.
[535] Vgl. Berghaus (Einführung Systemtheorie), 2011, S. 24.
[536] Vgl. Ulrich (Unternehmen als soziales System), 1968, S. 105.
[537] Vgl. Bruns (Systemtechnik), 1991, S. 30.
[538] Vgl. Patzak (Systemtechnik Grundlagen), 1982, S. 19.
[539] Vgl. Schmidt (Systemanalyse und Modellaufbau), 1985, S. 50.
[540] Vgl. Haberfellner (Systems Engineering), 2012, S. 35.
[541] Vgl. Patzak (Systemtechnik Grundlagen), 1982, S. 18 ff.
[542] Vgl. Ulrich (Unternehmen als soziales System), 1968.

men als Systeme zu verstehen, als offenes System mit Subsystemen sowie Austauschbeziehungen zur Umwelt betrachtet werden.[543] Gleichermaßen stellt der strategische Werkzeugeinkauf ein eigenes System dar, welches wiederum als Subsystem industriell produzierender Unternehmen mit eigenen Elementen, Eigenschaften von Elementen sowie Relationen zwischen Elementen verstanden werden kann. Diesem Verständnis zugrundeliegend bietet die Systemtheorie die Grundlage für die Beschreibung und Gestaltung des strategischen Werkzeugeinkaufs auf einer allgemeingültigen Ebene. Um die meist komplexen Systeme vereinfacht und zielgerichtet abbilden zu können, werden Grundlagen der Modelltheorie verwendet,[544] auf die nachfolgend genauer eingegangen wird.

4.1.2 Modelltheorie

Die Modelltheorie fokussiert die Beschreibung von Wirklichkeitsbereichen.[545] Dabei werden Modelle genutzt, um Ausschnitte der Realität in vereinfachter Form abzubilden.[546] Unter einem **Modell** wird gemäß GIERHAKE die zweckgerichtete Abbildung eines realen Systems verstanden, welches alle für die Problemlösung wichtigen Aspekte des realen Systems in vereinfachter Form darstellt.[547] Ein Modell muss dabei gemäß STACHOWIAK folgende drei Hauptmerkmale erfüllen:[548]

- Das **Abbildungsmerkmal** besagt, dass Modelle immer Abbildungen natürlicher oder künstlicher Originale sind, die wiederum Modelle sein können.
- Das **Verkürzungsmerkmal** besagt, dass Modelle nicht alle Attribute der Originale erfassen, die sie abbilden, sondern nur die jeweils relevant scheinenden Attribute beschreiben.
- Das **pragmatische Merkmal** besagt, dass Modelle immer einen Zweck erfüllen, sodass stets zu beachten ist, für welchen Nutzer, welchen Zeitraum und mit welchen Einschränkungen ein Modell erstellt wird.

Bei der Erstellung eines Modells ist entscheidend, welchen **Modellzweck** das Modell erfüllen soll. In der Regel dienen Modelle immer genau einem Modellzweck wie z. B. der „Beschreibung ex post" oder der „Prognose ex ante".[549] In Abhängigkeit von dem Modellzweck können Modelle in unterschiedliche **Modellklassen** eingeteilt werden. PATZAK unterscheidet bspw. in Beschreibungs-, Erklärungs-, Vorhersage- sowie Entscheidungsmodelle.[550] Eine ähnliche Unterscheidung in fünf Modelltypen, die im Folgenden als führend angesehen wird, ist bei LEHNER

543 Vgl. Ulrich (Systemorientiertes Management), 2001, S. 47.

544 Vgl. Neemann (Schutz gegen Produktimitationen), 2007, S. 32.

545 Vgl. Ropohl (Systemtheorie der Technik), 2009, S. 83.

546 Vgl. Patzak (Systemtechnik Grundlagen), 1982, S. 306.

547 Vgl. Gierhake (Integriertes Geschäftsprozessmanagement), 2001, S. 12.

548 Vgl. Stachowiak (Allgemeine Modelltheorie), 1973, S. 131 ff.

549 Vgl. Bandte (Komplexität in Organisationen), 2007, S. 205.

550 Vgl. Patzak (Systemtechnik Grundlagen), 1982, S. 313 ff.

zu finden. Er unterscheidet in Beschreibungs- und Erfassungsmodelle, Erklärungsmodelle, Gestaltungsmodelle, Meta-Modelle und generische Modelle sowie sonstige Modelle.[551]

Beschreibungs- und Erfassungsmodelle werden auch deskriptive Modelle oder Darstellungsmodelle genannt. Sie werden verwendet, um Sachverhalte präzise und verständlich darzustellen.[552] Mithilfe von Beschreibungsmodellen werden Aussagen über Beobachtungen wiedergegeben, die statische Zusammenhänge beschreiben. Das Organigramm, welches die Organisationsstruktur in einem Unternehmen beschreibt, ist ein Beispiel für ein Beschreibungsmodell.[553]

Erklärungsmodelle basieren auf Beschreibungsmodellen, die durch weitere Analysen im zeitlichen Verlauf hingegen um erkennbare Gesetzmäßigkeiten ergänzt werden. Dadurch eignen sich Erklärungsmodelle zur Verbesserung deskriptiver Modelle und für die Vorhersage zukünftiger Zustände. Diese Modellform kann bspw. in der Produktion oder der Volkswirtschaft verwendet werden, um Funktionsmechanismen oder Ereignisfolgen erklären und prognostizieren zu können.[554]

Gestaltungsmodelle stellen die anspruchsvollste Form von Modellen dar und enthalten alle Einflussgrößen, um definierte Anforderungen oder Aufgaben erfüllen zu können. Sie haben die Aufgabe, theoretisches Wissen für eine praktische Umsetzung zu modellieren. Teilklassen der Gestaltungsodelle sind Entscheidungs- und Planungsmodelle bzw. Pläne, die den Anwender bei der Erreichung eines klar spezifizierten Zielzustands unterstützen.[555]

Meta-Modelle und **generische Modelle** zielen auf die Ordnung und systematische Beschreibung von Modellen ab. Ein Meta-Modell ist „ein Modell des Modells“ und dient zur Reflektion relevanter Aspekte, Komponenten und Zusammenhänge. Diese Modellform erfüllt in gewisser Weise die Funktion einer Konstruktionslehre und hat häufig eine Vorbildwirkung, die die Bildung von Modellen unterstützt. **Sonstige Modelle** fassen all diejenigen Modelle zusammen, die keiner der vier vorher beschriebenen Modelltypen zugeordnet werden können.[556]

4.1.3 Methodik als System von Modellen, Methoden und Hilfsmitteln

Die vorliegende Arbeit folgt dem Verständnis einer **Methodik** als System von zusammengehörigen Modellen, Methoden und Hilfsmitteln zur Lösung theoretischer und praktischer Fragestellungen.[557] Wie bereits beschrieben dienen **Modelle** zur vereinfachten Abbildung der Realität. **Methoden** beinhalten das zielgerichtete, planmäßige Vorgehen zur systematischen Erkenntnisgewinnung und -darstellung.[558] Unterstützend können **Hilfsmittel und Werkzeuge** eingesetzt werden, um den Aufbau und die Modifikation von Modelle sowie den Einsatz von

---

[551] Vgl. Lehner et al. (Wirtschaftsinformatik), 2008, S. 30 ff.

[552] Vgl. Lehner et al. (Wirtschaftsinformatik), 2008, S. 31.

[553] Vgl. Bandte (Komplexität in Organisationen), 2007, S. 205.

[554] Vgl. Lehner et al. (Wirtschaftsinformatik), 2008, S. 31.

[555] Vgl. Lehner et al. (Wirtschaftsinformatik), 2008, S. 31.

[556] Vgl. Lehner et al. (Wirtschaftsinformatik), 2008, S. 32.

[557] Vgl. Neuhausen (Gestaltung modularer Produktionssysteme), 2002, S. 6.

[558] Vgl. Laufenberg (Integrierte Projektgestaltung), 1996, S. 9.

Methoden zu unterstützen.[559] Abbildung 49 zeigt zusammenfassend die Zusammenhänge zwischen Modellen, Methoden und Hilfsmittel.

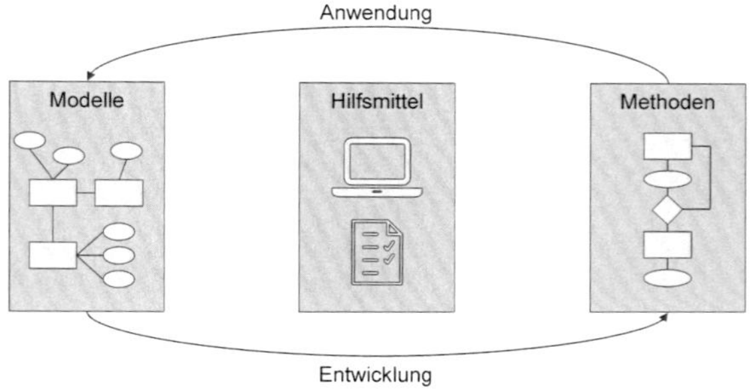

Abbildung 49: Methodik als System von Modellen, Methoden und Hilfsmitteln[560]

Eine Methodik ist demzufolge eine Sammlung von Methoden als spezifisches Verfahren zur ergebnisorientierten Lösung theoretischer und praktischer Aufgaben.[561] Sie folgt einem methodischen Vorgehen, welches die Beschreibung einer Folge von Schritten zur Erreichung des gewünschten Zielzustands beinhaltet.[562] Dabei ist es aufgrund der Beschaffenheit des menschlichen Geistes sinnvoll, die Gesamtheit komplexer Probleme in Teilausschnitte einzuteilen.[563] Da die zugrundeliegende Forschungsfrage eine Vielzahl von Aspekten beinhaltet, wird die Konzeptionierung eines Zielbildes unter Berücksichtigung der in Kapitel 3.4 formulierten Teilforschungsfragen nachfolgend in sinnvolle Teile untergliedert. Im Zuge dessen werden die Grundprinzipien der System- und Modelltheorie aufgegriffen und verwendet.

4.1.4 Zwischenfazit

Die in Kapitel 3.4 detaillierten Forschungsfragen, die der Handlungsbedarf aus Theorie und Praxis begründet, stellen theoretisch-konzeptionelle Anforderungen an die zu entwickelnde Lösung. Die erste und zweite Teilforschungsfrage begründen die Notwendigkeit, etablierte Referenzstrategien in der betrieblichen Praxis zu identifizieren und zu typisieren sowie mithilfe eines Modells zu beschreiben. Dieses Beschreibungsmodell wird benötigt, um die Abbildung realer strategischer Ausrichtungen des Werkzeugeinkaufs vereinfacht darstellen zu können. Gleichzeitig implizieren die dritte und vierte Teilforschungsfrage die Notwendigkeit, ein methodisches und schrittweises Vorgehen zur Auswahl einer geeigneten Referenzstrategie sowie der Ableitung individueller Handlungsfelder und Maßnahmen zu entwickeln. Folglich wird nachfolgend ein zweigeteiltes Zielbild entwickelt. Der Fokus des ersten Teils wird auf der empirischen Identifikation und Typisierung von Referenzstrategien liegen. Der zweite Teil dient

[559] Vgl. Laufenberg (Integrierte Projektgestaltung), 1996, S. 6.

[560] Vgl. Laufenberg (Integrierte Projektgestaltung), 1996, S. 8.

[561] Vgl. Bruns (Systemtechnik), 1991, S. 62.

[562] Vgl. Berens; Delfmann (Quantitative Planung), 1994, S. 104.

[563] Vgl. Bachtaler (Anwendung der Systemtechnik), 2000, S. 24.

der Auswahl und individuellen Anpassung der identifizierten Referenzstrategien in Form einer Methodik. In seiner Gesamtheit dient das Zielbild der Gestaltung des strategischen Werkzeugeinkaufs, für dessen wissenschaftlich begründete Konzeptionierung im Folgenden zunächst ein Ordnungsrahmen hergeleitet wird.

4.2 Ordnungsrahmen des Zielbildes

Für die Entwicklung eines Zielbildes zur Gestaltung des strategischen Werkzeugeinkaufs industriell produzierender Unternehmen ist zunächst die Herleitung eines wissenschaftlichen Ordnungsrahmens erforderlich. Die Verwendung eines geeigneten Ordnungsrahmens hat sich in der angewandten Forschung als nützlich erwiesen und dient der Strukturierung des Zielbildes auf einem hohen Abstraktionsgrad.[564]

Die Analyse der in Kapitel 3.2.2 vorgestellten problemrelevanten Forschungsansätze kann genutzt werden, um einen geeigneten Ordnungsrahmen für die Konzeptionierung des Zielbildes herzuleiten. Neun der zehn detailliert beschriebenen Forschungsansätze verwenden ein methodisches Vorgehen, um die jeweils zugrundeliegende Problemstellung zielorientiert zu lösen. HEß, GASSNER ET AL., ESSIG-KREYSA, SCHUH ET AL., RÖTHLISBERGER & NINCK sowie SHLOPAK ET AL. entwickeln ein methodisches Vorgehen, um eine Einkaufsstrategie zu entwickeln, die den Rahmen für die Durchführung strategischer Einkaufsaktivitäten vorgibt.[565] Die Zielsetzung von PFAFFMANN sowie BREM & ELSNER ist die Verwendung eines schrittweisen Vorgehens zur Unterstützung der Make-or-Buy-Entscheidungsfindung, die Teilaspekte der Einkaufsstrategieentwicklung umfasst und ebenfalls Bestandteil des strategischen Einkaufs ist.[566] KUHLMANN'S Corporate Tooling Methodik fokussiert die Gestaltung der Werkzeugversorgung produzierender Unternehmen, welche Schnittmengen zum strategischen Werkzeugeinkauf aufweist. SCHULTES hingegen weicht von diesem theoretisch-konzeptionellen Vorgehen dahingehend ab, dass er ein Gestaltungsmodell zur Vernetzung von Werkzeugbaubetrieben und Lieferanten entwickelt, da sich dieser Lösungsansatz für die seiner Arbeit zugrundeliegende Forschungsfrage besser eignet. Da im Rahmen dieser Arbeit die Entwicklung eines methodischen Vorgehens zu Gestaltung des strategischen Werkzeugeinkaufs als zielführend angesehen wird, wird der Ansatz von SCHULTES in der nachfolgenden Herleitung des Ordnungsrahmens nicht weiter betrachtet und der Fokus auf die neun übrigen Ansätze gelegt.

Bei genauerer Betrachtung der neun genannten Ansätze können Gemeinsamkeiten in der Beschreibung des jeweiligen schrittweisen Vorgehens im Kontext des strategischen Einkaufs identifiziert werden. Diese Gemeinsamkeiten können in drei generische Phasen zusammengefasst werden. Unabhängig von der Anzahl der verwendeten Schritte und der zugrundeliegenden Problemstellung beginnen alle vorgestellten Ansätze mit einer **strategischen Analyse**, die die erste generische Phase für die Gestaltung des strategischen Einkaufs darstellt. Wesentliche Bestandteile dessen sind strategische Vorüberlegungen auf Basis der Unternehmensstrategie, die Analyse von betroffenen Produkten und Komponenten, die Definition von

[564] Vgl. Kühn (Lebenszyklusorientierte Leistungssysteme im Werkzeugbau), 2016, S. 90.

[565] Vgl. Kapitel 2.2.1.

[566] Vgl. Kapitel 2.2.4.1.

Zielen sowie die Bewertung interner Kompetenzen und des externen Marktes. Daran angeschlossen folgen bei allen Ansätzen Schritte, die die **Konzeptionierung und Gestaltung** der Einkaufsstrategie bzw. des strategischen Einkaufs umfassen. Zu dieser zweiten generischen Phase zählen bspw. die Make-or-Buy-Entscheidung, die Auswahl einer Referenzstrategie, die Formulierung einer individuellen Einkaufsstrategie sowie die Ableitung von Handlungsfeldern und Maßnahmen. Schlussendlich folgt mit der **Implementierung und dem Controlling** eine dritte generische Phase. Diese Phase geht über die Phase der Konzeptionierung und Gestaltung hinaus und ist je nach Zielsetzung des Forschungsansatzes nicht mehr Bestandteil dessen. In Abbildung 50 ist die Zuordnung der jeweiligen Schritte der in Kapitel 3.2.2 vorgestellten Ansätze zu den drei generischen Phasen durch eine entsprechend gleiche Farbgebung dargestellt.

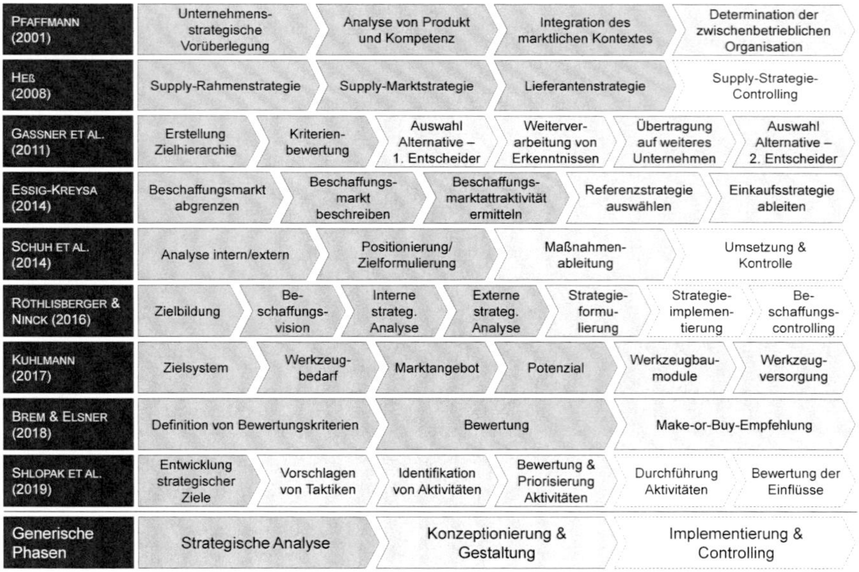

Abbildung 50: Generische Phasen für die Gestaltung des strategischen Werkzeugeinkaufs[567]

Die Zuordnung der jeweiligen Schritte kann dabei nicht bei jedem Ansatz eindeutig abgegrenzt werden, sodass z. B. ein Schritt, der der ersten generischen Phase zugeordnet wird, sowohl Bestandteile der ersten als auch der zweiten generischen Phase beinhalten kann.

Die drei generischen Phasen des strategischen Einkaufs können auf abstrakter Ebene gleichermaßen für die Gestaltung des strategischen Werkzeugeinkaufs hinzugezogen werden. Sie bilden daher die Basis des Ordnungsrahmens, der für die Entwicklung des Zielbildes verwendet wird. Obwohl alle Schritte der neun genannten Forschungsansätze sich diesen drei generischen Phasen zuordnen lassen, gibt es bei detaillierterer Betrachtung Unterschiede in

[567] Eigene Darstellung.

Umfang und Inhalt der jeweiligen Schritte. Daher werden die Inhalte der generischen Phasen für die Beschreibung des Ordnungsrahmens nachfolgend konkretisiert.

Die Phase der **strategischen Analyse** umfasst in vielen Fällen in einem ersten oder spätestens zweiten Schritt die Analyse des Beschaffungsobjektes. Bei PFAFFMANN und KUHLMANN ist die „Analyse von Produkt“ bzw. der „Werkzeugbedarf“ wesentlicher Bestandteil des zweiten Schrittes. Darüber hinaus ist bei HEß, ESSIG-KREYSA sowie SHLOPAK ET AL. die Analyse des Beschaffungsobjektes ebenso ein Bestandteil der ersten Schritte, die sich der strategischen Analysephase zuordnen lassen. Neben der Analyse des Beschaffungsobjektes wird der Definition von Einkaufszielen auf Basis unternehmensstrategischer Ziele bei den meisten Ansätzen eine hohe Bedeutung zugeschrieben. Bei den Ansätzen von HEß, GASSNER ET AL., SCHUH ET AL., RÖTHLISBERGER & NINCK, KUHLMANN sowie SHLOPAK ET AL. bildet die Zielformulierung einen separaten Analyseschritt. Darüber hinaus folgt in vielen Ansätzen eine Analyse und Bewertung interner Kompetenzen sowie einer des externen Marktes. PFAFFMANN, SCHUH ET AL. sowie RÖTHLISBERGER & NINCK führen bspw. eine interne und externe strategische Analyse durch. Ebenso berücksichtigt KUHLMANN im dritten Schritt „Marktangebot“ die Bewertung interner und externer Kompetenzen und Kapazitäten. Andere Ansätze hingegen legen den Fokus lediglich auf die Bewertung des externen Umfeldes, so z. B. die ersten drei Schritte der Einkaufsstrategieentwicklung nach ESSIG-KREYSA oder die Module „Supply-Markt analysieren & segmentieren“ und „Lieferanten bewerten & klassifizieren“ als Bestandteile des zweiten und dritten Schrittes nach HEß. Für die Gestaltung des strategischen Werkzeugeinkaufs kann zusammenfassend konstatiert werden, dass im Rahmen der strategischen Analyse die Betrachtung des Beschaffungsobjekts, die Definition von Einkaufszielen sowie die Bewertung der internen Kompetenzen und des externen Marktumfeldes erfolgen muss.

Während die erste generische Phase bei allen Ansätzen eine hohe Ähnlichkeit in Bezug auf die Bestandteile der einzelnen Schritte aufweist, unterscheidet sich die daran anschließende generische Phase der **Konzeptionierung und Gestaltung** innerhalb der verschiedenen Ansätze deutlicher. Bei den Ansätzen von PFAFFMANN sowie BREM & ELSNER ist bspw. die Make-or-Buy-Entscheidung sowie die daraus resultierende Gestaltung der zwischenbetrieblichen Organisation elementarer Bestandteil dieser Phase. Die Ansätze von GASSNER ET AL. und ESSEIG-KREYSA hingegen setzen bei der Konzeptionierung und Gestaltung zunächst auf die Auswahl einer geeigneten Strategiealternative bzw. einer Referenzstrategie, um darauf aufbauend strategische Stoßrichtungen festzulegen. Bei wiederum anderen Ansätzen bleibt die Beschreibung der Konzeptionierung und Gestaltung mit Schritten wie bspw. der „Beschaffungsstrategieformulierung“ nach RÖTHLISBEGER & NINCK auf einem relativ abstrakten Niveau. In darauffolgenden Schritten erfolgt mit der Vorgabe von Handlungsfeldern und Maßnahmenableitung (vgl. SCHUH ET AL.) oder Identifikation und Priorisierung von Aktivitäten (vgl. SHLOPAK ET AL.) die Vorbereitung der dritten generischen Phase Implementierung und Controlling. Im Rahmen der ganzheitlichen Gestaltung des strategischen Werkzeugeinkaufs wird ein Ordnungsrahmen abgeleitet, der die Make-or-Buy-Entscheidung, die Auswahl einer Referenzstrategie, eine daraus abgeleitete individuelle Formulierung einer Einkaufsstrategie sowie die Ableitung von Handlungsfeldern und Maßnahmen umfasst.

Die dritte generische Phase **Implementierung und Controlling** ist nicht mehr Bestandteil aller analysierten Ansätze. Die Ansätze von PFAFFMANN, GASSNER ET AL., ESSIG-KREYSA, KUHLMANN sowie BREM & ELSNER schließen das methodische Vorgehen mit der Konzeptionierung und Gestaltung bzw. der Vorbereitung der Implementierung ab. Die übrigen Ansätze betrachten eine anschließende Implementierung des zuvor Konzeptionierten. Diese abschließenden Schritte umfassen neben der Implementierung einer entwickelten Einkaufsstrategie bzw. der Umsetzung definierter Maßnahmen immer auch ein sogenanntes Controlling der Implementierung. Diese Form des Controllings beinhaltet eine Überprüfung des Implementierungserfolgs und lässt auf die Erfüllung der zuvor definierten Zielsetzung schließen, woraus sich weiterführende bzw. eine strategische Anpassung definierter Maßnahmen ableiten lässt. Folglich wird die Phase Implementierung und Controlling als die Umsetzung der definierten Maßnahmen mit einer Überprüfung des Umsetzungserfolgs mittels Strategie- bzw. Einkaufscontrolling zusammengefasst.

In Abbildung 51 werden die Inhalte der drei generischen Phasen des strategischen Werkzeugeinkaufs zusammenfassend dargestellt.

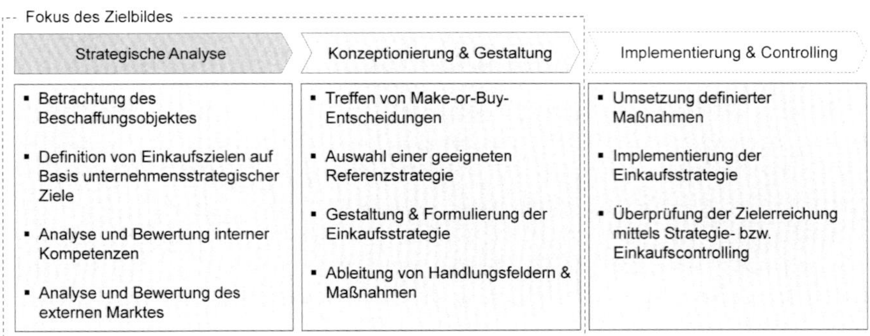

Abbildung 51: Ordnungsrahmen zur Konzeptionierung des Zielbildes[568]

Die generischen Phasen stellen in Kombination mit der Konkretisierung der Bestandteile der jeweiligen Phasen den Ordnungsrahmen des Zielbildes dar. Da sich dieser Ordnungsrahmen aus den neun problemrelevanten Ansätzen ableitet, die allesamt einen hohen Bezug zum strategischen Einkauf aufweisen, muss das Zielbild zur ganzheitlichen Gestaltung des strategischen Werkzeugeinkaufs alle Bestandteile der generischen Phasen berücksichtigen. Die Implementierung und das Controlling sind währenddessen nicht Bestandteil der dieser Arbeit zugrundeliegenden Forschungsfrage, sodass die Gestaltung des strategischen Werkzeugeinkaufs mit der zweiten generischen Phase abschließt. Folglich liegt der Fokus des Zielbildes auf den ersten beiden generischen Phasen des Ordnungsrahmens und schließt mit der Vorbereitung der Implementierung ab.

[568] Eigene Darstellung.

4.3 Konzeptionierung des Zielbildes

Die übergeordnete Forschungsfrage dieser Arbeit zielt auf die ganzheitliche Gestaltung des strategischen Werkzeugeinkaufs industriell produzierender Unternehmen unter Berücksichtigung von Eigen- und Fremdfertigung der Werkzeuge ab. Ausgehend von dem zuvor hergeleiteten Ordnungsrahmen wird dazu ein Zielbild konzeptioniert, welches ein methodisches Vorgehen abbildet und sowohl die Phase strategische Analyse als auch die Phase Konzeptionierung und Gestaltung adressieren muss. Im Rahmen der Analysephase gilt es, die Werkzeuge als Beschaffungsobjekte zu betrachten, Ziele des strategischen Werkzeugeinkaufs zu definieren sowie interne Kompetenzen und das externe Umfeld in Bezug auf die Werkzeugherstellung zu analysieren und zu bewerten. Ausgehend von diesen Analysen kann eine werkzeugbezogene Make-or-Buy-Entscheidung getroffen werden. Da die werkzeugbezogene Make-or-Buy-Entscheidung den Ausgangspunkt der Gestaltung des strategischen Werkzeugeinkaufs darstellt, kann auf dieser Basis eine Referenzstrategie ausgewählt werden. Diese Referenzstrategie wird als Grundausrichtung des strategischen Werkzeugeinkaufs angesehen, an die produzierende Unternehmen die Entwicklung einer individuellen strategischen Ausrichtung anlehnen können.[569] Schließlich erfolgt auf Basis der ausgewählten Referenzstrategie die Ableitung individueller Handlungsfelder und Maßnahmen zur unternehmensindividuellen Gestaltung des strategischen Werkzeugeinkaufs.

Ein wesentlicher Bestandteil des methodischen Vorgehens ist die Auswahl einer geeigneten Referenzstrategie, an der sich die individuelle Gestaltung des strategischen Werkzeugeinkaufs orientiert. Daher ist die empirische Identifikation und sachlich richtige Beschreibung etablierter Strategietypen im Rahmen der Gestaltung des strategischen Werkzeugeinkaufs eine elementare Voraussetzung für die Anwendung des methodischen Vorgehens. Diese empirische Identifikation und Typisierung muss neben dem methodischen Vorgehen daher ebenso ein Bestandteil des Zielbildes zur Gestaltung des strategischen Werkzeugeinkaufs sein. Dementsprechend erfolgt die Konzeptionierung des Zielbildes unter Berücksichtigung der systemtheoretischen Grundlagen wie im Zwischenfazit in Kapitel 4.1.4 beschrieben zweigeteilt, um die Komplexität der Problemstellung sowie der daraus abgeleiteten Forschungsfragen aus Kapitel 3.4 zu begrenzen.[570]

In **Teil I** des Zielbildes erfolgt zunächst die empirische **Identifikation und Typisierung etablierter Referenzstrategien**. Die empirische Studie zur Identifikation und Typisierung etablierter Referenzstrategien hat das Ziel, die ersten beiden Teilforschungsfragen zu beantworten. Folglich werden ein Modell für die Beschreibung von Referenzstrategien für den Werkzeugeinkauf entwickelt sowie etablierte Referenzstrategien identifiziert und beschrieben. In **Teil II** des Zielbildes folgt die Entwicklung einer **Methodik zur Auswahl einer geeigneten Referenzstrategie**. Die Entwicklung der Methodik dient der Beantwortung der dritten und vierten Teilforschungsfrage, unter Berücksichtigung von Werkzeugspektrum, strategischer Ziele

569 I. A. a. Schuh (Referenzstrategien), 2002, S. 27.

570 I. A. a. Bachtaler (Anwendung der Systemtechnik), 2000, S. 24.

sowie der internen und externen Leistungsfähigkeit eine geeignete Referenzstrategie auszuwählen sowie individuelle Handlungsempfehlungen und Maßnahmen abzuleiten. In Abbildung 52 wird das Grobkonzept des Zielbilds mit der Zuordnung der Forschungsfragen schematisch dargestellt.

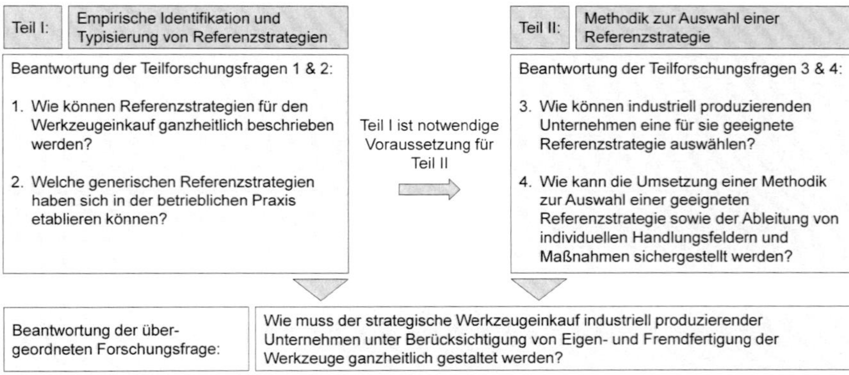

Abbildung 52: Schematische Darstellung des Zielbildes mit Zuordnung der Forschungsfragen[571]

4.3.1 Teil I: Empirische Identifikation und Typisierung von Referenzstrategien

Für die Durchführung der empirischen Studie zur Identifikation und Typisierung von Referenzstrategien werden Fallstudien als zentrale Methode der qualitativen Sozialforschung ausgewählt. Die Durchführung der Fallstudien erfolgt im Rahmen dieser Arbeit einmalig und teilt sich in Anlehnung an die Grundlagen der empirischen Sozialforschung in die drei Phasen Vorbereitung der empirischen Studie, Datenerhebung und Fallstudienbeschreibung sowie Fallstudienauswertung.[572]

4.3.1.1 Vorbereitung der empirischen Studie

In der ersten Phase erfolgt zur Vorbereitung der empirischen Studie im ersten Schritt A1 die **Konzeptionierung des Forschungsdesigns**. Mit dem Forschungsdesign wird die Verbindung zwischen den zugrundeliegenden Teilforschungsfragen sowie dem Forschungsprozess der empirischen Studie hergestellt. Darauf aufbauend wird das Vorgehen zur Durchführung der empirischen Studie detailliert beschrieben. Des Weiteren werden die detaillierte Zielsetzung der empirischen Studie aus den Teilforschungsfragen abgeleitet sowie die Datenerhebung und Fallstudienauswertung konzeptioniert. Im zweiten vorbereitenden Schritt A2 folgt die **Fallauswahl**. In diesem Schritt werden Anforderungen und Kriterien definiert, auf deren Grundlage produzierende Unternehmen als Fallbeispiele ausgewählt werden. Zudem wird definiert, wie viele Fallbeispiele zu untersuchen sind, um die Zielsetzung der empirischen Studie

---

[571] Eigene Darstellung.

[572] Vgl. Kapitel 1.4.2 sowie für die detaillierte Begründung der Methodenauswahl und Beschreibung des methodischen Vorgehens Kapitel 5.1.

erreichen zu können. Die Schritte zur Vorbereitung der empirischen Studie werden in Abbildung 53 dargestellt.

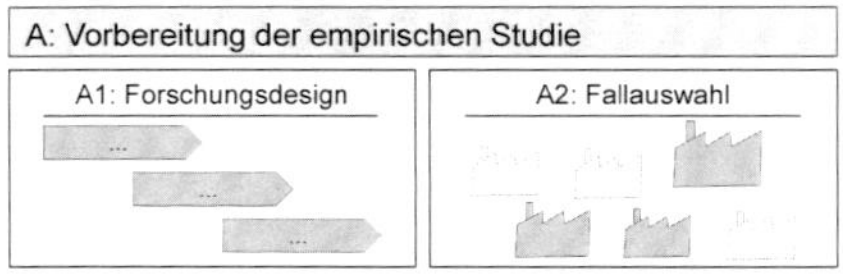

Abbildung 53: Vorbereitung der empirischen Studie[573]

4.3.1.2 Datenerhebung und Beschreibung der Fallbeispiele

In der zweiten Phase erfolgt im ersten Schritt B1 die empirische Datenerhebung, die die Basis für die spätere Fallstudienauswertung und schließlich für die Identifikation und Typisierung von Referenzstrategien schafft. Aus dem Forschungsdesign werden **leitfadengestützten Experteninterviews** als Methode der qualitativen Datenerhebung ausgewählt.[574] Für die Vorstrukturierung der Interviews wird ein Interviewleitfaden entwickelt, um eine zielgerichtete Gesprächsführung sicherzustellen. Schließlich werden aus den zuvor ausgewählten produzierenden Unternehmen Experten zum strategischen Werkzeugeinkauf befragt, um auf Basis dieser ca. 60-90-minütigen Gespräche die jeweilige strategische Ausrichtung der Unternehmen aufzunehmen. Die nachfolgende **Beschreibung der Fallbeispiele** in Schritt B2 dient der strukturierten Zusammenfassung der aufgenommenen strategischen Ausrichtungen. Die Schritte der Datenerhebung und Beschreibung der Fallbeispiele werden in Abbildung 54 dargestellt.

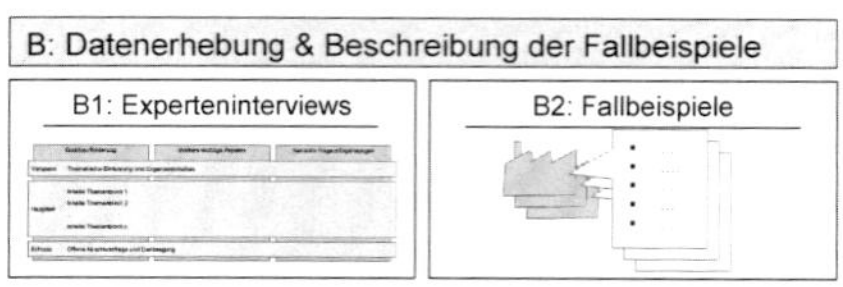

Abbildung 54: Datenerhebung und Beschreibung der Fallbeispiele[575]

4.3.1.3 Fallstudienauswertung

In der dritten Phase der empirischen Studie erfolgt mit der Fallstudienauswertung die eigentliche Identifikation und Typisierung von Referenzstrategien. Dazu wird in Schritt C1 auf Basis der betrachteten Fallbeispiele und unter Berücksichtigung der aktuellen wissenschaftlichen Literatur zum strategischen Einkauf aus Kapitel 2 ein Modell in Form eines morphologischen Kastens hergeleitet. Der **morphologische Kasten** dient der ganzheitlichen Beschreibung von Referenzstrategien für den strategischen Werkzeugeinkauf. Im Rahmen der ganzheitlichen Beschreibung werden in Bezug auf die Forschungsfragen aus Kapitel 3.4 die drei Dimensionen strategische Planung, Organisation und Prozess berücksichtigt. Im abschließenden Schritt C2 erfolgt eine fallübergreifende Auswertung der Fallbeispiele, um Referenzstrategien aus der Praxis zu typisieren und zu beschreiben. Mit der **Typisierung** und Beschreibung etablierter

573 Eigene Darstellung.

574 Vgl. Kapitel 5.2.1.

575 Eigene Darstellung.

Referenzstrategien wird die notwendige Voraussetzung für die Methodik zur Auswahl einer Referenzstrategie (Teil II des Zielbildes) geschaffen. Damit wird produzierenden Unternehmen eine empirisch hergeleitete Orientierungshilfe für die Gestaltung des strategischen Werkzeugeinkaufs gegeben. Die Schritte der Fallstudienauswertung werden in Abbildung 55 zusammengefasst.

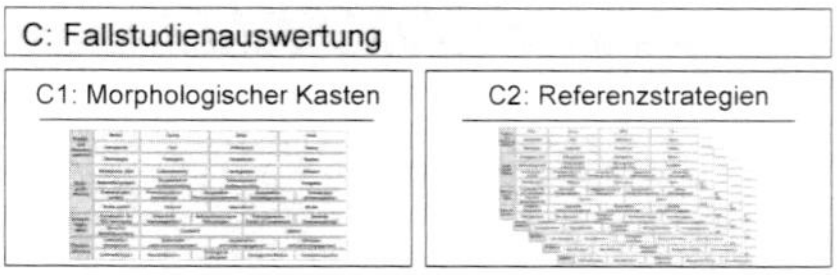

Abbildung 55: Fallstudienauswertung[576]

4.3.2 Teil II: Methodik zur Auswahl einer Referenzstrategie

Die Methodik zur Auswahl einer Referenzstrategie wird im Gegensatz zur empirischen Studie von produzierenden Unternehmen angewendet und teilt sich gemäß des hergeleiteten Ordnungsrahmens der Methodik (vgl. Abbildung 51) in eine Analyse- und eine Gestaltungsphase. Die Methodik dient produzierenden Unternehmen dazu, eine der empirisch identifizierten Referenzstrategien auszuwählen und auf dessen Basis individuelle Handlungsfelder und Maßnahmen für den strategischen Werkzeugeinkauf abzuleiten.

4.3.2.1 Analysephase

Die Gestaltung des strategischen Werkzeugeinkaufs hängt maßgeblich von dem Umfang der in Eigenfertigung hergestellten bzw. fremdbezogenen Werkzeuge ab. Demzufolge stellt die strategische und werkzeugbezogene Make-or-Buy-Entscheidung den Ausgangspunkt für die Auswahl einer geeigneten Referenzstrategie dar.[577] Daher dient die Analysephase in Vorbereitung auf diese Make-or-Buy-Entscheidung der Bewertung strategischer Make-or-Buy-Entscheidungskriterien.

Im ersten Analyseschritt A1 erfolgt eine **Analyse des Werkzeugbedarfs**. Da das gesamte Werkzeugspektrum produzierender Unternehmen aufgrund des Unikatcharakters der Werkzeuge nur selten einheitlich beschrieben und analysiert werden kann, erfolgt zunächst eine Typisierung des Werkzeugbedarfs. Zudem werden die Werkzeugbedarfe je Werkzeugtyp quantifiziert. Die Quantifizierung des Werkzeugbedarfs ist die Voraussetzung dafür, um in der anschließenden Gestaltungsphase der Methodik bewerten zu können, ob ein interner Werkzeugbau ausgelastet und eine interne Werkzeugherstellung im Bedarfsfall wirtschaftlich erfolgen kann. Der Bedarfsanalyse geht zusätzlich eine Ähnlichkeitsbewertung voraus, um die Werkzeugtypen in Bezug auf Kompetenz- und Ressourcenanforderungen, die für die Werkzeugherstellung benötigt werden, zu untersuchen. Diese Ähnlichkeitsbewertung befähigt den

[576] Eigene Darstellung.

[577] I. A. a. Schuh; Ünlü (Ordnungsrahmen Einkaufsmanagement), 2014, S. 12.

Anwender der Methodik dazu, Werkzeugcluster zu bilden, um die Effizienz der Werkzeugversorgung zu erhöhen und die Gestaltung des strategischen Werkzeugeinkaufs optimal auszulegen.

Im zweiten Analyseschritt A2 wird die **strategische Bedeutung** der jeweiligen Werkzeugtypen analysiert. Je höher die strategische Bedeutung einzelner Werkzeugtypen bspw. in Bezug auf Know-how-Schutz oder zur Differenzierung beitragende Merkmale ist, desto eher erfolgt eine interne Werkzeugherstellung. Andererseits können durch den Fremdbezug der Werkzeuge in den meisten Fällen Kostenvorteile erzielt werden. Demzufolge ergibt sich die strategische Bedeutung über die Ausprägung strategischer Ziele wie bspw. Differenzierung oder Kosteneffizienz, die das produzierende Unternehmen an die Werkzeugversorgung stellt. Zu diesem Zweck werden zunächst ein Zielsystem definiert sowie die zuvor gebildeten Werkzeugtypen hinsichtlich der Bedeutung der jeweiligen strategischen Ziele bewertet. Im Anschluss daran erfolgt eine Gewichtung der strategischen Ziele. Auf Basis der Bedeutung sowie der Gewichtung der strategischen Ziele wird schließlich die strategische Bedeutung der jeweiligen Werkzeugtypen quantifiziert.

Im dritten Analyseschritt A3 wird die **relative Leistungsfähigkeit** der internen Werkzeugherstellung bewertet. Die relative Leistungsfähigkeit hat wie die strategische Bedeutung der jeweiligen Werkzeugtypen einen entscheidenden Einfluss auf die strategische Make-or-Buy-Entscheidung. Für die Analyse der relativen Leistungsfähigkeit wird zunächst ein Kennzahlensystem definiert, welches sich aus dem zuvor definierten Zielsystem ableitet. Mithilfe dieses Kennzahlensystems werden Kennzahlen beschrieben, die den jeweiligen strategischen Zielen zugeordnet werden. Zudem wird ein Punktesystem entwickelt, um die interne und externe Leistungsfähigkeit über ein Benchmarking in Bezug auf die strategischen Ziele der Werkzeugversorgung quantifizieren zu können. Auf Basis dieses Punktesystems sowie der Gewichtung der strategischen Ziele aus dem vorherigen Schritt erfolgt schließlich die Bewertung der relativen Leistungsfähigkeit der internen Werkzeugbaukompetenz. Die Schritte der Analysephase werden in Abbildung 56 zusammengefasst.

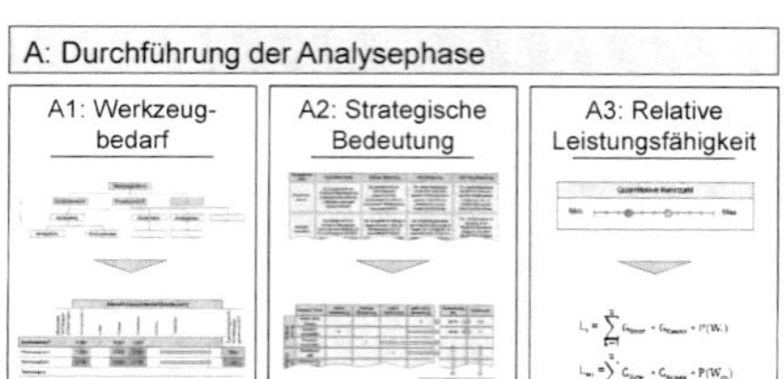

Abbildung 56: Analysephase[578]

[578] Eigene Darstellung.

4.3.2.2 Gestaltungsphase

Im Anschluss an die Analysephase folgt die Gestaltungsphase. Basierend auf den Analysen des Werkzeugbedarfs, der strategischen Bedeutung der Werkzeuge sowie der relativen Leistungsfähigkeit des internen Werkzeugbaus im Vergleich zu externen Werkzeuglieferanten erfolgt die strategische Make-or-Buy-Entscheidung. Daran angeschlossen wird eine der empirisch identifizierten Referenzstrategien ausgewählt, für dessen individuelle Umsetzung im abschließenden Methodikschritt individuelle Handlungsfelder und Maßnahmen abgleitet werden.

Im ersten Schritt der Gestaltungsphase B1 wird auf Basis der strategischen Bedeutung der Werkzeuge sowie der relativen Leistungsfähigkeit die strategische **Make-or-Buy-Entscheidung** getroffen. Dabei werden in Bezug auf die Eigen- und Fremdfertigung drei verschiedene Bereiche unterschieden. Den ersten Bereich stellen die sogenannten Make-Werkzeugtypen dar, die aus strategischen Gründen wie bspw. Know-how-Schutz in Eigenfertigung hergestellt werden sollen. Den zweiten Bereich stellen die sogenannten Buy-Werkzeutypen dar, die bspw. aufgrund einer geringen internen Leistungsfähigkeit fremdbezogen werden sollen. Zum dritten Bereich zählen indifferente Werkzeugtypen, die sowohl in Eigenfertigung hergestellt als auch fremdbezogen werden können. Diese strategische Make-or-Buy-Entscheidung bestimmt im nachfolgenden Schritt die Auswahl einer geeigneten Referenzstrategie.

Die **Auswahl einer Referenzstrategie** in Schritt B2 basiert auf einer komplexen Fallunterscheidung. Das im vorherigen Schritt hinsichtlich der Make-or-Buy-Entscheidung bewerte Werkzeugportfolio kann unterschiedliche Ausprägungen einnehmen. Einerseits wird es produzierende Unternehmen geben, die aufgrund eines hochkomplexen und fokussierten Produktportfolios lediglich Make-Werkzeugtypen benötigen. Andererseits wird es produzierende Unternehmen geben, deren Werkzeugbedarf aufgrund eines breiteren Produktportfolios sowohl aus Make-, Buy- und indifferenten Werkzeugtypen besteht. Zudem wird es Unternehmen geben, deren strategische Make-Werkzeugbedarf so gering ist, dass es nicht möglich ist, einen internen Werkzeugbau auszulasten und unternehmerisch sinnvoll zu betreiben. Folglich wird in diesem Methodikschritt eine Fallunterscheidung durchgeführt, auf deren Basis die Auswahl einer Referenzstrategie erfolgt, die produzierenden Unternehmen als Orientierungshilfe für die individuelle Gestaltung des strategischen Werkzeugeinkaufs dient.

Im abschließenden Methodikschritt B3 erfolgt die Ableitung individueller **Handlungsfelder und Maßnahmen**. Die Rahmenbedingungen produzierender Unternehmen sind sehr individuell, sodass die ausgewählte Referenzstrategie lediglich eine Stoßrichtung für die individuelle Gestaltung des strategischen Werkzeugeinkaufs unter Berücksichtigung von Eigenfertigung und Fremdbezug vorgeben kann. Im Einzelfall wird es nicht möglich sein, die ausgewählte Referenzstrategie ohne eine individuelle Anpassung in identischer Art und Weise zu übernehmen. Daher erfolgt in einem abschließenden Schritt zunächst eine Individualisierung der Referenzstrategie unter der Berücksichtigung individueller Rahmenbedingungen. Schließlich wird die individuelle Anpassung der ausgewählten Referenzstrategie als Zielzustand des strategischen Werkzeugeinkaufs mit dem Status quo des strategischen Werkzeugeinkaufs abgeglichen. Der Vergleich von Status quo und Zielzustand ermöglicht die Ableitung individueller Handlungsfelder und Maßnahmen als vorbereitender Schritt für die Implementierung, welche jedoch nicht mehr im Fokus dieser Arbeit steht. Die Schritte der Gestaltungsphase werden in Abbildung 57 zusammengefasst.

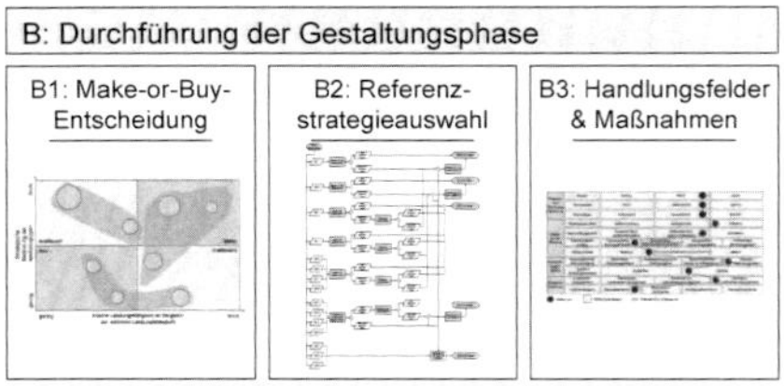

Abbildung 57: Gestaltungsphase[579]

4.4 Synthese und Zwischenfazit

Aufbauend auf den Grundlagen der Systemtechnik und Modelltheorie sowie dem Verständnis einer Methodik als System von Modellen, Methoden und Hilfsmitteln wurde ein zweiteiliges Zielbild für die Identifikation, Typisierung und Auswahl von Referenzstrategien konzeptioniert. Die Konzeptionierung folgt dem entwickelten Ordnungsrahmen für die Gestaltung des strategischen Werkzeugeinkaufs.

Der Ordnungsrahmen für die Gestaltung des strategischen Werkzeugeinkaufs beinhaltet als einen Schritt der Gestaltungsphase die Auswahl einer geeigneten Referenzstrategie. Somit stellt die Existenz identifizierter Referenzstrategien eine notwendige Voraussetzung für die Gestaltung des strategischen Werkzeugeinkaufs dar. Da bisher keine Beschreibung von Referenzstrategien für den Werkzeugeinkauf existiert, stellt die empirische Identifikation und Typisierung von Referenzstrategien den ersten Teil des Zielbildes dar. Basierend auf den Grundlagen der empirischen Sozialforschung wird in diesem ersten Teil eine empirische Studie durchgeführt, die sich in die drei Phasen Vorbereitung der empirischen Studie, Datenerhebung und Beschreibung der Fallbeispiele sowie Fallstudienauswertung unterteilt. Das Ergebnis des ersten Teils des Zielbildes stellen empirisch identifizierte und typisierte Referenzstrategien dar.

Der zweite Teil des Zielbildes umfasst daran angeschlossen eine Methodik zur Auswahl von Referenzstrategien, die eine Analyse- und eine Gestaltungsphase beinhaltet. Das Ergebnis des zweiten Teils sind abgeleitete Handlungsfelder und Maßnahmen für eine individuelle Umsetzung der ausgewählten Referenzstrategie. Die beiden Teile sowie deren Phasen und Schritte werden in einem Zielbild für die Identifikation, Typisierung und Auswahl von Referenzstrategien in Abbildung 58 zusammenfassend dargestellt.

579 Eigene Darstellung.

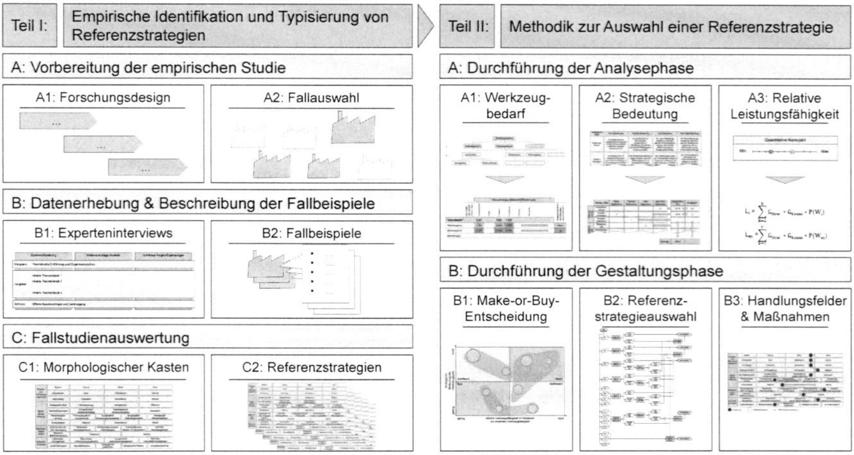

Abbildung 58: Zielbild für die Identifikation, Typisierung und Auswahl von Referenzstrategien[580]

Das konzeptionierte Zielbild adressiert sowohl das in Kapitel 3.1.2 definierte Anforderungssystem als auch die daraus abgeleiteten Forschungsfragen (vgl. Kapitel 3.4 und Abbildung 52).

Die **allgemeine Anforderung** der Typisierung wird durch die empirische Identifikation und Typisierung von Referenzstrategien erfüllt. Indem ein morphologischer Kasten für die ganzheitliche Beschreibung von Referenzstrategien entwickelt wird, werden eindeutige Merkmale und Merkmalsausprägungen hergeleitet, wodurch eine systematische und strukturierte Typisierung sichergestellt wird.

Die **analytischen Anforderungen** Beschaffungsobjekt, Zielsystem sowie interne und externe Leistungsfähigkeit werden ebenfalls erfüllt. Der erste Schritt A1 der Analysephase beinhaltet mit der Analyse des Werkzeugbedarfs sowohl unmittelbar notwendige Bedarfe als auch technische Eigenschaften der Werkzeuge als Beschaffungsobjekt. Zudem wird im Rahmen der Analyse der strategischen Bedeutung in Schritt A2 ein Zielsystem mit konkreten strategischen Zielen definiert, deren Bewertung zunächst qualitativ erfolgt. Mithilfe der Definition eines Kennzahlensystems, welches aus dem Zielsystem abgeleitet wird, erfolgt schließlich eine kennzahlengestützte quantitative Bewertung. Mit der Analyse der relativen Leistungsfähigkeit erfolgt im dritten Schritt A3 der Analysephase zudem die Bewertung der internen und externen Leistungsfähigkeit mit den definierten Kennzahlen in Bezug auf das zuvor definierte Zielsystem.

Die **gestalterischen Anforderungen** strategische Planung, Organisation und Prozess werden im Rahmen der Gestaltungsphase der Methodik durch die Auswahl einer geeigneten Referenzstrategie erfüllt. Die ganzheitliche Beschreibung der auszuwählenden Referenzstrategien, welche mithilfe des morphologischen Kastens aus Schritt C1 des ersten Teils des Zielbildes erfolgt, berücksichtigt die drei Dimensionen strategische Planung, Organisation und

580 Eigene Darstellung.

Prozess. Somit ist durch die Auswahl und individuelle Anpassung einer Referenzstrategie unmittelbar sichergestellt, dass diese Dimensionen im Rahmen der Gestaltung des strategischen Werkzeugeinkaufs betrachtet werden und damit die gestalterischen Anforderungen erfüllt werden.

5 Teil I: Empirische Identifikation und Typisierung von Referenzstrategien

Die vorliegende Arbeit basiert auf der wissenschaftstheoretischen Einordnung nach ULRICH & HILL und ist den Realwissenschaften zuzuordnen.[581] Ein wesentlicher Aspekt des realwissenschaftlichen Denkens beinhaltet die Fragestellung, wie von singulären Beobachtungen von Einzelfällen auf allgemeingültige Zusammenhänge geschlossen werden kann.[582] Die erste und zweite Teilforschungsfrage aus Kapitel 3.4 lassen sich genau dieser Fragestellung zuordnen, indem von der individuellen strategischen Ausrichtung produzierender Unternehmen allgemeingültige Referenzstrategien für den strategischen Werkzeugeinkauf abgeleitet werden sollen. Im Kontext solcher betriebswirtschaftlicher Fragestellungen verweisen ULRICH & HILL auf den Einsatz empirischer Forschungsmethoden aus der sozialwissenschaftlichen Forschung.[583] Durch die Verwendung von Forschungsmethoden der empirischen Sozialforschung wird Praxiswissen als dezidierte Wissensgrundlage einbezogen, um eine realitätsgetreue Fundierung der Referenzstrategien zu gewährleisten.[584]

Die Identifikation und Typisierung von Referenzstrategien erfolgt auf Basis einer empirischen Studie, um dem Anspruch nach wissenschaftlicher und praktischer Relevanz nachzukommen.[585] Als Voraussetzung für die empirische Studie werden zunächst die Grundlagen der empirischen Sozialforschung thematisiert, auf dessen Basis Fallstudien als Methode der qualitativen Sozialforschung ausgewählt werden. Daran angeschlossen erfolgt mit der Vorbereitung der Fallstudien die Konzeptionierung des Forschungsdesigns sowie die Fallauswahl. In den nachfolgenden Kapiteln folgt mit den Fallstudien zum strategischen Werkzeugeinkauf sowie den Referenzstrategien für den strategischen Werkzeugeinkauf die Durchführung und Auswertung der Fallstudien. Das Kapitel schließt mit einem Zwischenfazit und einer Reflexion der Fallstudienergebnisse ab.

5.1 Grundlagen der empirischen Sozialforschung

Im Folgenden wird zunächst eine Einführung in die Grundlagen der empirischen Sozialforschung gegeben. Anschließend erfolgt die Gegenüberstellung der quantitativen und qualitativen Sozialforschung. Abschließend wird die Durchführung von Fallstudien als Methode der qualitativen Sozialforschung ausgewählt und beschrieben.

5.1.1 Einführung in die Grundlagen der empirischen Sozialforschung

Die **sozialwissenschaftliche Forschung** bezieht sich anders als bspw. die Naturwissenschaften auf Zusammenhänge, die durch das menschliche Handeln konstruiert werden. Sie

---

581 Vgl. Kapitel 1.4.1.

582 Vgl. Ulrich; Hill (Wissenschaftstheoretische Grundlagen Teil I), 1976, S. 306.

583 Vgl. Ulrich; Hill (Wissenschaftstheoretische Grundlagen Teil II), 1976, S. 347 f.

584 I. A. a. Hienzsch (Leistungsfähigkeit von Werkzeugbaubetrieben), 2016, S. 165.

585 I. A. a. Dilger (Rigor, wissenschaftliche und praktische Relevanz), 2012, S. 6 ff.

untersucht das soziale Handeln des Menschen mit dem Ziel, den Handlungsablauf, die zugrundeliegenden Ursachen und die Auswirkungen im konkreten Handlungsrahmen deutend verstehen zu können.[586] Innerhalb der Sozialwissenschaften können theoretische und empirische Forschungsprozesse unterschieden werden. Während die theoretischen Sozialwissenschaften Erkenntnisse bestehender Theorien in Beziehung zueinander setzen, untersucht die empirische Sozialforschung Beobachtungen von Ausschnitten der realen Welt, um zu der Weiterentwicklung von Theorien beizutragen.[587]

Grundsätzlich beginnt jeder **empirische Forschungsprozess** mit der Formulierung einer Forschungsfrage, die auf der Grundlage theoretischer Vorüberlegungen gestellt wird. Der Schritt der theoretischen Vorüberlegungen ist daher nicht klar von der Formulierung der Forschungsfrage zu trennen. Mithilfe der theoretischen Vorüberlegungen wird sichergestellt, dass das für die Forschungsfrage relevante und bereits durch Andere erarbeitete Wissen zusammengetragen und für die Strukturierung der Problemstellung nutzbar gemacht wird.[588] Mit der Erläuterung der Grundlagen des Betrachtungs- und Gestaltungsbereichs sowie die Analyse problemrelevanter Forschungsansätze konnte der Schritt der theoretischen Vorüberlegungen bereits mit den Kapiteln zwei und drei abgeschlossen werden. Auch die daraus abgeleitete Formulierung der Forschungs- bzw. Teilforschungsfragen ist bereits in Kapitel 3.4 erfolgt.

Die anschließende Weiterentwicklung der bisherigen wissenschaftlichen Erkenntnisse hängt schließlich von der gewählten Erklärungsstrategie ab. Dabei können je nach Forschungsfrage entweder quantitative oder qualitative Erklärungsstrategien verwendet werden.[589] Im Folgenden wird daher zunächst die grundlegende Einteilung der empirischen Sozialforschung in ihre quantitativen und qualitativen Teilbereiche thematisiert.

5.1.2 Quantitative und qualitative Sozialforschung

Die Methoden der empirischen Sozialforschung sind vielfältig und können grundsätzlich in quantitative und qualitative Forschungsmethoden untergliedert werden, die jeweils eine unterschiedliche Erklärungsstrategie zur Beantwortung der Forschungsfrage voraussetzen.[590] Die **quantitative Sozialforschung** erfolgt typischerweise standardisiert und hat das Ziel, mit möglichst repräsentativen Stichproben unter kontrollierten Bedingungen numerische Messwerte zu erheben.[591] Quantitative Forschungsmethoden, die von einfachen Befragungsmethoden über standardisierte Fragebögen und statistische Auswerteverfahren bis hin zu experimentellen Untersuchungen reichen, dienen dem Zweck, aufgestellte Hypothesen zu überprüfen bzw. zu

[586] Vgl. Gläser; Laudel (Experteninterviews und qualitative Inhaltsanalyse), 2009, S. 24.

[587] Vgl. Gläser; Laudel (Experteninterviews und qualitative Inhaltsanalyse), 2009, S. 24; Baur; Blasius (Methoden der empirischen Sozialforschung), 2019, S. 1.

[588] Vgl. Gläser; Laudel (Experteninterviews und qualitative Inhaltsanalyse), 2009, S. 33 f.

[589] Vgl. Gläser; Laudel (Experteninterviews und qualitative Inhaltsanalyse), 2009, S. 34.

[590] Vgl. Gläser; Laudel (Experteninterviews und qualitative Inhaltsanalyse), 2009, S. 24; Baur; Blasius (Methoden der empirischen Sozialforschung), 2019, S. 6.

[591] Vgl. Döring; Bortz (Forschungsmethoden und Evaluation), 2016, S. 23.

widerlegen.[592] Die quantitativen Methoden zeigen Kausalzusammenhänge auf, können jedoch nicht den Grund für oder die Richtung von Ursache und Wirkung aufzeigen.[593] Die **qualitative Sozialforschung** zielt im Gegensatz zur quantitativen Sozialforschung nicht auf die Überprüfung von Theorien, sondern auf die Generierung von Theorien ab.[594] Dabei werden im Vergleich zur quantitativen Sozialforschung bewusst relativ wenig Fälle umfassend untersucht und interpretativ ausgewertet.[595]

Der Fokus der zentralen Forschungsfrage und insbesondere der ersten und zweiten Teilforschungsfrage, die dieser Arbeit und damit gleichzeitig der Durchführung der empirischen Studie zur Identifikation und Typisierung von Referenzstrategien zugrunde liegen, liegt nicht auf der Überprüfung von Hypothesen. Vielmehr ist es die Zielsetzung, einen Rahmen für die ganzheitliche Beschreibung von Referenzstrategien für den Werkzeugeinkauf zu schaffen und etablierte Referenzstrategien zu identifizieren. Die Verallgemeinerung von einzelnen betrachteten Fällen auf gültige Aussagen wird durch die qualitativen Methoden unterstützt, da der Grund und die Richtung des Kausalzusammenhangs im Fokus stehen, welchen Beitrag quantitative Forschung nicht leisten kann.[596] Folglich wird mit der empirischen Studie die Generierung von theoretischem Wissen angestrebt, sodass für die Beantwortung der Forschungsfrage qualitative Forschungsmethoden eingesetzt werden, auf die nachfolgend genauer eingegangen wird.

5.1.3 Fallstudien als Methode der qualitativen Sozialforschung

Im Fokus der qualitativen Sozialforschung stehen die Methoden zur Analyse einer qualitativen Datengrundlage, die das Forschungsergebnis maßgeblich bestimmt.[597] Es existiert eine Vielzahl unterschiedlicher Methoden der qualitativen Sozialforschung, sodass es im Rahmen dieser Arbeit nicht möglich ist, einen vollständigen Überblick zu geben. Exemplarisch zu erwähnende Methoden der Datenanalyse sind die Grounded Theory (deutsch: datengestützte Theoriebildung), das theoretische Kodieren von Daten, die qualitative Inhaltsanalyse oder Einzelfallanalysen, die in unterschiedlichen Handbüchern neben weiteren Methoden zur qualitativen Sozialforschung ausführlich beschrieben werden.[598] Die Auswahl einer geeigneten Methode richtet sich dabei im Wesentlichen nach der zugrunde liegenden Forschungsfrage.[599]

---

[592] Vgl. Hug (Erhebung und Auswertung empirischer Daten), 2001, S. 22; Gläser; Laudel (Experteninterviews und qualitative Inhaltsanalyse), 2009, S. 26.

[593] Vgl. Gläser; Laudel (Experteninterviews und qualitative Inhaltsanalyse), 2009, S. 26.

[594] Vgl. Moser (Instrumentenkoffer für die Praxisforschung), 2015, S. 26.

[595] Vgl. Döring; Bortz (Forschungsmethoden und Evaluation), 2016, S. 25 f.

[596] Vgl. Gläser; Laudel (Experteninterviews und qualitative Inhaltsanalyse), 2009, S. 26.

[597] Vgl. Flick (Mapping the Field), 2014, S. 3.

[598] An dieser Stelle wird exemplarisch auf das „Handbuch Methoden der empirischen Sozialforschung“ von Bauer & Blasius sowie das „Handbook of Qualitative Data Analysis“ von Flick vierwiesen.

[599] Vgl. Riesenhuber (Großzahlige empirische Forschung), 2007, S. 5.

Für die Durchführung der empirischen Studie zur Identifikation und Typisierung von Referenzstrategien werden **Fallstudien** als zentrale Methode der qualitativen Sozialforschung ausgewählt. Fallstudien sind ein komplexer und offener Forschungsansatz, der als wissenschaftliche Methode von der umgangssprachlichen Begrifflichkeit im Sinne von Anekdoten, Fallbeispielen oder Business Cases zu Zwecken der Lehre abzugrenzen ist.[600] Eine allgemein anerkannte Definition von YIN bezeichnet die Fallstudie als eine geeignete empirische Untersuchung eines aktuellen Phänomens im realen Kontext, insbesondere wenn die Grenzen zwischen Phänomen und Kontext nicht klar erkennbar sind.[601] Ein Fall kann sowohl Einzelpersonen, Personengruppen als auch Organisationen und damit auch industriell produzierende Unternehmen umfassen.[602] Bei der Fallstudie werden demnach Fälle untersucht, um sie in ihrer Binnenstruktur und ihren Umweltverhältnissen umfassend zu verstehen.[603] Eine Beschreibung von Referenzstrategien für den Werkzeugeinkauf ist sehr komplex, sodass unterschiedlichste Faktoren des produzierenden Unternehmens sowie dessen Umwelteinflüsse abgebildet werden müssen. Daher korrelieren die Charakteristika der Fallstudien als Methode der qualitativen Sozialforschung mit der Forschungsfrage der vorliegenden Arbeit und werden als Forschungsmethode für die Durchführung der empirischen Studie ausgewählt.

Das Vorgehen für die Durchführung von Fallstudien wird in der Literatur in unterschiedliche Schritte unterteilt. Die Anzahl und die Bezeichnung der Schritte können bei einzelnen Autoren voneinander abweichen, obwohl das Vorgehen im Ganzen vergleichbar ist und keine grundlegenden Unterschiede bestehen.[604] In Anlehnung an die Arbeit von FRICK wird für die Durchführung der Fallstudien ein iteratives Vorgehen mit den drei Schritten Vorbereitung, Datenerhebung und Auswertung gewählt.[605]

Die **Vorbereitung** umfasst die Konzeptionierung des Forschungsdesigns sowie die Auswahl der Fallbeispiele.[606] Das Forschungsdesign schafft die Verbindung von der forschungsleitenden Fragestellung über die Datenerhebung bis zur Auswertung und kann als Planung der nachfolgenden Schritte aufgefasst werden.[607] Neben dem Forschungsdesign kommt der Auswahl der Fallbeispiele eine besondere Rolle zu. Dabei kann in eine Einzelfallstudie, in der einzelne Fälle sehr detailliert betrachtet werden (engl. single-case-design), oder eine Fallstudie mit mehreren parallel zu betrachtenden Fällen (engl. multiple-case-design) unterschieden

---

600 Vgl. Borchardt; Göthlich (Erkenntnisgewinnung durch Fallstudien), 2007, S. 33 f.

601 Vgl. Yin (Case Study Research), 2018, S. 15.

602 I. A. a. Hering; Jungmann (Einzelfallanalyse), 2019, S. 619.

603 Vgl. Hering; Jungmann (Einzelfallanalyse), 2019, S. 619; Yin (Case Study Research), 2018, S. xxii f.

604 Bspw. teilt Yin die Vorbereitung der Datenerhebung und die Datenerhebung in zwei Schritte (vgl. Yin (Case Study Research), 2018, S. 81 ff.), während bei Borchardt & Göthlich die Datenauswahl und -erhebung in einem Schritt zusammengefasst werden (vgl. Borchardt; Göthlich (Erkenntnisgewinnung durch Fallstudien), 2007, S. 36 ff.).

605 Vgl. Frick (Erfolgreiche Geschäftsmodelle im Werkzeugbau), 2005, S. 11 f.

606 Vgl. Frick (Erfolgreiche Geschäftsmodelle im Werkzeugbau), 2005, S. 12.

607 Vgl. Yin (Case Study Research), 2018, S. 26.

werden.[608] Um valide Aussagen treffen zu können wird die Analyse mehrerer Fälle empfohlen.[609] Dabei gibt es keine ideale Fallzahl, sondern die Anzahl der zu untersuchenden Fälle hängt von der Forschungsfrage und von pragmatischen Gründen in Bezug auf die Durchführung der Fallstudie ab.[610] Grundsätzlich gilt aber, die Fallauswahl nicht zufällig, sondern möglichst breit zu treffen.[611]

In Anschluss an die Vorbereitung folgt der Schritt der **Datenerhebung**. Die Datenerhebung bei einer Fallstudie ist an keine bestimmte Datenerhebungsmethode gebunden.[612] Grundsätzlich können standardisierte und nicht standardisierte Daten verwendet werden, die bspw. mithilfe von Interviews, Umfragen, durch Beobachtungen oder das Sammeln von Archivdaten wie Bilder, Tonmaterial o. Ä. erhoben werden können.[613] Diese Erhebungsmethoden können wiederum weiter differenziert werden, sodass bezogen auf das Interview als Methode der Datenerhebung eine Vielzahl unterschiedlicher Formate existieren, für die aber keine einheitlichen Bezeichnungen und widersprüchliche Systematiken bestehen.[614] Unabhängig von der genauen Systematisierung der Daten und der Datenaufnahme gilt es darauf zu achten, dass die gewählte Form der Datenerhebung in Bezug auf die Zielsetzung der Fallstudie und dem Erkenntnisinteresse zweckdienlich ist.[615]

In Anschluss an die Datenerhebung erfolgt die **Auswertung** der erhobenen Daten. Die Auswertung von Fallstudien gestaltet sich schwierig und komplex, da anders als bei statistischen Analysen keine klaren Handlungsanweisungen oder Verfahren für die Fallstudienanalyse existieren und die Analysen maßgeblich durch den „Stil des Forschenden" (engl. „researcher's own style") geprägt werden.[616] Yin unterscheidet mit dem Bezug auf theoretische Behauptungen, der Datenbearbeitung „von Grund auf" (engl. „from the ground up"), der Entwicklung dem Testen rivalisierender Behauptungen sowie dem Aufbau eines beschreibenden Rahmens dennoch vier generelle Analysestrategien.[617] Bei der Auswertung der Fallstudien kann es demnach hilfreich sein, die Fallbeispiele in Form eines Fallstudienreports strukturiert und verdichtet zu beschreiben, für deren Darstellungsform kein genereller Idealtypus existiert.[618] Die Auswertung beginnt dabei grundsätzlich innerhalb der einzelnen Fälle (engl. „within-case analysis"),

[608] Vgl. Yin (Case Study Research), 2018, S. 47 ff.

[609] Vgl. Yin (Case Study Research), 2018, S. 61.

[610] Vgl. Frick (Erfolgreiche Geschäftsmodelle im Werkzeugbau), 2005, S. 12.

[611] Vgl. Akremi (Stichprobenziehung in der qualitativen Sozialforschung), 2019, S. 317 f.; Hering; Jungmann (Einzelfallanalyse), 2019, S. 621.

[612] Vgl. Borchardt; Göthlich (Erkenntnisgewinnung durch Fallstudien), 2007, S. 37.

[613] Vgl. Yin (Qualitative Research from Start to Finish), 2011, S. 130 ff.; Hering; Jungmann (Einzelfallanalyse), 2019, S. 624 f.

[614] Vgl. Helfferich (Die Qualität qualitativer Daten), 2011, S. 35 f.

[615] Vgl. Hering; Jungmann (Einzelfallanalyse), 2019, S. 624.

[616] Vgl. Eisenhardt (Building Theories from Case Study Research), 1989, S. 539; Yin (Case Study Research), 2018, S. 165.

[617] Yin (Case Study Research), 2018, S. 168 ff.

[618] Vgl. Borchardt; Göthlich (Erkenntnisgewinnung durch Fallstudien), 2007, S. 43.

um bereits erste Muster zu erkennen. Anschließend kann die fallübergreifende Analyse erfolgen (engl. „cross-case analysis"), um unterschiedliche und alternative Sichtweisen auf den Untersuchungsgegenstand zu identifizieren.[619] Für die Verallgemeinerung der Forschungsergebnisse bietet sich u. a. eine iterative Bildung von Typen an, um Unterschiede und Gemeinsamkeiten komplexer und unübersichtlicher Gegenstandsbereiche verstehen zu können.[620] Die empirische Typenbildung erfolgt laut KLUGE in vier Stufen – der Erarbeitung relevanter Vergleichsdimensionen (Stufe 1), der Gruppierung der Fälle und Analyse empirischer Regelmäßigkeiten (Stufe 2), der Analyse der inhaltlichen Sinnzusammensetzung und Typenbildung (Stufe 3) sowie der Charakterisierung der gebildeten Typen (Stufe 4).[621]

Aus dieser grundlegenden Beschreibung der Fallstudien als Methode der qualitativen Sozialforschung wird im folgenden Kapitel ein anwendungsbezogenes Forschungsdesign im Sinne der vorliegenden Forschungsfragen konzipiert.

5.2 Vorbereitung der Fallstudien

Die Vorbereitung der Fallstudien beinhaltet zunächst die Konzeptionierung des Forschungsdesigns. In diesem ersten Teil der Vorbereitung wird auf die Zielsetzung der Fallstudiendurchführung sowie auf die Planung der nachfolgenden Schritte der Datenerhebung und der Auswertung eingegangen. Im zweiten Teil der Vorbereitung erfolgt die Beschreibung der Fallauswahl, indem die Anzahl der zu untersuchenden Fälle sowie Kriterien für die Auswahl von Fällen definiert werden.

5.2.1 Forschungsdesign der Fallstudien

Die **Zielsetzung** der Fallstudiendurchführung ist die Beantwortung der ersten und zweiten Teilforschungsfrage dieser Arbeit, die in Kapitel 3.4 aus den Grundlagen und dem Theoriedefizit abgeleitet worden sind. Die empirische Studie dient folglich der Erstellung eines Modells, mithilfe dessen Referenzstrategien für den Werkzeugeinkauf industriell produzierender Unternehmen unter Berücksichtigung von Gestaltungsoptionen in den Dimensionen strategische Planung, Organisation und Prozess ganzheitlich beschrieben werden können. Zusätzlich sollen durch die qualitative Analyse unterschiedlicher Fallbeispiele etablierte Referenzstrategien identifiziert und typisiert werden.

Die qualitative **Datenerhebung** für die Durchführung der Fallstudien basiert auf leitfadengestützten Experteninterviews als besondere Form problemzentrierter Interviews. Diese Form der Datenerhebung eignet sich insbesondere für die Durchführung von Fallstudien mit prakti-

[619] Vgl. Eisenhardt (Building Theories from Case Study Research), 1989, S. 539 ff.; Borchardt; Göthlich (Erkenntnisgewinnung durch Fallstudien), 2007, S. 43 f.

[620] Vgl. Hering; Jungmann (Einzelfallanalyse), 2019, S. 626 f.; Lang; Ruesch Schweizer (Qualitative Inhaltsanalyse und Typenbildung), 2020, S. 16.

[621] Vgl. Kluge (Empirisch begründete Typenbildung), 2000, S. 4 ff.

schen Problemstellungen, um einzelne Fälle tiefgreifend für theoriegenerierende Zwecke verstehen zu können.[622] Die leitfadengestützte Befragung von Unternehmensvertretern produzierender Unternehmen dient der Beschreibung der strategischen Ausrichtung in Bezug auf den jeweiligen Werkzeugeinkauf der Unternehmen. Für die Vorstrukturierung der Experteninterviews wird vorab ein Interviewleitfaden entwickelt (vgl. Kapitel 5.3.1). Durch die Verwendung eines Interviewleitfadens wird eine Vergleichbarkeit der Interviews untereinander sichergestellt sowie vermieden, dass bei mehreren nacheinander geführten Interviews implizite Theorie- und Wahrnehmungsänderungen das Gespräch suggestiv in bestimmte Bahnen lenken.[623] Die Tonspur der 60-90-minütigen Experteninterviews wird aufgezeichnet. Anschließend erfolgt die vollständige und schriftliche Transkription der Interviews. Die schriftlichen Texte stellen die Datengrundlage für die darauffolgende Auswertung dar. Ergänzt wird diese Datengrundlage durch schriftlich dokumentierte Projektergebnisse und persönlich geführte Diskussionen und Gedächtnisprotokolle mit weiteren Vertretern produzierender Unternehmen.[624]

Die **Auswertung** erfolgt iterativ und beginnt bereits während der Datenerhebung, indem die Fälle parallel zu den Experteninterviews im Team diskutiert und erste Muster erkannt werden.[625] Anschließend werden die Fallbeispiele auf Basis der transkribierten Experteninterviews inhaltlich strukturiert und verdichtet beschrieben (vgl. Kapitel 5.3.3 ff.).[626] Parallel dazu erfolgt innerhalb der einzelnen Fälle eine Kategorisierung von Expertenaussagen (within-case analysis). Auf dieser Basis wird ein morphologischer Kasten mit relevanten Merkmalen und Merkmalsausprägungen als theoretisches Modell für eine systematische Beschreibung von Referenzstrategien für den Werkzeugeinkauf entwickelt (vgl. Kapitel 5.4.1).[627] In die Entwicklung des morphologischen Kastens fließt neben der empirischen Datengrundlage zusätzlich verfügbares Wissen aus den theoretischen Grundlagen aus Kapitel 2 ein. Damit wird ein Bezug zu bisherigen theoretischen Erkenntnissen hergestellt. Anschließend wird eine fallübergreifende Analyse durchgeführt, um Gemeinsamkeiten und Unterschiede in Bezug auf die strategische Ausrichtung des Werkzeugeinkaufs produzierenden Unternehmen herauszustellen (cross-case analysis). Schließlich erfolgt eine Verallgemeinerung der Merkmale und Merkmalsausprägungen und somit eine Typisierung der Referenzstrategien (vgl. Kapitel 5.4.2). Die damit identifizierten Strategietypen für den Werkzeugeinkauf werden mithilfe des entwickelten

---

622 Vgl. Jäger; Reinecke (Expertengespräch), 2009, S. 34 f.; Kaiser (Qualitative Experteninterviews), 2014, S. 4.

623 Vgl. Jäger; Reinecke (Expertengespräch), 2009, S. 41; Meuser; Nagel (Das Experteninterview), 2009, S. 472 f.; Helfferich (Leitfaden- und Experteninterviews), 2019, S. 675.

624 An dieser Stelle wird auf die Durchführung diverser Industrieprojekte verwiesen. Im Besonderen zu nennen ist das Konsortialprojekt „Make-or-Buy – Strategien für eine bedarfsgerechte Werkzeugversorgung durch Eigenfertigung und Fremdvergabe“ der WBA Aachener Werkzeugbau Akademie GmbH. Vgl. Helbig; Ochel (Make-or-Buy-Strategien), 2020, S. 51 ff.

625 Vgl. Frick (Erfolgreiche Geschäftsmodelle im Werkzeugbau), 2005, S. 14.

626 I. A. a. Borchardt; Göthlich (Erkenntnisgewinnung durch Fallstudien), 2007, S. 43.

627 I. A. a. Frick (Erfolgreiche Geschäftsmodelle im Werkzeugbau), 2005, S. 196.

morphologischen Kastens beschrieben, um die theoretische und systematische Generalisierung der Fallstudienergebnisse sicherzustellen.[628]

5.2.2 Fallauswahl

Die Forschungsfrage und die daraus abgeleitete Zielsetzung der empirischen Studie impliziert, dass eine Einzelfallstudie nicht in Betracht kommt, sondern mehrere Fälle untersucht werden müssen. Die Fallauswahl erfolgt nicht forschungspragmatisch, sondern wird durch den Forschungsgegenstand begründet.[629] Die betrachteten Fallbeispiele müssen die Heterogenität der industriellen Produktion weitestgehend widerspiegeln, um repräsentative und allgemeingültige Forschungsergebnisse zu erzielen. Diese Anforderung kann nur durch die Betrachtung mehrerer Fallbeispiele erfüllt werden.

Die Fallauswahl erfolgt im ersten Schritt auf Basis der **Branchenzugehörigkeit** (z. B. Automobilindustrie, Medizintechnik, Elektronikindustrie), der eingesetzten **Werkzeugtypen** (z. B. Spritzgießwerkzeuge, Blechumformwerkzeuge und Massivumformwerkzeuge) sowie der **Größe** (z. B. Mitarbeiteranzahl, Umsatz) produzierender Unternehmen. Die damit angestrebte Zielsetzung ist eine möglichst hohe fallübergreifende Varianz in Bezug auf die genannten Kriterien zu erreichen. Da diese Charakteristika produzierender Unternehmen öffentlich einsehbar sind, können unmittelbar erste potenzielle Fälle identifiziert werden.

Im zweiten Schritt erfolgt im Rahmen der Fallauswahl eine detailliertere Betrachtung der im ersten Schritt identifizierten Fälle. Im Rahmen von initialen Vorgesprächen mit den potenziell für die Fallstudie geeigneten Unternehmen wird die **strategische Ausrichtung des Werkzeugeinkaufs** oberflächlich abgefragt. Auf Basis der initialen Gespräche werden schließlich produzierende Unternehmen für die Fallstudie ausgewählt, die in Bezug auf den strategischen Werkzeugeinkauf möglichst divers aufgestellt sind. Auf diese Weise wird sichergestellt, dass im Rahmen der Fallstudien nicht nur Unternehmen mit gleicher oder ähnlicher strategischer Ausrichtung des Werkzeugeinkaufs betrachtet, sondern unterschiedliche Referenzstrategien identifiziert und typisiert werden können.

Die Anzahl der zu untersuchenden Fälle richtet sich dabei nach der Heuristik des zusätzlichen Erkenntnisgewinns aus den bereits durchgeführten Expertengesprächen.[630] Sofern durch zusätzliche Fallbeispiele keine neuen Erkenntnisse gewonnen werden können, wird die Datenerhebung abgeschlossen. Dies kann in der qualitativen Forschung bereits bei einer Untersuchung weniger Fälle erreicht werden.[631] Im Verlauf der empirischen Studie hat sich gezeigt, dass nach einer Betrachtung von 14 Fällen keine signifikanten neuen Erkenntnisse bei der Betrachtung weiterer Fälle entstand.

Innerhalb der Fallbeispiele werden in gemeinsamer Abstimmung mit den produzierenden Unternehmen geeignete Experten für die Durchführung der Interviews identifiziert. In der Regel

---

[628] I. A. a. Bogner et al. (Interviews mit Experten), 2014, S. 79 f.

[629] I. A. a. Jäger; Reinecke (Expertengespräch), 2009, S. 38.

[630] I. A. a. Jäger; Reinecke (Expertengespräch), 2009, S. 39 f.

[631] Vgl. Akremi (Stichprobenziehung in der qualitativen Sozialforschung), 2019, S. 325.

waren dies die Leiter des internen Werkzeugbaus, Führungskräfte aus dem technischen Einkauf bzw. dem Investitionsgütereinkauf oder Ingenieure aus der Produktentwicklung, die für die Werkzeugauslegung verantwortlich sind.

5.3 Fallstudien zum strategischen Werkzeugeinkauf

Die qualitative **Datenerhebung** basiert im Wesentlichen auf leitfadengestützten Experteninterviews. Im Folgenden wird zunächst der für die Vorstrukturierung der Interviews eingesetzte Interviewleitfaden vorgestellt. Anschließend werden die geführten Fallstudien in einer Übersicht dargestellt und schließlich die daraus abgeleiteten Fallbeispiele verdichtet beschrieben.

5.3.1 Interviewleitfaden

HELFFERICH empfiehlt, einen Interviewleitfaden nach dem Prinzip „so offen wie möglich, so strukturierend wie nötig“ zu erstellen. In diesem Sinne formuliert die Autorin die drei nachfolgend genannten Prinzipien, entlang derer der formale Aufbau eines Interviewleitfadens strukturiert sein sollte.[632] Aus diesen Prinzipien nach HELFFERICH sowie einer inhaltlichen Strukturierung des Interviewleitfadens in Vorspann, Hauptteil und Schluss folgt der in Abbildung 59 dargestellte Aufbau des Interviewleitfadens, dessen konkreten Inhalte und Fragen im Anhang dieser Arbeit nachgeschlagen werden können (vgl. Anhang A.1).

Im ersten Schritt wird den befragten Experten die Möglichkeit gegeben, sich so frei wie möglich zu äußern. Dazu wird zunächst eine relativ **offene Erzählaufforderung** formuliert, um den Befragten die Chance zu geben, die aus ihrer Sicht relevanten Aspekte anzusprechen. Im zweiten Schritt werden **weitere Aspekte** nachgefragt, die von den befragten Experten im ersten Schritt nicht genannt worden sind, aber für die Forschungsfrage von Interesse sind. Im dritten Schritt werden strukturierte und in der Formulierung **vorgegebene Fragen** gestellt.

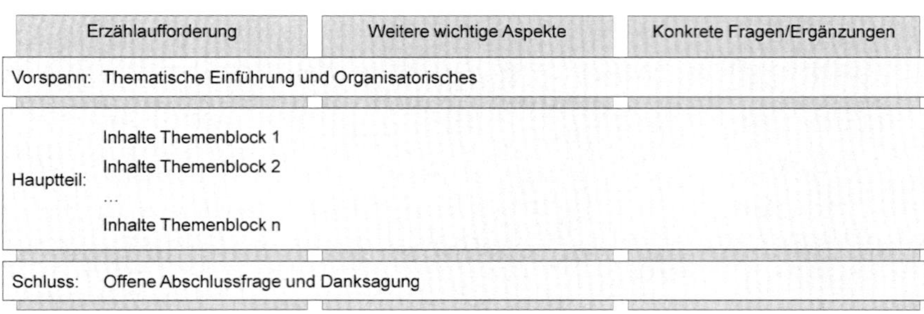

Abbildung 59: Aufbau des Interviewleitfadens[633]

Der **Vorspann** leitet das Gespräch mit dem Experten ein, indem der Experte über die Details des Forschungsvorhabens und die Rolle, die der Experte darin spielt, unterrichtet wird. Zudem werden organisatorische Aspekte wie Hinweise zur Vertraulichkeit der erhobenen Daten und

632 Vgl. Helfferich (Leitfaden- und Experteninterviews), 2019, S. 676 f.

633 Eigene Darstellung, i. A. a. Helfferich (Leitfaden- und Experteninterviews), 2019, S. 678.

die Einholung einer Genehmigung zur Aufzeichnung des Gesprächs abgestimmt.[634] Der **Hauptteil** umfasst die zentralen Inhalte des Experteninterviews und ist in verschiedene Themenblöcke geteilt. Die Inhalte des Hauptteils leiten sich aus den Grundlagen des Gestaltungs- und Betrachtungsbereichs dieser Arbeit ab. Zudem fließen die Erfahrungen des Forschers aus der betrieblichen Praxis in die Erstellung des Interviewleitfadens ein.[635] Eine offene Abschlussfrage leitet den **Schluss** des Interviews ein. An dieser Stelle kommen Aspekte zur Sprache, die der Experte im Forschungskontext für besonders wichtig erachtet und durch den Interviewleitfaden nicht abgedeckt werden. Weitere Elemente des Schlusses sind die Danksagung, die Erklärung der nächsten Schritte im Forschungsprozess und die Erfragung nach Wiederkontakt bei offenen Fragen.[636]

5.3.2 Übersicht durchgeführter Fallstudien

Die anonymisierten Fallbeispiele[637] werden anhand der Branchenzugehörigkeit, den eingesetzten Werkzeugtypen, dem jährlichen Umfang des Neuwerkzeugbedarfs (WZ-Bedarf) sowie der Unternehmensgröße in Form von Mitarbeiteranzahl und Umsatz charakterisiert. Die Fallbeispiele umfassen produzierende Unternehmen aus der Automobilindustrie, der Elektronikindustrie bzw. die Elektroinstallationstechnik, der Elektrogeräte- und Haushaltswarenindustrie, der Medizintechnik, der Automatisierungstechnik, dem Maschinenbau und der Befestigungstechnik. Mit der Betrachtung von produzierenden Unternehmen, die Spritzgieß-, Thermoform-, Blech- und Massivumformwerkzeuge einsetzen, werden die am häufigsten eingesetzten Werkzeugtechnologien berücksichtigt. Der jährliche Neuwerkzeugbedarf schwankt bei den betrachteten Unternehmen von einem geringen Bedarf mit weniger als 20 Werkzeugen pro Jahr über einen mittleren Bedarf von 20 bis 50 Werkzeugen pro Jahr bis hin zu einem hohen Werkzeugbedarf mit über 50 Neuwerkzeugen pro Jahr. Die Unternehmensgröße variiert von mittelständisch geprägten Unternehmen bis hin zu global agierenden Großkonzernen. In Abbildung 60 ist eine Übersicht der untersuchten Fallbeispiele dargestellt.

Die Charakterisierung der Unternehmen zeigt, dass die untersuchten Fallbeispiele eine hohe Heterogenität aufweisen. Zudem werden durch die Interviews mit Experten aus leitenden Funktionen aus dem Werkzeugbau, dem strategischen Einkauf bzw. dem Investitionsgütereinkauf sowie weiteren technologischen Bereichen verschiedene Perspektiven aus produzierenden Unternehmen abgefragt. Damit erfüllen die ausgewählten Fallbeispiele die in Kapitel 5.2.2 definierten Kriterien zur Fallauswahl und bilden die Bandbreite industriell produzierender Unternehmen sehr gut ab.

---

[634] Vgl. Gläser; Laudel (Experteninterviews und qualitative Inhaltsanalyse), 2009, S. 144.

[635] An dieser Stelle wird auf durchgeführte Industrieprojekte im Rahmen der Tätigkeit bei dem Werkzeugmaschinenlabor WZL der RWTH Aachen sowie bei der WBA Aachener Werkzeugbau Akademie GmbH verwiesen.

[636] Vgl. Jäger; Reinecke (Expertengespräch), 2009, S. 44.

[637] Die Anonymisierung der Fallbeispiele erfolgte auf Wunsch der jeweiligen Unternehmen.

Fallbeispiel-	Branche	Werkzeugtyp	WZ-Bedarf	Mitarbeiter/ Umsatz	Funktion der Interviewpartner
1	Automobil-, Verpackungsindustrie, Medizintechnik	Spritzgieß-, Thermoformwerkzeuge	Hoch	< 5.000 < 1 Mrd. €	Leitung strategischer Werkzeugeinkauf
2	Elektroinstallations-, Medizintechnik	Spritzgießwerkzeuge	Mittel	< 5.000 < 1 Mrd. €	Leitung Werkzeugbau, Leitung Industrialisierung
3	Elektronikindustrie	Spritzgieß-, Blechumformwerkzeuge	Hoch	< 10.000 < 1 Mrd. €	Teamleitung Einkauf
4	Medizintechnik	Spritzgießwerkzeuge	Hoch	< 10.000 < 5 Mrd. €	Leitung technisches Kompetenzcenter
5	Elektronikindustrie	Spritzgießwerkzeuge	Hoch	< 20.000 < 5 Mrd. €	Leitung Werkzeugbau
6	Elektrogeräte, Haushaltswaren	Spritzgießwerkzeuge	Gering	< 20.000 < 5 Mrd. €	Leitung Investitionsgütereinkauf
7	Automobilindustrie	Blechumformwerkzeuge	Hoch	< 20.000 < 5 Mrd. €	Leitung Werkzeugbau
8	Elektrogeräte, Haushaltswaren	Blechumformwerkzeuge	Mittel	< 50.000 < 5 Mrd. €	Leitung Werkzeugbau, Leitung Investitionsgütereinkauf
9	Automatisierungstechnik, Maschinenbau	Spritzgießwerkzeuge	Mittel	< 50.000 < 5 Mrd. €	Leitung Werksengineering, Leitung Werkzeugbau
10	Automobilindustrie	Spritzgießwerkzeuge	Hoch	< 50.000 < 10 Mrd. €	Leitung operativer Einkauf, ehem. Leitung Werkzeugeinkauf
11	Befestigungstechnik	Blech-, Massivumformwerkzeuge	Mittel	< 50.000 < 10 Mrd. €	Leitung Einkauf indirektes Material
12	Automobilindustrie	Blech-, Massivumformwerkzeuge	Hoch	> 50.000 < 50 Mrd. €	Leitung Werkzeugbau
13	Automobilindustrie	Blechumformwerkzeuge	Hoch	> 50.000 > 50 Mrd. €	Leitung Werkzeugbau
14	Automobilindustrie	Blechumformwerkzeuge	Hoch	> 50.000 > 50 Mrd. €	Leitung Werkzeugbau

Abbildung 60: Übersicht durchgeführter Fallstudien

In Kapitel 2.2 wurden die Grundlagen des Gestaltungsbereichs aufgearbeitet, wodurch der strategische Einkauf in die drei Themenbereiche strategische Beschaffungsplanung, Einkaufsorganisation sowie Einkaufsprozesse untergliedert wurde. Zudem muss der strategischen Werkzeugeinkauf zwingend das Anforderungsprofil und die Eigenschaften des Beschaffungsobjekts berücksichtigen.[638] Davon ausgehend erfolgt die detaillierte Beschreibung der Fallbeispiele in folgender Struktur:

- **Produkt- und Werkzeugspektrum:** Welche Produkte stellt das produzierende Unternehmen her und wie kann das Werkzeugspektrum kategorisiert werden?
- **Strategische Planung:** Welche Werkzeuge werden intern hergestellt bzw. extern am Markt eingekauft? Was sind relevante Make-or-Buy-Entscheidungskriterien und welche Alleinstellungsmerkmale besitzt der interne Werkzeugbau?
- **Einkaufsorganisation:** Welche Organisationseinheiten sind für die Durchführung von Einkaufsaktivitäten verantwortlich?
- **Einkaufsprozesse:** Wie wird der Prozess des Lieferantenmanagements in Bezug auf die Lieferantenidentifikation, -bewertung und -qualifizierung gestaltet und wie wird mit Lieferanten kooperiert?

5.3.3 Beschreibung Fallbeispiel 1

Die Beschreibung des Fallbeispiels basiert auf den Angaben des Interviewpartners, der im Unternehmen als Leiter des strategischen Werkzeugeinkaufs für die Unternehmensgruppe arbeitet.

5.3.3.1 Produkt- und Werkzeugspektrum

Das Produktspektrum des Unternehmens kann in vier Produktbereiche unterteilt werden. Zum ersten Produktbereich zählt die Produktion von Kappen und Stopfen mit weitestgehend einfachen Konturen. Der zweite Produktbereich umfasst die Herstellung von Blumentöpfen. Der dritte und vierte Produktbereich fokussieren sich auf technische Anwendungen zumeist für die Automobilindustrie bzw. Produkte mit hohen Ansprüchen an Bauteilqualität und Präzision u. a. für die Medizintechnik. Die Ausbringungsmenge der Produkte variiert zwischen einigen tausend und mehreren Millionen Stück.

Die Anforderungen an die Spritzgieß- und Thermoformwerkzeuge sind sehr unterschiedlich. Die Werkzeuge für den ersten Produktbereich haben einfache Konturen, reichen von 1- bis 64-fachigen Werkzeugen und haben eine meist geringe Komplexität. Die Werkzeuge des zweiten Produktbereichs sind in der Regel einfache Auf-Zu-Werkzeuge, die aufgrund der hohen produzierten Stückzahlen und herausfordernden Wandstärkenverhältnissen eine höhere Komplexität aufweisen und kostenintensiv herzustellen sind. Die Anforderungen an die Werkzeuge des dritten Produktbereichs variieren stark und haben meistens eine mittlere Komplexität. Die

[638] Vgl. Schuh; Ünlü (Ordnungsrahmen Einkaufsmanagement), 2014, S. 14.

Anforderungen an die Werkzeuge des vierten Produktbereichs sind in Bezug auf Bauteilqualität und Präzision sehr hoch und die Werkzeuge sehr komplex. Insgesamt benötigt die Produktion ca. 600 Neuwerkzeuge im Jahr.

5.3.3.2 Strategische Planung

Der interne Werkzeugbau des betrachteten Unternehmens hat ca. 150 Mitarbeiter und stellt in der Regel 20-25 % des Neuwerkzeugbedarfs intern her. Grundsätzlich hat der Werkzeugbau die Kompetenzen, den Werkzeugbedarf aller Unternehmensbereiche intern abzubilden. Die Kernkompetenzen des internen Werkzeugbaus bestehen in der rüstzeitoptimierten Auslegung von Stammformkonzepten mit hohen Fachzahlen sowie der Herstellung komplexer und innovativer Werkzeuge. Zudem werden die Werkzeuge für abstimmungsintensive Artikel intern gefertigt, um Schnittstellenverluste mit Lieferanten zu vermeiden. Bei allen übrigen Werkzeugen erfolgen die Make-or-Buy-Entscheidung und Lieferantenauswahl auf Grundlage der Kriterien Kosten, Qualität und Lieferzeit. In Summe umfasst die global verteilte Lieferantenbasis ca. 25 externe Werkzeugbaubetriebe.

5.3.3.3 Einkaufsorganisation

Das Unternehmen befindet sich aktuell in einer Umstrukturierung der Einkaufsorganisation. Bisher fand der Werkzeugeinkauf dezentral in den jeweiligen Unternehmensbereichen statt. Zukünftig wird es einen zentral organisierten strategischen Werkzeugeinkauf geben, der in den Zentraleinkauf der Unternehmensgruppe eingegliedert ist. Der zentrale Werkzeugeinkauf übernimmt u. a. die strategische Lieferantenauswahl, die systematische Lieferantenbewertung sowie die Verhandlung von Zahlungsbedingungen mit den Lieferanten, um bereichsübergreifende Synergien nutzen können. Die dezentralen Einkaufsabteilungen in den Unternehmensbereichen bleiben weiterhin bestehen, um die operative Bestellabwicklung und die technische Abstimmung der fremdvergebenen Werkzeuge zu übernehmen.

5.3.3.4 Einkaufsprozesse

Die Lieferantenbasis umfasst einerseits potenzielle Lieferanten, die nur vereinzelt oder auch über einen längeren Zeitraum keine Aufträge erhalten. Zudem gibt es strategische Lieferanten für bestimmtes Artikelcluster, die regelmäßig ähnliche Aufträge erhalten, weil sie z. B. für einen Artikelbereich bereits zahlreiche ähnliche Werkzeuge geliefert haben. Die Lieferantenqualifizierung erfolgt sowohl operativ durch projektbezogene Lessons Learned (deutsch: gewonnene Erkenntnisse), indem mit den Lieferanten auf Basis abgeschlossener Aufträge diskutiert wird, was bei zukünftigen Werkzeugprojekten verbessert werden kann. Zusätzlich erfolgt die systematische und kennzahlenbasierte Lieferantenqualifizierung bspw. auf Basis der Liefertreue und -qualität. Der strategische Werkzeugeinkauf setzt sich des Weiteren mit dem Thema der Beschaffungsmarktforschung auseinander, um die Werkzeugversorgung langfristig sicherzustellen.

5.3.4 Beschreibung Fallbeispiel 2

Die Beschreibung des Fallbeispiels basiert auf den Angaben von zwei Interviewpartnern. Der erste Interviewpartner leitet den internen Werkzeugbau des produzierenden Unternehmens.

Der zweite Interviewpartner leitet den sogenannten Bereich Industrialisierung, der die Verantwortung für die Kunststofffertigung trägt.

5.3.4.1 Produkt- und Werkzeugspektrum

Das Produktspektrum des betrachteten Unternehmens fußt auf zwei Produktbereichen. Der erste Produktbereich umfasst die Herstellung von Steckdosen, Schaltern und Rahmen Kunststoffteile für die Elektroinstallationstechnik. Zu den Leistungen des zweiten Bereichs zählen die Projektierung und die Herstellung von Kunststoffeinzelteilen und -baugruppen für die Medizintechnik. Der zweite Produktbereich ist vom Umsatzvolumen deutlich kleiner als der erste Produktbereich und befindet sich aktuell noch im Aufbau.

Das Werkzeugspektrum wird mithilfe unterschiedlicher Faktoren klassifiziert. Die Klassifizierung erfolgt bspw. auf Basis der Werkzeuggröße, -komplexität, -technologie sowie der produktseitigen Anforderungen an herzustellende Oberflächen. Insbesondere die Produkte des ersten Produktbereichs haben hohe Oberflächenanforderungen, da es sich weitestgehend um Designelemente und Sichtteile handelt. Der Bedarf an Neuwerkzeugen schwankt jährlich sehr stark, sodass teilweise nur 30 und in manchen Jahren bis zu 200 Neuwerkzeuge im Jahr benötigt werden. Ein Projekt kann dabei bis zu 120 Werkzeuge umfassen.

5.3.4.2 Strategische Planung

Auf Basis der oben beschriebenen Faktoren zur Werkzeugklassifizierung sind alle Lieferanten sowie der interne Werkzeugbau entsprechend ihrer vorhandenen Kompetenzen in Bezug auf die Neuwerkzeugherstellung klassifiziert. Der interne Werkzeugbau des betrachteten Unternehmens ist kompetenzseitig breit aufgestellt und kann einen Großteil des Werkzeugbedarfs intern herstellen. Hinsichtlich der Eigenfertigung besitzt der interne Werkzeugbau zwei Sonderfunktionen. Erstens wird für technische Teile mit hohen Anforderungen und Designteile, die aus Geheimhaltungsgründen vor Markteinführung nicht an Dritte weitergegeben werden sollen, ein Single Sourcing bei dem internen Werkzeugbau angestrebt. Zweitens werden Vorserienwerkzeuge in der Regel vom internen Werkzeugbau hergestellt, um die Produktentwicklung intensiv beraten zu können. Für alle anderen Werkzeuge erfolgt eine Anfrage bei dem internen sowie externen Werkzeugbaubetrieben. Die Make-or-Buy-Entscheidung erfolgt in diesen Fällen auf Basis der Kriterien Kosten und Lieferzeit. Bei allen Anfragen besitzt der interne Werkzeugbau die Möglichkeit des Last Calls, um bspw. bei freien Kapazitäten die internen Ressourcen auszulasten. Die global verteilte Lieferantenbasis umfasst mehr als 50 externe Werkzeugbaubetriebe.

5.3.4.3 Einkaufsorganisation

Das produzierende Unternehmen besitzt drei unterschiedliche Resorts. Zu einem dieser Resorts gehört der Bereich Industrialisierung, der für die Kunststofffertigung verantwortlich und dem auch der interne Werkzeugbau unterstellt ist. Zum zweiten Resort zählt die Produktentwicklung, die einen Projektleiter für Neuentwicklungen stellt. Der Bereich Industrialisierung ist für die Klassifizierung der Produkte bzw. der benötigten Werkzeuge verantwortlich und trifft eine entsprechende Vorauswahl, ob ein Werkzeug intern oder extern hergestellt und bei welchen Lieferanten Angebote angefragt werden. Der Zentraleinkauf führt die operative Angebotsanfrage durch, auf deren Basis der Zentraleinkauf, der Bereich Industrialisierung und die Produktentwicklung gemeinsam über die Eigenfertigung bzw. Fremdvergabe des Werkzeugprojekts entscheiden. Damit ist der Zentraleinkauf für die operative Bestellabwicklung und die Industrialisierung für die technische Beratung zuständig.

5.3.4.4 Einkaufsprozesse

Die Lieferanten können in Bezug auf die zugrundeliegende Kooperationsform in drei Lieferantentypen unterschieden werden. Es gibt kleinere Werkzeugbaubetriebe in regionaler Nähe, die in erster Linie für Lohnfertigungsarbeiten bzw. als verlängerte Werkbank eingesetzt werden. Zusätzlich gibt es große national verteilte Werkzeugbaubetriebe, die als strategische Partner die Herstellung komplexer und großer Werkzeuge übernehmen sowie Innovationen fördern, die der interne Werkzeugbau ohne externe Unterstützung nicht abbilden kann (z. B. Mehrkomponentenspritzguss). Zudem werden Werkzeugbaubetriebe in Süd- und Osteuropa sowie China beauftragt, um Kostenvorteile zu erzielen. Der Prozess des Lieferantenmanagements sieht vor, dass neue Lieferanten zunächst auf Basis der Internetseite und standardisierter Fragenkataloge bewertet werden. Zusätzlich werden persönliche Gespräche und Vor-Ort-Besuche durchgeführt, auf deren Basis die Fremdvergabe und Lieferantenqualifizierung erfolgt.

5.3.5 Beschreibung Fallbeispiel 3

Die Beschreibung des Fallbeispiels basiert auf den Angaben des Interviewpartners, der im Unternehmen als Teamleiter im Einkauf des Unternehmens arbeitet und für die externe Vergabe von Werkzeugprojekten verantwortlich ist.

5.3.5.1 Produkt- und Werkzeugspektrum

Das Produktspektrum des betrachteten Unternehmens besteht aus unterschiedlichen elektrischen Klemmen und Steckverbindern für die Elektronikindustrie. Die Bandbreite der hergestellten Artikel umfasst unternehmenseigene Katalogprodukte sowie kundenindividuelle Artikellösungen. Die Produkte bestehen in der Regel aus Kunststoff- und Metallkomponenten, die in der internen Spritzgießfertigung, einer Stanz-Biege-Produktion sowie einem automatisierten Fügeprozess in sehr hohen Stückzahlen mit bis zu mehreren Millionen Teilen im Jahr und an verschiedenen Standorten (z. B. Deutschland, Tschechien, China) hergestellt werden.

Aus dem beschriebenen Produktspektrum resultiert ein Werkzeugbedarf von ca. 80 bis 120 Neuwerkzeugen im Jahr. Das Werkzeugspektrum umfasst Spritzgießwerkzeuge mit hohen Fachzahlen sowie Stanz-Biegewerkzeuge, an die aufgrund hoher Hubzahlen in der Serienproduktion hohe Anforderungen hinsichtlich der zu erreichenden Standzeit gestellt werden. Das Werkzeugspektrum wird zudem durch Anwendungen der Automatisierungs- und Anlagentechnik ergänzt, welche für den Fügeprozess der Kunststoff- und Metallkomponenten benötigt und ebenfalls unternehmensintern bereitgestellt werden können.

5.3.5.2 Strategische Planung

Der interne Werkzeugbau des betrachteten Unternehmens ist kompetenzseitig grundsätzlich in der Lage, die Bandbreite des Werkzeugspektrums inklusive Automatisierungs- und Anlagentechnik intern herzustellen. Um die Schnittstellen in Richtung Produktentwicklung und Serienproduktion ganzheitlich abbilden zu können, ist die strategische Ausrichtung des Unternehmens, alle Kompetenzen der Bereiche Kunststoff-, Metall- und Automatisierungstechnik im internen Werkzeugbau abzubilden. Aus Termin-, Kosten- und Kapazitätsgründen werden ca. 50 % des Werkzeugbedarfs an externe Lieferanten vergeben. Die Make-or-Buy-Entscheidung erfolgt im ersten Schritt in der Regel auf Basis der aktuellen Auftragslage des internen Werkzeugbaus, um die intern verfügbaren Kapazitäten auszulasten. Tendenziell werden strategisch wichtige und komplexe Werkzeuge – z. B. Werkzeuge mit hoher Ausbringungsmenge – intern hergestellt. Zeit- und kostenkritische Werkzeuge werden vorrangig extern vergeben. Vereinzelt erfolgt eine Fremdvergabe von Werkzeugprojekten auch auf Basis von werkzeugtechnologischen Anforderungen, sofern Lieferanten in einzelnen Bereichen eine höhere Kompetenz aufweisen.

5.3.5.3 Einkaufsorganisation

Das Unternehmensnetzwerk hat einen Neuwerkzeugbau am Hauptstandort in Deutschland sowie zusätzliche Werkzeugbaubetriebe an den Standorten in Tschechien und in China. Die Auftragssteuerung des zentralen Werkzeugbaus koordiniert im ersten Schritt den gesamten europäischen Werkzeugbedarf und entscheidet, welche Werkzeugbedarfe im internen Werkzeugbau hergestellt werden. Im zweiten Schritt ist der zentrale Einkauf dafür verantwortlich, die Fremdvergabe der übrigen Werkzeuge zu steuern. Für den Werkzeugbedarf des chinesischen Produktionsstandortes ist der dort ansässige Werkzeugbau verantwortlich (Local-for-Local). Zudem übernimmt der Zentraleinkauf die Beschaffungsmarktforschung sowie die Identifikation und Vorauswahl neuer Lieferanten. Die Qualifizierung und die Vergabe von Pilotprojekten erfolgt in gemeinsamer Abstimmung zwischen Einkauf und Werkzeugbau.

5.3.5.4 Einkaufsprozesse

Die Lieferantenbasis des betrachteten Unternehmens umfasst in der Regel strategische Lieferanten, zu denen eine langjährige Beziehung besteht. Insbesondere bestehen Kollaborationen mit Werkzeuglieferanten, die die hohen Anforderungen im Stanz-Biege-Bereich abbilden können. Obwohl nur bedingt unternehmensübergreifende Innovationsprojekte durchgeführt werden, wird das Know-how der Lieferanten für Neuentwicklungen genutzt. Der Lieferantenmanagementprozess umfasst die Schritte Beschaffungsmarktforschung, Lieferantenvorauswahl, eine initiale Vergabe von Pilotprojekten sowie eine Lieferantenbewertung und -qualifizierung.

5.3.6 Beschreibung Fallbeispiel 4

Die Beschreibung des Fallbeispiels basiert auf den Angaben des Interviewpartners, der im Unternehmen für das technische Kompetenzcenter verantwortlich ist, zu dem neben dem Werkzeugbau die Bereiche Kleinserienfertigung und Automatisierungstechnik zählen.

5.3.6.1 Produkt- und Werkzeugspektrum

Das betrachtete Unternehmen stellt verschiedene Verpackungen und Produkte für medizintechnische Anwendungen her. Dazu zählen u. a. Flaschen, Behälter, Spritzen und Pipetten aus Glas oder Kunststoff. Die herzustellenden Artikel haben in der Regel Abmessungen von maximal 100 mm und werden in hohen Ausbringungsmengen mit bis zu mehreren Millionen Stück pro Jahr produziert.

Der Werkzeugbedarf umfasst ca. 150-200 Neuwerkzeuge pro Jahr. Die Anforderungen an die Spritzgießwerkzeuge sind aufgrund der hohen Stückzahlen sowie erforderlicher Genauigkeiten hoch. Das Werkzeugspektrum umfasst komplexe Heißkanal- und Nadelverschlusswerkzeuge sowie auch Mehrkavitäten- und Mehrkomponentenwerkzeuge. Zudem werden Werkzeuge für das Umspritzen von Metall oder Teflon eingesetzt.

5.3.6.2 Strategische Planung

Der jährliche Werkzeugbedarf verteilt sich auf den internen Werkzeugbau sowie eine umfangreiche, global verteilte Lieferantenbasis. Ein Großteil des extern beschafften Werkzeugbedarfs wird aufgrund von Kundenvorgaben fremdvergeben. Dies liegt darin begründet, dass das betrachtete Unternehmen von seinen Kunden teilweise als Zweit- oder Drittlieferant beauftragt wird und der Kunde entsprechende Werkzeuglieferanten vorgibt. In diesem Fall existieren bei den vorgegebenen Werkzeuglieferanten bereits Konstruktionszeichnungen für gleiche Werkzeuge, die bei anderen produzierenden Unternehmen eingesetzt werden. Zudem werden Werkzeuge für Spezialteile – z. B. Pipetten, lange Teile mit langen Kernen im Werkzeug oder Hochglanzpolituren – aus technologischen Gründen fremdvergeben. Darüber hinaus erfolgt der Einkauf einfacher, schnell herzustellender Werkzeuge in der Regel in China. Für die übrigen Werkzeuge erfolgt die Make-or-Buy-Entscheidung mit dem Ziel, die Kapazitäten des internen Werkzeugbaus maximal auszulasten und bei Kapazitätsengpässen auf externe Lieferanten zuzugreifen.

5.3.6.3 Einkaufsorganisation

Der interne Werkzeugbau ist eine eigenständige Gesellschaft mit beschränkter Haftung (GmbH) und untersteht gleichzeitig einem technologischen Kompetenzzentrum des Mutterunternehmens. Der interne Werkzeugbau führt lediglich die mechanische Fertigung sowie die Werkzeugmontage für Neuwerkzeuge durch, sodass der interne Werkzeugbau nur planbare Aufträge mit hoher Kosteneffizienz abwickelt und als Profit Center eigene Gewinne für das produzierende Unternehmen erwirtschaftet. Die vor- und nachgelagerten Bereiche wie das Projektmanagement, die Konstruktion, die Bemusterung sowie der Service sind nicht Bestandteil des internen Werkzeugbaus, sondern separate Funktionen des technologischen Kompetenzzentrums. Der Projektleiter des Kompetenzzentrums ist für die operative Fremdvergabe von Werkzeugprojekten verantwortlich, sodass der gesamte Werkzeugbedarf (außer für China) über diese Funktion koordiniert wird. Die Fremdvergabeentscheidung erfolgt gemeinsam mit dem Zentraleinkauf, der im Gegensatz zum technischen Kompetenzzentrum für strategische Einkaufsaktivitäten verantwortlich ist. In China existiert ein kleines, lokal aufgestelltes

Kompetenzzentrum, welches analog dazu die Werkzeugversorgung der chinesischen Produktion übernimmt (Local-for-Local).

5.3.6.4 Einkaufsprozesse

Das globale Lieferantennetzwerk umfasst sowohl Lieferanten, die gesamte Werkzeuge herstellen als auch Wertschöpfungspartner für die verlängerte Werkbank. Es existieren zudem große externe Werkzeugbaubetriebe als strategische Lieferanten, mit denen gemeinsame Entwicklungsprojekte durchgeführt werden. Die Lieferantenbewertung obliegt dem Zentraleinkauf, sodass seitens des technologischen Kompetenzzentrums diesbezüglich keine besonderen Aktivitäten durchgeführt werden. Es existieren definierte Standards, die von den Lieferanten eingehalten werden müssen und welche dahingehend qualifiziert werden.

5.3.7 Beschreibung Fallbeispiel 5

Die Beschreibung des Fallbeispiels basiert auf den Angaben des Interviewpartners, der im Unternehmen für die Leitung des zentralen Werkzeugbaus am Hauptstandort sowie die Steuerung des globalen Werkzeugbaunetzwerkes verantwortlich ist.

5.3.7.1 Produkt- und Werkzeugspektrum

Die Kernprodukte des betrachteten Unternehmens umfassen nahezu alle Komponenten, die in Schaltschränken zu finden sind. Dazu zählen z. B. Klemmen, Bussteuerungen und Industrierechner. Der Großteil der Produkte stellen eine Baugruppe dar, die jeweils aus stanzbiegegeformten Metallteilen sowie einem Kunststoffgehäuse bestehen, die in einem Montageprozess zusammengefügt werden.

Für die Produktion werden sowohl Stanz-Biege- als auch Spritzgießwerkzeuge sowie Montageanlagen benötigt, wobei der Fokus des Interviews auf den benötigten Spritzgießwerkzeugen lag. Die jährlich ca. 400 benötigten Neuwerkzeuge lassen sich vereinfacht in drei Kategorien unterteilen. Zur ersten Kategorie zählen hochanspruchsvolle und komplexe Werkzeuge, mit denen hohe Stückzahlen gefertigt werden und bei denen ein hohes Entwicklungsrisiko besteht. Die zweite Kategorie umfasst komplexe Werkzeuge, bei denen aufgrund geringerer Produktionsvolumina Werkzeugkosten eine größere Rolle spielen. Der dritten Kategorie werden geringkomplexe Werkzeuge (z. B. einfache Auf-Zu-Werkzeuge) zugeordnet, die aus Kostengründen vorrangig in asiatischen Produktionsstandorten eingesetzt werden.

5.3.7.2 Strategische Planung

Das Werkzeugnetzwerk besteht aus einem zentralen Werkzeugbaustandort in Deutschland sowie weiteren Werkzeugbaustandorten in Polen, Indien und China. Innerhalb dieses Netzwerks wird grundsätzlich eine lokale Werkzeugversorgung angestrebt (Local-for-Local), was in Abhängigkeit von Werkzeugkomplexität und lokalen Werkzeugbaukompetenzen jedoch nicht immer realisierbar ist. Bezogen auf die Make-or-Buy-Entscheidung sind die Herstellungsgeschwindigkeit sowie technologische Kompetenzen die Alleinstellungsmerkmale des zentralen Werkzeugbaustandorts, sodass die Werkzeuge der ersten Kategorie weitestgehend dort hergestellt werden. Aus Kapazitätsgründen erfolgt zusätzlich ein Einkauf von Werkzeugen bei externen Lieferanten, bei denen das Entwicklungsrisiko und Änderungswahrscheinlichkeiten am Artikel als relativ gering eingeschätzt werden. Mit dieser Strategie wird das Ziel verfolgt, den internen Werkzeugbau dauerhaft auszulasten und gleichzeitig bei Kapazitätsengpässen auf externe Lieferanten zugreifen zu können. Die Werkzeuge der zweiten Kategorie werden in der Regel am zentralen Standort entwickelt und für die Serienproduktion qualifiziert. Aus Kostengründen erfolgt mit der mechanischen Fertigung, der Montage sowie der ersten Korrekturschleife bei diesen Werkzeugen ca. 85 % der Wertschöpfung in China. Einfache Werkzeuge der dritten Kategorie werden eigenverantwortlich in China hergestellt oder eingekauft.

5.3.7.3 Einkaufsorganisation

Unabhängig von der lokalen Werkzeugversorgungsstrategie (Local-for-Local) erfolgt die strategische Koordination des gesamten Werkzeugbedarfs durch den zentralen Werkzeugbaustandort. Dabei findet durch die Beratung des Werkzeugbaus gemeinsam mit den Produktbereichen des Unternehmens eine strategische Beschaffungsplanung zur Steuerung des Werkzeugbedarfs (z. B. Herstellung in Deutschland, Asien oder extern) statt. Bezogen auf den Werkzeugeinkauf bei externen Lieferanten ist der Zentraleinkauf für strategische Einkaufsaktivitäten wie bspw. die Vereinbarung von Rahmenverträgen verantwortlich. Die Funktion eines dezentralen Einkaufs im Werkzeugbau führt die operativen Einkaufsaktivitäten wie bspw. die Auslösung der Bestellung, die technische Überprüfung von Angeboten sowie die Einhaltung der Vertragsbestandteile durch. Zudem ist der Werkzeugbau für die technische Qualifizierung der Lieferanten verantwortlich.

5.3.7.4 Einkaufsprozesse

Die Einkaufsprozesse folgen dem Ablauf, dass potenziell geeignete Lieferanten zunächst einzelne Werkzeugkomponenten mit einem geringen Risiko herstellen, um deren grundsätzlichen Fertigungskompetenzen bewerten zu können. Anschließend erfolgen weitere Auftragsvergaben sowie eine Klassifizierung von Lieferanten in Bezug auf das Werkzeug- und Produktspektrum des Unternehmens. Im Sinne einer langjährigen Partnerschaft erfolgen Vor-Ort-Besuche bei den Lieferanten, auf deren Basis Qualifizierungsmaßnahmen abgeleitet werden, die der Werkzeugbau über Videokonferenzen oder gegebenenfalls zusätzliche Vor-Ort-Besuche betreut. Aufgrund vereinbarter Rahmenverträge mit den Lieferanten erfolgen regelmäßige Bestellabwicklungen, bei denen jede Bestellung einen individuellen Vertrag voraussetzt, sodass langjährige, aber keine strategischen Partnerschaften bestehen.

5.3.8 Beschreibung Fallbeispiel 6

Die Beschreibung des Fallbeispiels basiert auf den Angaben des Interviewpartners, der im Unternehmen als Gruppenleiter Investitionsgütereinkauf tätig ist. Der Fokus liegt dabei auf den direkt für die Produktion benötigten Investitionsgütern, denen auch die benötigten Werkzeuge zuzuordnen sind.

5.3.8.1 Produkt- und Werkzeugspektrum

Das betrachtete Unternehmen entwickelt und produziert Elektrogeräte und Zubehör für Haushaltswaren und Küchengeräte. Für deren Herstellung werden verschiedene Komponenten und Baugruppen benötigt, die von leistungsstarken Elektromotoren bis hin zu unterschiedlichen

Kunststoffkomponenten reichen. Im Fokus des Interviews stand die Herstellung der Kunststoffkomponenten, die sowohl technische Kunststoffteile wie z. B. kunststoffumspritzte Metallwellen als auch Sichtteile umfassen.

Aus dem Produktspektrum resultiert ein stark schwankender Werkzeugbedarf mit durchschnittlich ca. 30 benötigten Neuwerkzeugen im Jahr. Durch das Produktspektrum werden unterschiedliche Anforderungen an die Spritzgießwerkzeuge gestellt. Das Werkzeugspektrum reicht dabei von relativ großen Werkzeugen mit hohen Oberflächenanforderungen über Einlegewerkzeuge zum Umspritzen von Metallbauteilen bis hin zu Mehrkomponentenwerkzeugen oder Werkzeugen zum Folienhinterspritzen.

5.3.8.2 Strategische Planung

Der interne Werkzeugbau des Unternehmens ist mit ca. 25 Mitarbeitern relativ klein und ist auf die Durchführung von Reparatur- und Instandhaltungsaufträgen spezialisiert, sodass der Großteil des Werkzeugbedarfs an externe Lieferanten fremdvergeben wird. Grundsätzlich werden für jedes Werkzeug externe Lieferanten angefragt. Die Make-or-Buy-Entscheidung erfolgt dabei vorrangig auf Basis wirtschaftlicher Kriterien. Werkzeuge zur Herstellung von Sichtteilen werden aufgrund der Werkzeuggröße grundsätzlich extern vergeben, da der interne Werkzeugbau nicht über die notwendige Maschinenausstattung verfügt. Kleinere Werkzeuge für technologische Anwendungen werden vereinzelt im internen Werkzeugbau hergestellt, sofern neben der Durchführung von Reparatur- und Instandhaltungsaufträgen freie Kapazitäten zur Verfügung stehen und diese Werkzeuge zu wettbewerbsfähigen Kosten intern hergestellt werden können. Zudem stellt der interne Werkzeugbau in Einzelfällen Versuchswerkzeuge her, bei denen in enger Abstimmung mit der Produktentwicklung schnell und flexibel neue Lösungen entwickelt und erprobt werden sollen.

5.3.8.3 Einkaufsorganisation

In erster Linie ist der zentrale Investitionsgütereinkauf für den Werkzeugeinkauf verantwortlich. Bevor die Make-or-Buy-Entscheidung getroffen wird, erfolgt durch den Investitionsgütereinkauf und das Werkzeugengineering die Herstellbarkeitsbewertung sowie die Festlegung des Werkzeugbudgets. Das Werkzeugengineering stellt neben der Produktentwicklung und dem Investitionsgütereinkauf einen dritten Verantwortungsbereich dar, der dem jeweiligen Produktionswerk zugeordnet ist. Es werden durch den Investitionsgütereinkauf externe Lieferanten sowie der interne Werkzeugbau angefragt. Auf Basis der Herstellbarkeitsbewertung und des Werkzeugbudgets wird die Vergabeentscheidung getroffen. Im Fall der Fremdvergabe erfolgt die Betreuung der Lieferanten gemeinsam durch den Investitionsgütereinkauf und das Werkzeugengineering ohne weitere Beteiligung des internen Werkzeugbaus.

5.3.8.4 Einkaufsprozesse

Es erfolgt eine regelmäßige Identifikation neuer, potenziell geeigneter Lieferanten. Dabei erfolgt zunächst eine Erstbewertung der potenziellen Werkzeuglieferanten durch einen Fragebogen sowie ein Vor-Ort-Audit. Anschließend werden Pilotaufträge vergeben und der Lieferant in das Lieferantenportfolio des Investitionsgütereinkaufs aufgenommen. Das aus ca. 25 Lieferanten bestehende Lieferantenportfolio ist hinsichtlich des Leistungsspektrums (z. B. Mehrkomponentenwerkzeuge, Werkzeuge für Folienhinterspritzen) sowie der Leistungsfähigkeit der jeweiligen Lieferanten klassifiziert. Halbjährlich werden alle Lieferanten durch die Produktentwicklung, das Werkzeugengineering, den internen Werkzeugbau sowie den Investitionsgütereinkauf auf Basis der Auftragsvergabe der letzten sechs Monate qualitativ bewertet sowie Maßnahmen zur Lieferantenqualifizierung abgeleitet.

5.3.9 Beschreibung Fallbeispiel 7

Die Beschreibung des Fallbeispiels basiert auf den Angaben des Interviewpartners, der im Unternehmen für die Leitung des Neuwerkzeugbaus am Hauptstandort in Deutschland verantwortlich ist.

5.3.9.1 Produkt- und Werkzeugspektrum

Das betrachtete Unternehmen ist ein Automobilzulieferer für Einzelteile und Baugruppen im Personen- und Nutzkraftwagenbereich, die in der Regel von den Kunden entwickelt und vom Zulieferer produziert werden. Zu den Produkten zählen z. B. Frontendrahmen, Stoßfängersysteme, Armaturentafeln, Längs- und Querträger sowie Bodengruppen. Die genannten Produkte werden im Wesentlichen durch Umform- und Fügeprozesse hergestellt.

Für die Herstellung der Umformteile werden Einzel-, Folgeverbund- und Transferwerkzeuge für kalt- und warmumgeformte Strukturteile benötigt. Das Unternehmen benötigt für die Produktion Neuwerkzeuge im Wert von ca. 60-80 Mio. Euro im Jahr. Zudem werden teilweise Prototypenwerkzeuge für technologische Neuentwicklungen, für Füge- und Prüfprozesse sowie Schweiß- und Messvorrichtungen benötigt.

5.3.9.2 Strategische Planung

Das Unternehmen hat jeweils einen internen Neuwerkzeugbau in Deutschland und in Polen, die in Summe ca. 25 % des Neuwerkzeugbedarfs durch Eigenfertigung decken. Der Großteil der benötigten Neuwerkzeuge wird bei externen Lieferanten eingekauft. Grundsätzlich stehen die internen Neuwerkzeugbaubetriebe als Profit Center im direkten Wettbewerb zu externen Lieferanten, sodass jedes benötigte Werkzeug sowohl intern als auch extern angefragt wird. Das wesentliche Make-or-Buy-Entscheidungskriterium sind die Werkzeugkosten, wobei der interne Werkzeugbau die Möglichkeit eines Last Call besitzt. Bei der Herstellung von Baugruppen wird vom Einkauf darauf geachtet, dass alle Werkzeuge, die für die Herstellung der Baugruppeneinzelteile benötigt werden, an einen Werkzeugbau vergeben und nicht auf mehrere Lieferanten aufgeteilt werden, damit die einzelnen Werkzeuge für die Einzelteilherstellung aufeinander abgestimmt werden können. Hierbei besitzt der interne Werkzeugbau einen strategischen Wettbewerbsvorteil, da dieser aufgrund seiner zur Verfügung stehenden Kapazitäten im Vergleich zum Großteil der externen Lieferanten, die tendenziell kleinere Unternehmen darstellen, Großprojekte eigenständig abwickeln kann. Vereinzelt werden Werkzeugprojekte bzw. Prototypenwerkzeuge für technologische Neuentwicklungen zudem aus strategischen Gründen nicht an externe Lieferanten fremdvergeben, um einen Wettbewerbsvorsprung zu erhalten.

5.3.9.3 Einkaufsorganisation

Der interne Werkzeugbau ist ein eigenständiger Geschäftsbereich, der als Profit Center nicht nur kostendeckend, sondern profitorientiert wirtschaftet. Der Neuwerkzeugbau ist lediglich für die Entwicklung, Herstellung und Qualifizierung von Neuwerkzeugen verantwortlich, ohne dass Reparatur- und Instandhaltungsaufträge in diesen Verantwortungsbereich fallen. Für die Make-or-Buy-Entscheidung ist der Zentraleinkauf verantwortlich, der in einen technischen und einen kaufmännischen Bereich unterteilt ist. Der technische Einkauf ist für die Strukturierung der Anforderungen zuständig, wohingegen der kaufmännische Einkauf die Anfragen und Lieferantenauswahl vornimmt. Sonstige Einkaufsaktivitäten wie z. B. die Lieferantenidentifikation und -qualifizierung werden vollständig vom technischen Einkauf ohne Beteiligung des Werkzeugbaus durchgeführt.

5.3.9.4 Einkaufsprozesse

Die globale Lieferantenbasis besteht weniger aus strategischen Partnerschaften, mit denen gemeinsame Entwicklungsprojekte durchgeführt und proaktiv Innovationen entwickelt werden. Es gibt jedoch Lieferanten, mit denen häufig und in einem engen Vertrauensverhältnis zusammengearbeitet wird. Die Lieferantenbewertung erfolgt auf Basis typischer Einkaufskennzahlen wie z. B. Termintreue und Werkzeugqualität. Für eine valide Lieferantenbewertung werden nach externen Auftragsvergaben Lessons Learned bzw. Projektnachbesprechungen durchgeführt, um über die weitere Zusammenarbeit mit Lieferanten und etwaige Qualifizierungsmaßnahmen zu entscheiden.

5.3.10 Beschreibung Fallbeispiel 8

Die Beschreibung des Fallbeispiels basiert auf den Angaben von zwei Interviewpartnern. Der erste Interviewpartner leitet den Bereich Werkzeugtechnologie, zu dem die Werkzeugentwicklung, Methodenplanung, Simulation und Werkzeuginstandhaltung zählen. Der zweite Interviewpartner ist für den Einkauf von Nicht-Fertigungsmaterialien verantwortlich, dem auch der Werkzeugeinkauf zuzuordnen ist.

5.3.10.1 Produkt- und Werkzeugspektrum

Das Produktspektrum des betrachteten Unternehmens umfasst unterschiedliche elektronische Haushaltsgeräte wie z. B. Waschmaschinen und Trockner. Für die Herstellung dieser Haushaltsgeräte werden eine Vielzahl von umgeformten Blechkomponenten benötigt, die teils in internen Produktionswerken hergestellt und teils von Zulieferern eingekauft werden. Der Fokus des Interviews lag auf der Eigenfertigung umgeformter Blechkomponenten.

Für die Herstellung der Blechkomponenten wird ein breites Spektrum unterschiedliche Blechumformwerkzeuge benötigt. Das Werkzeugspektrum umfasst daher z. B. Tiefzieh- und Folgeverbundwerkzeuge, aber auch Werkzeuge für Platinenschnitte o. Ä.

5.3.10.2 Strategische Planung

Historisch betrachtet erfolgte die werkzeugbezogene Make-or-Buy-Entscheidung auf Basis der Entscheidungskriterien Artikel- und Werkzeugkomplexität, intern vorhandener Kompetenzen, Know-how-Schutz bei Neuentwicklungen sowie der aktuell verfügbaren Kapazitäten. Die strategische Neuausrichtung des strategischen Werkzeugeinkaufs sieht vor, dass in Zukunft keine Neuwerkzeuge im internen Werkzeugbau hergestellt werden, sondern jedes Werkzeug extern zugekauft wird, da der interne Neuwerkzeugbau kein Alleinstellungsmerkmal für das Unternehmen darstellt. Um das Risiko zu reduzieren, produktions- und werkzeugbezogene Kompetenzen zu verlieren, existiert der Bereich Werkzeugtechnologie, der die Produktentwicklung hinsichtlich der Fertigbarkeit von Blechkomponenten berät und die know-how-intensiven Schritte der Werkzeugherstellung übernimmt. Dazu zählen z. B. die Methodenplanung und Simulation von Umformprozessen, sodass Neuentwicklungen fertigungsgerecht ausgelegt und das Werkzeugkonzept trotz der externen Vergabe der Werkzeugprojekte zu einem frühen Zeitpunkt feststeht. Anschließend erfolgen die Konstruktion und Werkzeugfertigung durch externe Lieferanten. Lediglich zeitkritische Werkzeugänderungen sowie Reparaturen, Wartungen und Instandhaltungen werden vom Bereich Werkzeugtechnologie durchgeführt.

5.3.10.3 Einkaufsorganisation

Die Werkzeugversorgung der Produktionswerke liegt in einer gemeinschaftlichen Verantwortung von Investitionsgütereinkauf und Werkzeugtechnologie. Der Investitionsgütereinkauf ist ein Zentralbereich des Konzerns, der die Koordination der Lieferantenbasis und Werkzeugbedarfe sowie kaufmännische Tätigkeiten wie z. B. die Verhandlung vertraglicher Rahmenbedingungen mit den Lieferanten übernimmt. Der Bereich der Werkzeugtechnologie ist für technologische Fragestellungen sowie die operative Betreuung der fremdvergebenen Werkzeugprojekte zuständig. Tendenziell ist dieser Unternehmensbereich dezentral organisiert, wobei die Werkzeugtechnologie des Hauptstandorts teilweise zusätzliche Produktionswerke unterstützt. Bei der Fremdvergabe von Werkzeugbauprojekten wird die Lieferantenauswahl gemeinschaftlich auf Basis der technologischen Anforderungen sowie kaufmännischer Rahmenbedingungen getroffen. Die Produktentwicklung ist an diesem Prozess nicht beteiligt.

5.3.10.4 Einkaufsprozesse

Die Größe der Lieferantenbasis besteht aus Werkzeugbaubetrieben im unteren zweistelligen Bereich und verteilt sich im Wesentlichen auf Lieferanten aus Deutschland und dem europäischen Ausland. Die Lieferanten werden als strategische Partner charakterisiert, mit denen regelmäßige Auftragsvergaben sowie gemeinsame Entwicklungs- und Vorentwicklungsprojekte durchgeführt werden. Gleichzeitig existieren Vorzugslieferanten, mit denen besonders große Umsatzanteile generiert werden. Im Rahmen der Lieferantenqualifizierung haben sich zum jetzigen Zeitpunkt noch keine systematischen Vor-Ort-Audits etabliert. In Bezug auf die Lieferantenidentifikation und eine Erweiterung der Lieferantenbasis werden von Experten des Investitionsgütereinkaufs und der Werkzeugtechnologie Lieferantenbesuche durchgeführt, um potenzielle Lieferanten zu bewerten sowie für initiale Auftragsvergaben vorauszuwählen.

5.3.11 Beschreibung Fallbeispiel 9

Die Beschreibung des Fallbeispiels basiert auf den Angaben von zwei Interviewpartnern. Der erste Interviewpartner leitet den Bereich Werksengineering, zu dem die Simulation, Bauteiloptimierung, der Werkzeugbau, das Technikum sowie die Produktionsplanung und -optimierung zählen. Der zweite Interviewpartner leitet den Werkzeugbau als Teil des Werksengineering.

5.3.11.1 Produkt- und Werkzeugspektrum

Das betrachtete Unternehmen entwickelt und produziert Produkte für die Automatisierungstechnik. Dazu zählen u. a. pneumatische und elektrische Antriebe, Ventile, Sensoren sowie sonstige Produkte für die Prozessautomation. Der Fokus des Interviews lag auf einer ausgegründeten Tochtergesellschaft, die als Teilelieferant für das Mutterunternehmen agiert und über eine Spritgießproduktion verfügt. Dementsprechend umfasst dessen Produktspektrum diverse Kunststoffkomponenten für die genannten Automatisierungslösungen.

Der Werkzeugbedarf der Tochtergesellschaft umfasst je nach Auftragslage ca. 50-100 Neuwerkzeuge im Jahr. An die hochkomplexen Spritzgießwerkzeuge werden hohe geometrische Anforderungen gestellt. Innerhalb des Werkzeugspektrums kommen verschiedene Technologien wie z. B. der Mehrkomponentenspritzguss zum Einsatz. Das Werkzeuggewicht variiert zwischen 0,5 und 1,4 Tonnen.

5.3.11.2 Strategische Planung

Im Jahr 2015 hat das Unternehmen die strategische Entscheidung getroffen, dass die ausgegründete Tochtergesellschaft als Technologiezentrum mit einem technologisch führenden Neuwerkzeugbau agieren soll. Dementsprechend werden ca. 90 % des Werkzeugbedarfs im internen Werkzeugbau herstellt. Die strategische Zielsetzung dabei ist, durch die Bündelung von Know-how die Technologieführerschaft des Unternehmens langfristig sicherzustellen sowie Entwicklungszeiten zu verkürzen. Bei der Werkzeugherstellung fokussiert sich die mechanische Fertigung des internen Werkzeugbaus auf die Herstellung der komplexen formgebenden Teile. Geringkomplexe Fertigungstechnologien wie z. B. die Zerspanung von großen Flächen werden extern vergeben. Zudem werden die übrigen 10 % des Werkzeugbedarfs aus Kapazitätsgründen sowie fertigungstechnologischen Gründen extern eingekauft. Dazu zählen z. B. Sonderwerkzeuge, die aufgrund der Werkzeuggröße nicht im internen Werkzeugbau hergestellt werden können. Die hierfür zur Verfügung stehende Lieferantenbasis ist mit ca. fünf Lieferanten im Vergleich zu den übrigen Fallbeispielen relativ klein.

5.3.11.3 Einkaufsorganisation

Der Werkzeugbau ist ein Teilbereich des Werksengineering. Das Werksengineering ist als ein Bereich der Tochtergesellschaft, die als Teilelieferant für das Mutterunternehmen und als Technologiezentrum für die Kunststofffertigung agiert, organisatorisch an die Serienproduktion angeschlossen. Das Werksengineering bzw. der Werkzeugbau ist für die lokale Werkzeugversorgung des hiesigen Produktionswerkes der Tochtergesellschaft verantwortlich, sodass in Ungarn und Bulgarien ähnliche Strukturen bestehen (Local-for-Local). Das Werksengineering hat als Technologiezentrum die Aufgabe, die Produktentwicklung, die eine Zentralfunktion des übergeordneten Mutterunternehmens darstellt, durch Experten aus dem Bereich der Kunststofffertigung zu beraten. Die Werkzeuge, mit denen die Tochtergesellschaft Teile für das Mutterunternehmen produziert, sind im Besitz des Mutterunternehmens, die über einen Zentraleinkauf und somit über den Werkzeugeinkauf verfügt. In der Tochtergesellschaft existiert kein zusätzlicher dezentraler Einkauf, sodass der Werkzeugbau an der Fremdvergabe von Werkzeugprojekten im Einzelfall lediglich in beratender Funktion für technologische Fragestellungen zuständig ist.

5.3.11.4 Einkaufsprozesse

Aufgrund des hohen Umfangs intern hergestellter Werkzeuge ist die Lieferantebasis relativ klein. Da der Werkzeugbau nicht für den Werkzeugeinkauf verantwortlich ist, fallen die Tätigkeiten des Lieferantenmanagements in den Zuständigkeitsbereich des Zentraleinkaufs des Mutterunternehmens, der über die relevanten Prozesse und Kompetenzen verfügt. Dazu zählen z. B. die Lieferantenidentifikation, -bewertung sowie -qualifizierung. Da die Anforderungen an die Wirtschaftlichkeit der Werkzeugversorgung in den letzten Jahren gestiegen sind und dessen Bedeutung zukünftig voraussichtlich weiter zunehmen wird, wird die aktuelle strategische, organisatorische und prozessseitige Auslegung des strategischen Werkzeugeinkaufs punktuell hinterfragt und etwaige Anpassungen diskutiert. Sowohl eine Ausrichtung des Werkzeugbaus als Profit Center als auch eine zentral ausgerichtete Koordination des Werkzeugbedarfs könnten in Zukunft eine Rolle spielen. Zudem steht eine veränderte Ausrichtung des Werkzeugeinkaufs mit einer veränderten Beteiligung sowie einer möglichen Zentralisierung des Werksengineerings in der Diskussion.

5.3.12 Beschreibung Fallbeispiel 10

Die Beschreibung des Fallbeispiels basiert auf den Angaben des Interviewpartners, der im Unternehmen ehemals im strategischen Werkzeugeinkauf arbeitete und derzeit für die Leitung des operativen Einkaufs verantwortlich ist.

5.3.12.1 Produkt- und Werkzeugspektrum

Das betrachtete Unternehmen entwickelt, produziert und vertreibt als Automobilzulieferer unterschiedliche Interieursysteme. Dazu zählen u. a. Instrumententafeln, Türverkleidungen sowie Lichtsysteme für den Fahrzeuginnenraum. Neben der Entwicklung, Produktion und dem Vertrieb der Interieursysteme zählen die Forschung und Entwicklung an neuen Fertigungsverfahren und -materialen zu den Kernkompetenzen des Unternehmens.

Für die Herstellung der Kunststoffkomponenten, die bspw. als sogenannte Trägerkomponenten in die Interieursysteme eingesetzt werden, werden ca. 150 bis 200 Neuwerkzeuge im Jahr benötigt. Das Unternehmen hat sich dabei auf die interne Produktion großer Kunststoffkomponenten fokussiert, für die Werkzeuge mit einem Gewicht von ca. zwei bis 50 Tonnen zum Einsatz kommen. Es werden sowohl klassische Kunststoffspritzgießwerkzeuge als auch Werkzeuge zum Naturfaserhinterspritzen sowie vereinzelt Mehrkomponentenspritzgießwerkzeuge verwendet.

5.3.12.2 Strategische Planung

Das Unternehmen verfügte bis vor wenigen Jahren über einen Neuwerkzeugbau am Stammwerk in China, der in Bezug auf die Neuwerkzeugherstellung nicht wettbewerbsfähig war. Daher ist die strategische Entscheidung getroffen worden, den gesamten Werkzeugbedarf über externe Werkzeuglieferanten abzudecken, sodass keine werkzeugbezogenen Make-or-Buy-Entscheidungen getroffen werden müssen. Die Entscheidung für diese strategische Ausrichtung des Werkzeugeinkaufs war zwar keine rein kommerzielle Entscheidung, jedoch wurde das intern vorhandene Know-how in Bezug auf die Werkzeugherstellung nicht als entscheidend angesehen. Aufgrund des nicht vorhandenen internen Werkzeugbaus liegt daher ein besonderer Fokus auf der strategischen Partnerauswahl, um in Zusammenarbeit mit den Werkzeuglieferanten innovative Lösungen zu entwickeln. Da die vorhandene Lieferantenstruktur die werkzeugbezogenen Kompetenzanforderungen sehr gut abbildet und die interne Werkzeugherstellung nur bedingt wettbewerbsfähig wäre, ist der Einkauf des gesamten Werkzeugbedarfs ein strategischer Vorteil für das Unternehmen. In den Produktionswerken existieren lediglich technische Abteilungen, die kleinere Werkzeugreparaturen und -wartungen übernehmen. Für umfangreichere Wartungsarbeiten werden die externen Werkzeuglieferanten in die Pflicht genommen, um insbesondere auch vertraglich festgelegte Garantievereinbarungen einhalten zu können.

5.3.12.3 Einkaufsorganisation

Im Unternehmen existiert ein global organisierter und in regionale Teams aufgeteilter Zentraleinkauf, der den Werkzeugeinkauf für alle Business Units übernimmt. Obwohl intern keine Neuwerkzeuge hergestellt werden, verfügt das Unternehmen über werkzeugbaurelevante Kompetenzen. In einem separaten Funktionsbereich mit dem Namen Advanced Manufacturing Engineering sind ausgebildete Werkzeugmacher sowie Meister und Techniker aus dem Bereich Werkzeugbau als Werkzeugingenieure dafür verantwortlich, für neuentwickelte Produkte Werkzeugspezifikationen abzuleiten, die in Form eines Lastenhefts an externe Werkzeuglieferanten ausgegeben werden. Die Werkzeugingenieure sind organisatorisch dem Produktionsbereich zuzuordnen, der in diesem Fall als Dienstleister für den Einkauf fungiert. Mit der Beteiligung der Produktentwicklung führen die Werkzeugingenieure Machbarkeitsstudien durch, indem Simulationen und Werkzeugkonzepte der externen Lieferanten bewertet werden. In einer gemeinsamen Entscheidung von Zentraleinkauf, Advanced Manufacturing Engineering sowie Produktentwicklung erfolgt schließlich die auftragsspezifische Lieferantenauswahl.

5.3.12.4 Einkaufsprozesse

Es existiert mit ca. 30 aktiven Werkzeuglieferanten, von denen zu ca. zehn Lieferanten ein besonders enges und vertrauensvolles Verhältnis besteht, eine etablierte Lieferantenbasis, sodass die proaktive Lieferantenidentifikation derzeit eine untergeordnete Rolle spielt. Dennoch wird besonderer Wert auf die Kenntnis des Beschaffungsmarktes gelegt, um die Zulieferer optimal in Innovationsprozesse einzubinden. Im Fall einer Neuaufnahme von Lieferanten in das Lieferantennetzwerk werden Vor-Ort-Besuche von Zentraleinkauf und Werkzeugingenieuren durchgeführt, auf die Pilotprojekte und ein anschließender Aufbau einer langjährigen

Partnerschaft folgen. Bezogen auf den Werkzeugeinkauf werden keine systematischen Lieferantenbewertungssysteme eingesetzt. Vielmehr erfolgen subjektive Bewertung auf Basis abgeschlossener Projekte sowie beidseitige jährliche Feedbackgespräche zwischen Kunde und Lieferant, um das partnerschaftliche Vertrauensverhältnis langfristig auszubauen.

5.3.13 Beschreibung Fallbeispiel 11

Die Beschreibung des Fallbeispiels basiert auf den Angaben des Interviewpartners, der im Unternehmen als Einkaufsleiter für indirektes Material arbeitet, zu dem u. a. auch der Werkzeugeinkauf zählt.

5.3.13.1 Produkt- und Werkzeugspektrum

Das betrachtete Unternehmen ist ein führender Hersteller von elektrischen Baumaschinen wie z. B. Bohrhammer, Bohr- und Schlagschrauber. Zudem zählen Befestigungselemente wie Dübel, Anker und Nägel sowie Schneidsegmente für Bohr- und Abrissarbeiten wie z. B. Diamanttrennscheiben zum Produktspektrum des Unternehmens. Der Hauptstandort, der im Fokus des Interviews stand, ist auf die Dübel-, Nägel- und Schneidsegmentfertigung spezialisiert.

Das Werkzeugspektrum für die im Fokus stehende Dübel-, Nägel- und Schneidsegmentfertigung besteht zu ca. 50 % aus Kaltmassivumformwerkzeugen. Zudem werden mit einem ebenfalls signifikanten Umsatzanteil Stanz-Biegewerkzeuge sowie Roll- und Walzwerkzeuge bzw. Walzbacken benötigt, um bspw. die Konturen in die Dübel zu walzen. Vereinzelt werden sonstige Werkzeuge und Werkzeugkomponenten wie z. B. Halterungen und Grundplatten benötigt.

5.3.13.2 Strategische Planung

Das betrachtete Unternehmen verfügt über einen internen Werkzeugbau am Hauptstandort, der für die lokale Werkzeugversorgung verantwortlich ist und für Schwesterwerke in China, Indien und den USA in der Regel keine Werkzeuge herstellt. Der interne Werkzeugbau ist in der Lage, das gesamte Werkzeugspektrum bis auf vereinzelte Spezialbehandlungen wie z. B. das Beschichten intern abzubilden. Grundsätzlich fragt die Entwicklung jedes benötigte Werkzeug im internen Werkzeugbau an, der die Werkzeugentwicklung inklusive Simulation, Konstruktion etc. durchführt. Dementsprechend erfolgt keine Fremdvergabe gesamter Werkzeugprojekte, sondern lediglich der Einkauf von ausgewählten Werkzeugkomponenten. In Bezug auf die Fremdvergabe der Werkzeugkomponenten gibt es klar definierte Make-Teile, bei denen der Know-how-Schutz sowie differenzierende Eigenschaften in Bezug auf das Endprodukts eine entscheidende Rolle spielen. Die übrigen potenziell für den Einkauf geeigneten Buy-Teile werden je nach intern verfügbaren Kapazitäten sowie realisierbaren Kosten und Terminen entweder fremdvergeben oder intern hergestellt. Dabei wird grundsätzlich zwischen Serien- und Projektwerkzeugen unterschieden. Bei den Serienwerkzeugen liegt der Fokus des Werkzeugeinkaufs stärker auf den Werkzeugkosten und der Standzeit der Werkzeuge. Bei den Projektwerkzeugen stehen kurze Durchlaufzeiten und die Entwicklungszeitverkürzung (Time-to-Market) im Fokus.

5.3.13.3 Einkaufsorganisation

Neben drei Geschäftsbereichen für die unterschiedlichen Produktgruppen des Unternehmens existiert mit den sogenannten Technical Services ein vierter Bereich, der technische Zentralfunktionen bereichsübergreifend abbildet. Zu dem Bereich Technical Services zählen u. a. die Werkzeugentwicklung, die Simulation, der Werkzeugaufbau, der interne Werkzeugbau mit mechanischer Fertigung und Werkzeugmontage sowie der Einkauf für indirektes Material. Ein Mitarbeiter des Einkaufs für indirektes Material ist auf den Werkzeugeinkauf spezialisiert und trifft in Abstimmung mit der Werkzeugentwicklung und der Arbeitsvorbereitung des Werkzeugbaus die Make-or-Buy-Entscheidung. Gleichzeitig ist dieser Werkzeugeinkauf für das Lieferantenmanagement verantwortlich. Eine organisatorische Anbindung an sonstige Einkaufsfunktionen bzw. den Zentraleinkauf des Unternehmens besteht hierbei nicht.

5.3.13.4 Einkaufsprozesse

Das Unternehmen hat die Zielsetzung, jährliche Produktivitätsgewinne in Höhe von 3 % zu erzielen. Um in Bezug auf die Werkzeugherstellung durch Unterstützung des Werkzeugeinkaufs dieses Ziel zu erreichen, wurden die Prozesses des Lieferantenmanagements als strategisches Element in den Werkzeugeinkauf integriert. Eine proaktive Lieferantenidentifikation und -qualifizierung hat dazu beigetragen, dass ca. ein Drittel der eingekauften Werkzeugkomponenten durch asiatische Lieferanten abgebildet wird und damit große Kostenvorteile erreicht werden können. Nach einer Durchführung initialer Beauftragungen erfolgt in der Regel eine Vor-Ort-Auditierung der identifizierten Lieferanten mit einer Ableitung individueller Qualifizierungsmaßnahmen. Zudem findet eine Lieferantenklassifizierung entsprechend der vorhandenen Kompetenzen bezogen auf das Werkzeugspektrum des Unternehmens statt, um die Lieferantenauswahl im operativen Tagesgeschäft zu systematisieren.

5.3.14 Beschreibung Fallbeispiel 12

Die Beschreibung des Fallbeispiels basiert auf den Angaben des Interviewpartners, der im Unternehmen für die Leitung des Neuwerkzeugbaus am Hauptstandort in Deutschland verantwortlich ist, an den zusätzlich Werkzeugbaubetriebe aus Produktionsstandorten in der Slowakei und in Mexiko fachlich angebunden sind.

5.3.14.1 Produkt- und Werkzeugspektrum

Das betrachtete Unternehmen ist einer der weltweit größten Automobilzulieferer, der unterschiedliche Produkte für die Automobilindustrie entwickelt und produziert. Im Fokus des Interviews standen im Wesentlichen Produkte aus dem Bereich der Antriebstechnik. Dazu zählen u. a. Drehmomentwandler, Massenschwungräder, Kupplungen, Getriebe- und Getriebekomponenten, sodass der Produktionsschwerpunkt im Bereich der Umformtechnik liegt.

Das Werkzeugspektrum kann fertigungstechnisch in zwei Bereiche unterschieden werden, die jeweils an unterschiedlichen Produktionsstandorten ansässig sind. Ein Bereich umfasst das Feinschneiden, Tiefziehen und Kaltwalzen. Diese Fertigungstechnologien sowie deren Werkzeugbedarfe standen nur bedingt im Fokus des Interviews. Der Schwerpunkt des Interviews lag vielmehr auf dem zweiten Bereich, der Werkzeuge für die Fertigungsverfahren der Dickblech- und Massivumformung umfasst. Dabei können Blechdicken mit bis zu 9,6 mm in komplexen Ziehvorgängen umgeformt werden.

5.3.14.2 Strategische Planung

Für den zuerst genannten Bereich, zu dem das Feinschneiden, Tiefziehen und Kaltwalzen zählen, werden die benötigen Werkzeuge vollständig über externe Lieferanten eingekauft. Bezogen auf den zweiten Bereich existieren an dem Lead-Standort in Deutschland sowie den Produktionsstandorten in der Slowakei und Mexiko interne Werkzeugbaubetriebe, die sich auf die Herstellung von Dickblech- und Massivumformwerkzeugen fokussiert haben. Historisch betrachtet besaß der interne Werkzeugbau die strategische Zielsetzung, durch technologische Neuentwicklungen komplexe Umform- und Ziehvorgänge dicker Bleche zu ermöglichen und auf diese Weise Differenzierungsmerkmale für das Unternehmen zu schaffen. Mit dem dadurch über Jahrzehnte aufgebauten Know-how und dem noch heute vorhandenen Technologievorsprung stellt der interne Werkzeugbau weiterhin einen Wettbewerbsvorteil dar, indem neben Produktinnovationen auch Prozessinnovationen zu Kostenvorteilen in der Produktion führen. Gleichzeitig werden in der Regel ca. 40-60 % des Werkzeugbedarfs über externe Lieferanten abgebildet, da ein signifikanter Anteil des Werkzeugbedarfs aus strategischen Gründen fremdvergeben wird. Die Make-or-Buy-Entscheidung wird auf Basis von Kosten- und Terminvorgaben sowie den im internen Werkzeugbau zur Verfügung stehenden Kapazitäten getroffen. Der Fremdvergabeumfang variiert dabei von der alleinigen Fremdvergabe der Konstruktion über die Fremdvergabe der mechanischen Fertigung bis hin zur Fremdvergabe vollständiger Werkzeugprojekte.

5.3.14.3 Einkaufsorganisation

Die Werkzeugbaustandorte in der Slowakei und in Mexiko sind hierarchisch an die dortigen Produktionswerke angebunden. Dennoch besteht eine fachliche Anbindung an den zentralen Werkzeugbaustandort in Deutschland, der für die zentrale Projektsteuerung des gesamten Werkzeugbedarfs verantwortlich ist. Das Ziel der Projektsteuerung ist grundsätzlich die Realisierung einer lokalen Werkzeugversorgung (Local-for-Local), was aber nicht in jedem Fall realisierbar ist, da insbesondere in Mexiko aktuell nicht die gesamte Prozesskette der Werkzeugherstellung abgebildet wird. Durch die zentrale Projektsteuerung ist der Werkzeugbau maßgeblich dafür verantwortlich, die Make-or-Buy-Entscheidung zu treffen und auch die operativen Einkaufsaktivitäten zumindest für den hiesigen Standort durchzuführen. Der Zentraleinkauf ist für das Lieferantenmanagement zuständig, wobei bei technologischen Fragestellungen auf die Experten des Werkzeugbaus zugegriffen wird.

5.3.14.4 Einkaufsprozesse

Aufgrund der großen Bedeutung des Einkaufs innerhalb des Großkonzerns haben sich im Zentraleinkauf die typischen Prozesse des Lieferantenmanagements z. B. hinsichtlich Lieferantenauswahl und -entwicklung etabliert. Insbesondere in Bezug auf den Werkzeugeinkauf existieren strategische Partnerschaften mit Lieferanten, die in einzelnen Werkzeugtechnologien wie z. B. dem Feinschneiden Alleinstellungsmerkmale entwickelt haben. Innerhalb dieser

Bereiche, in denen ausgewählte Lieferanten über tiefgreifende technologische Kompetenzen verfügen und deren Entwicklung für das betrachtete Unternehmen in der Breite nur bedingt sinnvoll ist, werden gemeinsame Produkt- und Prozessentwicklungen durchgeführt.

5.3.15 Beschreibung Fallbeispiel 13

Die Beschreibung des Fallbeispiels basiert auf den Angaben des Interviewpartners, der im Unternehmen für die Leitung des internen Werkzeugbaus bzw. von zwei Neuwerkzeugbaustandorten in Deutschland verantwortlich ist.

5.3.15.1 Produkt- und Werkzeugspektrum

Das betrachtete Unternehmen ist ein global operierender Automobilhersteller und damit sogenannter Erstausrüster (englisch: Original Equipment Manufacturer (OEM)). Folglich zählen zum Teilespektrum unterschiedlichste Komponenten, die in Fahrzeugen verbaut werden. Im Fokus des Interviews standen dabei die Herstellung von Außenhaut- und Strukturteilen, aus denen die Fahrzeugkarosserie im Wesentlichen besteht.

Das Werkzeugspektrum für die Herstellung der Außenhaut- und Strukturteile verteilt sich in Deutschland auf insgesamt drei Neuwerkzeugbaustandorte. Im Fokus des Interviews standen dabei diejenigen Werkzeuge, die für die Herstellung von Türen, Heckklappen und Seitenwandrahmen benötigt und an zwei von drei Standorten hergestellt werden. Dementsprechend besteht das betrachtete Werkzeugspektrum aus großen Press- und Ziehwerkzeugen sowie vereinzelt aus Warmumform- und Folgeverbundwerkzeugen.

5.3.15.2 Strategische Planung

Die strategische Ausrichtung des internen Werkzeugbaus zielt darauf ab, die Verantwortung für die designbestimmenden Außenhautteile sowie die dazugehörigen Innenbleche und stabilisierende Strukturteile zu tragen, die die vom Endkunden wahrgenommenen Fugenspalte und Designelemente maßgeblich beeinflussen. Hierbei ist der interne Werkzeugbau bereits bei der Designfindung und Herstellbarkeitsprüfung beratend in die Produktentwicklung integriert. Die strategische Motivation resultiert zum einen daraus, dass nur wenige externe Werkzeuglieferanten existieren, die Außenhautwerkzeuge zu wettbewerbsfähigen Preisen herstellen können. Zum anderen besitzt der interne Werkzeugbau technologische Alleinstellungsmerkmale wie z. B. eine Realisierung präziser, scharfer Kanten und Radien sowie die Einbettung von Front- und Heckleuchten in die Fahrzeugkarosserie. Gleichzeitig ist es notwendig, Radien und Designelemente über verschiedene Außenhautteile und Werkzeugsätze hinweg aufeinander abzustimmen (z. B. Übergang einer Designkante entlang von Seitenwandrahmen und Heckklappe), sodass ein Single Sourcing dieser Werkzeuge sinnvoll ist, welches ein einzelner Lieferant nicht abbilden kann. Nichtsdestotrotz werden ausgewählte Werkzeuge am Markt eingekauft, um einerseits die Wettbewerbsfähigkeit des Marktes zu erhalten und andererseits Kapazitätsengpässe auszugleichen. Bei der zugrundeliegenden Make-or-Buy-Entscheidung werden insbesondere die technologischen Anforderungen mit den eigenen Fähigkeiten sowie den Fähigkeiten der Lieferanten verglichen sowie die Werkzeugkosten bewertet.

5.3.15.3 Einkaufsorganisation

Grundsätzlich können zwei Formen des Werkzeugeinkaufs unterschieden werden. Zum einen besteht die Möglichkeit, dass der interne Werkzeugbau eigenverantwortlich durch die sogenannte Fertigungsmittelplanung und ohne eine Beteiligung des Zentraleinkaufs Werkzeugumfänge aus Kapazitätsgründen fremdvergibt. Diese Fremdvergabe umfasst die Werkzeugherstellung bis zum ersten Funktionshub ohne die anschließende Werkzeugqualifizierung. Zum anderen besteht die Möglichkeit, dass Werkzeuge aus technologischen Gründen eingekauft werden. Diese Make-or-Buy-Entscheidung wird gemeinsam von Werkzeugbau und Zentraleinkauf getroffen. Der Einkauf dieser zumeist weniger komplexen Werkzeuge erfolgt durch eine Fachabteilung des Zentraleinkaufs ohne eine weitere Beteiligung des internen Werkzeugbaus. Lediglich im Einzelfall ist der Werkzeugbau bei dieser Form der Fremdvergabe beratend tätig. Grundsätzlich ist der in Deutschland ansässige Neuwerkzeugbau der zentrale Ansprechpartner für die globale Werkzeugversorgung, obgleich Werkzeug- und Teilebedarfe nach Möglichkeit durch lokale Lieferanten abgebildet werden (z. B. Lieferantennetzwerk Nordamerika). Die technologische Gesamtverantwortung für die Teileherstellung liegt außerhalb des Werkzeugbaus in einem separaten Bereich.

5.3.15.4 Einkaufsprozesse

Das Lieferantenportfolio ist hinsichtlich der Wettbewerbsfähigkeit sowie der Lieferqualität bzw. des Lieferumfangs (z. B. Werkzeuge für Außenhautteile, gering- oder hochkomplexe Strukturteile) unterteilt. Die Kooperation mit den Lieferanten ist vielfältig. Es gibt bspw. gemeinsame Befähigungs- und Vorentwicklungsprojekte mit den Lieferanten, um Know-how und Innovationen des Marktes nutzbar zu machen. Des Weiteren werden Lieferantentage veranstaltet, bei denen Werkzeuglieferanten in den internen Werkzeugbau eingeladen werden, um einen Wissenstransfer und eine Befähigung der Lieferanten zu ermöglichen. Gleichzeitig werden Lieferanten von Experten des internen Werkzeugbaus besucht, um sowohl den fremdvergebenen Fertigungsstand zu bewerten als auch Lieferanten zu qualifizieren. Zusätzlich dazu findet eine Bewertung und Entwicklung von Lieferanten auf Basis abgeschlossener Projekte statt. Im Sinne der Beschaffungsmarktforschung erfolgen Vor-Ort-Besuche potenzieller Lieferanten durch Experten aus Werkzeugbau und Zentraleinkauf.

5.3.16 Beschreibung Fallbeispiel 14

Die Beschreibung des Fallbeispiels basiert auf den Angaben des Interviewpartners, der im Unternehmen für die Leitung des Werkzeugbaus am Hauptstandort in Deutschland verantwortlich ist.

5.3.16.1 Produkt- und Werkzeugspektrum

Das betrachtete Unternehmen ist analog zu Fallbeispiel 13 ein global operierender Automobilhersteller und damit ebenfalls OEM. Grundsätzlich werden in einem Fahrzeug ca. 350 Blechteile verbaut, von denen das betrachtete Unternehmen ca. 50 %, nämlich die zumeist geringkomplexen Bauteile, über externe Lieferanten bezieht. Die andere Hälfte der Bauteile wird in unternehmenseigenen Produktionswerken hergestellt. Dabei handelt es sich um anspruchsvollere Blechteile mit hohen Anforderungen an Geometrie und Festigkeit sowie um Außenhaut- und Strukturteile.

Aus der zweitgenannten Hälfte der unternehmensintern hergestellten Blechteile resultiert ein Werkzeugbedarf, der zu ca. 80 % grundsätzlich über extern Werkzeugbaubetriebe abgebildet wird. Daher stand wie schon in Fallbeispiel 13 lediglich das Werkzeugspektrum zur Herstellung von Außenhautteilen im Fokus des Interviews. Dementsprechend lässt sich das Werkzeugspektrum auf große Blechumformwerkzeuge mit 10 bis 50 Tonnen Werkzeuggewicht zur Umformung von feinen Stahl- und Aluminiumblechen mit einer Blechdicke von 0,3 bis 2 mm eingrenzen.

5.3.16.2 Strategische Planung

Aus strategischer Perspektive werden alle Werkzeuge über externe Lieferanten eingekauft, die nicht in den Bereich der designbestimmenden Außenhautteile fallen. Der interne Werkzeugbau ist folglich auf die Herstellung von Werkzeugen für Außenhautteile sowie der dazugehörigen Innenbleche spezialisiert. Die Herstellung dieser Designteile ist technologisch anspruchsvoll, trägt zur Differenzierung des Endprodukts bei und untersteht bei Neuentwicklungen besonderer Geheimhaltung. Dennoch werden ausgewählte Werkzeuge für die Herstellung von Außenhautteilen, bei denen die technologischen Anforderungen und die Komplexität geringer ausfallen (z. B. Hinterkotflügel, Dachrahmen, Radeinbauten) bei externen Werkzeugbaubetrieben eingekauft. In diesen Fällen führen die verfügbaren Kapazitäten in Kombination mit den technologischen Anforderungen des jeweiligen Werkzeugs zu einer entsprechenden Make-or-Buy-Entscheidung. Im Rahmen dieser strategischen Ausrichtung wird gewissermaßen vorausgesetzt, dass das Design der Fahrzeugkarosserie ein Alleinstellungsmerkmal darstellt, auf Basis dessen Kunden eine Kaufentscheidung treffen.

5.3.16.3 Einkaufsorganisation

Grundsätzlich agiert der interne Werkzeugbau als Generalunternehmer, sodass dieser für alle Werkzeuge, die in den internen Presswerken des OEM eingesetzt werden, eigenständig über die Make-or-Buy-Entscheidung urteilt und festlegt, welche dieser Werkzeuge im internen Werkzeugbau hergestellt und welche über externe Lieferanten eingekauft werden. Im Falle einer Fremdvergabe ist der interne Werkzeugbau für die Projektierung und die Steuerung der externen Werkzeugherstellung zuständig und trifft bereits eine Lieferantenvorauswahl. Die finale Lieferantenauswahl und Bestellabwicklung erfolgt in Abstimmung mit dem Werkzeugbau schließlich durch den Zentraleinkauf. Folglich ist der Einkauf für die operative Bestellabwicklung zuständig, wohingegen der interne Werkzeugbau Ansprechpartner für technologische Fragestellungen ist. Dem gegenüberstehend trägt der Zentraleinkauf die Verantwortung für alle kaufmännischen Fragestellungen im Rahmen des Werkzeugeinkaufs.

5.3.16.4 Einkaufsprozesse

Grundsätzlich verfügt der OEM über eine global verteilte Lieferantenbasis und sowohl werkzeugbau- als auch einkaufsseitig über umfangreiche Kenntnisse in Bezug auf den Beschaffungsmarkt von Außenhautwerkzeugen. Die Aktivitäten der Beschaffungsmarktforschung werden analog zu Fallbeispiel 13 gemeinsam durch Werkzeugbau und Einkauf ausgeübt. In diesem Zusammenhang finden sowohl Vor-Ort-Besuche potenzieller also auch bestehender Lieferanten statt. Auf dieser Basis werden bei Bedarf neue Lieferanten in das Lieferantenportfolio aufgenommen sowie bestehende Lieferanten qualifiziert und weiterentwickelt. Auf Basis abgeschlossener Werkzeugprojekte erfolgt zusätzlich eine Bewertung der bestehenden Lieferanten sowie eine Ableitung etwaiger Verbesserungs- bzw. Qualifizierungsmaßnahmen.

5.4 Referenzstrategien für den strategischen Werkzeugeinkauf

Im Folgenden werden die Ergebnisse dargestellt, die im Rahmen der Fallstudienauswertung erarbeitet worden sind. Um eine Verbindung zwischen Wissenschaft und empirischer Praxis herzustellen, wird ein ganzheitlicher Denkrahmen geschaffen, der die Realität vereinfacht abbildet und dennoch die Konkretisierung der Referenzstrategien erlaubt.[639] Daher wird für die Beschreibung von Referenzstrategien zunächst ein Modell in Form eines morphologischen Kastens entwickelt. Anschließend erfolgt die Typisierung und Beschreibung von Referenzstrategien, die aus den durchgeführten Fallstudien abgeleitet werden können.

5.4.1 Morphologie für die Beschreibung von Referenzstrategien

Der **morphologische Kasten** ist eine auf den Schweizer ZWICKY zurückgehende Kreativitätstechnik. Dabei wird ein Problem oder eine komplexe Fragestellung zunächst analysiert und in die elementaren Bestandteile unterteilt. Anschließend erfolgt die Erarbeitung von Lösungsmöglichkeiten bzw. Ausprägungen, die die einzelnen Bestandteile des Gesamtproblems potenziell einnehmen können. Die Kombination der elementspezifischen Ausprägungen stellt schließlich die Lösung des Gesamtproblems dar.[640]

Der Identifikation von Referenzstrategien liegt eine komplexe Problemstellung zugrunde, die eine kreative Lösungsfindung erfordert. Daher ist die Entwicklung eines morphologischen Kastens für die Beschreibung verschiedener Referenzstrategien eine sinnvolle Vorgehensweise. Dadurch werden mithilfe einer problemspezifischen Morphologie charakterisierende Merkmale mit unterschiedlichen möglichen Ausprägungen dargestellt, deren Kombination geeignete Referenzstrategien für den strategischen Werkzeugeinkauf in ihrer Gesamtheit beschreibt.

Für die Strukturierung des morphologischen Kastens wird die Struktur für die Beschreibung der Fallstudien aus den Kapiteln 5.3.3 ff. aufgegriffen. Entlang der Strukturelemente Produkt- und Werkzeugspektrum, strategische Planung, Einkaufsorganisation sowie Einkaufsprozesse werden nachfolgend die Merkmale und Ausprägungen des morphologischen Kastens hergeleitet. Die Herleitung orientiert sich als Bestandteil der Fallstudienauswertung sowohl an den Grundlagen bisheriger wissenschaftlicher Erkenntnisse als auch an den Ausführungen der Interviewpartner, um über den Stand der Wissenschaft hinausgehende Erkenntnisse in die Morphologie zu integrieren.

---

[639] I. A. a. Frick (Erfolgreiche Geschäftsmodelle im Werkzeugbau), 2005, S. 79.

[640] Vgl. Schawel; Billing (Top 100 Management Tools), 2018, S. 219.

5.4.1.1 Produkt- und Werkzeugspektrum

In der wissenschaftlichen Literatur ist es unumstritten, dass die strategische Ausrichtung des Einkaufs vom Beschaffungsobjekt ausgeht.[641] Sowohl der Bedarf als auch die technischen Eigenschaften des Beschaffungsobjektes gelten als besonders relevant.[642] Die Auswertung der Fallstudien bestätigt diese allgemeinen wissenschaftlichen Erkenntnisse auch in Bezug auf den Werkzeugeinkauf. Im Besonderen stellen der Werkzeugbedarf, die Werkzeugkomplexität sowie die Werkzeugtechnologie zentrale Merkmale dar, die bei der strategischen Ausrichtung des Werkzeugeinkaufs zu berücksichtigen sind.

Der **Werkzeugbedarf** beschreibt die Mindestanzahl der jährlich benötigten Neuwerkzeuge und kann in einen geringen, mittleren und hohen Bedarf unterteilt werden. Bei einem von Jahr zu Jahr stark schwankenden Werkzeugbedarf ist der untere Grenzwert des Werkzeugbedarfs anzunehmen, um im Fall einer Werkzeugherstellung durch den internen Werkzeugbau die dauerhafte Auslastung der internen Ressourcen sicherzustellen und Bedarfsschwankungen über externe Lieferanten auszugleichen. Die Auswertung der Fallstudien ergibt die folgende Abgrenzung:[643]

- **Geringer Werkzeugbedarf:** Es werden jährlich weniger als 20 Neuwerkzeuge benötigt.
- **Mittlerer Werkzeugbedarf:** Es werden jährlich mindestens 20 bis maximal 50 Neuwerkzeuge benötigt.
- **Hoher Werkzeugbedarf:** Es werden jährlich mehr als 50 Neuwerkzeuge benötigt.

Die technologischen Eigenschaften des Werkzeugspektrums teilen sich in die Werkzeugkomplexität sowie die Bandbreite der Werkzeugtechnologie. Die **Werkzeugkomplexität** beschreibt die Komplexität der technologischen Anforderungen, die das Produktspektrum und der Produktionsprozess an das Werkzeugspektrum stellen. Somit lässt die Betrachtung der Werkzeugkomplexität indirekt Rückschlüsse auf das Beschaffungsrisiko zu und hat maßgeblichen Einfluss auf die strategische Ausrichtung des Werkzeugeinkaufs. Die Auswertung der Fallstudien ergibt die folgende Abgrenzung:

- **Geringe Werkzeugkomplexität:** In der Tendenz stellen weder das Produktspektrum noch der Produktionsprozess hohe technologische Anforderungen an das Werkzeugspektrum (z. B. einfache Auf-Zu-Werkzeuge, einfache Werkzeuge mit geringer Anzahl Kavitäten, Werkzeuge mit geringen Toleranzanforderungen).

---

[641] Vgl. Schuh; Ünlü (Ordnungsrahmen Einkaufsmanagement), 2014, S. 14.

[642] Vgl. Large (Strategisches Beschaffungsmanagement), 2012, S. 68; van Weele; Eßig (Strategische Beschaffung), 2017, S. 44, S. 70.

[643] Die Abgrenzung des Werkzeugbedarfs bezieht sich auf die Anzahl durchschnittlich großer bzw. aufwendig herzustellender Werkzeuge, für die basierend auf der Datenbank des Werkzeugmaschinenlabors WZL der RWTH Aachen und des Fraunhofer-Instituts für Produktionstechnologie IPT ein Auftragswert i. H. v. 115.000 € für Spritzgießwerkzeuge bzw. 175.000 € für Blechumformwerkzeuge angenommen wird. Bei abweichenden Auftragswerten ist die Abgrenzung des Werkzeugbedarfs entsprechend umzurechnen.

- **Heterogene Werkzeugkomplexität:** Eine klare Abgrenzung der Werkzeugkomplexität ist nicht zu bestimmen, da das Produktspektrum und/oder der Produktionsprozess entweder mittlere oder teilweise geringe und teilweise hohe technologische Anforderungen an das Werkzeugspektrum stellen (z. B. einfache Auf-Zu-Werkzeuge und Werkzeuge mit komplizierter Entformung).
- **Hohe Werkzeugkomplexität:** In der Tendenz stellen das Produktspektrum und/oder der Produktionsprozess hohe technologische Anforderungen an das Werkzeugspektrum (z. B. Werkzeuge mit komplizierter Entformung, Mehrkomponentenwerkzeuge, Werkzeuge mit hoher Anzahl Kavitäten, Werkzeuge mit hohen Toleranzanforderungen).

Die **Werkzeugtechnologie** beschreibt im Gegensatz zur technologischen Komplexität die Ähnlichkeit technologischer Eigenschaften einzelner Werkzeugtypen zueinander. Für den Fall einer internen Werkzeugherstellung benötigt der interne Werkzeugbau eine Fokussierung auf die Kernkompetenzen. Dadurch wird ein einzigartiges Profil zur exakten Befriedigung der Kundenbedürfnisse sowie operative Exzellenz erreicht.[644] Zudem beeinflusst die Bandbreite der Werkzeugtechnologie im Falle einer externen Werkzeugherstellung die erforderliche Lieferantenbasis. Damit hat die technologische Bandbreite des Werkzeugspektrums einen wesentlichen Einfluss auf die werkzeugbezogene Make-or-Buy-Entscheidung und die Ausrichtung des strategischen Werkzeugeinkaufs. Die Auswertung der Fallstudien ergibt die folgende Abgrenzung:

- **Fokussierte Werkzeugtechnologie:** Die technologischen Eigenschaften aller benötigten Werkzeuge weisen über das gesamte Werkzeugspektrum hinweg eine hohe Ähnlichkeit zueinander auf (z. B. nur Folgeverbundwerkzeuge).
- **Diversifizierte Werkzeugtechnologie:** Grundsätzlich werden unterschiedliche Werkzeugtechnoligen benötigt. Dennoch können die Werkzeuge von fokussierten Werkzeugbaubetrieben hergestellt werden, ohne dass grundlegend verschiedene Kompetenzen und Ressourcen benötigt werden (z. B. Folgeverbund- und Transferwerkzeuge mit ähnlicher Werkzeuggröße).
- **Konträre Werkzeugtechnologie:** Die benötigten Werkzeugtechnologien sind grundlegend verschieden, sodass für die Werkzeugherstellung unterschiedliche Kompetenzen und Ressourcen benötigt werden (z. B. kleine Spritzgieß- und große Transfer- und Massivumformwerkzeuge).

5.4.1.2 Strategische Planung

In der wissenschaftlichen Literatur sind insbesondere die Make-or-Buy-Entscheidung sowie die Lieferantenstrukturplanung mit entsprechenden Sourcing-Konzepten Bestandteile der strategische Planung.[645] Im Rahmen einer strategischen Make-or-Buy-Entscheidung müssen zudem strategische Ziele erfasst und die Wettbewerbsfähigkeit des Beschaffungsmarktes im

[644] Vgl. Klotzbach (Industrieller Werkzeugbau), 2007, S. 73.

[645] Vgl. Kapitel 2.2.4.

Vergleich zur eigenen Kompetenzstärke berücksichtigt werden.[646] Die Fallstudienauswertung hat gezeigt, dass diese Kriterien in leicht abgewandelter Form auch auf den strategischen Werkzeugeinkauf zutreffen. Bei den betrachteten Unternehmen waren im Besonderen die strategischen Ziele des Werkzeugeinkaufs, die Wettbewerbsfähigkeit des Beschaffungsmarktes im Vergleich zur Leistungsfähigkeit des internen Werkzeugbaus, der daraus abzuleitende strategische Fremdvergabeumfang sowie das Einkaufsareal von Bedeutung.

Strategische Ziele beschreiben die Beweggründe produzierender Unternehmen, die über Eigen- und Fremdfertigung und damit über die Auslegung des internen Werkzeugbaus sowie die Gestaltung des strategischen Werkzeugeinkaufs entscheiden. Ganz allgemein kann festgestellt werden, dass mit einer steigenden strategischen Bedeutung der Werkzeuge, bspw. in Bezug auf die Differenzierung des Endprodukts, der Anteil intern hergestellter Werkzeuge steigt. Gleichermaßen werden Werkzeuge mit einer geringen Komplexität, bei denen die Einstandspreise im Vordergrund stehen, tendenziell an externe Werkzeuglieferanten vergeben. Die Auswertung der Fallstudien ergibt unter Berücksichtigung des Zielsystems von KUHLMANN die folgende Abgrenzung:[647]

- **Differenzierung:** Differenzierungsbezogene Ziele wie Know-how-Schutz, Produkt- und Prozessinnovationen dominieren verfügbarkeits- und effizienzbezogene Ziele.
- **Verfügbarkeit:** Verfügbarkeitsbezogene Ziele wie Reaktions- und Lieferzeit sowie Versorgungssicherheit dominieren differenzierungs- und effizienzbezogene Ziele.
- **Effizienz:** Effizienzbezogene Ziele wie Einstandspreise und Lebenszykluskosten dominieren differenzierungs- und verfügbarkeitsbezogene Ziele.

Die Wettbewerbsfähigkeit des **Beschaffungsmarktes** beschreibt, inwieweit externe Lieferanten potenziell in der Lage sind, den geforderten Werkzeugbedarf abzubilden. Dabei werden sowohl die technologische Kompetenz des Beschaffungsmarktes als auch die wirtschaftliche Wettbewerbsfähigkeit der Lieferanten im Vergleich zu den Kompetenzen und Kosten des internen Werkzeugbaus berücksichtigt. Die Auswertung der Fallstudien ergibt die folgende Abgrenzung:

- **Eingeschränkt wettbewerbsfähig:** Der Beschaffungsmarkt erfüllt die technologischen oder wirtschaftlicher Anforderungen in geringem Maße. Es existieren keine bzw. nur vereinzelt potenzielle Lieferanten, die Werkzeuge in geforderter Qualität und zu geforderten Kosten herstellen können.
- **Weitestgehend wettbewerbsfähig:** Der Beschaffungsmarkt erfüllt die technologischen und wirtschaftlichen Anforderungen in ausreichendem Maße. Es existieren mehrere potenzielle Lieferanten, die Werkzeuge in geforderter Qualität und verglichen mit dem internen Werkzeugbau zu ähnlichen Kosten herstellen können.

[646] Vgl. Mikus (Make-or-buy-Entscheidungen), 2001, S. 36 ff.

[647] Vgl. Kapitel 2.2.7.2 und Kapitel 6.2.2, in denen das Zielsystem von Kuhlmann sowie die einkaufsspezifischen Anpassungen dieses Zielsystems detailliert erläutert werden.

- **Kompetitiv:** Der Beschaffungsmarkt erfüllt die technologischen Anforderungen in hohem Maße und steht unter einem hohen Kostendruck. Es existieren eine Vielzahl potenzieller Lieferanten, die Werkzeuge in geforderter Qualität und verglichen mit dem internen Werkzeugbau zu geringeren Kosten herstellen können.

Der **Fremdvergabeumfang** beschreibt das zusammengefasste Ergebnis der strategischen Make-or-Buy-Entscheidung. Im Gegensatz zur Wertschöpfungstiefe und der Verwendung von Lieferanten als verlängerte Werkbank wird mit dem Fremdvergabeumfang keine Ausgliederung einzelner Wertschöpfungsschritte berücksichtigt.[648] Vielmehr gibt der Fremdvergabeumfang Aufschluss darüber, ob der Werkzeugbedarf aufgrund der strategischen Ziele und der Wettbewerbsfähigkeit des Beschaffungsmarktes weitestgehend im internen Werkzeugbau hergestellt, vollständig fremdbezogen oder eine Mischung aus Eigen- und Fremdfertigung auf Projektebene genutzt wird. Die Auswertung der Fallstudien ergibt die folgende Abgrenzung:

- **Fremdvergabe im Ausnahmefall:** Grundsätzlich wird der gesamte Werkzeugbedarf im internen Werkzeugbau hergestellt. Nur bei Kapazitätsengpässen werden im Ausnahmefall vereinzelt Werkzeuge fremdbezogen.
- **Ausgewählte Werkzeugkomponenten:** Grundsätzlich wird der gesamte Werkzeugbedarf im internen Werkzeugbau hergestellt. Um Kosten einzusparen, Kapazitätsengpässe auszugleichen oder besondere Kernkompetenzen ausgewählter Lieferanten zu nutzen, werden Werkzeugkomponenten systematisch fremdvergeben.
- **Ausgewählte Werkzeugprojekte:** Ein Teil des Werkzeugbedarfs, zumeist komplexe Werkzeuge mit einer hohen strategischen Bedeutung, werden im internen Werkzeugbau hergestellt. Die übrigen Werkzeuge, bei denen die strategische Bedeutung geringer ist und der Fokus auf Kosteneinsparungen liegt, werden fremdbezogen. Zusätzlich dazu können ausgewählte Werkzeugkomponenten intern hergestellter Werkzeugprojekte fremdvergeben werden.
- **Ausschließlich Fremdvergabe:** Der gesamte Werkzeugbedarf wird bis auf wenige Ausnahmen vollständig bei externen Werkzeugbaubetrieben eingekauft. Der Fokus des internen Werkzeugbaus liegt auf der Reparatur, Wartung und Instandhaltung des Werkzeugbestands.

Das **Einkaufsareal** beschreibt im Gegensatz zu den Sourcing-Konzepten der wissenschaftlichen Literatur lediglich die geographische Verteilung der Lieferanten. Aufgrund des Unikatcharakters der Werkzeuge sind der Abstimmungsaufwand und die daraus resultierenden Transaktionskosten so hoch, dass dem Standort der Lieferanten eine besonders hohe Bedeutung zugeschrieben wird. Die Lieferantenanzahl ist im Rahmen der strategischen Ausrichtung des Werkzeugeinkaufs hingegen kaum zu unterscheiden, da die individuellen Anforderungen an

[648] Für die detaillierte Betrachtung der Wertschöpfungstiefengestaltung wird auf Schittny (Wertschöpfungstiefengestaltung im Werkzeugbau), 2015 verwiesen.

das Werkzeugspektrum in der Regel eine breite Lieferantenbasis mit mindestens fünf unterschiedlichen Werkzeuglieferanten fordern. Die Auswertung der Fallstudien ergibt die folgende Abgrenzung:

- **Regional:** Werkzeuge werden lediglich bei nationalen Lieferanten in regionaler Nähe bezogen, um den Abstimmungsaufwand sowie Transaktions- und Transportkosten so gering wie möglich zu halten.
- **International:** Werkzeuge werden bei Lieferanten in Deutschland sowie im europäischen Ausland bezogen, um einerseits Kostenvorteile zu erzielen und andererseits Abstimmungsaufwand sowie Transaktions- und Transportkosten gering zu halten.
- **Global:** Werkzeuge werden weltweit bezogen, sodass maximale Kostenvorteile erzielt werden können. Um Abstimmungsaufwand und Transaktionskosten zu minimieren, werden insbesondere asiatische Lieferanten systematisch qualifiziert.

5.4.1.3 Einkaufsorganisation

Die Integration des Einkaufs in die Unternehmensorganisation ist wesentlicher Bestandteil der Einkaufsorganisation. In der wissenschaftlichen Literatur wird im Wesentlichen zwischen einem zentralen und einem dezentralen Einkauf sowie hybrider Organisationsformen unterschieden.[649] Bezogen auf den Werkzeugeinkauf hat sich gezeigt, dass sich Verantwortungsbereiche grundsätzlich auch zwischen zentralen, dezentralen oder hybriden Organisationsformen aufteilen. Produzierende Unternehmen unterscheiden bei der Wahl einer geeigneten Organisationform für den Werkzeugeinkauf zwischen der Koordination der Werkzeugversorgung sowie der operativen Durchführung von Bestellvorgängen.

Die **Koordination der Werkzeugversorgung** (WZ-Versorgung) beschreibt, welcher Unternehmensbereich im operativen Tagesgeschäft darüber entscheidet, welche Werkzeuge intern hergestellt und welche extern bezogen werden. Bei Unternehmen mit mehreren Produktionswerken und Werkzeugbaustandorten wird zudem entschieden, in welchem internen Werkzeugbau entsprechende Werkzeuge aus kapazitäts- und kompetenzgründen hergestellt werden. Die Auswertung der Fallstudien hat gezeigt, dass die Koordination der Werkzeugversorgung in vier Formen unterschieden werden kann (vgl. Abbildung 61):

[649] Vgl. Kapitel 2.2.5.2.

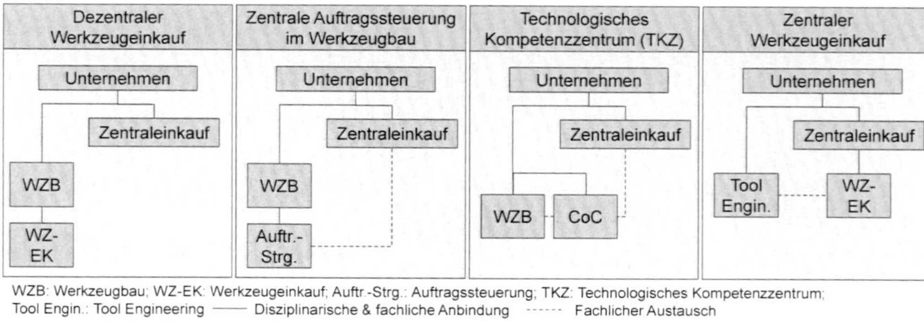

Abbildung 61: Integration des Werkzeugeinkaufs in die Unternehmensorganisation[650]

- **Dezentraler Werkzeugeinkauf:** Der dezentrale Werkzeugeinkauf beschreibt eine Einkaufsfunktion, die organisatorisch in den internen Werkzeugbau integriert ist und ohne disziplinarische und fachliche Anbindung an den Zentraleinkauf sowohl bei strategischen als auch operativen Einkaufsaktivitäten agiert.
- **Zentrale Auftragssteuerung im Werkzeugbau:** Die zentrale Auftragssteuerung beschreibt eine Planungsfunktion im internen Werkzeugbau, die kapazitäts- und kompetenzbasiert über die Koordination der Werkzeugversorgung entscheidet. Die Koordination der Werkzeugversorgung erfolgt häufig in Abstimmung mit dem Zentraleinkauf und der Produktentwicklung.
- **Technologisches Kompetenzzentrum:** Das technologische Kompetenzzentrum ist eine technologisch orientierte Unternehmensfunktion, die disziplinarisch und fachlich weder an den Werkzeugbau noch an den Zentraleinkauf angebunden ist, um möglichst objektiv und technologiebasiert über die Koordination des Werkzeugbedarfs zu entscheiden. Die Koordination der Werkzeugversorgung erfolgt häufig dennoch in Abstimmung mit dem Werkzeugbau, dem Zentraleinkauf und der Produktentwicklung.
- **Zentraler Werkzeugeinkauf:** Der zentrale Werkzeugeinkauf ist disziplinarisch und fachlich an den Zentraleinkauf angebunden und ist sowohl für strategische als auch operative Einkaufsaktivitäten verantwortlich. Um den zentralen Werkzeugeinkauf bei Fremdvergabeumfängen technologisch zu beraten, existiert als zusätzliche Unternehmensfunktion ein sogenanntes Tool Engineering, welches aus technologischen Experten mit Werkzeugbauerfahrung besteht.

Die **operative Bestellabwicklung** ist in den meisten Fällen von der Koordination der Werkzeugversorgung zu trennen. Dabei werden in Bezug auf die operative Bestellabwicklung die beiden nachfolgenden Ausprägungen unterschieden:

- **Dezentrale Bestellabwicklung:** Dezentrale Funktionen übernehmen die operative Bestellabwicklung und alle dazugehörigen Tätigkeiten wie bspw. Abstimmungen mit Lieferanten zu technologischen Rückfragen. In der Regel liegt diese Verantwortung im

[650] Eigene Darstellung.

Bereich des internen Werkzeugbaus, kann aber im Bedarfsfall auch durch produktionsnahe Funktionen eines Geschäftsbereichs durchgeführt werden, in dem die fremdbezogenen Werkzeuge später zu Einsatz kommen.

- **Zentrale Bestellabwicklung:** Der Zentraleinkauf übernimmt ohne Beteiligung des internen Werkzeugbaus die operative Bestellabwicklung. Lediglich im Bedarfsfall wendet sich der Zentraleinkauf bei technologischen Rückfragen an Fachabteilungen, das Tool Engineering oder den internen Werkzeugbau.

5.4.1.4 Einkaufsprozesse

Die Beschaffungsmarktforschung, die Lieferantenauswahl und -entwicklung sowie die Lieferantenintegration sind elementare Einkaufsprozesse.[651] Die Auswertung der Fallstudien hat gezeigt, dass diese Einkaufsprozesse in ähnlicher Form auf den Werkzeugeinkauf übertragen werden können. Die Beschaffungsmarktforschung sowie die Lieferantenidentifikation, -bewertung, -klassifizierung, -entwicklung und -integration können grundsätzlich als Lieferantenmanagementprozess zusammengefasst werden.[652] In Bezug auf die Einbindung von Lieferanten in die internen Unternehmensprozesse und die Intensität des Know-how-Transfers werden für die Beschreibung von Referenzstrategien zusätzlich zum Lieferantenmanagementprozess unterschiedliche Formen von Lieferantentypen separat betrachtet.

Das **Lieferantenmanagement** folgt im Rahmen des Werkzeugeinkaufs einem allgemeingültigen Prozess.[653] Unabhängig von der strategischen Ausrichtung des Werkzeugeinkaufs bedarf der prozessuale Ablauf keiner besonderen Unterscheidung. Da für unterschiedliche Teilprozesse des Lieferantenmanagements unterschiedliche Kompetenzen erforderlich sind, kann die Zuständigkeit der Funktionsbereiche für einzelne Teilprozesse in Abhängigkeit von der strategischen Ausrichtung hingegen voneinander abweichen. Die Auswertung der Fallstudien ergibt die folgende Abgrenzung:

- **Dezentrales Lieferantenmanagement:** Der Prozess des Lieferantenmanagements von der Beschaffungsmarktforschung über die Lieferantenidentifikation, -bewertung und -klassifizierung bis zur Lieferantenentwicklung und -integration liegt dezentral in der Verantwortung des Werkzeugbaus ohne Beteiligung des Zentraleinkaufs.
- **Kooperatives Lieferantenmanagement:** Der Prozess des Lieferantenmanagements wird in gemeinsamer Zusammenarbeit von Zentraleinkauf und Werkzeugbau ausgeführt. Organisatorische und kaufmännische Aufgaben obliegen in der Regel dem Einkauf, wohingegen der Werkzeugbau bei der technischen Bewertung und Entwicklung der Lieferanten unterstützt.
- **Zentrales Lieferantenmanagement:** Der Prozess des Lieferantenmanagements von der Beschaffungsmarktforschung über die Lieferantenidentifikation, -bewertung

[651] Vgl. Kapitel 2.2.6.

[652] I. A. a. Hofbauer et al. (Wertorientierte Gestaltung der Lieferbeziehung), 2012, S. 35; Boos et al. (Lieferantenmanagement im Werkzeugbau), 2018, S. 7.

[653] I. A. a. Boos et al. (Lieferantenmanagement im Werkzeugbau), 2018, S. 7.

und -klassifizierung bis zur Lieferantenentwicklung und -integration liegt zentral in der Verantwortung des Einkaufs ohne Beteiligung des Werkzeugbaus.

Die **Lieferantentypen** beschreiben die Formen der partnerschaftlichen Beziehung zwischen produzierendem Unternehmen und Werkzeuglieferanten. Damit geben die Lieferantentypen Aufschluss über die strategische Bedeutung der Lieferanten. Dabei werden insbesondere auch die Intensität und Langfristigkeit der Kooperation sowie die Intensität des Know-how-Transfers im Rahmen der Lieferantenentwicklung berücksichtigt. Die Auswertung der Fallstudien ergibt die folgende Abgrenzung von Lieferantentypen:

- **Basislieferanten:** Basislieferanten werden nur vereinzelt beauftragt und können kompetenzseitig maximal das leisten, was auch der interne Werkzeugbau leisten kann. Daher werden Basislieferanten immer dann beauftragt, wenn Kapazitätsengpässe bestehen. Basislieferanten weisen keine besonderen Alleinstellungsmerkmale auf, werden lediglich vereinzelt beauftragt und im Rahmen des Lieferantenmanagements nur in geringem Umfang entwickelt.
- **Strategische Lieferanten:** Strategische Lieferanten übernehmen die Herstellung von Werkzeugen oder Werkzeugkomponenten, die im internen Werkzeugbau kompetenzseitig nicht hergestellt werden können. Die strategische Bedeutung dieser Lieferanten ist relativ hoch, da sie nicht kapazitäts-, sondern kompetenzbasiert beauftragt werden. Die Beauftragung strategischer Lieferanten erfolgt dennoch nur vereinzelt. Entwicklungen im Rahmen des Lieferantenmanagements erfolgen daher ebenfalls nur in geringem Umfang.
- **Strategische Partner:** Strategische Partner werden im Gegensatz zu Basislieferanten und strategischen Lieferanten regelmäßig beauftragt. Strategische Partner werden systematisch durch das Unternehmen qualifiziert, um beidseitig und langfristig von den Geschäftsbeziehungen profitieren zu können. Strategische Partner können ihre Kompetenzen somit ausbauen. Das Unternehmen erhält zusätzlich einen zuverlässigen Partner, um Kapazitäten auszugleichen, Kosten einzusparen oder Kompetenzen zu erweitern.
- **Innovationspartner:** Innovationspartner sind eine Sonderform der strategischen Partner. Im Vergleich zu den strategischen Partnern werden diese nicht nur beauftragt, um Kapazitäts- oder Kompetenzbedarfe auszugleichen. Mit Innovationspartnern werden zusätzlich gemeinsame Entwicklungsprojekte durchgeführt, um Innovationen proaktiv durch die Kompetenzen der Lieferanten zu fördern.

5.4.1.5 Synthese zum morphologischen Kasten

Nachdem die Merkmale und Ausprägung des morphologischen Kastens hergeleitet wurden, werden diese in der nachfolgenden Abbildung 62 zusammenfassend dargestellt. Damit wird bezugnehmend auf die erste Teilforschungsfrage ein Rahmen geschaffen, um Referenzstrategien für den Werkzeugeinkauf industriell produzierender Unternehmen unter Berücksichtigung von potenziellen Gestaltungsoptionen zu beschreiben.

<table>
<tr><td rowspan="3">Produkt- und Werkzeugspektrum</td><td>Bedarf</td><td colspan="4">Gering</td><td colspan="4">Mittel</td><td colspan="4">Hoch</td></tr>
<tr><td>Komplexität</td><td colspan="4">Hoch</td><td colspan="4">Heterogen</td><td colspan="4">Gering</td></tr>
<tr><td>Technologie</td><td colspan="4">Fokussiert</td><td colspan="4">Diversifiziert</td><td colspan="4">Konträr</td></tr>
<tr><td rowspan="4">Strategische Planung</td><td>Strategische Ziele</td><td colspan="4">Differenzierung</td><td colspan="4">Verfügbarkeit</td><td colspan="4">Effizienz</td></tr>
<tr><td>Beschaffungsmarkt</td><td colspan="4">Eingeschränkt wettbewerbsfähig</td><td colspan="4">Weitestgehend wettbewerbsfähig</td><td colspan="4">Kompetitiv</td></tr>
<tr><td>Fremdvergabeumfang</td><td colspan="3">Fremdvergabe im Ausnahmefall</td><td colspan="3">Ausgewählte Werkzeugkomponenten</td><td colspan="3">Ausgewählte Werkzeugprojekte</td><td colspan="3">Ausschließlich Fremdvergabe</td></tr>
<tr><td>Einkaufsareal</td><td colspan="4">Regional</td><td colspan="4">International</td><td colspan="4">Global</td></tr>
<tr><td rowspan="2">Einkaufsorganisation</td><td>Koordination der WZ-Versorgung</td><td colspan="3">Dezentraler Werkzeugeinkauf</td><td colspan="3">Auftragssteuerung im Werkzeugbau</td><td colspan="3">Technologisches Kompetenzzentrum</td><td colspan="3">Zentraler Werkzeugeinkauf</td></tr>
<tr><td>Operative Bestellabwicklung</td><td colspan="6">Dezentral</td><td colspan="6">Zentral</td></tr>
<tr><td rowspan="2">Einkaufsprozesse</td><td>Lieferantenmanagement</td><td colspan="4">Dezentrales Lieferantenmanagement</td><td colspan="4">Kooperatives Lieferantenmanagement</td><td colspan="4">Zentrales Lieferantenmanagement</td></tr>
<tr><td>Lieferantentypen</td><td colspan="3">Basislieferanten</td><td colspan="3">Strategische Lieferanten</td><td colspan="3">Strategische Partner</td><td colspan="3">Innovationspartner</td></tr>
</table>

Abbildung 62: Morphologischer Kasten für die Beschreibung von Referenzstrategien[654]

5.4.2 Typisierung von Referenzstrategien

Die identifizierten Referenzstrategien grenzen grundsätzliche strategische Ausrichtungen des Werkzeugeinkaufs voneinander ab und werden als Orientierungshilfe für produzierende Unternehmen angesehen. Das bedeutet gleichermaßen, dass die nachfolgenden Strategietypen nicht zwingend in identischer Ausführung auf jedes produzierende Unternehmen übertragen werden können, sondern aufgrund individuell vorherrschender Rahmenbedingungen im Einzelfall abgewandelt werden sollten.

Zudem wird konstatiert, dass die Referenzstrategien aus den beschriebenen Fallstudien abgeleitet wurden, jedoch nicht jeder einzelne Fall eindeutig einem der nachfolgend beschriebenen Strategietypen zugeordnet werden kann. Obwohl sich die in den Fallstudien untersuchten strategischen Ausrichtungen des Werkzeugeinkaufs in der betrieblichen Praxis etabliert haben, sind bei der Durchführung der Experteninterviews punktuell Verbesserungsmöglichkeiten der jeweiligen strategischen Ausrichtung genannt worden. Diese Hinweise der Interviewpartner sind in die Auswertung der empirischen Studie eingeflossen und bei der Ableitung der Strategietypen berücksichtigt worden, sodass die ausgearbeiteten Referenzstrategien punktuell von den beschriebenen Fallstudien abweichen. Insgesamt konnten fünf Referenzstrategien typisiert und voneinander abgegrenzt werden. Sie werden im Folgenden beschrieben.

[654] Eigene Darstellung.

5.4.2.1 Die vollintegrierte interne Werkzeugherstellung

Die vollintegrierte interne Werkzeugherstellung eignet sich für produzierende Unternehmen, die einen mittleren und konstanten Werkzeugbedarf haben, der hochkomplex ist und eine geringe technologische Bandbreite aufweist. Gleichzeitig stellt das produzierende Unternehmen hohe differenzierungsseitige Anforderungen an die Werkzeugversorgung wie bspw. den Schutz von unternehmensinternem Know-how sowie die Entwicklung von Prozess- und Produktinnovationen.

Die Randbedingungen, die durch das Werkzeugspektrum geschaffen werden, verhelfen dem produzierenden Unternehmen zu einem strategischen Vorteil, der den internen Werkzeugbau dazu befähigt, sich durch ein fokussiertes vor- und nachgelagertes Dienstleistungsangebot intensiv in die Kundenprozesse zu integrieren und proaktiv die Entwicklung von Produkt- und Prozessinnovationen zu unterstützen. Gleichzeit ist es aufgrund des konstanten Werkzeugbedarfs möglich, interne Ressourcen gleichmäßig auszulasten und durch Automatisierungslösungen eine hohe Effizienz und Kostenvorteile in der Werkzeugherstellung zu erreichen. Der hohe Innovationsbeitrag und die effiziente Werkzeugherstellung schaffen für den internen Werkzeugbau Alleinstellungsmerkmale, sodass potenzielle Lieferanten bezogen auf die individuellen Unternehmensanforderungen nur eingeschränkt wettbewerbsfähig sind. Aus diesem Grund erfolgt lediglich eine Fremdvergabe ausgewählter Wertschöpfungsschritte wie bspw. dem Schruppfräsen großer Flächen oder dem Härten. Die Fremdvergabe von vollständigen Werkzeugprojekten erfolgt nur im Ausnahmefall, sofern die Kapazitäten des internen Werkzeugbaus ausgeschöpft sind. In diesem Fall werden nationale Lieferanten aus der Region ausgewählt, denn der geringe Fremdvergabeumfang rechtfertigt den Aufwand für den Aufbau eines internationalen oder gar globalen Lieferantenetzwerks nicht.

Grundsätzlich wird im Falle der vollständig integrierten Werkzeugherstellung jedes herzustellende Neuwerkzeug zunächst im internen Werkzeugbau angefragt, sodass die Auftragssteuerung im Werkzeugbau die Koordination des gesamten Werkzeugbedarfs übernimmt. Bei Kapazitätsspitzen übergibt der Werkzeugbau das Werkzeugprojekt an den Zentraleinkauf, der schließlich die operativen Einkaufsaktivitäten von der Lieferantenanfrage bis zu Bestellung durchführt. Anschließend ist der Werkzeugbau von der Fremdvergabe des Werkzeugprojektes ausgeschlossen und wird vom Zentraleinkauf nur im Bedarfsfall für die Klärung technologischer Rückfragen hinzugezogen.

Das Lieferantenmanagement nimmt im Rahmen dieser Referenzstrategie eine untergeordnete Bedeutung ein, sodass der Werkzeugbau in diesen Prozess nicht integriert ist. Der Zentraleinkauf führt für die Fremdvergabe von Neuwerkzeugen keine systematische Beschaffungsmarktforschung und Lieferantenidentifikation durch. Einkaufspezifische Kennzahlen wie bspw. die Liefertermintreue und Lieferqualität werden für eine Lieferantenbewertung zwar dokumentiert, eine umfangreiche Lieferantenentwicklung erfolgt jedoch nicht. Das Lieferantennetzwerk besteht daher lediglich aus Basislieferanten mit geringer strategischer Bedeutung, die das Kompetenzspektrum des internen Werkzeugbaus nur unwesentlich erweitern, sondern in erster Linie Kapazitätsengpässe ausgleichen.

Die Beschreibung dieser Referenzstrategie basiert auf der Beschreibung von Fallbeispiel 9. Die Zusammenfassung der beschriebenen Referenzstrategie ist mithilfe des morphologischen Kastens in Abbildung 63 dargestellt.

Produkt- und Werkzeug-spektrum	Bedarf	Gering	Mittel	Hoch	
	Komplexität	Hoch	Heterogen	Gering	
	Technologie	Fokussiert	Diversifiziert	Konträr	
Strate-gische Planung	Strategische Ziele	Differenzierung	Verfügbarkeit	Effizienz	
	Beschaffungs-markt	Eingeschränkt wettbewerbsfähig	Weitestgehend wettbewerbsfähig	Kompetitiv	
	Fremdvergabe-umfang	Fremdvergabe im Ausnahmefall	Ausgewählte Werk-zeugkomponenten	Ausgewählte Werkzeugprojekte	Ausschließlich Fremdvergabe
	Einkaufsareal	Regional	International	Global	
Einkaufs-organi-sation	Koordination der WZ-Versorgung	Dezentraler Werkzeugeinkauf	Auftragssteuerung im Werkzeugbau	Technologisches Kompetenzzentrum	Zentraler Werkzeugeinkauf
	Operative Bestellabwicklung	Dezentral	Zentral		
Einkaufs-prozesse	Lieferanten-management	Dezentrales Lieferantenmanagement	Kooperatives Lieferantenmanagement	Zentrales Lieferantenmanagement	
	Lieferantentypen	Basislieferanten	Strategische Lieferanten	Strategische Partner	Innovationspartner

Abbildung 63: Referenzstrategie 1 – Die vollintegrierte interne Werkzeugherstellung[655]

5.4.2.2 Der dezentrale Komponenteneinkauf

Der dezentrale Komponenteneinkauf eignet sich für produzierende Unternehmen, die analog zur vollintegrierten Werkzeugherstellung einen mittleren Bedarf hochkomplexer Werkzeuge haben. Die Werkzeugtechnologie ist im Gegensatz zur ersten Referenzstrategie diversifiziert, sodass die technologische Bandbreite der benötigten Werkzeuge größer ist. Gleichzeitig hat der Schutz unternehmensinternen Know-hows einen besonders großen Stellenwert, da die Entwicklungen im Bereich der Werkzeugtechnologie unmittelbaren Einfluss auf die Differenzierung des Endprodukts von direkten Wettbewerbern haben. Gleichzeitig ist bei ausgewählten Produkten eine hohe Verfügbarkeit des Werkzeugbaus von zentraler Bedeutung, um bei Neuentwicklungen Markteinführungszeiten zu verkürzen.

Das schützenswerte Know-how steckt in der Entwicklung der Werkzeuge, sodass die know-how-intensiven Prozessschritte wie die Werkzeugentwicklung und -simulationen für alle Werkzeuge unternehmensintern durchgeführt und keine vollständigen Werkzeugprojekte an externe Lieferanten vergeben werden. Zudem gibt es klar definierte Make-Komponenten, die aus strategischen Gründen zwingend im internen Werkzeugbau hergestellt werden. Gleichzeitig werden aufgrund der geforderten kurzen Markteinführungszeiten kapazitäts-, kosten- und terminbasierte Make-or-Buy-Entscheidungen für die übrigen Komponenten getroffen und externe Lieferanten in der mechanischen Fertigung für die Herstellung ausgewählter Werkzeugkomponenten beauftragt. Durch die systematische Fremdvergabe von Werkzeugkomponenten

[655] Eigene Darstellung.

wird ein signifikanter Anteil der mechanischen Fertigung an externe Lieferanten vergeben. Da der Beschaffungsmarkt in Bezug auf die mechanische Fertigung der Werkzeugkomponenten weitestgehend wettbewerbsfähig ist, werden durch den Komponenteneinkauf Kapazitätsspitzen ausgeglichen und zusätzlich Kostenvorteile generiert, ohne schützenswertes Know-how offenzulegen. Da Abstimmungsaufwände und Transaktionskosten für die Fremdvergabe von Werkzeugkomponenten geringer sind als bei vollständigen Werkzeugprojekten, ist für die gleichzeitige Erzielung von Kostenvorteilen in der mechanischen Fertigung der Aufbau und die Entwicklung einer globalen Lieferantenbasis sinnvoll.

Der interne Werkzeugbau ist organisatorisch in die Werksstruktur integriert und bildet zu den einzelnen Produktbereichen des Unternehmens einen parallelen Strang, der für den technischen Support der Produktbereiche zuständig ist. Innerhalb des internen Werkzeugbaus existieren neben der direkten Prozesskette der Werkzeugherstellung auch indirekte Bereiche und ein Werkzeugeinkauf, der dezentral für die strategischen und operativen Einkaufsaktivitäten verantwortlich ist. Der dezentrale Werkzeugeinkauf ist damit hierarchisch und fachlich an den internen Werkzeugbau angebunden, ohne dass eine organisatorische Anbindung an den Zentraleinkauf besteht. Somit ist der dezentrale Werkzeugeinkauf in Abstimmung mit der Werkzeugentwicklung und der Arbeitsvorbereitung des internen Werkzeugbaus sowohl für die komponentenbasierte Make-or-Buy-Entscheidung als auch für die operative Fremdvergabe von Werkzeugkomponenten verantwortlich. Dennoch erfolgt in regelmäßigen Zeitabständen ein unverbindlicher Austausch mit dem Zentraleinkauf, um sich unternehmensintern bestmöglich zu synchronisieren. Durch die Anbindung an die Werksstruktur ist der interne Werkzeugbau am Standort für die lokale Werkzeugversorgung verantwortlich. In anderen Produktionswerken können bei Bedarf analoge Strukturen aufgebaut werden. Zudem ist eine Vernetzung der Werkzeugbaustandorte sowie die Definition von Lead-Werkzeugbaustandorten von Vorteil, um Synergieeffekte in Bezug auf notwendige Kapazitäts- und Kompetenzbedarfe nutzbar zu machen.[656]

Die systematische Fremdvergebe von Werkzeugkomponenten und die globale Lieferantenbasis erfordern einen systematischen Lieferantenmanagementprozess, der vollständig im Verantwortungsbereich des dezentralen Werkzeugeinkaufs liegt. Dazu zählen sowohl die proaktive Beschaffungsmarktforschung, Lieferantenidentifikation und -klassifizierung als auch die regelmäßige Durchführung von Lieferantenbesuchen zur Weiterentwicklung der Kompetenzen und Leistungsfähigkeit der Lieferanten. Die Lieferantenbasis besteht daher nicht nur aus Basislieferanten, die bei Kapazitätsengpässen beauftragt werden, sondern gleichzeitig aus strategischen Partnern, die die Kompetenzen des internen Werkzeugbaus erweitern, um aufgrund der diversifizierten technologischen Bandbreite eine effiziente Werkzeugherstellung zu befähigen.

[656] Für die Vernetzung der Werkzeugbaustandorte wird auf die Methodik zur „Kompetenzfeldbasierten Vernetzung von Werkzeugbaustandorten“ von Pitsch (Vernetzung von Werkzeugbaustandorten), 2014, S. 107 ff. verwiesen.

Die Beschreibung dieser Referenzstrategie basiert auf der Beschreibung von Fallbeispiel 11. Die Zusammenfassung der beschriebenen Referenzstrategie ist mithilfe des morphologischen Kastens in Abbildung 64 dargestellt.

Produkt- und Werkzeug-spektrum	Bedarf	Gering	**Mittel**	Hoch	
	Komplexität	Hoch	**Heterogen**	Gering	
	Technologie	Fokussiert	**Diversifiziert**	Konträr	
Strate-gische Planung	Strategische Ziele	**Differenzierung**	**Verfügbarkeit**	Effizienz	
	Beschaffungs-markt	Eingeschränkt wettbewerbsfähig	**Weitestgehend wettbewerbsfähig**	Kompetitiv	
	Fremdvergabe-umfang	Fremdvergabe im Ausnahmefall	**Ausgewählte Werk-zeugkomponenten**	Ausgewählte Werkzeugprojekte	Ausschließlich Fremdvergabe
	Einkaufsareal	Regional	International	**Global**	
Einkaufs-organi-sation	Koordination der WZ-Versorgung	**Dezentraler Werkzeugeinkauf**	Auftragssteuerung im Werkzeugbau	Technologisches Kompetenzzentrum	Zentraler Werkzeugeinkauf
	Operative Bestellabwicklung	**Dezentral**	Zentral		
Einkaufs-prozesse	Lieferanten-management	**Dezentrales Lieferantenmanagement**	Kooperatives Lieferantenmanagement	Zentrales Lieferantenmanagement	
	Lieferantentypen	**Basislieferanten**	Strategische Lieferanten	**Strategische Partner**	Innovationspartner

Abbildung 64: Referenzstrategie 2 – Der dezentrale Komponenteneinkauf[657]

5.4.2.3 Das technologieorientierte Werkzeugmanagement

Das technologieorientierte Werkzeugmanagement eignet sich für produzierende Unternehmen mit einem globalen Produktionsnetzwerk, die einen hohen Werkzeugbedarf haben, der in Bezug auf die Werkzeugkomplexität und -technologie heterogen bzw. diversifiziert ist. Das bedeutet, dass das Produktionsnetzwerk sowohl komplexe als auch einfache Werkzeuge benötigt, deren Technologie im Einzelnen voneinander abweicht. Es werden also bspw. sowohl hochkomplexe Spritzgießwerkzeuge für dünnwandige Artikel mit hohen technologischen Anforderungen benötigt, die in millionenfacher Stückzahl produziert werden, als auch einfache Auf-Zu-Werkzeuge für Artikel mit geringen technologischen Anforderungen eingesetzt, die nur geringe Ausbringungsmengen haben.

Aufgrund der Rahmenbedingungen des Werkzeugspektrums weichen die strategischen Ziele in Bezug auf einzelne Werkzeugtypen stark voneinander ab. Einerseits sind bei komplexen Werkzeugen Know-how-Schutz sowie Produkt- und Prozessinnovationen von hoher Bedeutung. Andererseits haben bei anderen Werkzeugprojekten Verfügbarkeit und geringe Werkzeugkosten Priorität. Der hohe Werkzeugbedarf befähigt diese Unternehmen daher dazu, ausgewählte Werkzeugprojekte aus Kosten- und Zeitgründen extern zu vergeben und gleichzeitig den internen Werkzeugbau gleichmäßig auszulasten. Der interne Werkzeugbau ist insbesondere bei strategisch wichtigen Werkzeugen proaktiv in die Entwicklung von Produkt- und Pro-

[657] Eigene Darstellung.

zessinnovationen integriert. Dadurch erzielt der interne Werkzeugbau im Vergleich zu externen Werkzeuglieferanten einen technologischen Vorsprung, der das produzierende Unternehmen zu einer hocheffizienten Serienproduktion und der Entwicklung von Alleinstellungs- und Differenzierungsmerkmalen befähigt. Aufgrund dessen ist der Beschaffungsmarkt verglichen mit dem internen Werkzeugbau und in Bezug auf das gesamte Werkzeugspektrum nur eingeschränkt wettbewerbsfähig. Für einzelne Werkzeugtypen mit geringen technologischen Anforderungen existieren jedoch weltweit wettbewerbsfähige Lieferanten, sodass der Beschaffungsmarkt für diese Werkzeugtypen kompetitiv ist. Daher werden insbesondere Werkzeugprojekte, bei denen Know-how-Schutz sowie Produkt- und Prozessinnovationen eine hohe Bedeutung haben oder eine hohe Wahrscheinlichkeit von Änderungen durch die Produktentwicklung besteht, intern hergestellt. Für einfache und kostenkritische Werkzeuge wird hingegen ein globales Lieferantennetzwerk aufgebaut, um die Termin- und Kostenziele zu erreichen und zudem globale Produktionsstandorte durch lokale Lieferanten zu bedienen. Um eine geringe Abhängigkeit vom Beschaffungsmarkt sicherzustellen sowie eine hohe Flexibilität in Bezug auf die Werkzeugversorgung und eine konstante Auslastung des internen Werkzeugbaus zu gewährleisten, besitzt der interne Werkzeugbau dennoch alle erforderlichen Kompetenzen, im Bedarfsfall nahezu jedes Werkzeug intern herstellen zu können.

Um die Make-or-Buy-Entscheidung technologie- und kompetenzbasiert bewerten zu können, ist bei produzierenden Unternehmen dieser strategischen Ausrichtung die Auftragssteuerung des internen Werkzeugbaus für die Koordination der globalen Werkzeugversorgung zuständig. Diese Koordination erfolgt zumeist in Abstimmung mit dem Zentraleinkauf und der Produktentwicklung. Dazu zählt nicht nur die Entscheidung über Eigenfertigung und Fremdvergabe von Werkzeugprojekten an wettbewerbsfähige Werkzeuglieferanten, sondern auch die kompetenz- und kapazitätsbezogene Koordination von Werkzeugprojekten innerhalb des unternehmensinternen Produktionsnetzwerkes an andere interne Werkzeugbaustandorte. Dabei wird grundsätzlich versucht, Werkzeugbedarfe durch lokale Werkzeugbaustandorte bzw. Lieferanten zu bedienen (Local-for-Local) und die intern vorhandenen Kapazitäten bestmöglich auszulasten. Die operative Fremdvergabe der Werkzeugprojekte führt der Zentraleinkauf durch, wobei der interne Werkzeugbau bei technologischen Fragestellungen beratend hinzugezogen wird.

Die hohe technologische Kompetenz des internen Werkzeugbaus und der gleichzeitige fachliche Austausch mit dem Zentraleinkauf bei einkaufsspezifischen Aufgaben resultieren in einem kooperativen Lieferantenmanagementprozess. Die übergeordnete Verantwortung für den standardisierten Lieferantenmanagementprozess mit dem Fokus auf die Beschaffungsmarktforschung und die Bewertung einkaufspezifischer Kennzahlen wie bspw. die Liefertermintreue und Lieferqualität liegt im Zentraleinkauf. Gleichzeitig ist der interne Werkzeugbau bei Lieferantenbesuchen zur detaillierten technologischen Lieferantenbewertung sowie der Ableitung von Qualifizierungsmaßnahmen beteiligt. Das Lieferantennetzwerk besteht sowohl aus Basislieferanten, die vereinzelt zum Ausgleich von Kapazitätsengpässen beauftragt werden, als auch aus strategischen Lieferanten und Partnern, die systematisch entwickelt werden und das Kompetenzportfolio des internen Werkzeugbaus ergänzen.

Die Beschreibung dieser Referenzstrategie basiert auf der Beschreibung der Fallbeispiele 1, 2, 3, 5, 12, 13 und 14. Die Zusammenfassung der beschriebenen Referenzstrategie ist mithilfe des morphologischen Kastens in Abbildung 65 dargestellt.

Produkt- und Werkzeug-spektrum	Bedarf	Gering	Mittel	Hoch	
	Komplexität	Hoch	Heterogen	Gering	
	Technologie	Fokussiert	Diversifiziert	Konträr	
Strate-gische Planung	Strategische Ziele	Differenzierung	Verfügbarkeit	Effizienz	
	Beschaffungs-markt	Eingeschränkt wettbewerbsfähig	Weitestgehend wettbewerbsfähig	Kompetitiv	
	Fremdvergabe-umfang	Fremdvergabe im Ausnahmefall	Ausgewählte Werk-zeugkomponenten	Ausgewählte Werkzeugprojekte	Ausschließlich Fremdvergabe
	Einkaufsareal	Regional	International	Global	
Einkaufs-organi-sation	Koordination der WZ-Versorgung	Dezentraler Werkzeugeinkauf	Auftragssteuerung im Werkzeugbau	Technologisches Kompetenzzentrum	Zentraler Werkzeugeinkauf
	Operative Bestellabwicklung	Dezentral	Zentral		
Einkaufs-prozesse	Lieferanten-management	Dezentrales Lieferantenmanagement	Kooperatives Lieferantenmanagement	Zentrales Lieferantenmanagement	
	Lieferantentypen	Basislieferanten	Strategische Lieferanten	Strategische Partner	Innovationspartner

Abbildung 65: Referenzstrategie 3 – Das technologieorientierte Werkzeugmanagement[658]

5.4.2.4 Der kostenorientierte Werkzeugeinkauf

Der kostenorientierte Werkzeugeinkauf eignet sich insbesondere für produzierende Unternehmen, die keine eigenen Produkte entwickeln und am Markt platzieren, sondern als Komponenten- oder Systemlieferanten die Produktion für ihre Kunden übernehmen. Zudem ist der hohe Werkzeugbedarf dieser Unternehmen durch eine heterogene Werkzeugkomplexität und eine diversifizierte Werkzeugtechnologie charakterisiert. Folglich werden analog zum technologieorientierten Werkzeugmanagement sowohl komplexe als auch einfache Werkzeuge benötigt, deren Technologie im Einzelnen voneinander abweicht.

Die benötigten Werkzeuge haben einen vergleichsweise geringen Einfluss auf die Differenzierung des Endprodukts. Vielmehr besteht ein hoher Kostendruck in der Produktion, sodass in Bezug auf das Werkzeugspektrum neben einer anforderungsgerechten Werkzugauslegung geringe Kosten von zentraler Bedeutung sind und es nur vereinzelt Werkzeugprojekte mit einer hohen strategischen Bedeutung gibt. Obwohl die benötigten Werkzeuge teilweise eine hohe technologische Komplexität aufweisen, ist der Beschaffungsmarkt weitestgehend wettbewerbsfähig, sodass für den Fremdbezug benötigter Werkzeuge ausreichend potenzielle Lieferanten existieren und eine globale Lieferantenbasis aufgebaut werden sollte. Daher werden die Werkzeugprojekte in erster Linie auf Basis des angebotenen Werkzeugpreises an externe Lieferanten bzw. den internen Werkzeugbau vergeben, wobei für den internen Werkzeugbau immer die Möglichkeit des Last Call besteht. Dabei steht der interne Werkzeugbau, der als

[658] Eigene Darstellung.

Neuwerkzeugbau ohne Reparatur- und Instandhaltungsleistungen als Profit Center bzw. eigenständige Unternehmenseinheit[659] agiert, im direkten Wettbewerb zu externen Lieferanten und stellt einen separaten Geschäftsbereich des Unternehmens dar. Dies hat den Vorteil, dass der interne Werkzeugbau die vereinzelt strategisch wichtigen Werkzeugprojekte, bspw. Großprojekte, bei denen eine Vielzahl von Werkzeugen für eine Baugruppe technologisch aufeinander abgestimmt werden müssen, intern herstellen und gleichzeitig kosteneffizient wirtschaften kann.

Neben dem eigentlichen Neuwerkzeugbau existiert im Unternehmen ein technologisches Kompetenzzentrum, welches die werkzeugbaubezogenen vor- und nachgelagerten Dienstleistungen durchführt. Dazu zählen neben der Beratung der Produktentwicklung auch die Durchführung der Werkzeugqualifizierung, -optimierung sowie -reparaturen. Das technologische Kompetenzzentrum ist zusätzlich für die Koordination des Werkzeugbedarfs verantwortlich. Dabei wird auf Basis des Angebots des internen Werkzeugbaus sowie zusätzlich angefragter Angebote von Werkzeuglieferanten gemeinsam mit dem Zentraleinkauf über die Auftragsvergabe entschieden. Auf diese Weise werden technologische Bewertungen bei der Make-or-Buy-Entscheidung berücksichtigt, ohne Interessenskonflikte zwischen dem internen Werkzeugbau und dem Einkauf des produzierenden Unternehmens zu schaffen. Die operative Bestellung erfolgt schließlich durch den Zentraleinkauf, der bei technologischen Rückfragen durch das technologische Kompetenzzentrum beraten wird. Im Falle eines global aufgestellten Produktionsnetzwerkes werden in den jeweiligen Werken analoge Kompetenzzentren aufgebaut, die die lokale Werkzeugkoordination übernehmen.

Der Werkzeugbau ist als reiner Neuwerkzeugbau mit einem Fokus auf direkt wertschöpfende Prozesse nicht in die Prozesse des Lieferantenmanagements involviert. Dieses ist zentral organisiert. Dabei hat der Zentraleinkauf die Verantwortung, wobei das technologische Kompetenzzentrum bei technologischen Fragestellungen und bei der Lieferantenentwicklung im Bedarfsfall unterstützt. Die Lieferanten umfassen auf der einen Seite Basislieferanten, bei denen vereinzelte Werkzeugprojekte beauftragt werden. Auf der anderen Seite existieren aufgrund der relativ hohen Häufigkeit externer Vergaben strategische Partner, die systematisch entwickelt werden, um die Leistungsfähigkeit des Beschaffungsmarktes im Sinne des produzierenden Unternehmens zu steigern und individuelle Anforderungen zu erfüllen.

Die Beschreibung dieser Referenzstrategie basiert auf der Beschreibung der Fallbeispiele 4 und 7. Die Zusammenfassung der beschriebenen Referenzstrategie ist mithilfe des morphologischen Kastens in Abbildung 66 dargestellt.

---

[659] Produzierende Unternehmen nutzen an dieser Stelle die Möglichkeit, den Werkzeugbau beispielsweise als Gesellschaft mit beschränkter Haftung (GmbH) aus dem Unternehmen auszugründen. Auf diese Weise kann der Werkzeugbau bei Bedarf Werkzeuge am externen Markt anbieten, um die internen Ressourcen auszulasten und zusätzliche Gewinne zu erwirtschaften.

	Merkmal	Ausprägungen			
Produkt- und Werkzeug-spektrum	Bedarf	Gering	Mittel	**Hoch**	
	Komplexität	Hoch	**Heterogen**	Gering	
	Technologie	Fokussiert	**Diversifiziert**	Konträr	
Strate-gische Planung	Strategische Ziele	Differenzierung	Verfügbarkeit	**Effizienz**	
	Beschaffungs-markt	Eingeschränkt wettbewerbsfähig	**Weitestgehend wettbewerbsfähig**	Kompetitiv	
	Fremdvergabe-umfang	Fremdvergabe im Ausnahmefall	Ausgewählte Werk-zeugkomponenten	**Ausgewählte Werkzeugprojekte**	Ausschließlich Fremdvergabe
	Einkaufsareal	Regional	International	**Global**	
Einkaufs-organi-sation	Koordination der WZ-Versorgung	Dezentraler Werkzeugeinkauf	Auftragssteuerung im Werkzeugbau	**Technologisches Kompetenzzentrum**	Zentraler Werkzeugeinkauf
	Operative Bestellabwicklung	Dezentral	**Zentral**		
Einkaufs-prozesse	Lieferanten-management	Dezentrales Lieferantenmanagement	Kooperatives Lieferantenmanagement	**Zentrales Lieferantenmanagement**	
	Lieferantentypen	**Basislieferanten**	Strategische Lieferanten	**Strategische Partner**	Innovationspartner

Abbildung 66: Referenzstrategie 4 – Der kostenorientierte Werkzeugeinkauf[660]

5.4.2.5 Der vollständig extern orientierte Werkzeugeinkauf

Der vollständig extern orientierte Werkzeugeinkauf eignet sich insbesondere für produzierende Unternehmen, deren Werkzeugbedarf zu gering ist, um einen internen Werkzeugbau ausreichend auszulasten. Gleichzeitig eignet sich diese Referenzstrategie für Unternehmen, deren Werkzeuge eine geringe Komplexität aufweisen und deren Werkzeugtechnologie konträr ist. Dies bedeutet, dass für die Herstellung der Endprodukte unterschiedliche Werkzeugtechnologien und Kompetenzen erforderlich sind, die keine sinnvolle Fokussierung eines internen Werkzeugbaus zulassen. Beispiele hierfür sind Produkte wie Küchengeräte oder Autositze, die aus diversen Kunststoff-, Blech- oder sonstigen Komponenten bestehen, für deren Herstellung Werkzeuge unterschiedlicher Technologien und Größe zum Einsatz kommen.

Die aufgeführten Beispiele der Küchengeräte oder Autositze zeigen, dass die Differenzierung der Endprodukte, anders als bspw. das Design und die entsprechenden Karosserie- und Außenhautteile eines Oberklassefahrzeugs, nicht über einzelne Komponenten beeinflusst wird. Vielmehr differenzieren sich diese Produkte über die Entwicklung von Baugruppen und die daraus resultierende Kombination einzelner Komponenten, sodass die benötigten Werkzeuge die Differenzierung des Endprodukts nur in geringem Maße beeinflussen. Daher stellen eine hohe Effizienz und geringe Werkzeugkosten die priorisierten strategischen Ziele des Werkzeugeinkaufs dar. Gleichzeitig ist der Beschaffungsmarkt aufgrund der vergleichsweise geringen Werkzeugkomplexität kompetitiv, sodass Werkzeuge zu attraktiven Preisen bei externen Werkzeugbaubetrieben eingekauft werden können. Aus diesen Gründen erfolgt der Fremdbezug des vollständigen Werkzeugbedarfs. Die internen werkzeugbezogenen Aktivitäten kon-

[660] Eigene Darstellung.

zentrieren sich lediglich für Reparatur- und Instandhaltungsleistungen zur kurzfristigen Unterstützung der Produktionswerke. Es werden nur im Ausnahmefall Neuwerkzeuge intern hergestellt. Aufgrund der Fremdvergabe des vollständigen Werkzeugbedarfs besteht eine vergleichsweise hohe Abhängigkeit von externen Lieferanten. Zudem bestehen hohe potenzielle Transaktionskosten in Bezug auf die Schnittstellen zwischen den externen Werkzeuglieferanten und der Produktentwicklung sowie für den Serienanlauf zu den Produktionswerken. Daher werden keine globalen Lieferantenstrukturen aufgebaut, sondern in erster Linie nationale und internationale Werkzeuglieferanten in das Lieferantennetzwerk integriert.

Der Zentraleinkauf hat die Gesamtverantwortung für den Werkzeugeinkauf mit allen strategischen und operativen Einkaufsaktivitäten. Aufgrund der vollständigen Fremdvergabe des Werkzeugbedarfs existiert im Zentraleinkauf die separate Funktion des zentralen Werkzeugeinkaufs, der für die Koordination der Werkzeugversorgung und die operative Bestellabwicklung verantwortlich ist. Um ausreichende technologische Kompetenz in den Werkzeugeinkauf zu integrieren, werden anders als im klassischen Einkauf Meister, Techniker oder Ingenieure mit einer technischen Ausbildung mit Werkzeugbaubezug eingesetzt. Zudem existiert im Unternehmen eine Funktion des sogenannten Tool Engineering mit Werkzeug- bzw. Prozessingenieuren, die den zentralen Werkzeugeinkauf mit technologischer Expertise unterstützen.

Die Einkaufsorganisation führt automatisch zu einer Zentralisierung des Lieferantenmanagementprozesses im zentralen Werkzeugeinkauf, der die klassischen Prozesse des Lieferantenmanagements durchführt. Dazu zählen sowohl die Beschaffungsmarktforschung, die Lieferantenidentifikation, -klassifizierung, -bewertung und -entwicklung, wobei im Bedarfsfall das Tool Engineering beratend hinzugezogen wird. Anders als bei den zuvor vorgestellten Referenzstrategien existiert kein interner Neuwerkzeugbau, der in ausreichendem Umfang bei der Entwicklung von Produkt- oder Prozessinnovationen unterstützen kann. Daher existieren zu externen Werkzeugbaubetrieben nicht nur strategische, sondern insbesondere Innovationspartnerschaften, in denen gemeinsame Entwicklungsprojekte durchgeführt werden, um Innovationen proaktiv durch die Fähigkeiten der Lieferanten zu fördern.

Die Beschreibung dieser Referenzstrategie basiert auf der Beschreibung der Fallbeispiele 6, 8 und 10. Die Zusammenfassung der beschriebenen Referenzstrategie ist mithilfe des morphologischen Kastens in Abbildung 67 dargestellt.

<table>
<tr><td rowspan="3">Produkt- und Werkzeug-spektrum</td><td>Bedarf</td><td colspan="4">Gering</td><td colspan="4">Mittel</td><td colspan="4">Hoch</td></tr>
<tr><td>Komplexität</td><td colspan="4">Hoch</td><td colspan="4">Heterogen</td><td colspan="4">Gering</td></tr>
<tr><td>Technologie</td><td colspan="4">Fokussiert</td><td colspan="4">Diversifiziert</td><td colspan="4">Konträr</td></tr>
<tr><td rowspan="4">Strate-gische Planung</td><td>Strategische Ziele</td><td colspan="4">Differenzierung</td><td colspan="4">Verfügbarkeit</td><td colspan="4">Effizienz</td></tr>
<tr><td>Beschaffungs-markt</td><td colspan="4">Eingeschränkt wettbewerbsfähig</td><td colspan="4">Weitestgehend wettbewerbsfähig</td><td colspan="4">Kompetitiv</td></tr>
<tr><td>Fremdvergabe-umfang</td><td colspan="3">Fremdvergabe im Ausnahmefall</td><td colspan="3">Ausgewählte Werk-zeugkomponenten</td><td colspan="3">Ausgewählte Werkzeugprojekte</td><td colspan="3">Ausschließlich Fremdvergabe</td></tr>
<tr><td>Einkaufsareal</td><td colspan="4">Regional</td><td colspan="4">International</td><td colspan="4">Global</td></tr>
<tr><td rowspan="2">Einkaufs-organi-sation</td><td>Koordination der WZ-Versorgung</td><td colspan="3">Dezentraler Werkzeugeinkauf</td><td colspan="3">Auftragssteuerung im Werkzeugbau</td><td colspan="3">Technologisches Kompetenzzentrum</td><td colspan="3">Zentraler Werkzeugeinkauf</td></tr>
<tr><td>Operative Bestellabwicklung</td><td colspan="6">Dezentral</td><td colspan="6">Zentral</td></tr>
<tr><td rowspan="2">Einkaufs-prozesse</td><td>Lieferanten-management</td><td colspan="4">Dezentrales Lieferantenmanagement</td><td colspan="4">Kooperatives Lieferantenmanagement</td><td colspan="4">Zentrales Lieferantenmanagement</td></tr>
<tr><td>Lieferantentypen</td><td colspan="3">Basislieferanten</td><td colspan="3">Strategische Lieferanten</td><td colspan="3">Strategische Partner</td><td colspan="3">Innovationspartner</td></tr>
</table>

Abbildung 67: Referenzstrategie 5 – Der vollständig extern orientierte Werkzeugeinkauf[661]

5.5 Zwischenfazit und Reflexion der Fallstudienergebnisse

Die Auswertung der durchgeführten Fallstudien zeigt, dass die Gestaltung des strategischen Werkzeugeinkaufs an unternehmensindividuelle Rahmenbedingungen ausgerichtet werden muss. Dennoch weisen die betrachteten Fallbeispiele Gemeinsamkeiten auf, sodass ein morphologischer Kasten als Modell für die ganzheitliche Beschreibung des strategischen Werkzeugeinkaufs entwickelt und fünf generische Referenzstrategien abgeleitet worden sind. Damit wurde das Forschungsziel der empirischen Studie erreicht und die ersten zwei Teilforschungsfragen der Arbeit beantwortet.

Die identifizierten und typisierten Referenzstrategien dienen als richtungsweisende strategische Grundausrichtung, an denen produzierende Unternehmen sich bei der individuellen Gestaltung des strategischen Werkzeugeinkaufs orientieren können. Daher ist die Typisierung von Referenzstrategien ein wichtiger Meilenstein in Bezug auf die zentrale Forschungsfrage dieser Arbeit, sodass eine Richtung für die ganzheitliche Gestaltung des strategischen Werkzeugeinkaufs industriell produzierender Unternehmen unter Berücksichtigung von Eigen- und Fremdfertigung der Werkzeuge vorgegeben wird. Für die vollständige Beantwortung der zentralen Forschungsfrage sowie der übrigen Teilforschungsfragen erfolgt im nachfolgenden Kapitel die Entwicklung einer Methodik zur Auswahl einer geeigneten Referenzstrategie sowie zur Ableitung unternehmensindividueller Handlungsfelder und Maßnahmen.

661 Eigene Darstellung.

6 Teil II: Methodik zur Auswahl einer Referenzstrategie

In Kapitel 4 erfolgte die Entwicklung eines Grobkonzepts für eine Methodik zur Auswahl und individuellen Anpassung einer Referenzstrategie für den strategischen Werkzeugeinkauf, die in Kapitel 5 identifiziert worden sind. In diesem Kapitel werden die einzelnen Schritte des zuvor entwickelten Grobkonzepts zur Auswahl einer Referenzstrategie detailliert. Zunächst werden hierzu theoretische Vorüberlegungen beschrieben, durch die ein Zusammenhang zwischen den empirisch identifizierten und typisierten Referenzstrategien und der Methodik zur Auswahl ebendieser hergestellt wird. Anschließend erfolgt die jeweilige Detaillierung der Analyse- und Gestaltungsphase der Methodik. Dabei werden die in Kapitel 2 beschriebenen Grundlagen sowie die Expertenaussagen der durchgeführten Fallstudien kontinuierlich hinzugezogen, um sowohl den aktuellen Stand der Wissenschaft als auch die Anforderungen und Erkenntnisse aus der Praxis zu berücksichtigen.

6.1 Theoretische Vorüberlegungen

Der Werkzeugeinkauf kann im Grundsatz nicht eindeutig von der Werkzeugversorgung getrennt und damit losgelöst von der strategischen Ausrichtung des internen Werkzeugbaus betrachtet werden. Der strategische Werkzeugeinkauf ist in der Regel immer ein Ergebnis der strategischen Ausrichtung des internen Werkzeugbaus sowie der damit im Zusammenhang stehenden strategischen Make-or-Buy-Entscheidung über intern herzustellende bzw. fremdbezogene Werkzeugbedarfe.

Diese strategische Ausrichtung des Werkzeugeinkaufs kann vereinfacht als ein Dreieck betrachtet werden, welches durch drei Achsen aufgespannt wird (vgl. Abbildung 68).[662] Die erste Achse beschreibt die **strategische Bedeutung der Werkzeuge** und damit den Einfluss, den die Werkzeuge und somit der Werkzeugbau auf die Alleinstellungsmerkmale des Endprodukts haben. Die zweite Achse zeigt die **relative Leistungsfähigkeit** der Kompetenzen des internen Werkzeugbaus im Vergleich zum Beschaffungsmarkt auf. Die beiden Achsen der strategischen Bedeutung sowie der relativen Leistungsfähigkeit des internen Werkzeugbaus stellen die wesentlichen Bewertungskriterien für die strategische Make-or-Buy-Entscheidung in Bezug auf das Werkzeugspektrum dar. Der Werkzeugbedarf bzw. der Umfang intern herzustellender Werkzeuge entscheidet anschließend darüber, ob ein interner Werkzeugbau ausgelastet und wirtschaftlich betrieben werden kann. Diese Bewertung wird durch die **Höhe des Werkzeugbedarfs** mithilfe der dritten Achse dargestellt. Die Fläche des in Abbildung 68 eingezeichneten hellblauen Dreiecks, das durch die unternehmensindividuelle Ausprägung der jeweiligen Achsen aufgespannt wird, bestimmt schließlich den intern herzustellenden Werkzeugbedarf und damit die Größe sowie strategische Ausrichtung des internen Werkzeugbaus. Dabei gilt

662 Es wird im Rahmen der theoretischen Vorüberlegungen bewusst auf eine vereinfachte Betrachtung der strategischen Ausrichtung des Werkzeugeinkaufs mittels drei Achsen verwiesen. Die Einflussfaktoren weisen in der Praxis eine höhere Komplexität auf, die innerhalb der Detaillierung der einzelnen Methodikschritte in den Kapiteln 6.2.1 ff. berücksichtigt wird.

es zu berücksichtigen, dass für einen unternehmerisch sinnvollen Betrieb eines internen Werkzeugbaus alle der dargestellten Einflussgrößen eine Mindestausprägung erreichen müssen, die durch das dunkelblaue Dreieck dargestellt werden.

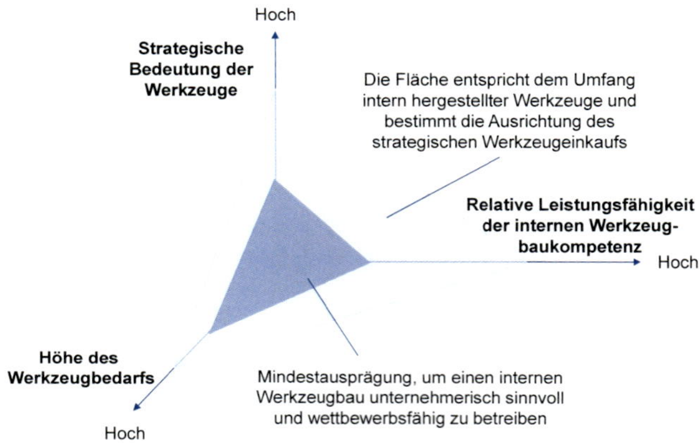

Abbildung 68: Einflussgrößen auf die strategische Ausrichtung des Werkzeugeinkaufs[663]

In Abhängigkeit von der werkzeugbezogenen Make-or-Buy-Entscheidung sowie der strategischen Ausrichtung des internen Werkzeugbaus entscheidet die Ausprägung der drei Achsen schließlich auch über den Umfang fremdvergebener Werkzeugprojekte und die strategische Ausrichtung des Werkzeugeinkaufs. Im Rahmen der Fallstudienauswertung konnten in Kapitel 5 fünf unterschiedliche strategische Ausrichtungen des Werkzeugeinkaufs abgeleitet werden, die als Referenzstrategien schematisch mithilfe der Einflussgrößen auf die strategische Ausrichtung des Werkzeugeinkaufs in Abbildung 69 dargestellt werden.

Bei den ersten drei Referenzstrategien ist zu erkennen, dass die strategische Bedeutung der Werkzeuge und die relative Leistungsfähigkeit zum Wettbewerb sehr hoch ist. Diese drei Referenzstrategien unterscheiden sich vereinfacht betrachtet im Werkzeugbedarf, der im Falle der ersten Referenzstrategie gerade am Mindestbedarf für einen unternehmerisch sinnvollen Betrieb eines internen Werkzeugbaus grenzt. Daher erfolgt bei der Auswahl dieser Referenzstrategie eine vollständig interne Werkzeugherstellung. Bei der zweiten und dritten Referenzstrategie ist der Werkzeugbedarf höher, sodass in diesen Fällen eine Fremdvergabe von ausgewählten Werkzeugkomponenten bzw. -projekten erfolgt, um Kapazitätsschwankungen auszugleichen oder Kostenvorteile nutzbar zu machen. Im Fall der vierten Referenzstrategie erfüllen alle drei Achsen die Mindestanforderungen, sodass ein interner Werkzeugbau unternehmerisch sinnvoll betrieben werden kann. Im Vergleich zu den ersten drei Referenzstrategien ist die Ausprägung der strategischen Bedeutung der Werkzeuge geringer und der interne Werkzeugbau kann sich in seiner Leistungsfähigkeit nicht in gleichem Maße vom Beschaf-

[663] Eigene Darstellung.

fungsmarkt absetzen, sodass hieraus eine abweichende strategische Ausrichtung des Werkzeugeinkaufs resultiert. Bei Auswahl der fünften Referenzstrategie zeigt sich, dass ein interner Werkzeugbau aufgrund der individuellen Achsenausprägungen aus unternehmerischer Sicht nicht sinnvoll betrieben werden kann. Dabei kann es aus praktischer Sicht ausreichen, wenn mindestens eine der drei Achsen die Mindestausprägung nicht erreicht. Folglich wird in diesem Fall der gesamte Werkzeugbedarf fremdbezogen.

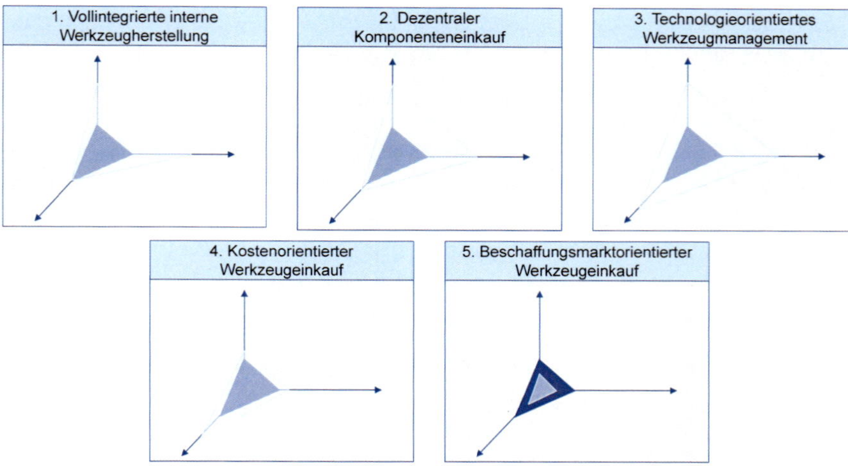

Abbildung 69: Vereinfachte Einordnung der identifizierten und typisierten Referenzstrategien[664]

Die Auswahl einer Referenzstrategie fordert bezogen auf diese theoretischen Vorüberlegungen eine Analyse und Bewertung der individuellen Achsenausprägungen. Daher bilden die drei Analyseschritte Analyse des Werkzeugbedarfs, Analyse der strategischen Ziele sowie Analyse der relativen Leistungsfähigkeit die Basis für die Auswahl einer Referenzstrategie. Aufgrund der individuell vorherrschenden Rahmenbedingungen produzierender Unternehmen kann allerdings nicht davon ausgegangen werden, dass die individuelle Analyse und Bewertung der Achsenausprägungen exakt einer der in Abbildung 69 dargestellten Referenzstrategien entsprechen. Daher ist im Rahmen der Auswahl einer geeigneten Referenzstrategie mit einer potenziellen Durchführung verschiedener **Handlungsoptionen** zu rechnen.

Sofern die strategische Bedeutung der Werkzeuge sowie die eigene Leistungsfähigkeit in Bezug auf die Werkzeugherstellung sehr hoch und der Werkzeugbedarf sehr gering sind, ist es sinnvoll, den **Werkzeugbedarf zu erhöhen**. In diesem Fall kann der interne Werkzeugbau bspw. im Rahmen der ersten Referenzstrategie – der vollständig internen Werkzeugherstellung – zusätzlich Werkzeuge am externen Markt anbieten. Auf diese Weise kann die Auslastung interner Ressourcen erhöht werden, sodass ein wirtschaftlicher Betrieb eines internen

[664] Eigene Darstellung.

Werkzeugbaus möglich wird. Sofern die interne Leistungsfähigkeit zu gering ist, die strategische Bedeutung der Werkzeuge und der Werkzeugbedarf hingegen hoch ausfallen, ist die **Steigerung der internen Leistungsfähigkeit** durch geeignete Maßnahmen sinnvoll. Zudem kann es vorkommen, dass die strategische Bedeutung der Werkzeuge gering ist, sodass aus Kostengründen ein Fremdbezug von Werkzeugen bspw. im Rahmen von Referenzstrategie fünf – dem vollständig extern orientierten Werkzeugeinkauf – erfolgen sollte. Gleichzeitig ist die relative Leistungsfähigkeit des internen Werkzeugbaus hoch bzw. im Umkehrschluss die externe Leistungsfähigkeit zu gering. In diesem Fall ist die **Erhöhung der externen Leistungsfähigkeit** durch eine geeignete Lieferantenentwicklung sowie die **Reduzierung interner Kosten** mittels Abbau nicht erforderlicher Kapazitäten zu empfehlen. Eine Anpassung der strategischen Bedeutung der Werkzeuge ist nicht vorgesehen, da diese durch das Produktspektrum bestimmt und als gegeben angesehen wird. Die potenziellen Handlungsoptionen im Rahmen der Auswahl einer Referenzstrategie sind in Abbildung 70 schematisch dargestellt.

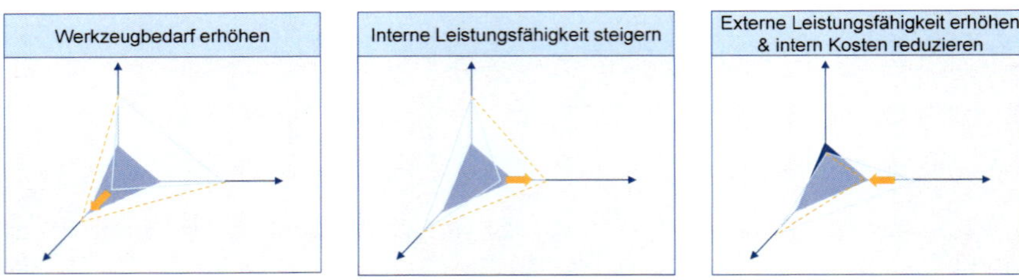

Abbildung 70: Handlungsoptionen im Rahmen der Auswahl einer Referenzstrategie[665]

Die Erarbeitung einer entsprechenden Fallunterscheidung auf Basis der durchgeführten Analyse und Bewertung der Achsenausprägungen sowie die Ableitung von geeigneten Handlungsoptionen wird im Rahmen der Gestaltungsphase der Methodik berücksichtigt.

6.2 Detaillierung der Analysephase

Der erste Teil der Methodik beinhaltet die drei Methodikschritte Analyse des Werkzeugbedarfs, Analyse der strategischen Bedeutung sowie Analyse der relativen Leistungsfähigkeit. Die Durchführung dieser drei Analyseschritte ermöglicht es produzierenden Unternehmen, die werkzeugbezogene Make-or-Buy-Entscheidung treffen zu können, auf dessen Basis im späteren Verlauf der Methodik die Auswahl einer geeigneten Referenzstrategie für den strategischen Werkzeugeinkauf erfolgt.

6.2.1 Schritt A1: Analyse des Werkzeugbedarfs

Das gesamte Werkzeugspektrum produzierender Unternehmen kann nur selten einheitlich beschrieben und analysiert werden. Hinsichtlich der strategischen Bedeutung sowie der internen

665 Eigene Darstellung.

Leistungsfähigkeit sind unterschiedliche Werkzeugtypen sowie ihre jeweiligen Bedarfe zu unterscheiden. Folglich kann auch die strategische Entscheidung über Eigenfertigung und Fremdbezug bei einzelnen Werkzeugtypen unterschiedlich ausfallen.

Daher ist zunächst eine Typisierung des Werkzeugspektrums erforderlich, um einzelne Werkzeugtypen in den nachfolgenden Schritten differenziert betrachten zu können. Zudem erfolgt eine Bedarfsanalyse der jeweiligen Werkzeugtypen, um die Wirtschaftlichkeit einer internen Herstellung von sogenannten Make-Werkzeugtypen bewerten zu können. Da es vorkommen kann, dass ein interner Werkzeugbau durch eine alleinige Herstellung von Make-Werkzeugtypen nicht wirtschaftlich betrieben werden kann, geht der Bedarfsanalyse eine Ähnlichkeitsbewertung der jeweiligen Werkzeugtypen voraus. Mithilfe der Ähnlichkeitsbewertung können Werkzeugcluster gebildet werden, die ähnliche Werkzeugtypen zusammenfassen, sodass für eine höhere Auslastung eines internen Werkzeugbaus unterschiedliche Werkzeugtypen zusammengefasst und eine interne Werkzeugherstellung wirtschaftlich gestaltet werden kann.

6.2.1.1 Werkzeugtypisierung

Das Ziel der **Werkzeugtypisierung** ist die Definition von Werkzeugtypen. In einem Werkzeugtypen werden benötigte Werkzeuge zusammengefasst, die aufgrund des Produktspektrums, der Werkzeugtechnologie, -komplexität, -größe oder vergleichbarer Werkzeugcharakteristika in Bezug auf den strategischen Werkzeugeinkauf einheitlich betrachtet werden können. Hierzu wurde in Grundlagenkapitel 2.1.3 der Werkzeugbegriff eingeordnet und abgegrenzt sowie das Leistungsspektrum des Werkzeugbaus gemäß KUHLMANN dargestellt (vgl. Abbildung 11). Für die werkzeugbezogene Make-or-Buy-Entscheidung wird das von KUHLMANN verwendete Leistungsspektrum aufgegriffen und basierend auf den durchgeführten Fallstudien in leicht abgewandelter Form verwendet (vgl. Abbildung 71).

Das **Werkzeugspektrum** kann zunächst anhand der unterschiedlichen Produktbereiche eines produzierenden Unternehmens unterteilt werden. In der nächsten Stufe werden die benötigten Werkzeuge entsprechend ihrer Auftragsart unterschieden. Dabei eignet sich neben der Unterscheidung von Neu- und Wiederholwerkzeugen auch eine Betrachtung von Prototypenwerkzeugen für Neuentwicklungen, bei denen sich die strategische Bedeutung im Vergleich zu derjenigen von Serienwerkzeugen unterscheiden kann. Ein weiteres Typisierungsmerkmal stellt die Werkzeugtechnologie dar. Dabei sind auf einer übergeordneten Ebene zunächst Werkzeuge für Spritzgieß-, Blechumform- oder vergleichbare Produktionsprozesse zu differenzieren. Anschließend können die benötigten Werkzeugtechnologien je nach Bedarf bspw. 2K-, Nadelverschluss- oder Folgeverbundwerkzeuge detaillierter unterteilt werden. Sofern es die individuellen Werkzeugeigenschaften erfordern, kann das Werkzeugspektrum mithilfe zusätzlicher Werkzeugcharakteristika weiter typisiert werden. Exemplarische Werkzeugcharakteristika stellen die Werkzeuggröße, -komplexität oder die Ausbringungsmenge dar. Abschließend erfolgt eine systematische Bezeichnung der definierten Werkzeugtypen.

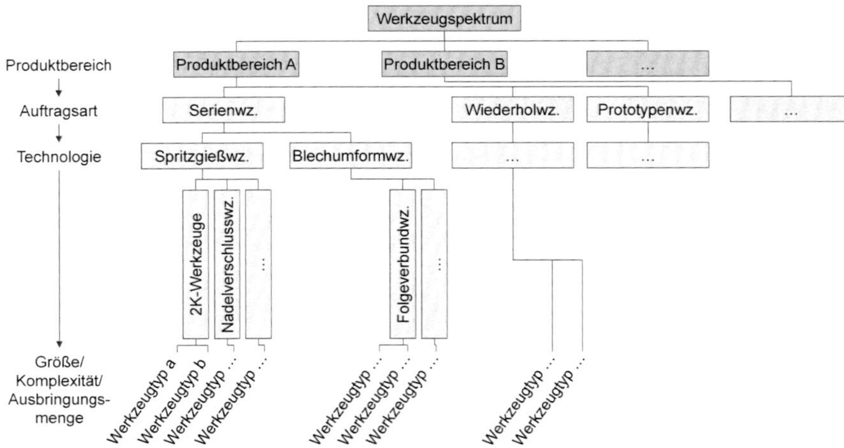

Abbildung 71: Systematik zur Typisierung des Werkzeugspektrums[666]

6.2.1.2 Ähnlichkeitsbewertung

Im späteren Verlauf der Methodik kann sich herausstellen, dass der Make-Werkzeugbedarf zu gering ausfällt, um einen internen Werkzeugbau ausreichend auszulasten, und die ausgewählte Referenzstrategie sich als ungeeignet erweist. Daher ist es das Ziel der **Ähnlichkeitsbewertung**, Werkzeugtypen mit hoher Ähnlichkeit zu sogenannten Werkzeugclustern zusammenzufassen. Dadurch kann sich ein interner Werkzeugbau in Abhängigkeit von den strategischen Make-Werkzeugtypen auf die Herstellung bestimmter Werkzeugcluster fokussieren, wodurch die Auslastung des internen Werkzeugbaus aufgrund eines höheren intern herzustellen Werkzeugbedarfs gesteigert werden kann. Demzufolge ist die Ähnlichkeitsbewertung ein vorbereitender Analyseschritt, dessen Ergebnis in der Bedarfsanalyse sowie der Gestaltungsphase der Methodik aufgegriffen und verwendet wird.

Für die Analyse von Ähnlichkeiten und die Bildung von Werkzeugclustern wird eine **Design Structure Matrix** (DSM) verwendet, die ursprünglich auf STEWARD zurückgeht.[667] In der Praxis wird die DSM häufig eingesetzt, um Produktarchitekturen mit ihren jeweiligen Produktkomponenten sowie deren jeweiligen Beziehungen zueinander darzustellen. Jedoch eignet sich die DSM unabhängig vom betrachteten System grundsätzlich für die Modellierung von Systemarchitekturen mit ihren jeweiligen Komponenten und Beziehungen zueinander. Außerdem bietet sich durch die Verwendung geeigneter Analysemethoden die Möglichkeit des Clustering, um die jeweiligen Komponenten eines Systems auf Basis ihrer Beziehung zueinander zusammenzufassen.[668]

666 Eigene Darstellung.

667 Vgl. Steward (Design Structure System), 1981, S. 71 ff.

668 Vgl. Eppinger; Browning (Design Structure Matrix), 2012, S. 2 ff.

Für die Ähnlichkeitsbewertung wird das Werkzeugspektrum daher als System und die definierten Werkzeugtypen als Komponenten des Systems Werkzeugspektrum verstanden. Zu diesem Zweck ist in Abbildung 72 eine binäre und symmetrische DSM exemplarisch für ein Werkzeugspektrum mit acht Werkzeugtypen dargestellt, welche beliebig erweitert werden kann.

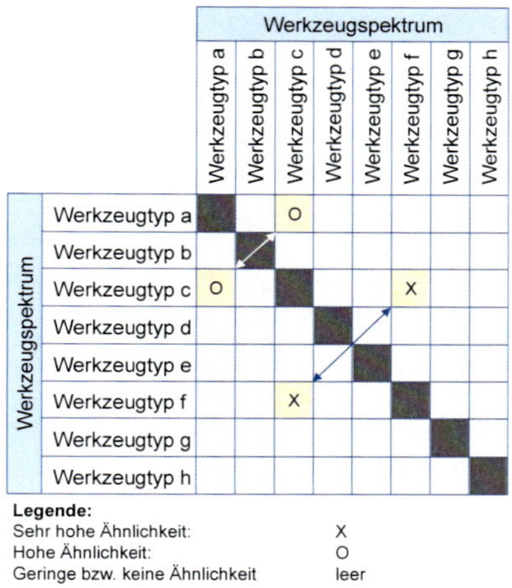

Abbildung 72: Binäre und symmetrische Design Structure Matrix (DSM)[669]

Innerhalb der Matrix werden die Ähnlichkeiten der jeweiligen Werkzeugtypen zueinander eingetragen. Dabei werden die folgenden **qualitativen Ähnlichkeitsbeziehungen** unterschieden:

- **Sehr hohe Ähnlichkeit:** Die Werkzeugtypen ähneln sich in Bezug auf die Werkzeugtechnologie, -größe, -toleranzen und -komplexität in sehr hohem Maße. Werkzeugtypen mit hoher Ähnlichkeit können mit gleicher Kompetenz- und Ressourcenausstattung hergestellt werden, ohne dass für eine interne Werkzeugherstellung zusätzliche Investitionen in Maschinen, Fertigungstechnologien sowie Personal und Kompetenzen erforderlich sind.
- **Hohe Ähnlichkeit:** Die Werkzeugtypen ähneln sich in Bezug auf die Werkzeugtechnologie, -größe, -toleranzen und -komplexität in hohem Maße. Werkzeugtypen mit hoher Ähnlichkeit können teilweise mit gleicher Kompetenz- und Ressourcenausstattung hergestellt werden, sodass für eine interne Werkzeugherstellung zusätzliche Investitionen in Maschinen und Fertigungstechnologien lediglich in geringem Maße erforderlich sind.
- **Geringe bzw. keine Ähnlichkeit:** Die Werkzeugtypen ähneln sich in Bezug auf die Werkzeugtechnologie, -größe, -toleranzen und -komplexität in geringem Maße. Werkzeugtypen mit geringer oder keiner Ähnlichkeit können nicht mit gleicher Kompetenz-

669 Eigene Darstellung, i. A. a. Eppinger; Browning (Design Structure Matrix), 2012, S. 22.

und Ressourcenausstattung hergestellt werden, sodass für eine interne Werkzeugherstellung zusätzliche Investitionen in Maschinen und Fertigungstechnologien in hohem Maße erforderlich sind.

Nachdem die definierten Werkzeugtypen mithilfe der DSM dargestellt und die jeweiligen Ähnlichkeitsbeziehungen eingetragen worden sind, erfolgt die Transformation der Matrix. Dazu werden die Einträge der Matrix durch eine Verschiebung der Zeilen und Spalten entlang der Hauptdiagonalen verdichtet. Die Annäherung der Einträge an die Hauptdiagonale kann dabei sowohl manuell als auch computergestützt (z. B. mit Microsoft Excel) erfolgen. Nach dem Sortieren der Matrix kann schließlich die Definition von **Werkzeugclustern** erfolgen. Werkzeugtypen können dabei sowohl alleinstehende als auch überlappende Werkzeugcluster bilden.[670]

In Abbildung 73 werden exemplarisch Ähnlichkeitsbeziehungen für ein fiktives Werkzeugspektrum sowie die sich aus der transformierten Matrix ergebenen Werkzeugcluster dargestellt. Dabei sind mit dem Werkzeugcluster 1 ein alleinstehendes Werkzeugcluster sowie mit den Werkzeugclustern 2 und 3 zwei überlappende Werkzeugcluster entstanden, innerhalb derer hohe Ähnlichkeit zwischen den darin enthaltenden Werkzeugtypen bestehen.

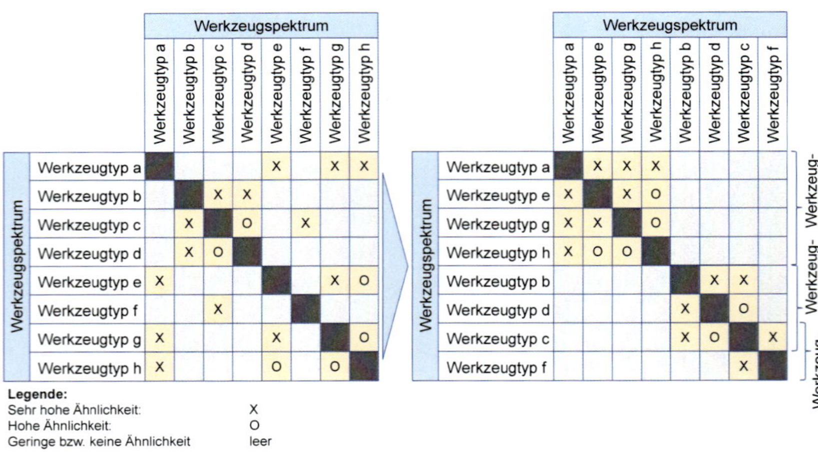

Abbildung 73: Ähnlichkeitsbewertung und Clusterbildung mittels DSM[671]

6.2.1.3 Bedarfsanalyse

Die **Bedarfsanalyse** ist neben der Analyse der strategischen Bedeutung der Werkzeuge sowie der relativen Leistungsfähigkeit der internen Werkzeugherstellung für die Auswahl einer Referenzstrategie von zentraler Bedeutung (vgl. Kapitel 6.1). In diesem Schritt werden die zuvor definierten Werkzeugtypen hinsichtlich der Höhe des Werkzeugbedarfs sowie der benötigten Kapazitätsbedarfe in Bezug auf die Werkzeugherstellung bewertet. Das Ergebnis der

[670] Das Vorgehen basiert auf dem von Eppinger & Browning entwickelten Vorgehen. Vgl. Eppinger; Browning (Design Structure Matrix), 2012, S. 22 ff.

[671] Eigene Darstellung.

Bedarfsanalyse wird verwendet, um die Wirtschaftlichkeit der internen Werkzeugherstellung der Make-Werkzeugtypen zu bewerten. Sofern sich dabei herausstellt, dass der Make-Werkzeugbedarf nicht ausreichend hoch ist, kann der Make-Werkzeugbedarf auf Basis der zuvor identifizierten Werkzeugcluster um Buy- oder indifferente Werkzeugtypen mit hoher Ähnlichkeit ergänzt werden, um die Wirtschaftlichkeit der internen Werkzeugherstellung zu steigern.

Im Rahmen der Bedarfsanalyse definieren Experten aus dem Werkzeugbau oder aus werkzeugbaunahen Bereichen zunächst, welche Kompetenzen, Technologien und Fertigungsverfahren für die Werkzeugherstellung des gesamten Werkzeugspektrums benötigten werden. In Abbildung 74 werden bspw. die Konstruktion, die CAM-Programmierung sowie das Fräsen, Erodieren, Drehen und Schleifen benötigt. Der Detailgrad der Auflistung kann in Abhängigkeit vom Werkzeugspektrum beliebig angepasst werden, sodass z. B. zwischen der Konstruktion mit Kompetenz für Spritzgießwerkzeuge sowie der Konstruktion mit Kompetenz für Blechumformwerkzeuge o. Ä. unterschieden werden kann. Nachdem alle benötigten Kompetenzen, Technologien und Fertigungsverfahren definiert worden sind, erfolgt die Definition des Mindestbedarfs an Bearbeitungsstunden, der für eine wirtschaftlich sinnvolle Auslastung interner Ressourcen benötigt wird. Dieser Mindestbedarf lässt sich aus branchenüblichen Durchschnittswerten für die Auslastung der jeweiligen Bereiche ableiten, die bspw. in der Datenbank des Werkzeugmaschinenlabors WZL der RWTH Aachen und des Fraunhofer-Instituts für Produktionstechnologie IPT hinterlegt sind. Im aufgeführten Beispiel sind für die Bereiche Konstruktion, Fräsen und Erodieren exemplarisch 2.000 bzw. 3.500 Stunden pro Jahr eingetragen. Anschließend werden die jährlich benötigten Werkzeugbedarfe sowie die für die Werkzeugherstellung benötigten Kapazitäten auf Basis von Vergangenheitswerten prognostiziert. Dabei ist es wichtig, bei schwankenden Werkzeugbedarfen den minimalen Kapazitätsbedarf anzunehmen, um die Mindestauslastung des internen Werkzeugbedarfs bewerten zu können. Im abschließenden Schritt erfolgt für jeden Werkzeugtypen die Bewertung, ob ein interner Werkzeugbau in der Lage sein wird, die internen Ressourcen durch die Herstellung der Werkzeuge des entsprechenden Werkzeugtypen auszulasten. Diese Bewertung erfolgt durch den Vergleich des minimalen Werkzeugbedarfs mit dem minimalen Kapazitätsbedarf, wobei der Werkzeugbedarf den Kapazitätsbedarf für eine wirtschaftlich sinnvolle Auslastung übertreffen muss.

Sofern Werkzeugtypen im späteren Verlauf der Methodik als Make-Werkzeugtypen identifiziert werden und eine Auslastung interner Ressourcen durch diese Werkzeugtypen nicht gewährleistet ist, muss dieser Make-Werkzeugbedarf um ähnliche Buy- bzw. indifferente Werkzeugtypen erweitert werden, um eine wirtschaftliche Auslastung des internen Werkzeugbaus zu gewährleisten. Daher werden im Rahmen der Bedarfsanalyse zusätzlich die Kapazitätsbedarfe der zuvor identifizierten Werkzeugcluster zusammengefasst sowie die Auslastung des internen Werkzeugbaus durch die interne Herstellung der jeweiligen Werkzeugcluster bewertet. In Abbildung 74 wird eine Vorlage zur Durchführung der beschriebenen Bedarfsanalyse schematisch dargestellt, dessen Ergebnis im späteren Methodikschritt B2 aufgegriffen werden wird.

			Minimaler WZ-Bedarf [Stück/Jahr]	Minimaler Kapazitätsbedarf [Stunden/Jahr]								Auslastung durch Werkzeugtyp/-cluster gewährleistet?
				Konstruktion	CAM	Fräsen	Erodieren	Drehen	Schleifen	...	...	
		Mindestbedarf*	...	2.000	...	3.500	3.500					
Werkzeugspektrum	WZ-Cluster 1	Werkzeugtyp a	...	1.250	...	2.500	3.750					Nein
		Werkzeugtyp e		2.750		3.500	3.750					Ja
		Werkzeugtyp ...										
		Werkzeugtyp ...										
		Summe		4.000		6.000	7.500					Ja
	WZ-Cluster 2	Werkzeugtyp ...										
		Werkzeugtyp ...										

* Der Mindestbedarf ergibt sich aus branchenüblichen Durchschnittswerten einer jeweiligen Technologie

Abbildung 74: Bedarfsanalyse[672]

6.2.2 Schritt A2: Analyse der strategischen Bedeutung

Ein produzierendes Unternehmen stellt ein zielorientiertes System dar. Daher bilden Ziele die Basis für die Ausrichtung von Unternehmensaktivitäten. Demgemäß müssen auch für den strategischen Werkzeugeinkauf Ziele erfasst, präzisiert und strukturiert werden.[673] Diese Ziele spiegeln sich in der Analyse der strategischen Bedeutung der jeweiligen Werkzeugtypen wider. Um die strategische Bedeutung systematisch analysieren und bewerten zu können, wird zunächst ein Zielsystem für den strategischen Werkzeugeinkauf definiert. Im Anschluss daran erfolgt eine Gewichtung der darin enthaltenden strategischen Ziele sowie eine gewichtete Bewertung der strategischen Bedeutung der in Schritt A1 definierten Werkzeugtypen.

6.2.2.1 Entwicklung eines Zielsystems für den strategischen Werkzeugeinkauf

Das **Zielsystem** für den strategischen Werkzeugeinkauf baut auf dem Zielsystem der Werkzeugversorgung nach KUHLMANN auf, das in Kapitel 2.2.7.2 eingeführt wurde. Die durchgeführten Fallstudien haben gezeigt, dass die Ziele des strategischen Werkzeugeinkaufs im Wesentlichen den Zielen der Werkzeugversorgung ähneln. Dennoch ist es notwendig, das bereits eingeführte Zielsystem in Bezug auf die Make-or-Buy-Entscheidung und die Auswahl einer Referenzstrategie zu konkretisieren und vereinzelte Ziele abzuwandeln.

In der Dimension **Differenzierung** wird der Know-how-Schutz als zusätzliches strategisches Ziel eingeführt, da die Bedeutung von Know-how-Schutz die Make-or-Buy-Entscheidung und die daraus resultierende Einkaufsstrategie wesentlich bedingt. Zudem wird das Ziel Innovation in Produkt- und Prozessinnovation aufgegliedert, da die Ursachen für eine hohe Bedeutung dieser Innovationen voneinander abweichen können. Die Dienstleistungsintegration wird hingegen nicht explizit betrachtet, um Redundanzen innerhalb des Zielsystems zu vermeiden. Für

672 Eigene Darstellung.

673 I. A. a. Mikus (Make-or-buy-Entscheidungen), 2001, S. 36 f.

die Dienstleistungsintegration in vorgelagerte Prozesse, zu denen bspw. die Beratung der Produktentwicklung durch den Werkzeugbau zählt, wird daher implizit auf die Ziele Produktinnovation und Reaktionszeit verwiesen. Eine Integration in nachgelagerte Prozesse wird indirekt durch die Ziele Prozessinnovation und Lebenszykluskosten adressiert. Zudem liegt der Fokus des Werkzeugeinkaufs auf der Beschaffung von Neuwerkzeugen, sodass nachgelagerte Dienstleistungen wie Reparatur- und Instandhaltungsleistungen für die Auswahl einer Referenzstrategie keine besondere Bedeutung haben.

In der Dimension **Verfügbarkeit** wird das Einkaufsziel der Versorgungssicherheit ergänzt, die Termintreue und die Anforderungsgerechtigkeit hingegen nicht als separate Ziele aufgeführt. Die Anforderungsgerechtigkeit wird indirekt bereits durch das neu definierte einkaufsspezifische Ziel der Versorgungssicherheit adressiert. Die Termintreue hat in der Regel keinen Einfluss auf die strategische Make-or-Buy-Entscheidung. Lediglich die taktisch-operative Make-or-Buy-Entscheidung wird durch die Termintreue beeinflusst, da sie bei indifferenten Werkzeugtypen im Einzelfall zu einer Entscheidung über Eigenherstellung bzw. Fremdvergabe führt, um eine termingerechte Werkzeugerstellung bei Kapazitätsengpässen zu gewährleisten. Die Reaktions- und Lieferzeit besitzen als strategische Ziele der Werkzeugversorgung auch für den strategischen Werkzeugeinkauf Relevanz, sodass diese Ziele aus KUHLMANN'S Zielsystem bestehen bleiben.

In der Dimension **Effizienz** wird die Rentabilität interner Ressourcen nicht berücksichtigt. In den Interviews hat sich herausgestellt, dass die Auslastung der internen Ressourcen – ähnlich wie die Termintreue – lediglich die taktisch-operative Make-or-Buy-Entscheidung beeinflusst. In Abhängigkeit von der aktuellen Auslastung eines internen Werkzeugbaus können strategische Buy-Werkzeugtypen im Einzelfall intern hergestellt werden, um Kapazitätsschwankungen auszugleichen und die Rentabilität interner Ressourcen zu erhöhen, ohne Kosten für externe Leistungen aufwenden zu müssen. Die Einstands- und Lebenszykluskosten sind für den Werkzeugeinkauf hingegen relevant, sodass sie in das Zielsystem für den strategischen Werkzeugeinkauf integriert werden.

Die drei Dimensionen Differenzierung, Verfügbarkeit und Effizienz werden mit ihren jeweiligen strategischen Zielen im Zielsystem für den strategischen Werkzeugeinkauf in Abbildung 75 zusammengefasst dargestellt. Neben den strategischen Zielen werden zudem Ausprägungen für die Bewertungen „keine Bedeutung“, „geringe Bedeutung“, „hohe Bedeutung“ und „sehr hohe Bedeutung“ definiert und zielspezifisch konkretisiert.

	Strategische Ziele	Keine Bedeutung	Geringe Bedeutung	Hohe Bedeutung	Sehr hohe Bedeutung
Differenzierung	Know-how-Schutz	Es handelt sich um einfache Werkzeuge, die problemlos bei externen Lieferanten bezogen werden können.	Es handelt sich um technologisch anspruchsvolle Werkzeuge, für die kein besonderer Wettbewerbsvorsprung besteht.	Für diese Werkzeuge besteht ein technologischer Wettbewerbsvorsprung, der nicht zur Differenzierung des Endprodukts beiträgt.	Für diese Werkzeuge besteht ein technologischer Wettbewerbsvorsprung, der zur Differenzierung des Endprodukts beiträgt.
Differenzierung	Produktinnovation	Es handelt sich um einfache Werkzeuge, durch die kein Beitrag zur Entwicklung von Produktinnovationen geleistet wird.	Die Produktentwicklung ist abgeschlossen, sodass der Werkzeugbau nur im Bedarfsfalls Produktoptimierungen vorschlägt.	Der Werkzeugbau steht der Produktentwicklung für Fragen zur Verfügung, ist aber nicht aktiv in die Produktentwicklung integriert.	Der Werkzeugbau ist frühzeitig in die Produktentwicklung integriert, um aktiv Produktinnovationen hervorzubringen.
Differenzierung	Prozessinnovation	Die Ausbringungsmenge der Werkzeuge ist so gering, dass Prozessinnovationen keine Bedeutung haben.	Die Ausbringungsmenge der Werkzeuge ist moderat oder Prozessinnovationen nicht unternehmensindividuell ausgelegt.	Die Ausbringungsmenge der Werkzeuge ist hoch, unternehmensindividuell ausgelegte Werkzeugkonzepte beeinflussen die Wettbewerbsfähigkeit.	Die Ausbringungsmenge der Werkzeuge ist sehr hoch, unternehmensindividuell ausgelegte Werkzeugkonzepte beeinflussen die Wettbewerbsfähigkeit maßgeblich.
Verfügbarkeit	Reaktionszeit	Nach Beauftragung ist das Werkzeugprojekt planbar, ohne dass nachträgliche Änderungen aus der Produktentwicklung die Planung beeinflussen.	Nachträgliche Änderungen beeinflussen die Auftragsabwicklung des Werkzeugprojekts vereinzelt und in geringem Maße.	Regelmäßige Änderungen fordern eine hohe Reaktionsfähigkeit durch eine effiziente Schnittstelle zwischen Werkzeugbau und Produktentwicklung.	Häufige aufwendige Änderungen und die Herstellung von Prototypenwerkzeugen stellen höchste Anforderungen an Reaktionszeit durch die Schnittstelle zur Produktentwicklung.
Verfügbarkeit	Versorgungssicherheit	Es besteht kein Beschaffungsrisiko, da eine Vielzahl von Lieferanten in der Lage ist, diese Werkzeuge in der geforderten Qualität zu liefern.	Es besteht ein geringes Beschaffungsrisiko, da mehrere Lieferanten in der Lage sind, diese Werkzeuge in der geforderten Qualität zu liefern.	Es besteht ein hohes Beschaffungsrisiko, da nur wenige Lieferanten in der Lage sind, diese Werkzeuge in der geforderten Qualität zu liefern.	Es besteht ein sehr hohes Beschaffungsrisiko, da Lieferanten nicht in der Lage sind, diese Werkzeuge in der geforderten Qualität zu liefern.
Verfügbarkeit	Lieferzeit (Time-to-Market)	Es handelt sich i. d. R. um Ersatzwerkzeuge, bei denen die Lieferzeit keine Rolle spielt.	Kurze Lieferzeiten sind von Vorteil, haben aber keine signifikanten Auswirkungen auf den Absatz des Endprodukts.	Kurze Lieferzeiten haben einen maßgeblichen Einfluss auf die Marktanteile und tragen zur Umsatzsteigerung bei.	Eine kurze Lieferzeit entscheidet darüber, ob das Unternehmen oder ein direkter Wettbewerber die Beauftragung für das Endprodukt erhält.
Effizienz	Einstandskosten*	Es wird immer der kostengünstigste Lieferant ausgewählt, da die Bedeutung der Einstandskosten alle anderen strategischen Ziele übertrifft.	I. d. R. wird der kostengünstigste Lieferant ausgewählt, da die Bedeutung der Einstandskosten die anderen strategischen Ziele weitestgehend übertrifft.	Andere strategische Ziele werden als bedeutend angesehen, sodass die Einstandskosten bei der Auftragsvergabe eine untergeordnete Rolle spielen.	Andere strategische Ziele werden als außerordentlich bedeutend angesehen, sodass die Einstandskosten bei der Auftragsvergabe keine Rolle spielen.
Effizienz	Lebenszykluskosten	Die Werkzeuge sind nicht reparatur- und wartungsintensiv. Zudem werden während des Lebenszyklus keine Optimierungen zur Erhöhung der Produktionseffizienz umgesetzt.	Die Werkzeuge sind nicht reparatur- und wartungsintensiv. Während des Lebenszyklus tragen Optimierungen in geringem Maße zur Erhöhung der Produktionseffizienz bei.	Die Werkzeuge sind besonders reparatur- und wartungsintensiv. Fortlaufende Optimierungen während des Lebenszyklus erzielen Produktivitätsgewinne.	Die Werkzeuge sind besonders reparatur- und wartungsintensiv. Fortlaufende Optimierungen während des Lebenszyklus erzielen signifikante Produktivitätsgewinne.

* Im Gegensatz zu den übrigen strategischen Zielen führen Einstandskosten grundsätzlich zu einer Externalisierung von Leistungsumfängen. Da die strategischen Bedeutung im späteren Verlauf der Methodik für die Make-or-Buy-Entscheidung verwendet wird und eine hohe strategische Bedeutung i. d. R. zu einer Make-Entscheidung führt, erfolgt die Bewertung der strategischen Bedeutung von Einstandskosten in entgegengesetzter Reihenfolge.

Abbildung 75: Zielsystem für den strategischen Werkzeugeinkauf[674]

674 Eigene Darstellung.

6.2.2.2 Gewichtung der strategischen Ziele

Die **Gewichtung der strategischen Ziele** dient der Priorisierung einzelner Ziele, die für den strategischen Werkzeugeinkauf der jeweiligen Werkzeugtypen von besonders hoher Bedeutung sind. Wenn Werkzeuge eines Werkzeugtypen bspw. besonders hohe Ausbringungsmengen von mehreren Millionen produzierten Teilen im Jahr erreichen sollen, ist die Bewertung von Prozessinnovationen als strategische Zielgröße höher zu gewichten als das Ziel von geringen Einstandskosten, die aufgrund der hohen Ausbringungsmenge in diesem Beispiel keinen großen Einfluss auf die Teilekosten haben. Daher hat das strategische Ziel der Prozessinnovationen einen höheren Einfluss auf die strategische Bedeutung dieses Werkzeugtypen als auf andere Werkzeugtypen, bei denen geringe Stückzahlen produziert werden und der Kostendruck sehr hoch ist. Für die Gewichtung von strategischen Zielgrößen hat sich in der angewandten Forschung der **paarweise Vergleich** als methodisches Vorgehen als zielführend herausgestellt.[675] Abbildung 76 veranschaulicht das Vorgehen zur Gewichtung der strategischen Ziele mithilfe des paarweisen Vergleichs gemäß BINNER.[676]

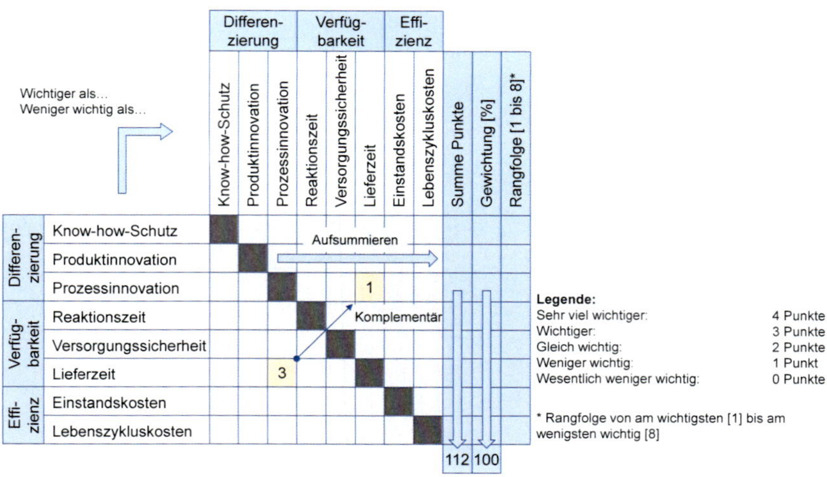

Abbildung 76: Gewichtung strategischer Ziele[677]

Dabei wird jede Zielgröße für jeden der zuvor definierten Werkzeugtypen hinsichtlich der jeweiligen Wichtigkeit qualitativ bewertet. Entscheidend für die Bewertung ist, ob ein strategisches Ziel „sehr viel wichtiger“, „wichtiger“, „gleich wichtig“, „weniger wichtig“ oder „wesentlich weniger wichtig“ als die jeweilig anderen Ziele ist. Mithilfe von Punkten wird diese Bewertung komplementär in die dargestellte Matrix eingetragen. Dies ist im dargestellten Beispiel, in dem die Lieferzeit wichtiger als die Prozessinnovation ist, gelb hinterlegt. Nach der Bewertung aller

[675] Vgl. Kühn (Lebenszyklusorientierte Leistungssysteme im Werkzeugbau), 2016, S. 111.

[676] Vgl. Binner (Methoden-Baukasten), 2016, S. 43 f.

[677] I. A. a. Binner (Methoden-Baukasten), 2016, S. 43; Kuhlmann (Corporate Tooling), 2017, S. 156.

strategischen Ziele werden die vergebenen Punkte zeilenweise aufsummiert, deren Gesamtsumme bei acht strategischen Zielen immer 112 Punkte ergibt. Mittels Division der einzelnen Punktewerte durch die Gesamtsumme kann schließlich die relative Gewichtung der einzelnen strategischen Ziele berechnet und eine Rangfolge von eins bis acht vergeben werden.

6.2.2.3 Bewertung der strategischen Bedeutung der Werkzeugtypen

Für die **Bewertung der strategischen Bedeutung** der jeweiligen Werkzeugtypen werden, wie in Abbildung 77 dargestellt, das Zielsystem sowie die Gewichtung der strategischen Ziele verwendet. Dazu werden die in Methodikschritt A1 definierten Werkzeugtypen unter Verwendung des in Abbildung 75 dargestellten Zielsystems für den strategischen Werkzeugeinkauf bewertet. In Abhängigkeit von der Bewertung der strategischen Ziele werden Punktwerte von 0 (keine Bedeutung) bis 3 (sehr hohe Bedeutung) vergeben. Die vergebenen Punktwerte werden im nächsten Schritt mit der prozentualen Gewichtung der jeweiligen strategischen Ziele multipliziert. Der sich daraus errechnete neue Punktwert steht für die gewichtete Bedeutung der strategischen Ziele eines Werkzeugtypen, deren Summe einen Wert zwischen 0 und 3 ergibt. Die strategische Bedeutung der Werkzeugtypen errechnet sich schließlich durch die Division des summierten Punktwertes durch den theoretisch maximalen Punktwert (3 Punkte).

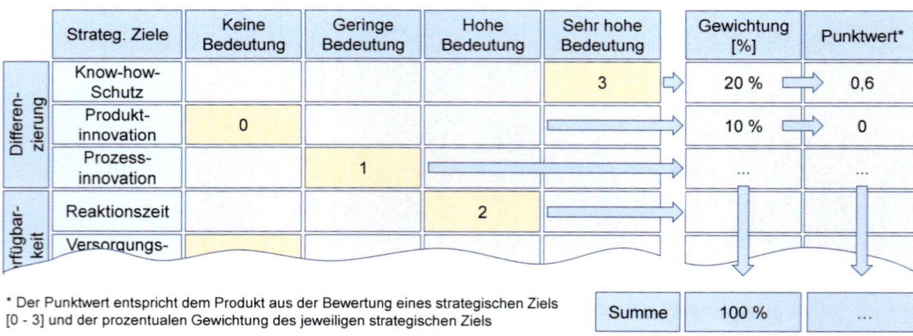

$$\text{Strategische Bedeutung Werkzeugtyp} = \frac{\Sigma \text{ Punktwert Werkzeugtyp}}{\text{Theoretisch max. Punktwert}} \; ; \; \text{Theoretisch max. Punktwert} = 3$$

Abbildung 77: Bewertung der strategischen Bedeutung der Werkzeugtypen[678]

Die strategische Bedeutung der definierten Werkzeugtypen wird durch Anwendung des beschriebenen Vorgehens automatisch auf eine Skala mit Werten zwischen 0 und 1 normiert, wobei 0 der minimal möglichen strategischen Bedeutung und 1 der maximal möglichen strategischen Bedeutung entspricht (vgl. Abbildung 78). Die resultierende Darstellung der strategischen Bedeutung auf einer definierten Skala ist das zentrale Ergebnis des Methodikschrittes A2 und eine wichtige Voraussetzung, um in Methodikschritt B1 die Make-or-Buy-Entscheidung für die Werkzeugtypen zu treffen und basierend darauf in Methodikschritt B2 eine Referenzstrategie auszuwählen.

[678] Eigene Darstellung.

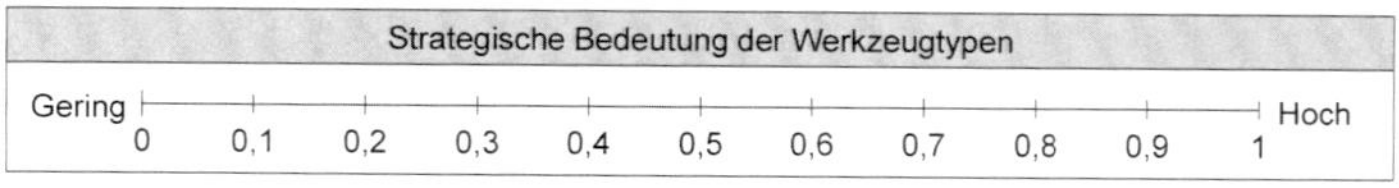

Abbildung 78: Skala zur Darstellung der strategischen Bedeutung[679]

6.2.3 Schritt A3: Analyse der relativen Leistungsfähigkeit

Die relative Leistungsfähigkeit der internen Werkzeugbaukompetenz ist neben dem Werkzeugbedarf sowie der strategischen Bedeutung der Werkzeugtypen die dritte maßgebliche Einflussgröße auf die Auswahl einer Referenzstrategie. Für die Analyse der relativen Leistungsfähigkeit wird zunächst ein Kennzahlensystem definiert, welches sich aus dem Zielsystem für den strategischen Werkzeugeinkauf ableitet. Anschließend wird ein Vorgehen beschrieben, mit dem die interne und externe Leistungsfähigkeit bewertet werden kann, aus der schließlich die relative Leistungsfähigkeit berechnet wird.

6.2.3.1 Kennzahlensystem für den strategischen Werkzeugeinkauf

Für die Bewertung der Leistungsfähigkeit bedarf es aussagekräftiger Kennzahlen.[680] Dabei ist es wichtig, dass die Bewertung der Leistungsfähigkeit und damit die Kennzahlen aus dem in Methodikschritt A2 definierten Zielsystem abgeleitet werden. Für eine ganzheitliche Bewertung der Leistungsfähigkeit von Werkzeugbaubetrieben hat KOZIELSKI ein integratives Kennzahlensystem entwickelt.[681] Zudem hat KÜHN in Bezug auf die Entwicklung lebenszyklusorientierter Leistungssysteme im Werkzeugbau ein Vorgehen zur Erhebung relevanter Kennzahlen definiert.[682] Folglich existieren durch die Arbeiten von KOZIELSKI und KÜHN werkzeugbaubezogene Kennzahlen, die teilweise auf den strategischen Werkzeugeinkauf übertragen und den strategischen Zielen des Werkzeugeinkaufs zugeordnet werden können. Durch die Zuordnung von relevanten Kennzahlen zu den strategischen Zielen sowie eine teilweise notwendige Ergänzung zusätzlicher Kennzahlen wird ein **Kennzahlensystem für den strategischen Werkzeugeinkauf** definiert, welches in Abbildung 79 dargestellt wird.

679 Eigene Darstellung.

680 Vgl. Kühn; Komorek (Kennzahlen- und Zielsysteme), 2012, S. 8.

681 Vgl. Kozielski (Integratives Kennzahlensystem), 2011, S. 109 ff.

682 Vgl. Kühn (Lebenszyklusorientierte Leistungssysteme im Werkzeugbau), 2016, S. 116 ff.

Dimension	Strategische Ziele	Kennzahl	Einheit	Beschreibung
Differenzierung	Know-how-Schutz	Existenz vertraglicher Vereinbarungen	Ja, Nein	Existenz vertraglicher Vereinbarungen mit Werkzeuglieferanten zum Schutz unternehmensspezifischen Know-hows
		Kooperationsdauer	Jahre	Dauer der Kooperation zwischen Kunde und Werkzeuglieferanten
	Produkt-innovation	Anzahl Patente	#	Anzahl der vom Werkzeuglieferanten gehaltenen Patente für Werkzeug- und Produktionstechnologien
		Umsatzanteil vorgelagerte Dienstleistungen	%	Anteil Umsatz vorgelagerter Dienstleistungen mit Fokus auf die Produktentwicklung am Gesamtumsatz (z. B. Beratung Produktentwicklung)
	Prozess-innovation	Anteil Prozess-/Werkzeugsimulation	%	Anteil Neuwerkzeugaufträge mit Unterstützung durch Prozess-/Werkzeugsimulationen an Gesamtanzahl Neuwerkzeugaufträge
		Individuelle/modulare Werkzeugkonzepte	Ja, Nein	Bewertung der Fähigkeit des Werkzeuglieferanten, individuelle/modulare Werkzeugkonzepte für Kunden bereitzustellen (z. B. Stammformkonzepte)
		Umsatzanteil vorgelagerte Dienstleistungen	%	Anteil Umsatz vorgelagerter Dienstleistungen mit Fokus auf die Prozessentwicklung am Gesamtumsatz (z. B. Optimierung Produktionsprozess)
Verfügbarkeit	Reaktions-zeit	Änderungsgeschwindigkeit	Tage	Dauer der Umsetzung von werkzeugrelevanten Kundenänderungen durch den Werkzeuglieferanten
		Anzahl Hauptkunden	#	Anzahl von Kunden mit einem Umsatzanteil am Gesamtumsatz > 75 %
	Versorgungs-sicherheit	Ablehnungsquote	%	Anteil der vom Werkzeuglieferanten aus Kompetenzgründen abgelehnten Anfragen an der gesamten Anfrageanzahl
		Anzahl Beschwerden nach 2. Korrekturschleife	#	Anzahl der Neuaufträge, die nach einer zweiten Korrekturschleife bei Auslieferung vom Kunden nicht als einwandfrei angenommen werden
		Anzahl Korrekturschleifen	#	Anzahl der für einen Auftrag durchschnittlich benötigten Korrekturschleifen
		Fehlerkostenanteil nach Auslieferung	%	Anteil der Kosten für die Fehlerbeseitigung nach Auslieferung eines Werkzeugs an den Gesamtkosten eines Werkzeugs
	Lieferzeit	Durchlaufzeit	Tage	Durchlaufzeit, die zur Werkzeugherstellung benötigt wird
		Wert pro Tag	€/Tag	Der Quotient aus einem durchschnittlichen Auftragswert und der durchschnittlichen Durchlaufzeit
Effizienz	Einstands-kosten	Gesamtpreis/-kosten je Werkzeug	€	Gesamtpreis bzw. Gesamtkosten für ein durchschnittliches Neuwerkzeug eines Werkzeugtyps
		Preis-/Kostenentwicklung	%	Relative Veränderung des durchschnittlichen Werkzeugpreises bzw. der Werkzeugkosten innerhalb eines definierten Zeitraumes
		Verrechnungsstunden-sätze	€/Std.	Stundensatz des Werkzeuglieferanten, der dem Kunden in Rechnung gestellt wird
	Lebens-zyklus-kosten	Lebenszykluskostenquote	%	Durchschnittliches Verhältnis aus den Lebenszykluskosten der Werkzeuge zu deren Einstandskosten
		Produktivitätsentwicklung in der Produktion	%	Anteilige Produktivitätssteigerung der Serienproduktion mittels Werkzeugoptimierungen durch den Werkzeuglieferanten
		Standzeitgrad	%	Durchschnittliche Standzeit eines Werkzeugs im Verhältnis zur durchschnittlichen Lebenszeit eines Werkzeugs
		Umsatzanteil nach-gelagerte Dienstleistungen	%	Anteil Umsatz nachgelagerter Dienstleistungen mit Fokus auf die Erhöhung der Produktionseffizienz

Abbildung 79: Kennzahlensystem für den strategischen Werkzeugeinkauf[683]

In der Dimension **Differenzierung** wird der Erfüllungsgrad von gefordertem **Know-how-Schutz** durch die Existenz vertraglich vereinbarter Rahmenbedingungen sowie die Kooperationsdauer zwischen Kunden und Werkzeuglieferant bewertet. Dabei wird der interne Werkzeugbau für die Bewertung der internen Leistungsfähigkeit ebenso wie externe Werkzeugbaubetriebe als Werkzeuglieferant angesehen. Die Leistungsfähigkeit in Bezug auf **Produktinnovationen** wird durch die Anzahl der vom Werkzeuglieferanten gehaltenen Patente für Werkzeug- und Produktionstechnologien sowie den Umsatzanteil vorgelagerter produktbezogener Dienstleistungen gemessen. Die Leistungsfähigkeit in Bezug auf **Prozessinnovationen** kann

683 Eigene Darstellung, i. A. a. Kozielski (Integratives Kennzahlensystem), 2011, S. 205 ff.; Kühn (Lebenszyklusorientierte Leistungssysteme im Werkzeugbau), 2016, S. 118.

durch den Anteil durchgeführter Prozess- bzw. Werkzeugsimulationen, die Fähigkeit des Werkzeugbaulieferanten, individuelle Werkzeugkonzepte bereitzustellen, sowie den Umsatzanteil vorgelagerter prozessbezogener Dienstleistungen erhoben werden.

In der Dimension **Verfügbarkeit** kann die **Reaktionszeit** durch die Änderungsgeschwindigkeit in Bezug auf die Umsetzung von Änderungswünschen unmittelbar bewertet werden. Zudem ist die Anzahl von Hauptkunden ein mittelbarer Indikator dafür, in welcher Form Prioritäten für eine kurzfristige Umsetzung von Kundenwünschen gesetzt werden können. Die **Versorgungssicherheit** wird durch kompetenz- und qualitätsbezogene Kennzahlen wie die Ablehnungsquote, die Anzahl Beschwerden nach zweiter Korrekturschleife, die absolute Anzahl erforderlicher Korrekturschleifen sowie den Fehlerkostenanteil nach Auslieferung bewertet. Die **Lieferzeit** wird mithilfe der normierten Durchlaufzeit sowie dem Wert pro Tag gemessen.

In der Dimension **Effizienz** werden die **Einstandskosten** insbesondere über den Gesamtpreis bzw. bei internen Werkzeugbaubetrieben über die Gesamtkosten je Werkzeug definiert. Zudem haben Preis- bzw. Kostenentwicklungen sowie die Höhe der Verrechnungsstundensätze einen Einfluss auf die derzeitigen und zukünftigen Einstandskosten. Die Leistungsfähigkeit in Bezug auf die **Lebenszykluskosten** wird durch das Verhältnis von Lebenszykluskosten zu Einstandskosten, die Produktivitätssteigerungen der Serienproduktion durch den Werkzeuglieferanten sowie den Standzeitgrad und den Umsatzanteil nachgelagerter Dienstleistungen bewertet.

Das definierte Kennzahlensystem wird als ein mögliches Kennzahlensystem verstanden, das durch den Anwender in Abhängigkeit von den unternehmensindividuellen Anforderungen angepasst werden kann. Dazu können bei Bedarf sowohl nicht-relevante Kennzahlen vernachlässigt als auch zusätzliche Kennzahlen definiert werden. Bei einer Anpassung des Kennzahlensystems ist zu beachten, dass eine Zuordnung der Kennzahlen zu dem in Methodikschritt A2 definierten Zielsystem erfolgt, um die nachfolgende Bewertung der Leistungsfähigkeit in Abhängigkeit von der Gewichtung der strategischen Ziele durchzuführen.

6.2.3.2 Bewertung der Leistungsfähigkeit

Für die Bewertung der Leistungsfähigkeit hat sich in der unternehmerischen Praxis die Durchführung eines **Benchmarkings** bewährt.[684] Im Kontext des strategischen Werkzeugeinkaufs eignet sich insbesondere die Durchführung eines wettbewerbsorientierten Benchmarkings, bei dem die interne Leistungsfähigkeit mit der Leistungsfähigkeit von Unternehmen der gleichen Branche bzw. gleichartigen Werkzeuglieferanten verglichen wird.[685] Dazu müssen im ersten Schritt relevante Daten und Informationen für einen Wettbewerbsvergleich erhoben werden.[686] Die Datenerhebung erfolgt sowohl unternehmensintern als auch bei externen Werkzeugbaubetrieben, die bereits als Lieferant eingesetzt werden. Um eine vollständige und belastbare

[684] Vgl. Kuhlmann (Geschäftsprozesse im Werkzeugbau), 2011, S. 103.

[685] I. A. a. .Bilsing (Bewertung der Leistungsfähigkeit im Werkzeugbau), 2007, S. 17.

[686] Vgl. Kuhlmann (Geschäftsprozesse im Werkzeugbau), 2011, S. 108.

Bewertung der relativen Leistungsfähigkeit zu erhalten, sollten zudem potenzielle Lieferanten betrachtet werden, auch wenn dort bisher keine Werkzeuge eingekauft werden.

Die **Datenerhebung** für die Bewertung der Leistungsfähigkeit baut auf zwei Säulen auf und wird in Abbildung 80 schematisch dargestellt. Zum einem eignet sich die Konzeption eines **Fragebogens**, der von allen am Benchmarking partizipierenden Werkzeuglieferanten ausgefüllt wird. Der Fragebogen leitet sich aus dem Kennzahlensystem des strategischen Werkzeugeinkaufs ab, sodass mithilfe des Fragebogens in erster Linie quantitative Daten für die Kennzahlenberechnung erhoben werden. Bezugnehmend auf Abbildung 79 sind bspw. die Abfrage relevanter Patente oder die Umsatzzahlen angebotener Dienstleistungen Bestandteile des Fragebogens. Neben dem Fragebogen sollte zudem ein **Auditbogen** konzipiert werden, durch den die strukturierte Bewertung eines Vor-Ort-Besuchs bei den Lieferanten sowie dem internen Werkzeugbau ermöglicht wird. Der Auditbogen beinhaltet in erster Linie Fragestellungen, die sich nur schwer quantifizieren lassen. Er sollte dabei, wie auch das zuvor definierte Kennzahlensystem, aus dem Zielsystem des strategischen Einkaufs abgeleitet werden. Potenzielle Fragestellungen eines Auditbogens können sich bspw. darauf fokussieren, in welcher Form Lieferanten ein systematisches Fehlermanagement verwenden, um Fehlerkosten und Korrekturschleifen in Bezug auf das strategische Ziel der Versorgungssicherheit langfristig zu reduzieren. Der Erfüllungsgrad des Fehlermanagements entspricht schließlich einer qualitativen Bewertung, die zusätzlich zum bereits definierten Kennzahlensystem für die Bewertung der Leistungsfähigkeit verwendet werden kann. Für die Konzeptionierung von Frage- und Auditbogen eignet sich die Durchführung eines unternehmensinternen Workshops mit Experten aus der Produktentwicklung, aus der Serienproduktion, aus dem internen Werkzeugbau – sofern ein interner Werkzeugbau vorhanden ist – sowie dem Werkzeugeinkauf.

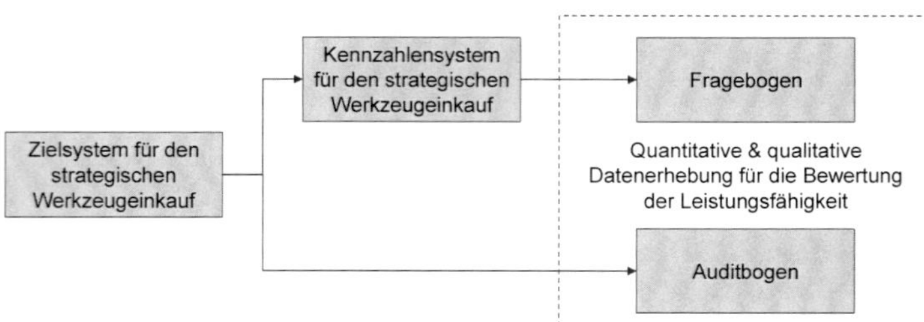

Abbildung 80: Datenerhebung für die Bewertung der Leistungsfähigkeit[687]

Im Anschluss an die Datenerhebung folgt die **Datenauswertung** und damit die Bewertung der Leistungsfähigkeit. Um eine Vergleichbarkeit der unterschiedlichen Werkzeuglieferanten mit der internen Werkzeugbaukompetenz zu ermöglichen, werden auf Basis des Frage- und Auditbogens zunächst alle Kennzahlenwerte berechnet und anschließend in ein **Punktesystem** übertragen (vgl. Abbildung 81). Die Punktwerte werden auf eine lineare Skala mit Werten von 0 bis 10 normiert. Bei **quantitativen Kennzahlen** entsprechen 0 Punkte dem schlechtesten

[687] Eigene Darstellung.

und 10 Punkte dem besten Kennzahlenwert, der durch einen der am Benchmarking partizipierenden Werkzeugbaubetriebe erzielt worden ist. Die individuellen Punktwerte für die am Benchmarking teilnehmenden Unternehmen können über die Formel, die auf der linken Seite von Abbildung 81 dargestellt ist, interpoliert werden. Bei **qualitativen Kennzahlen** ergibt sich der Punktwert über eine objektive Bewertung des Erfüllungsgrades, der auf der rechten Seite der Abbildung dargestellt ist.

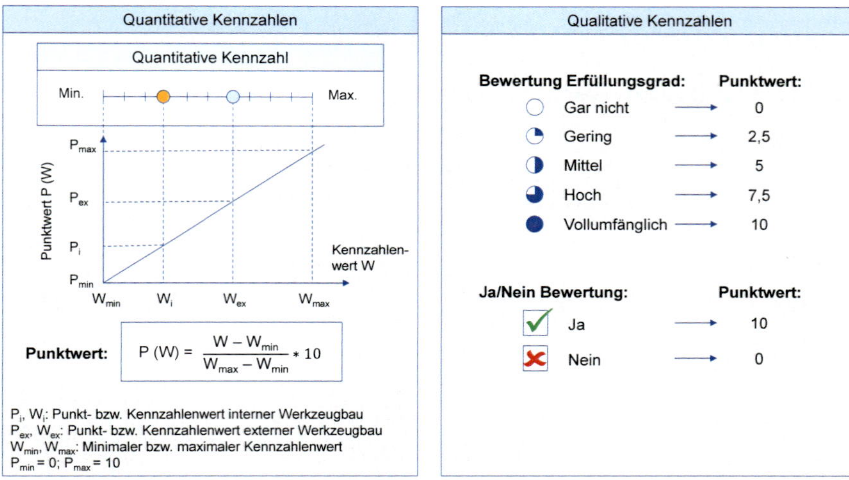

Abbildung 81: Punktesystem für die Bewertung der Leistungsfähigkeit[688]

Nachdem die quantitativen und qualitativen Kennzahlen in Punktwerte übertragen worden sind, kann eine gewichtete **Berechnung der internen und externen Leistungsfähigkeit** erfolgen. Die Gewichtung basiert dabei auf zwei Gewichtungsfaktoren. Der erste Gewichtungsfaktor G_{Strat} steht für die Gewichtung der strategischen Ziele aus Kapitel 6.2.2.2. Der zweite Gewichtungsfaktor G_{Kennz} steht für eine Gewichtung der jeweiligen Kennzahlen innerhalb einer Zielkategorie. Die Gewichtung der Kennzahlen kann analog zur Konzeption des Frage- und Auditbogens in einem Workshop mit Teilnehmern aus der Produktentwicklung, aus der Serienproduktion, aus dem internen Werkzeugbau – sofern ein interner Werkzeugbau vorhanden ist – sowie dem Werkzeugeinkauf stattfinden. Dabei kann bei einem komplexeren Kennzahlensystem optional das Vorgehen mittels paarweisem Vergleich aus Kapitel 6.2.2.2 analog zur Gewichtung der strategischen Ziele zur Gewichtung der jeweiligen Kennzahlen angewendet werden. Für eine übersichtliche Darstellung aller Kennzahlen und Gewichtungsfaktoren kann das Kennzahlensystem optional in einen Punktebaum übertragen werden, von dem für das obige Kennzahlensystem ein Ausschnitt in Abbildung 82 dargestellt wird.

688 Eigene Darstellung.

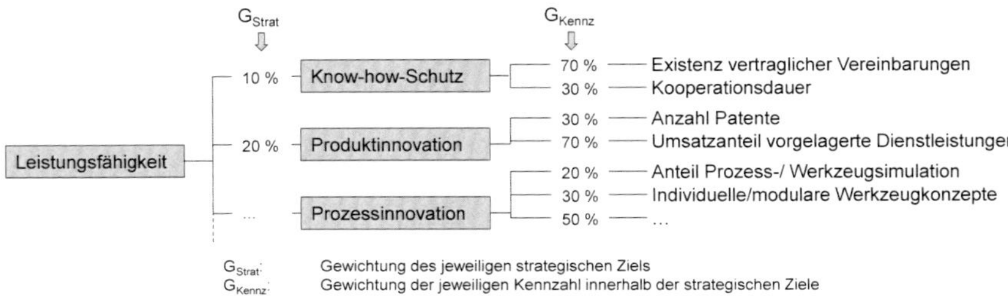

Abbildung 82: Ausschnitt eines Punktebaums[689]

Auf Basis der Gewichtungsfaktoren sowie der Punktwerte P(W) der jeweiligen Kennzahlen wird schließlich die **relative Leistungsfähigkeit** mithilfe der in Abbildung 83 dargestellten Formeln berechnet. Für die Berechnung der externen Leistungsfähigkeit (L_{ex}) können für die Punktwerte $P(W_{ex})$ entweder die Werte einzelner Werkzeuglieferanten oder auch Durchschnittswerte für eine aus mehreren Werkzeuglieferanten bestehende Vergleichsgruppe verwendet werden. Die relative Leistungsfähigkeit (L_{rel}) errechnet sich schließlich aus dem Verhältnis zwischen der internen und externen Leistungsfähigkeit.

Interne Leistungsfähigkeit:

$$L_i = \sum_{k=1}^{n} G_{Strat} * G_{Kennz} * P(W_i)$$

Externe Leistungsfähigkeit:

$$L_{ex} = \sum_{k=1}^{n} G_{Strat} * G_{Kennz} * P(W_{ex})$$

Relative Leistungsfähigkeit:

$$\text{Fall 1: } L_i > L_{ex} \rightarrow L_{rel} = \frac{L_{ex}}{L_i}$$

$$\text{Fall 2: } L_{ex} > L_i \rightarrow L_{rel} = \frac{L_i}{L_{ex}}$$

$$\text{Fall 3: } L_{ex} = L_i \rightarrow L_{rel} = 1$$

n: Anzahl der Kennzahlen im Punktebaum

Abbildung 83: Berechnung der relativen Leistungsfähigkeit[690]

Bei der Berechnung der relativen Leistungsfähigkeit sind drei Fälle zu unterscheiden, um diese in Vorbereitung auf die nachfolgende Make-or-Buy-Entscheidung analog zur strategischen Bedeutung auf einer linear normierten Skala abbilden zu können (vgl. Abbildung 84). Im ersten Fall ist die interne Leistungsfähigkeit höher als die externe Leistungsfähigkeit. In diesem Fall entspricht die relative Leistungsfähigkeit dem Anteil, den die externe Leistungsfähigkeit im Verhältnis zur internen Leistungsfähigkeit erreicht – dargestellt im rechten Teil der Skala. Im zweiten Fall hingegen liegt die externe Leistungsfähigkeit über der internen Leistungsfähigkeit. In diesem Fall entspricht die relative Leistungsfähigkeit dem Anteil, den die interne Leistungsfähigkeit im Verhältnis zur externen Leistungsfähigkeit erreicht – dargestellt im linken Teil der

689 Eigene Darstellung.

690 Eigene Darstellung.

Skala. Sofern die interne und die externe Leistungsfähigkeit exakt den gleichen Wert annehmen, wird die relative Leistungsfähigkeit mit dem Wert 1 definiert. Abbildung 84 zeigt als zentrales Ergebnis dieses Methodikschrittes die normierte Skala zur linearen Darstellung der relativen Leistungsfähigkeit.

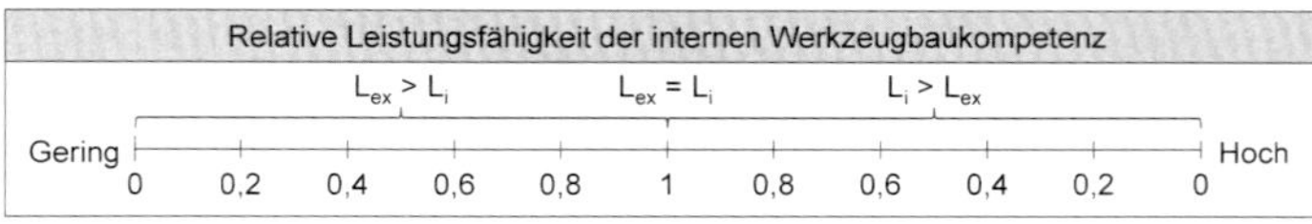

Abbildung 84: Skala zur Darstellung der relativen Leistungsfähigkeit[691]

6.3 Detaillierung der Gestaltungsphase

Der zweite Teil der Methodik baut auf den Ergebnissen der Analysephase auf und beinhaltet im ersten Schritt die strategische Make-or-Buy-Entscheidung. Basierend darauf wird im zweiten Schritt der Gestaltungsphase eine Referenzstrategie ausgewählt. Auf Basis der ausgewählten Referenzstrategie erfolgt im dritten Schritt eine individuelle Anpassung der ausgewählten Referenzstrategie sowie die Ableitung von Handlungsfeldern und Maßnahmen.

6.3.1 Schritt B1: Make-or-Buy-Entscheidung

Die Make-or-Buy-Entscheidung ist der Ausgangspunkt für die Gestaltung des strategischen Einkaufs.[692] Insbesondere in Bezug auf den strategischen Werkzeugeinkauf bestimmt die Make-or-Buy-Entscheidung die strategische Ausrichtung des internen Werkzeugbaus. Gleichzeitig resultiert aus dem Umfang und der Beschaffenheit der Werkzeuge, die aus strategischen Gesichtspunkten fremdvergeben werden, die Ausrichtung des strategischen Werkzeugeinkaufs und die Auswahl einer Referenzstrategie. Daher umfasst der erste Methodikschritt der Gestaltungsphase die werkzeugbezogene Make-or-Buy-Entscheidung.

Die Make-or-Buy-Entscheidung gliedert sich in zwei Teilschritte. Zunächst wird auf Basis der Methodikschritte der Analysephase ein Make-or-Buy-Werkzeugportfolio erstellt. Im zweiten Teilschritt erfolgt die Optimierung des Make-or-Buy-Werkzeugportfolios, um einen strategischen Fit zwischen der strategischen Bedeutung der Werkzeugtypen und der relativen Leistungsfähigkeit der internen Werkzeugbaukompetenz herzustellen. Aus dem optimierten Make-or-Buy-Werkzeugportfolio leitet sich schließlich die Make-or-Buy-Entscheidung ab.

6.3.1.1 Make-or-Buy-Werkzeugportfolio

Im Grundlagenkapitel 2.2.4.1 wurde die Make-or-Buy-Entscheidungsmatrix nach FORTMANN & GBUREK eingeführt. Demzufolge richtet sich die Make-or-Buy-Entscheidung nach der strategi-

691 Eigene Darstellung.

692 I. A. a. Arnold (Strategische Beschaffungsplanung), 2007, S. 35.

schen Bedeutung für den Auftraggeber und der Eigenkompetenz im Vergleich zum Lieferanten. Weitere Autoren verwenden vergleichbare Make-or-Buy-Entscheidungskriterien.[693] Gemäß HINTERHUBER eignet sich zudem die Portfolio-Methode, um Ergebnisse von Einzelanalysen in Bezug auf das strategische Outsourcing auf das Wesentliche zu reduzieren und zu visualisieren.[694]

In Anlehnung an die Make-or-Buy-Entscheidungsmatrix nach FORTMANN & GBUREK sowie HINTERHUBER'S Ausführungen zur Portfolio-Methode im Kontext strategischer Make-or-Buy-Entscheidungen wird für den strategischen Werkzeugeinkauf ein Make-or-Buy-Werkzeugportfolio entwickelt (vgl. Abbildung 85). Das **Make-or-Buy-Werkzeugportfolio** wird von der strategischen Bedeutung der Werkzeugtypen sowie der relativen Leistungsfähigkeit der internen Werkzeugbaukompetenz aufgespannt. Die strategische Bedeutung der Werkzeugtypen ist das zentrale Ergebnis von Methodikschritt A2 und wird durch die in Kapitel 6.2.2 entwickelte Skala der strategischen Bedeutung dargestellt (vgl. Abbildung 78). Die relative Leistungsfähigkeit ist das zentrale Ergebnis von Methodikschritt A3 und wird analog zur strategischen Bedeutung durch die in Kapitel 6.2.3 entwickelte Skala der relativen Leistungsfähigkeit dargestellt (vgl. Abbildung 84).

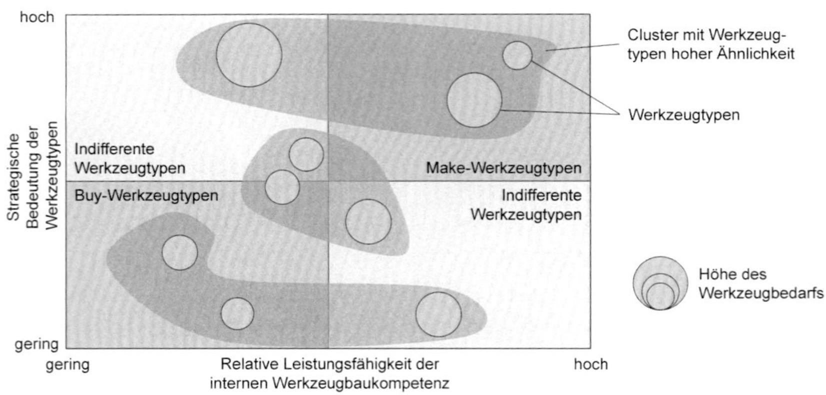

Abbildung 85: Exemplarisches Make-or-Buy-Werkzeugportfolio[695]

In Abbildung 85 erfolgt die Darstellung eines exemplarischen Werkzeugportfolios. Dabei werden auf Basis der Analyseergebnisse der Methodikschritte A1 bis A3 die Werkzeugtypen entsprechend ihrer strategischen Bedeutung sowie der relativen Leistungsfähigkeit der internen Werkzeugkompetenz in das Make-or-Buy-Werkzeugportfolio eingetragen. Die Werkzeugtypen mit einer hohen strategischen Bedeutung sowie einer hohen internen Leistungsfähigkeit wer-

[693] I. A. a. Hinterhuber (Strategische Unternehmensführung), 2004, S. 127 ff.

[694] Vgl. Hinterhuber (Strategische Unternehmensführung), 2004, S. 127.

[695] Eigene Darstellung, i. A. a. Hinterhuber (Strategische Unternehmensführung), 2004, S. 128; Fortmann; Gburek (Make-or-Buy-Entscheidung), 2008, S. 376.

den in den oberen rechten Quadranten eingetragen und als **Make-Werkzeugtypen** charakterisiert. Die Make-Werkzeugtypen eignen sich grundsätzlich für die interne Werkzeugherstellung. Die **Buy-Werkzeugtypen** mit einer geringen strategischen Bedeutung und relativen Leistungsfähigkeit, im unteren linken Quadranten des Portfolios dargestellt, eigenen sich für den Werkzeugeinkauf. Die übrigen **indifferenten Werkzeugtypen** können sowohl intern hergestellt als auch fremdvergeben werden. Die Make-or-Buy-Entscheidung für indifferente Werkzeugtypen erfolgt zumeist operativ auf Basis von Kosten- und Terminvorgaben sowie der aktuellen Auslastung des internen Werkzeugbaus.

Das auf Basis der Analysephase entwickelte Make-or-Buy-Werkzeugportfolio entspricht der Darstellung des Status quo. Da der Status quo nicht zwingend zu einer optimalen Make-or-Buy-Entscheidung führt, wird das Make-or-Buy-Werkzeugportfolio nachfolgend optimiert. Dazu werden zusätzlich zur strategischen Bedeutung und zur internen Leistungsfähigkeit die Höhe des Werkzeugbedarfs sowie die Ähnlichkeit der Werkzeugtypen zueinander im Make-or-Buy-Werkzeugportfolio gekennzeichnet. Die Werkzeugtypen mit hoher Ähnlichkeit werden basierend auf Methodikschritt A1 als Werkzeugcluster charakterisiert. Die dadurch hergestellte Transparenz über die Höhe des Werkzeugbedarfs sowie die Ähnlichkeit der Werkzeugtypen schaffen eine hilfreiche Voraussetzung für die Priorisierung der nachfolgenden Optimierung des Make-or-Buy-Werkzeugportfolios.

6.3.1.2 Optimierung des Make-or-Buy-Werkzeugportfolios

In vielen produzierenden Unternehmen ist die strategische Ausrichtung des internen Werkzeugbaus historisch gewachsen.[696] Es existieren Unternehmen, bei denen die relative Leistungsfähigkeit der internen Werkzeugbaukompetenz nicht zur strategischen Bedeutung der Werkzeugtypen passt. In der Praxis werden Werkzeuge mit einer hohen strategischen Bedeutung aufgrund nicht vorhandener interner Kompetenzen teilweise eingekauft, obwohl sie aus strategischen Gründen intern hergestellt werden sollten. Gleichzeitig werden in der Praxis Werkzeuge aus historischen Gründen teilweise intern hergestellt, obwohl deren strategische Bedeutung gering ist und der Beschaffungsmarkt eine ausreichende Leistungsfähigkeit besitzt. Daher gilt es vor einer finalen Entscheidung über Eigenfertigung und Fremdvergabe, das Make-or-Buy-Werkzeugportfolio durch eine strategische Anpassung der relativen Leistungsfähigkeit durch Anwendung folgender **drei Handlungsoptionen** zu optimieren:

- **Steigerung der internen Leistungsfähigkeit:** Die erste Handlungsoption eignet sich für indifferente Werkzeugtypen mit einer hohen strategischen Bedeutung und einer geringen relativen Leistungsfähigkeit. Zur Steigerung der internen Leistungsfähigkeit bietet sich ein Kompetenzaufbau bspw. durch die Weiterbildung interner Mitarbeiter, die Einstellung neuer Mitarbeiter, Investitionen in neue Technologien oder den Zukauf externer Werkzeugbaukompetenzen und -betriebe an.

[696] Diese Aussage kann aus verschiedenen Industrieprojekten abgeleitet werden, die der Autor im Rahmen seiner Tätigkeit Tätigkeit bei dem Werkzeugmaschinenlabor WZL der RWTH Aachen sowie bei der WBA Aachener Werkzeugbau Akademie GmbH durchgeführt hat.

- **Steigerung der externen Leistungsfähigkeit:** Die zweite Handlungsoption eignet sich für indifferente Werkzeugtypen mit einer geringen strategischen Bedeutung und einer hohen relativen bzw. geringen externen Leistungsfähigkeit. Zur Steigerung der externen Leistungsfähigkeit bietet sich bspw. die Qualifizierung bestehender sowie die Identifikation zusätzlicher Lieferanten an.
- **Reduzierung der internen Leistungsfähigkeit und Minimierung interner Kosten:** Die dritte Handlungsoption eignet sich, wie die zweite Handlungsoption, für indifferente Werkzeugtypen mit einer geringen strategischen Bedeutung und einer hohen relativen Leistungsfähigkeit. Zur Reduzierung der internen Leistungsfähigkeit sowie der Minimierung interner Kosten bietet sich bspw. ein Abbau vorhandener Kompetenzen und Kapazitäten im Rahmen einer Umstrukturierung sowie die Steigerung der Wertschöpfungs- und Kosteneffizienz durch diverse Optimierungsmaßnahmen an.

Bei der Anwendung der Handlungsoptionen ist darauf zu achten, dass nach Möglichkeit die relative Leistungsfähigkeit in Bezug auf diejenigen Werkzeugtypen angepasst wird, die das höchste Potenzial besitzen. Dies sind in der Regel Werkzeugtypen, hinter denen ein hoher Werkzeugbedarf steht und die eine hohe Ähnlichkeit zu strategischen Make- bzw. Buy-Werkzeugtypen aufweisen, was durch die Kennzeichnung der Werkzeugcluster transparent im Make-or-Buy-Werkzeugportfolio abgebildet wird. Somit sind die Handlungsoptionen nicht zwingend auf alle indifferenten Werkzeugtypen anzuwenden. Vielmehr gilt es sich auf die Werkzeugtypen zu fokussieren, bei denen die Höhe des Werkzeugbedarfs eine Anwendung von Handlungsoptionen unter wirtschaftlichen Gesichtspunkten rechtfertigt.

In Abbildung 86 werden die drei Handlungsoptionen in Bezug auf das in Abbildung 85 exemplarisch dargestellte Make-or-Buy-Entscheidungsportfolio angewendet. Dadurch werden die im Status quo als indifferent charakterisierten Werkzeugtypen mit einem hohen Werkzeugbedarf in den oberen rechten bzw. unteren linken Quadranten verschoben und als Make- bzw. Buy-Werkzeugtypen charakterisiert. Die Optimierung der Werkzeugcluster resultiert in Bezug auf die Make-Werkezugtypen darin, dass der interne Werkzeugbau sein Leistungsangebot aufgrund der hohen Ähnlichkeit der Werkzeugtypen zueinander besser fokussieren kann und daher zusätzlich an Leistungsfähigkeit gewinnt. Gleichzeitig können Werkzeugtypen mit einer geringen strategischen Bedeutung und einer geringen Ähnlichkeit zu den strategisch wichtigen Make-Werkzeugtypen fremdvergeben werden, wodurch zusätzliche Kostenpotenziale bei der Fremdvergabe von Werkzeugprojekten realisiert werden können.

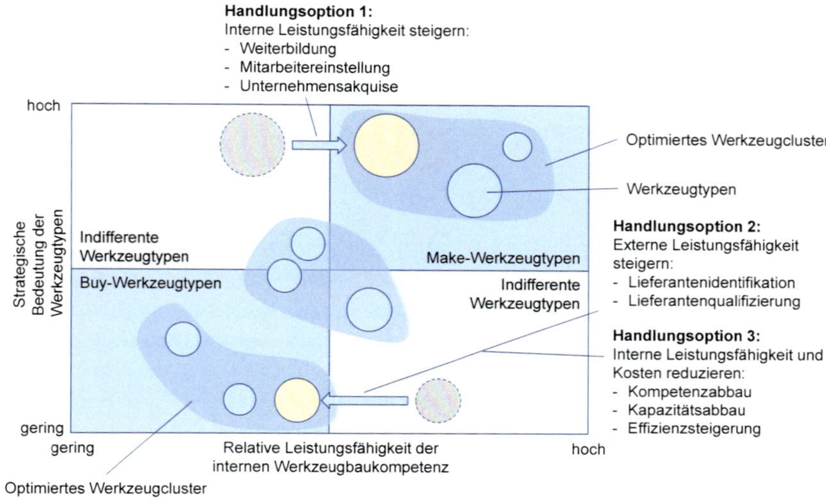

Abbildung 86: Handlungsoptionen zur Optimierung des Make-or-Buy-Werkzeugportfolios[697]

Obwohl die Erstellung und Optimierung des Make-or-Buy-Werkzeugportfolios in der Theorie trivial erscheinen, kann sich die Anwendung der Handlungsoptionen in der Praxis als herausfordernd darstellen. Aufgrund verschiedener Ein- und Auslagerungsbarrieren wie z. B. vertraglich geregelte Geheimhaltungsvereinbarungen, Kundenvorgaben oder die Unterschreitung eines wirtschaftlichen Make-Werkzeugbedarfs müssen die Voraussetzungen für die Realisierung des optimierten Make-or-Buy-Werkzeugportfolios geprüft werden.[698] Daher stellt das optimierte Make-or-Buy-Werkzeugportfolio eine Empfehlung für die finale Make-or-Buy-Entscheidung dar, die bezogen auf einzelne Werkzeugtypen im Bedarfsfall dennoch anders ausfallen darf. Die daraus abzuleitende finale Charakterisierung von Make-, Buy- und indifferenten Werkzeugtypen ist schließlich die Voraussetzung für die nachfolgende Auswahl einer geeigneten Referenzstrategie.

6.3.2 Schritt B2: Auswahl einer Referenzstrategie

Die Auswahl einer geeigneten Referenzstrategie resultiert auf der einen Seite aus der in Methodikschritt B1 beschriebenen Make-or-Buy-Entscheidung, der die strategische Bedeutung der benötigten Werkzeugtypen sowie die relative Leistungsfähigkeit der internen Werkzeugbaukompetenz zugrunde liegt. Auf der anderen Seite hängt die Auswahl einer geeigneten Referenzstrategie von der Höhe des Werkzeugbedarfs ab, um neben strategischen auch wirtschaftliche Gesichtspunkte zu berücksichtigen (vgl. Kapitel 6.1).

---

697 Eigene Darstellung.

698 I. A. a. Mikus (Make-or-buy-Entscheidungen), 2001, S. 86 f.

Die Make-or-Buy-Entscheidung kann auf das gesamte Werkzeugspektrum eines produzierenden Unternehmens sehr unterschiedlich ausfallen. Daher erfolgt basierend auf dem optimierten Make-or-Buy-Werkzeugportfolio im ersten Teilschritt dieses Methodikschrittes die Betrachtung potenziell möglicher Ausprägungen von Make-or-Buy-Werkzeugportfolios in Form einer Fallunterscheidung. Im zweiten Teilschritt wird auf Basis dieser Fallunterscheidung ein Vorgehen mit potenziellen Handlungsoptionen vorgestellt, um schließlich eine geeignete Referenzstrategie auszuwählen.

6.3.2.1 Fallunterscheidung potenziell möglicher Make-or-Buy-Werkzeugportfolios

Das in Methodikschritt B1 eingeführte Make-or-Buy-Werkzeugportfolio kann in Abhängigkeit von der strategischen Bedeutung der Werkzeugtypen sowie der relativen Leistungsfähigkeit der internen Werkzeugbaukompetenz einzelner Unternehmen unterschiedliche Ausprägungen einnehmen. Die Ausprägung des Make-or-Buy-Werkzeugportfolios hängt dabei im Wesentlichen von der Heterogenität des Werkzeugspektrums ab. In Summe sind 15 unterschiedliche Ausprägungen denkbar, die durch eine **Fallunterscheidung potenziell möglicher Make-or-Buy-Werkzeugportfolios** in Abbildung 87 dargestellt werden. Bezogen auf die einzelnen Fälle bedeutet die blaue Einfärbung eines Quadranten, dass an entsprechender Stelle Werkzeugtypen in das unternehmensindividuelle Make-or-Buy-Werkzeugportfolio eingetragen worden sind.

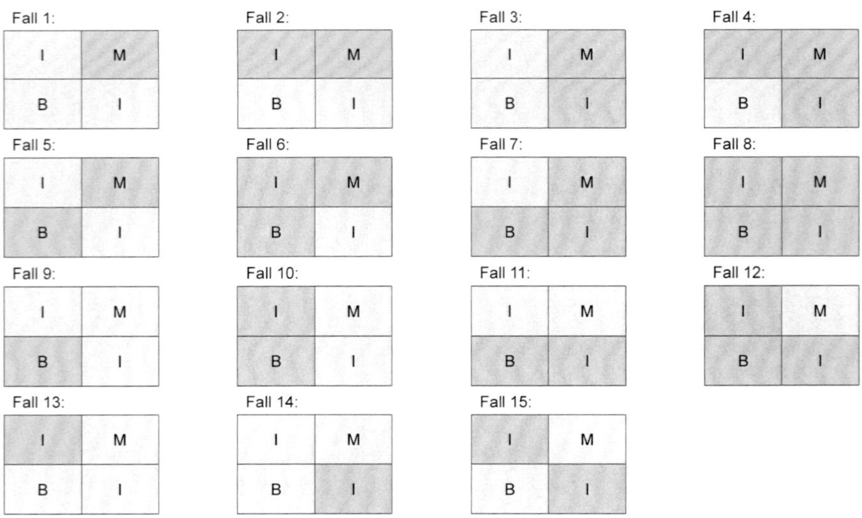

Abbildung 87: Fallunterscheidung potenziell möglicher Make-or-Buy-Werkzeugportfolios[699]

Es kann demzufolge vorkommen, dass der Werkzeugbedarf produzierender Unternehmen sehr homogen ist und sich lediglich in einem Quadranten Werkzeugtypen wiederfindet (Fälle 1, 9, 13, 14). In diesen Fällen benötigt das betrachtete Unternehmen lediglich Make-, Buy-

[699] Eigene Darstellung.

bzw. indifferente Werkzeugtypen. Gleichzeitig existieren Unternehmen mit einem heterogenen Werkzeugspektrum, sodass auch das Make-or-Buy-Werkzeugportfolio unterschiedlich charakterisierte Werkzeugtypen beinhaltet. Die Kombination der unterschiedlich charakterisierten Werkzeugtypen kann dabei von Make- und Buy-Werkzeugtypen (Fall 5), über verschiedene indifferente Werkzeugtypen (Fall 15), Make- bzw. Buy- und indifferente Werkzeugtypen (Fälle 2, 3, 4, 10, 11, 12) bis hin zu Make-, Buy- und indifferenten Werkzeugtypen reichen (Fälle 6, 7, 8).

Die beschriebene Fallunterscheidung berücksichtigt mit der strategischen Bedeutung der Werkzeugtypen sowie der relativen Leistungsfähigkeit zu diesem Zeitpunkt zunächst die strategischen Gesichtspunkte. Da bei der Auswahl einer geeigneten Referenzstrategie zusätzlich wirtschaftliche Kriterien berücksichtigt werden müssen, wird die Fallunterscheidung potenziell möglicher Make-or-Buy-Werkzeugportfolios im zweiten Teilschritt dieses Methodikschrittes um eine Prüfung des Werkzeugbedarfs erweitert.

6.3.2.2 Auswahl einer geeigneten Referenzstrategie

In diesem Teilschritt wird die Make-or-Buy-Entscheidung mit der Betrachtung des Werkzeugbedarfs in einen wirtschaftlichen Kontext gesetzt. Dadurch werden mit der Höhe des Werkzeugbedarfs, der strategischen Bedeutung der Werkzeugtypen sowie der relativen Leistungsfähigkeit der internen Werkzeugbaukompetenz die grundlegenden Einflussgrößen auf die strategische Ausrichtung des Werkzeugeinkaufs kombiniert (vgl. Kapitel 6.1). Die Kombination der Einflussgrößen ermöglicht schließlich die Auswahl einer geeigneten Referenzstrategie sowie die Ableitung gegebenenfalls erforderlicher Handlungsoptionen.

In den meisten Fällen ist dabei zunächst zu prüfen, ob der **Make-Werkzeugbedarf** ausreicht, um einen internen Werkzeugbau mit der Herstellung dieser Werkzeuge auszulasten. Dazu werden die Ergebnisse des Analyseschrittes A1 aufgegriffen und die identifizierten Kapazitätsbedarfe derjenigen Werkzeugtypen, die nach der Make-or-Buy-Entscheidung als Make-Werkzeugtypen charakterisiert worden sind, summiert. In Abbildung 88 ist das Vorgehen zur Überprüfung des Werkzeugbedarfs auf Grundlage von Methodikschritt A1 schematisch dargestellt.

Der Vergleich der benötigten Kapazitäten zur Herstellung des Werkzeugbedarfs mit dem Mindestbedarf zeigt, ob die interne Herstellung des Werkzeugbedarfs ausreicht, um einen internen Werkzeugbau ausreichend auszulasten. Bei der Überprüfung des Make-Werkzeugbedarfs kann ein interner Werkzeugbau auch ausgelastet werden, sofern die Summe der benötigten Kapazitätsbedarfe nicht in allen Technologien den minimalen Kapazitätsbedarf übersteigt. In einzelnen Technologien kann es durchaus sinnvoll sein, Wertschöpfungsschritte im Rahmen der Wertschöpfungstiefengestaltung trotz einer internen Werkzeugherstellung auszulagern.[700]

[700] Für die detaillierte Betrachtung der Wertschöpfungstiefengestaltung wird auf Schittny (Wertschöpfungstiefengestaltung im Werkzeugbau), 2015 verwiesen.

		Minimaler WZ-Bedarf [Stück/Jahr]	Minimaler Kapazitätsbedarf [Stunden/Jahr]								Auslastung durch Make-Werkzeugtyp/-bedarf gewährleistet?
			Konstruktion	CAM	Fräsen	Erodieren	Drehen	Schleifen	…	…	
	Mindestbedarf*	…	2.000	…	3.500	3.500					
Make-Werkzeugbedarf	Make-Werkzeugtyp a	…	1.250	…	2.500	3.750					Nein
	Make-Werkzeugtyp e		2.750		2.500	3.750					Nein
	Make-Werkzeugtyp …										
	Make-Werkzeugtyp …										
	Summe		4.000		5.000	7.500					Ja

* Der Mindestbedarf ergibt sich aus branchenüblichen Durchschnittswerten einer jeweiligen Technologie

Abbildung 88: Überprüfung des Make-Werkzeugbedarfs[701]

Im Folgenden wird die Höhe des Make-Werkzeugbedarfs mit der zuvor beschriebenen Fallunterscheidung und damit mit der strategischen Bedeutung der Werkzeuge sowie der relativen Leistungsfähigkeit in einen Zusammenhang gebracht. Dabei werden ausgehend vom individuellen Make-or-Buy-Werkzeugportfolio etwaige Handlungsoptionen aufgezeigt und eine Empfehlung zur Auswahl einer Referenzstrategie gegeben.

Bezogen auf die Fallunterscheidung potenziell möglicher Make-or-Buy-Werkzeugportfolios ist in **Fall 1**, bei dem der gesamte Werkzeugbedarf aus strategisch wichtigen Werkzeugen besteht, die Auswahl der ersten Referenzstrategie – die vollständig interne Werkzeugherstellung – zu empfehlen. Sofern der Werkzeugbedarf nicht ausreicht, um einen internen Werkzeugbau auszulasten, bestehen zwei alternative Handlungsoptionen. Die erste Handlungsoption umfasst die Erhöhung des Werkzeugbedarfs, indem der interne Werkzeugbau seine Leistungen am Markt anbietet und damit zusätzliche Werkzeuge für weitere produzierende Unternehmen herstellt. Der dadurch erhöhte Werkzeugbedarf ermöglicht es, den internen Werkzeugbau wirtschaftlich betreiben zu können und ebenfalls die Referenzstrategie der vollständig internen Werkzeugherstellung auszuwählen. Die zweite alternative Handlungsoption beinhaltet den Aufbau strategischer Partnerschaften zu externen Werkzeugbaubetrieben, um aufgrund des sehr geringen Werkzeugbedarfs Referenzstrategie fünf auszuwählen und Werkzeuge vollständig extern am Markt zu beschaffen. Die Entscheidung, welche der beiden Handlungsoptionen auszuwählen ist, muss im Einzelfall vom Management bzw. der Unternehmensführung auf Basis der individuell vorherrschenden Rahmenbedingungen getroffen werden.

In **Fall 2** ist bei einem ausreichend hohen Werkzeugbedarf die Auswahl der zweiten Referenzstrategie – der dezentrale Komponenteneinkauf – zu empfehlen. Da neben den strategisch wichtigen Make-Werkzeugtypen indifferente Werkzeuge mit einer ebenfalls hohen strategischen Bedeutung benötigt werden und Lieferanten gleichzeitig über eine relativ hohe Leistungsfähigkeit verfügen, wird die Fremdvergabe ausgewählter Komponenten empfohlen. Sofern der Werkzeugbedarf nicht ausreicht, um den internen Werkzeugbau auszulasten, ist analog zu Fall 1 die Anwendung von zwei alternativen Handlungsoptionen zu empfehlen. Zum

701 Eigene Darstellung.

einen besteht die Möglichkeit, durch das Angebot von Werkzeugen am externen Mark den Werkzeugbedarf zu erhöhen. Zum anderen besteht die Möglichkeit, strategische Partnerschaften aufzubauen und Referenzstrategie fünf auszuwählen, die eine vollständig externe Beschaffung der Werkzeuge vorsieht.

In den **Fällen 3 bis 8** ist zunächst anstelle des gesamten Werkzeugbedarfs die Höhe des Make-Werkzeugbedarfs zu überprüfen. Bei einem ausreichend hohen Make-Werkzeugbedarf, um einen internen Werkzeugbau bereits mit einer Herstellung dieser Werkzeuge auszulasten, ist die Auswahl der dritten Referenzstrategie – das technologieorientierte Werkzeugmanagement – zu empfehlen. Da in diesen Fällen sowohl Werkzeugtypen mit einer hohen strategischen Bedeutung als auch Werkzeugtypen mit einer geringen strategischen Bedeutung benötigt werden, sollte eine Kombination aus Eigenherstellung und Fremdbezug der Werkzeuge ausgewählt werden. Sofern der Make-Werkzeugbedarf nicht ausreichend hoch ist, erfolgt die Zusammenfassung der in Schritt A1 identifizierten Werkzeugcluster. Dabei wird der Make-Werkzeugbedarf um indifferente oder Buy-Werkzeugtypen ergänzt, welche eine hohe Ähnlichkeit zu den Make-Werkzeugtypen aufweisen (vgl. Methodikschritt A1), um so den Make-Werkzeugbedarf zu erhöhen. Anschließend wird erneut geprüft, ob dieser erweiterte Make-Werkzeugbedarf ausreicht, um einen internen Werkzeugbau auszulasten und schließlich die dritte Referenzstrategie auszuwählen. Sofern der Werkzeugbedarf weiterhin nicht ausreichend hoch ist, sind analog zu den Fällen 1 und 2 die alternativen Handlungsoptionen – Werkzeuge am Markt anzubieten bzw. strategische Partnerschaften aufzubauen – anzuwenden. In **Fall 3** ist aufgrund der hohen relativen Leistungsfähigkeit analog zu Fall 1 schließlich die erste bzw. fünfte Referenzstrategie auszuwählen. In den **Fällen 4 bis 8** ist analog zu Fall 2 die zweite bzw. fünfte Referenzstrategie auszuwählen und somit Komponenten oder alternativ den vollständigen Werkzeugbedarf extern zu vergeben.

In den **Fällen 11, 12, 14 und 15** ist anders als in den zuvor beschriebenen Fällen zunächst die kostenseitige Wettbewerbsfähigkeit des internen Werkzeugbaus zu überprüfen, da der interne Werkzeugbau eine hohe Leistungsfähigkeit besitzt, obwohl keine strategisch wichtigen Make-Werkzeugtypen benötigt werden. Die Prüfung der kostenseitigen Wettbewerbsfähigkeit kann bspw. durch die Anfrage von Referenzangeboten bei potenziellen Lieferanten erfolgen, die anschließend mit den Kosten des internen Werkzeugbaus verglichen werden. Sofern die kostenseitige Wettbewerbsfähigkeit gegeben ist, erfolgt die Überprüfung des indifferenten Werkzeugbedarfs. Bei einem ausreichend hohen Werkzeugbedarf ist die Auswahl der vierten Referenzstrategie – der kostenorientierte Werkzeugeinkauf – zu empfehlen. Bei einem nicht ausreichend hohen Werkzeugbedarf erfolgt analog zu den vorherig beschriebenen Fällen die Anwendung der zwei alternativen Handlungsoptionen, Werkzeuge am Markt anzubieten bzw. strategische Partnerschaften aufzubauen. Daran angeschlossen folgt schließlich die Auswahl der vierten bzw. fünften Referenzstrategie. Im Falle einer fehlenden kostenseitigen Wettbewerbsfähigkeit ist ohne die Anwendung alternativer Handlungsoptionen unmittelbar die fünfte Referenzstrategie auszuwählen und eine vollständige Fremdvergabe des gesamten Werkzeugbedarfs sowie der Aufbau strategischer Partnerschaften zu empfehlen.

In den **Fällen 9, 10 und 13** werden keine strategisch wichtigen Make-Werkzeugtypen benötigt. Zudem ist die externe Leistungsfähigkeit bei allen Werkzeugtypen höher bewertet als die intern vorhandene Werkzeugbaukompetenz. Daher wird in diesen Fällen ohne eine Anwendung alternativer Handlungsoptionen die Auswahl der fünften Referenzstrategie empfohlen. Die jeweiligen Fälle, deren Handlungsoptionen sowie die empfohlene Auswahl einer Referenzstrategie werden mithilfe eines Flussdiagramms in Abbildung 89 dargestellt.

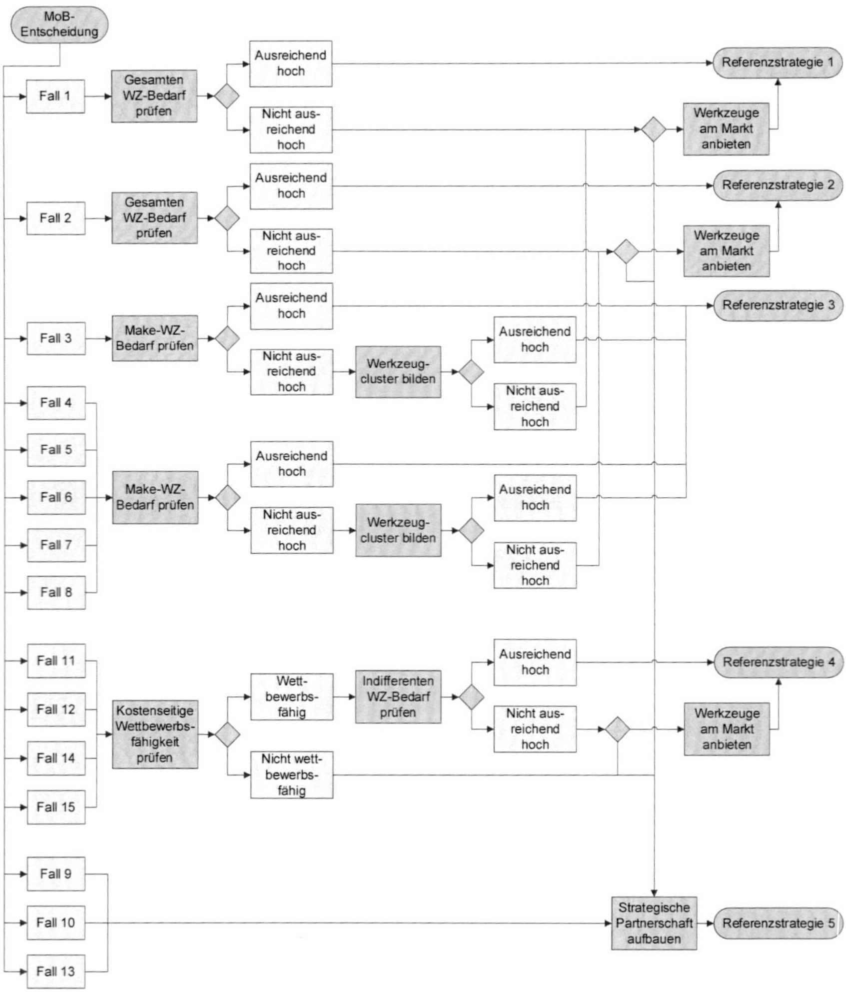

Abbildung 89: Flussdiagramm mit Handlungsoptionen zur Auswahl einer Referenzstrategie[702]

[702] Eigene Darstellung.

6.3.3 Schritt B3: Individuelle Handlungsfelder und Maßnahmen

Der abschließende Methodikschritt B3 wird in Vorbereitung auf die Implementierung und Umsetzung der ausgewählten Referenzstrategie im betrachteten Unternehmen durchgeführt. Im ersten Teilschritt muss die Umsetzbarkeit der ausgewählten Referenzstrategie zunächst mit dem Status quo abgeglichen und überprüft werden. Daraus ist bei Bedarf eine individuelle Anpassung der ausgewählten Referenzstrategie erforderlich, woraus individuelle strategische Ziele zur Optimierung des strategischen Werkzeugeinkaufs abgeleitet werden. Im zweiten Teilschritt werden anschließend Handlungsfelder und Maßnahmen definiert, mit denen die Optimierung des strategischen Werkzeugeinkaufs schlussendlich umgesetzt werden kann.[703]

6.3.3.1 Abgleich von Status quo und Referenzstrategie

In Kapitel 5.4.2 wurde konstatiert, dass die identifizierten Referenzstrategien grundsätzliche strategische Ausrichtungen des Werkzeugeinkaufs voneinander abgrenzen und produzierenden Unternehmen als Orientierungshilfe dienen sollen. Die Beschreibung der unterschiedlichen Fallbeispiele in Kapitel 5.3 zeigt, dass die individuelle strategische Ausrichtung der betrachteten Unternehmen den Referenzstrategien zugeordnet werden kann, diese an einzelnen Stellen aufgrund individueller Rahmenbedingungen dennoch voneinander abweichen können. Daher ist die vollständige Umsetzbarkeit der ausgewählten Referenzstrategie zu überprüfen und bei Bedarf unternehmensindividuell anzupassen.

Für die **individuelle Anpassung** der ausgewählten Referenzstrategie ist zunächst ein Abgleich des Status quo des strategischen Werkzeugeinkaufs mit der ausgewählten Referenzstrategie erforderlich. Dazu wird der in Kapitel 5.4.1 entwickelte morphologische Kasten verwendet, in den sowohl die aktuelle strategische Ausrichtung des Werkzeugeinkaufs als auch die ausgewählte Referenzstrategie eingetragen werden. Durch den Vergleich des Status quo mit der ausgewählten Referenzstrategie wird deutlich, in welchen Bereichen eine Umstrukturierung des strategischen Werkzeugeinkaufs in Bezug auf die ausgewählte Referenzstrategie erforderlich ist.

In Abbildung 90 wird ein fiktiver Status quo exemplarisch mit der vierten Referenzstrategie verglichen. Aus der systematischen Darstellung beider strategischer Ausrichtungen wird deutlich, dass für eine vollständige Umsetzung der Referenzstrategie zunächst der Werkzeugbedarf erhöht werden muss. Dazu eignet sich die bereits in Kapitel 5.4.2.4 und Kapitel 6.3.2.2 beschriebene Handlungsoption, zusätzliche Werkzeuge am externen Markt anzubieten und den Werkzeugbau als eigene Geschäftseinheit bzw. Tochtergesellschaft aus dem Unternehmen auszugliedern. Zudem werden Werkzeuge aktuell nur im Ausnahmefall an nationale Lieferanten fremdvergeben, sodass die in Methodikschritt A1 identifizierten Buy- bzw. indifferenten Werkzeugtypen zunehmend an externe Lieferanten vergeben werden sollten. Dazu ist eine globale Lieferantenbasis mit strategischen Partnern aufzubauen, die systematisch qualifiziert

[703] Die darauffolgende Umsetzung steht wie in Kapitel 4.2 beschrieben nicht mehr im Fokus der Arbeit.

werden. Zudem ist aktuell der Zentraleinkauf für die Koordination des Werkzeugbedarfs zuständig. In diesem Fall muss unternehmensintern geprüft werden, ob der Aufbau eines technologischen Kompetenzzentrums (vgl. Kapitel 5.4.1.3) realisierbar ist.

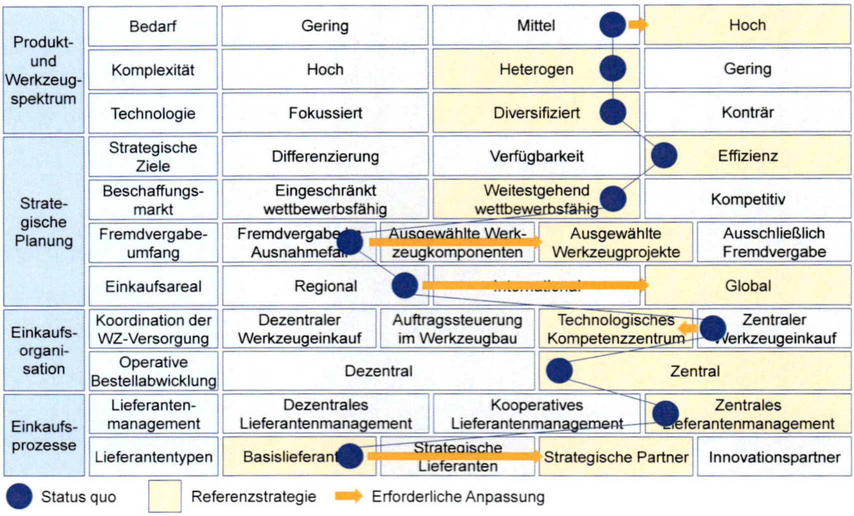

Abbildung 90: Abgleich Status quo und Referenzstrategie[704]

Das dargestellte fiktive Unternehmensbeispiel macht deutlich, dass potenzielle Optimierungen des strategischen Werkzeugeinkaufs durch den Abgleich des Status quo und die Beschreibung der Referenzstrategie aus den zuvor beschriebenen Kapiteln und Methodikschritten abgeleitet werden können. Im Rahmen von Workshops und Managemententscheidungen ist jede dieser erforderlichen Anpassung im Detail auf ihre Umsetzbarkeit zu prüfen. Da die individuell beschriebenen Fallbeispiele aus Kapitel 5.3 den typisierten Referenzstrategien zugeordnet werden, im Detail jedoch von den zugeordneten Referenzstrategien abweichen können, ist in diesem Zusammenhang eine zusätzliche Betrachtung der individuellen Fallbeispiele aus Kapitel 5.3 sinnvoll. Es können bspw. vorherrschende Unternehmensstrukturen den Aufbau eines technologischen Kompetenzzentrums zu einer großen Herausforderung machen, sodass eine Koordination des Werkzeugbedarfs durch den Zentraleinkauf für einzelne Unternehmen, abweichend von der beschriebenen Referenzstrategie, sinnvoller sein kann.[705] Zudem kann es bei einzelnen Unternehmen, die besonders große Werkzeuge benötigen, vorkommen, dass die Werkzeuggröße zu sehr hohen Lieferkosten führt. In diesem Fall ist eine regionale Lieferantenbasis dem globalen Netzwerk vorzuziehen.

[704] Eigene Darstellung.

[705] In Bezug auf die in diesem Kapitel beispielhaft dargestellte Auswahl der vierten Referenzstrategie trifft dies auf das Fallbeispiel 7 zu, welches in Kapitel 5.3.9 beschrieben wird.

Auf Basis dieser beispielhaft aufgeführten Überprüfung und der draus resultierenden individuellen Anpassung der Referenzstrategie ist ein **Zielzustand** zu beschreiben, der gleichermaßen in den morphologischen Kasten eingetragen werden kann. Dieser Zielzustand kann in eine **Vision für den strategischen Werkzeugeinkauf** übersetzt werden. Die Vision soll den Zukunftszustand des strategischen Werkzeugeinkaufs beschreiben und als Leitbild für eine gemeinsame Zielverfolgung aller beteiligten Mitarbeiter dienen.[706] Dabei kann die Vision für den strategischen Werkzeugeinkauf eine hohe Ähnlichkeit zu der Vision des internen Werkzeugbaus aufweisen, da beide auf die bestmögliche Werkzeugversorgung des produzierenden Unternehmens abzielen.

6.3.3.2 Ableitung individueller Handlungsfelder und Maßnahmen

Aus dem Vergleich von Status quo und Referenzstrategie sowie der formulierten Vision folgt die anschließende **Ableitung individueller Handlungsfelder und Maßnahmen**. Für eine Implementierung von Optimierungspotenzialen sowie einzelner Strategiebausteine haben sich in der Praxis verschieden Methoden etabliert. Eine der am häufigsten verwendete Methode ist die **Balanced Scorecard** nach KAPLAN & NORTON. Dabei wird die Unternehmensstrategie in eine Finanz-, Kunden-, Wachstums- und Prozessperpektive unterteilt. Innerhalb dieser Perspektiven ist die Unternehmensstrategie gemäß KAPLAN & NORTON zunächst in strategische Ziele zu übersetzen. Daraus werden schließlich konkrete Maßnahmen abgeleitet und Initiativen gestartet.[707]

Der Grundgedanke der Balanced Scorecard von KAPLAN & NORTON kann auf den strategischen Werkzeugeinkauf übertragen werden. Anstelle der Finanz-, Kunden-, Wachstums- und Prozessperspektive werden für den strategischen Werkzeugeinkauf vier übergeordnete Handlungsfelder definiert, die sich aus der Struktur des morphologischen Kastens ableiten. Innerhalb der **Handlungsfelder** Produkt- und Werkzeugspektrum, strategische Planung, Einkaufsorganisation und -prozesse werden **strategische Ziele** definiert, die sich aus der Vision des strategischen Werkzeugeinkaufs ableiten. Dabei werden sowohl zuvor definierte Handlungsoptionen der Methodikschritte B1 und B2 (vgl. Abbildung 86 und Abbildung 89) als auch erforderliche Anpassungen aus dem Abgleich von Status quo und ausgewählter Referenzstrategie (vgl. Abbildung 90) berücksichtigt. Folglich können exemplarische strategische Ziele im Handlungsfeld Produkt- und Werkzeugspektrum die Steigerung des Werkzeugbedarfs oder die Fokussierung in der Werkzeugtechnologie beinhalten. Strategische Ziele im Handlungsfeld strategische Planung können die Steigerung der internen Leistungsfähigkeit, eine Reduzierung der internen Leistungsfähigkeit und Kosten oder die Steigerung des Fremdvergabeumfangs von Buy-Werkzeugtypen sein. Im Handlungsfeld Einkaufsorganisation können aus dem Vergleich von Referenzstrategie und Status quo die Implementierung eines technologischen Kompetenzzentrums, die Verlagerung der Werkzeugkoordination in den Werkzeugbau oder die Zentralisierung von Einkaufsaktivitäten Ziele darstellen. Beispiele für das Handlungsfeld

[706] I. A. a. Hungenberg (Strategisches Management), 2014, S. 26.

[707] Vgl. Kaplan; Norton (Balanced Scorecard), 1996, S. 8 ff.

Einkaufsprozesse sind die Identifikation und Qualifizierung von Lieferanten, der Aufbau strategischer Partnerschaften oder die Implementierung eines strukturierten Lieferantenmanagementprozesses.

Im Anschluss an die Definition der strategischen Ziele folgt schließlich die Ableitung individueller **Maßnahmen und Initiativen**, die der Umsetzung der strategischen Ziele auf operativer Ebene dienen. Dabei ist es wichtig, klare Verantwortlichkeiten und Fristigkeiten der Maßnahmen zu definieren und den Umsetzungserfolg regelmäßig zu überprüfen. In Abbildung 91 wird die Struktur der Handlungsfelder und Maßnahmen für den strategischen Einkauf zusammenfassend dargestellt.

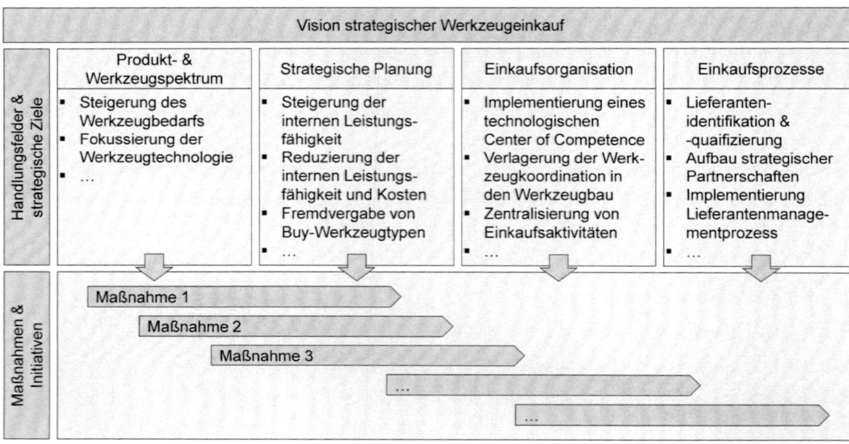

Abbildung 91: Handlungsfelder & Maßnahmen für den strategischen Werkzeugeinkauf[708]

[708] Eigene Darstellung.

7 Validierung und kritische Reflexion

Die Forschungsfrage dieser Arbeit zielt auf die Identifikation, Beschreibung und Auswahl von Referenzstrategien für den strategischen Werkzeugeinkauf industriell produzierender Unternehmen ab. In Kapitel 4 wurde hierzu auf Basis system- und modelltheoretischer Grundlagen ein Zielbild konzeptioniert. Der erste Teil des Zielbildes wurde in Kapitel 5 detailliert, indem im Rahmen einer empirischen Studie vierzehn Fallbeispiele analysiert sowie fünf Referenzstrategien identifiziert und typisiert wurden. In Kapitel 6 folgte mit der Entwicklung einer Methodik zur Auswahl und individuellen Anpassung einer geeigneten Referenzstrategie die Detaillierung des zweiten Teils des Zielbildes. Im Folgenden werden die Forschungsergebnisse durch eine praktische Anwendung in produzierenden Unternehmen validiert. Mit der Validierung endet der Forschungsprozess gemäß ULRICH in der Praxis und ist nach erfolgreicher Validierung sowie einer kritischen Reflexion der Forschungsergebnisse abgeschlossen (vgl. Kapitel 1.5).

Die Validierung erfolgte mit der BSH Hausgeräte GmbH und der Weidmüller Interface GmbH & Co. KG in zwei produzierenden Unternehmen. Im Rahmen der Validierung wurden die identifizierten und typisierten Referenzstrategien vorgestellt und diskutiert sowie durch Experten aus dem Werkzeugbau bzw. dem Werkzeugeinkauf plausibilisiert. Zudem wurde die Methodik zur Auswahl einer geeigneten Referenzstrategie in der betrieblichen Praxis angewendet.

Der inhaltliche Schwerpunkt der Validierung ist in Bezug auf die beiden Unternehmen unterschiedlich gewichtet. Im Rahmen des ersten Unternehmens lag der Fokus aufgrund der spezifischen Ausgangssituation stärker auf der Analyse des Werkzeugbedarfs, der Betrachtung des Make-or-Buy-Werkzeugportfolios sowie der Erarbeitung potenzieller Gestaltungsoptionen für die Werkzeugversorgung. Der Schwerpunkt des zweiten Unternehmensbeispiels lag auf der Plausibilisierung der Referenzstrategien sowie der Analyse der strategischen Bedeutung der benötigten Werkzeuge. Obwohl die Gewichtung der Schwerpunkte voneinander abweichen, erfolgte dennoch in beiden Unternehmen eine vollständige Validierung der Forschungsergebnisse. Deren einzelnen Schritte werden nachfolgend lediglich in Bezug auf die Gewichtung der inhaltlichen Schwerpunkte unterschiedlich umfangreich beschrieben.

7.1 Unternehmensbeispiel 1: BSH Hausgeräte GmbH

Die BSH Hausgeräte GmbH (nachfolgend BSH) ist ein weltweit führender Hausgeräthersteller. Das Unternehmen wurde ursprünglich als Gemeinschaftsunternehmen von der Robert Bosch GmbH sowie der Siemens AG gegründet. Seit 2015 ist BSH alleiniges Tochterunternehmen der Robert Bosch GmbH und erzielte im Jahr 2020 mit ca. 60.000 Mitarbeitenden einen Jahresumsatz in Höhe von 13,9 Mrd. Euro.[709]

BSH produziert weltweit an 38 Produktionsstandorten das gesamte Spektrum moderner Hausgeräte. Zum Produktspektrum zählen bspw. Herde, Backöfen, Dunstabzugshauben, Geschirrspüler, Waschmaschinen, Trockner, Kühl- und Gefrierschränke sowie kleine Hausgeräte wie Staubsauger, Kaffeevollautomaten und Küchenmaschinen. Am Standort in Traunreut, an dem

[709] Vgl. o. V. (BSH Hausgeräte GmbH), 2021.

die Validierung der Forschungsergebnisse erfolgte, entwickelt und produziert BSH Herde, Backöfen und Kochfelder. Des Weiteren werden am Standort kleine Hausgeräte wie z. B. Kaffeevollautomaten entwickelt.[710] Der Standort in Traunreut verfügt zudem über einen internen Werkzeugbau, in dem sowohl Neuwerkzeuge für die Serienproduktion entwickelt und hergestellt als auch Wartungs-, Reparatur- und Instandhaltungsaufträge bearbeitet werden.

Der Autor hat im Rahmen seiner Tätigkeit als wissenschaftlicher Mitarbeiter ein bilaterales Industrieprojekt mit BSH durchgeführt. Der Schwerpunkt dieses Projekts galt der strategischen Ausrichtung der Werkzeugversorgung am Produktionsstandort in Traunreut. In diesem Zusammenhang wurde der Werkzeugbedarf am Standort hinsichtlich der strategischen Bedeutung sowie der relativen Leistungsfähigkeit des internen Werkzeugbaus analysiert, um die Werkzeugversorgung bzw. den strategischen Werkzeugeinkauf unter Berücksichtigung von Eigenfertigung und Fremdvergabe zu gestalten. Die im Projekt erarbeiteten Ergebnisse wurden verwendet, um die zentralen Forschungsergebnisse dieser Arbeit anzuwenden.

7.1.1 Unternehmenssituation

Der interne Werkzeugbau am Standort in Traunreut hat eine Jahrzehnte lange Tradition und ist der einzige Neuwerkzeugbau von BSH. Aufgrund der langjährigen Erfahrung des internen Werkzeugbaus konnte umfassendes Know-how in der Entwicklung und Herstellung von Blechumformwerkzeugen aufgebaut werden. Daher zählen neben der Werkzeugherstellung umfangreiche vor- und nachgelagerte Dienstleistungen wie z. B. die Methodenplanung, die Beratung in der Bauteilauslegung, die Herstellung von Musterteilen und Prototypenwerkzeugen sowie Werkzeug- und Prozessoptimierungen zum Leistungsspektrum des internen Werkzeugbaus.

Aufgrund der Modellpolitik des Unternehmens ist die Auslastung im Neuwerkzeugbau nicht konstant und von einem mehrjährigen Rhythmus geprägt. Zudem werden seit einigen Jahren insbesondere aufgrund des steigenden Kostendrucks und eines wettbewerbsfähigen Beschaffungsmarktes zunehmend Werkzeuge von externen Werkzeugbaubetrieben eingekauft. Die Folge ist eine rückläufige Auslastung der Ressourcen im internen Werkzeugbau, sodass die Herausforderung des wirtschaftlichen Betriebs der internen Werkzeugherstellung stetig zunimmt.

Diese Entwicklungen fordern zunehmend Kosteneinsparungen im internen Werkzeugbau sowie eine Reduzierung interner Kapazitäten, um in Bezug auf den Einstandspreis der Werkzeuge wettbewerbsfähig zum externen Beschaffungsmarkt bleiben zu können. Die Kosteneinsparungen gehen gleichzeitig mit dem Risiko einher, dass der interne Werkzeugbau sein umfangreiches Know-how im Rahmen der vor- und nachgelagerten Dienstleistungen nicht vollständig ausschöpfen kann. Daher wird die langjährige strategische Ausrichtung der Werkzeugversorgung hinterfragt. Ziel des Projekts war es daher, die aktuelle strategische Ausrichtung des internen Werkzeugbaus zu prüfen sowie eine neue strategische Ausrichtung des internen Werkzeugbaus bzw. des Werkzeugeinkaufs unter Berücksichtigung von Eigenfertigung und

[710] Vgl. o. V. (BSH Hausgeräte GmbH), 2021.

Fremdvergabe zu erarbeiten. Dabei sollte insbesondere ausgehend von etablierten Referenzstrategien anderer produzierender Unternehmen bewertet werden, ob zusätzliche Investitionen in den internen Werkzeugbau als Technologiezentrum oder ein strategischer Ausbau des Werkzeugeinkaufs die Wettbewerbsfähigkeit des Unternehmens positiv beeinflussen.

7.1.2 Anwendung der Methodik

Die Basis der strategischen Neuausrichtung des internen Werkzeugbaus sowie damit einhergehend des strategischen Werkzeugeinkaufs bildete die Analysephase. Im ersten Schritt wurde dazu in Übereinstimmung zu Methodikschritt A1 der **Werkzeugbedarf** analysiert. Der Fokus lag dabei auf dem Werkzeugspektrum des Produktbereichs „Cooking“, zu dem die Herstellung von Herden, Kochfeldern und Dunstabzugshauben für den europäischen Raum zählen. Das Werkzeugspektrum wurde auf der obersten Ebene in Einlege-, Folgeverbund-, Transfer-, Bihler- und Spritzgießwerkzeuge unterteilt. Auf den darunterliegenden Ebenen wurden anschließend die Werkzeuggröße, das Produktionsmaterial sowie die Werkzeugkomplexität unterschieden. Im Ergebnis wurde das relevante Werkzeugspektrum in 36 Werkzeugtypen unterteilt (vgl. Abbildung 92).

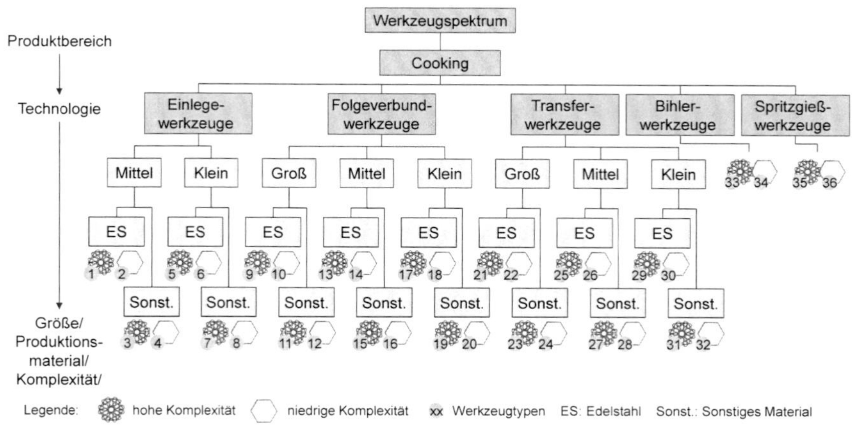

Abbildung 92: Betrachtetes Werkzeugspektrum von BSH[711]

Nach der Definition der Werkzeugtypen folgte die quantitative Bedarfsanalyse. Dazu wurde zunächst eine vorhandene Datenbasis hinsichtlich des realen Werkzeugbedarfs der vergangenen fünf Jahre analysiert. Auf dieser Basis folgte anschließend die Abschätzung des zukünftigen Werkzeugbedarfs sowie der für deren Herstellung benötigten Kapazitäten. Zusätzlich wurde die Ähnlichkeit der Werkzeugtypen bewertet, sodass mehrere Werkzeugtypen zu Werkzeugclustern zusammengefasst werden konnten. Insgesamt wurden die 36 betrachteten Werkzeugtypen in neun Werkzeugcluster zusammengefasst.

[711] Auszug aus der Dokumentation der Projektergebnisse.

Im zweiten Schritt wurden die Werkzeugtypen hinsichtlich ihrer **strategischen Bedeutung** analysiert. Dazu wurden die strategischen Ziele aus Methodikschritt A2 hinzugezogen. Um die Komplexität zu reduzieren, wurden nicht alle strategischen Ziele des Zielsystems bewertet. Auf Basis der Gewichtung der strategischen Ziele wurden diejenigen strategischen Ziele betrachtet, die für BSH eine besonders hohe Bedeutung in Bezug auf die Werkzeugversorgung haben. Dazu zählten bspw. der Innovationsbeitrag, die Reaktionszeit sowie der Einstandspreis der Werkzeuge. Im Anschluss daran wurden die Werkzeugtypen hinsichtlich ihrer strategischen Bedeutung in Bezug auf die zuvor priorisierten strategischen Ziele bewertet. Dabei zeigte sich, dass es Werkzeugtypen mit einer hohen, einer mittleren und einer geringen Bedeutung gibt. Die Werkzeugtypen mit einer hohen strategischen Bedeutung hatten in der Regel auch eine hohe Komplexität. Zudem hatten diese Werkzeuge einen Einfluss auf relevante Differenzierungsmerkmale im Endprodukt. Dieses Ergebnis deckt sich im Wesentlichen mit den in Kapitel 5 betrachteten Fallbeispielen und damit auch mit den identifizierten Referenzstrategien.

Im dritten Schritt erfolgte die **Bewertung der relativen Leistungsfähigkeit**. Die Bewertung erfolgte in zwei Stufen. Die erste Stufe stellte eine quantitative Kennzahlenauswertung dar, die der interne Werkzeugbau von BSH als Ergebnis des Wettbewerbs „Excellence in Production" zum Werkzeugbau des Jahres erhielt, an dem das Unternehmen im Vorjahr teilnahm. Im Rahmen des Wettbewerbs füllte der interne Werkzeugbau von BSH – wie jährlich ca. 300 weitere teilnehmende interne sowie externe Werkzeugbaubetriebe – einen umfassenden Fragebogen aus. Auf Basis der Angaben im Fragebogen erfolgte durch das Werkzeugmaschinenlabor WZL der RWTH Aachen und das Fraunhofer-Institut für Produktionstechnologie IPT eine kennzahlenbasierte Auswertung der Leistungsfähigkeit in den Kategorien Strategie und Führung, Ressourcen, Organisation, Prozesse, kunden- und produktbezogene sowie finanzielle Ergebnisse. Die Kennzahlenauswertung umfasste sowohl die Kennzahlen des internen Werkzeugbaus von BSH als auch die Werte des Branchendurchschnitts. Aus dieser quantitativen Kennzahlenauswertung konnte der interne Werkzeugbau von BSH seine interne Leistungsfähigkeit im Vergleich zum Wettbewerb bestimmen. Die zweite Stufe der Bewertung stellte ein qualitativer Vergleich zwischen dem internen Werkzeugbau sowie den bestehenden Werkzeuglieferanten dar. Hierbei wurden auf Basis bisheriger Werkzeuglieferungen sowie vor Projektbeginn durchgeführter Vor-Ort-Audits insbesondere bedingt quantifizierbare Faktoren wie die Prozesssicherheit der Werkzeuge in der Serienproduktion und die entlang des Werkzeuglebenszyklus realisierten Produktivitätsgewinne o. Ä. qualitativ bewertet. Aus den beiden Stufen wurde schließlich die relative Leistungsfähigkeit der internen Werkzeugbaukompetenz abgeleitet.

Auf Basis der durchgeführten Analysen des Werkzeugbedarfs, der strategischen Bedeutung der Werkzeuge sowie der relativen Leistungsfähigkeit der internen Werkzeugbaukompetenz konnte in Analogie zu Methodikschritt B1 ein **unternehmensindividuelles Make-or-Buy-Werkzeugportfolio** erstellt werden, welches in der nachfolgenden Abbildung 93 dargestellt wird.

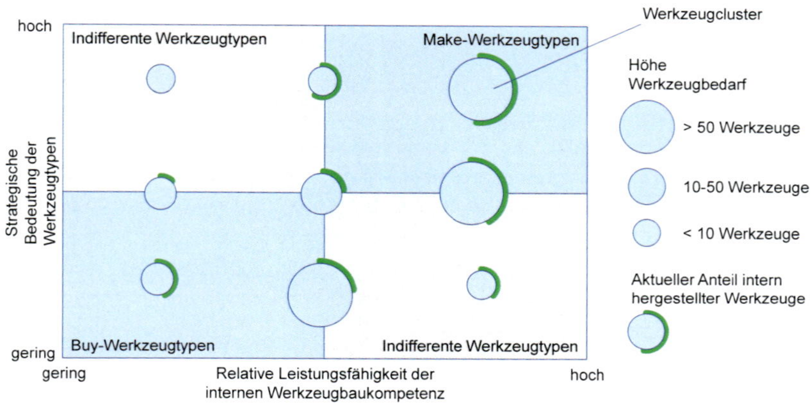

Abbildung 93: Make-or-Buy-Werkzeugportfolio von BSH[712]

Für eine bessere Übersicht wurden die 36 Werkzeugtypen auf Basis der Ähnlichkeitsbewertung bereits zu Werkzeugclustern zusammengefasst. Das Make-or-Buy-Werkzeugportfolio zeigt neben der strategischen Bedeutung der Werkzeugtypen, der relativen Leistungsfähigkeit der internen Werkzeugbaukompetenz sowie der Höhe des Werkzeugbedarfs zusätzlich den aktuellen Anteil intern hergestellter Werkzeuge. Daraus konnten bereits erste Optimierungspotenziale für BSH abgeleitet werden. Durch die systematische Darstellung der Analyseergebnisse wurde festgestellt, dass die Fremdvergabe von Werkzeugumfängen bisher nicht immer auf Basis einer strategischen Make-or-Buy-Entscheidung erfolgte. Vielmehr wurden in der Vergangenheit teilweise Werkzeugtypen mit einer hohen strategischen Bedeutung sowie einer hohen relativen Leistungsfähigkeit fremdvergeben, während interne Kapazitäten für die Herstellung von Buy-Werkzeugtypen aufgewendet worden sind. Ausschlaggebend für die interne Herstellung der Buy-Werkzeugtypen waren jedoch größtenteils operativ-taktische Gründe, da zum jeweiligen Zeitpunkt interne Kapazitäten zur Verfügung standen, die nicht anderweitig benötigt wurden.

Zusätzlich zu der Ableitung erster Optimierungspotenziale wurde auf Basis des unternehmensindividuellen Make-or-Buy-Werkzeugportfolios eine **geeignete Referenzstrategie** ausgewählt werden. Hierzu wurden dem Unternehmen die identifizierten und typisierten Referenzstrategien vorgestellt, die im Rahmen eines Workshops mit Führungskräften aus dem Bereich des Werkzeugbaus sowie der Serienproduktion diskutiert und plausibilisiert worden sind. Im Zuge dieser Plausibilisierung wurde ein inhaltlicher Bezug zwischen den identifizierten Referenzstrategien und der BSH Hausgeräte GmbH hergestellt, indem die jeweiligen Charakteristika der Referenzstrategien mit den Rahmenbedingungen bei BSH qualitativ verglichen wurden.

[712] Auszug aus der Dokumentation der Projektergebnisse, die aus Geheimhaltungsgründen vereinfacht und anonymisiert worden sind.

Dabei wurde von den Workshopteilnehmern das technologieorientierte Werkzeugmanagement als geeignete Referenzstrategie für BHS präferiert und als geeignet angesehen.

Im Anschluss an diese Diskussion und die damit verbundene qualitative Vorauswahl einer Referenzstrategie erfolgte die systematische Auswahl einer geeigneten Referenzstrategie analog zum Methodikschritt B2. Da das Make-or-Buy-Werkzeugportfolio sowohl Make-, Buy- als auch indifferente Werkzeugtypen beinhaltet und der Make-Werkzeugbedarf ausreichend hoch ist, um einen internen Werkzeugbau auszulasten, wurde die dritte Referenzstrategie ausgewählt. Damit stimmte die Auswahl einer Referenzstrategie auf Basis der im Rahmen der Arbeit entwickelten Methodik mit der qualitativen Einschätzung der Experten, die seitens BSH am Workshop teilnahmen, überein. Im weiteren Verlauf wurde diese Referenzstrategie individuell angepasst, um sie auf BSH übertragen zu können.

Für die **individuelle Anpassung** der ausgewählten Referenzstrategie wurde zunächst die aktuelle strategische Ausrichtung aufgenommen und mit der ausgewählten Referenzstrategie verglichen. Der Fokus lag dabei stärker auf der strategischen Ausrichtung des internen Werkzeugbaus, sodass insbesondere das Leistungsangebot des internen Werkzeugbaus betrachtet worden ist. Da die strategische Ausrichtung des internen Werkzeugbaus jedoch in einem engen Zusammenhang mit dem strategischen Werkzeugeinkauf, so wie dieser Begriff im Rahmen dieser Arbeit verstanden wird, steht, gab es dennoch signifikante Schnittmengen. Im Rahmen der individuellen Anpassung der Referenzstrategie wurde festgelegt, dass der interne Werkzeugbau die Koordination der Werkzeugversorgung sowie die operative Bestellabwicklung übernehmen und das Lieferantenmanagement in Kooperation mit dem Zentraleinkauf durchführen soll. Andere Teilaspekte wie z. B. die Festlegung des Einkaufsareals sowie die Auswahl geeigneter Lieferantentypen wurden aufgrund unternehmensindividuelle Rahmenbedingungen hingegen nicht im Detail diskutiert. Aus der individualisierten Referenzstrategie konnten schließlich in Analogie zum zweiten Teil des Methodikschritts B3 **individuelle Maßnahmen** abgeleitet und in einer Roadmap zusammengefasst werden. Die Maßnahmen waren für die nächsten zwei Jahre ausgelegt und beinhalteten bspw. eine leichte Erhöhung der Anzahl intern hergestellter Werkzeuge sowie eine Synchronisierung von Einkaufsaktivitäten zwischen Werkzeugbau und Zentraleinkauf in Bezug auf die Lieferantenauswahl, -bewertung und -auditierung.

7.1.3 Fazit

Die Ausgangssituation der BSH Hausgeräte GmbH stimmt mit der Problemstellung der Arbeit überein. BSH stand vor der Herausforderung, den strategischen Werkzeugeinkauf bzw. die strategische Ausrichtung in Bezug auf die Werkzeugversorgung zu gestalten. Dabei stellte sich für das Unternehmen insbesondere die Frage, welche Werkzeuge unter Berücksichtigung strategischer Ziele im Spannungsfeld von Kosten, Differenzierung und Verfügbarkeit intern bzw. extern hergestellt werden sollen und welche Rolle der interne Werkzeugbau dabei in Zukunft spielt.

Auf Basis der Erkenntnisse eines bilateralen Industrieprojekts konnten die Projektergebnisse auf die entwickelte Methodik übertragen und diese damit erfolgreich angewendet werden. Die

Analyse des Werkzeugbedarfs, der strategischen Bedeutung sowie der relativen Leistungsfähigkeit der internen Werkzeugbaukompetenz hat gezeigt, dass die Analysephase ein in sich geschlossenes und praktikables Vorgehen beschreibt, um die strategische Make-or-Buy-Entscheidung in Bezug auf das Werkzeugspektrum systematisch treffen zu können. Auf Basis des Make-or-Buy-Werkzeugportfolios konnten Optimierungspotenziale abgeleitet und schließlich eine passende Referenzstrategie ausgewählt werden. Zudem hat das Projekt gezeigt, dass die empirisch identifizierten und typisierten Referenzstrategien plausibel und auf produzierende Unternehmen übertragbar sind. Gleichzeitig hat die Gestaltung der strategischen Ausrichtung in Bezug auf die Werkzeugversorgung von BSH verdeutlicht, dass die Referenzstrategien Orientierungshilfen für produzierende Unternehmen darstellen, die wie in Kapitel 5.4.2 beschrieben jedoch an die unternehmensindividuellen Rahmenbedingungen angepasst werden müssen. Damit hat das Unternehmensbeispiel aufgezeigt, dass die erarbeiteten und dokumentierten Forschungsergebnisse erfolgreich in der Praxis angewendet werden können.

7.2 Unternehmensbeispiel 2: Weidmüller Interface GmbH & Co. KG

Die Weidmüller Interface GmbH & Co. KG (nachfolgend Weidmüller) wurde 1850 gegründet und ist ein Anbieter von Produkten, Lösungen und Services für die elektronische Verbindungstechnik industrieller Anwendungen. Zu den Kunden zählen Unternehmen verschiedener Branchen wie z. B. der Automobilindustrie, der Verpackungsindustrie, der Automatisierungstechnik sowie der Energieversorgung. Im Jahr 2019 erzielte das Unternehmen mit ca. 5.000 Mitarbeitern einen Umsatz von 830 Mio. Euro.[713]

Das Produktspektrum der Firma Weidmüller umfasst im Bereich der elektronischen Verbindungstechnik unterschiedliche Produkte wie z. B. Klemmen, Steckverbinder, Gehäusesysteme und -komponenten. Die Produkte sind in der Regel Baugruppen, die sowohl aus Blech- als auch Kunststoffkomponenten bestehen. Die Herstellung und Montage der Komponenten erfolgt an unterschiedlichen Standorten.[714] Daher werden für die Herstellung der Produkte Spritzgieß- und Blechumformwerkzeuge sowie eine zugehörige Automatisierungstechnik für Montageprozesse benötigt. Die benötigten Werkzeuge sowie die entsprechende Automatisierungstechnik werden teilweise im internen Werkzeugbau in Eigenfertigung hergestellt. Zudem werden signifikante Werkzeugumfänge an externe Werkzeugbaubetriebe fremdvergeben.

Der Autor hat im Rahmen seiner Tätigkeit als wissenschaftlicher Mitarbeiter ein ca. einjähriges Konsortialprojekt im Bereich des strategischen Werkzeugeinkaufs mit Weidmüller und weiteren produzierenden Unternehmen durchgeführt. Der Schwerpunkt des Konsortialprojekts lag in der werkzeugbezogenen Make-or-Buy-Entscheidung sowie daraus abgeleiteten, potenziellen strategischen Ausrichtungen des Werkzeugeinkaufs. Daher bestand im Projektverlauf bereits ein intensiver Austausch mit Weidmüller zum Themenbereich dieser Arbeit. Zusätzlich dazu wurden im Rahmen eines bilateralen Workshops die Forschungsergebnisse validiert, indem die identifizierten und typisierten Referenzstrategien plausibilisiert und die Methodik zur

[713] Vgl. o. V. (Weidmüller Interface GmbH & Co. KG), 2021.

[714] Vgl. o. V. (Weidmüller Interface GmbH & Co. KG), 2021.

Auswahl einer Referenzstrategie gemeinsam mit Weidmüller angewendet und reflektiert wurde.

7.2.1 Unternehmenssituation

Der interne Werkzeugbau am Standort in Detmold besitzt grundsätzlich die Kompetenzen, alle benötigten Spritzgieß- und Blechumformwerkzeuge sowie die Automatisierungstechnik für die Montage in Eigenfertigung herzustellen. Dadurch hat der interne Werkzeugbau umfassendes Know-how aufgebaut, um die einzelnen Prozessschritte der Serienproduktion bestmöglich aufeinander abzustimmen und dadurch als ganzheitlicher Lösungsanbieter zu agieren. Aufgrund des insgesamt hohen und teilweise schwankenden Werkzeugbedarfs werden zudem ausgewählte Werkzeugprojekte fremdvergeben. Die Zielsetzung bei der Auswahl der Werkzeugprojekte, die an externe Werkzeuglieferanten fremdvergeben werden, liegt in der maximalen und gleichmäßigen Auslastung des internen Werkzeugbaus, um eine hohe interne Rentabilität zu erreichen.

Die strategische Ausrichtung des Werkzeugeinkaufs hat sich in der Vergangenheit erfolgreich bewährt, sodass weder der interne Werkzeugbau noch die umfassende Fremdvergabe von Werkzeugen grundlegend in Frage gestellt werden. Dennoch hat Weidmüller sich zum Ziel gesetzt, die strategische Ausrichtung des Werkzeugeinkaufs sowie das Werkzeugspektrum hinsichtlich der strategischen Make-or-Buy-Entscheidung zu überprüfen und im Bedarfsfall anzupassen. Daher sollte im Rahmen der Validierung geprüft werden, ob die in dieser Arbeit entwickelte Vorgehensweise für die Make-or-Buy-Entscheidung für Weidmüller praktikabel anwendbar ist. Zudem sollte geprüft werden, ob die Anwendung der entwickelten Methodik bezogen auf die Auswahl einer Referenzstrategie mit der erfolgreich bewährten strategischen Grundausrichtung von Weidmüller übereinstimmt und welche zusätzlichen Optimierungspotenziale aus den identifizierten und typisierten Referenzstrategien abgeleitet werden können.

7.2.2 Anwendung der Methodik

Vor der Anwendung der Methodik wurden zunächst die identifizierten und typisierten Referenzstrategien vorgestellt und im Rahmen des Workshops diskutiert. Es wurde konstatiert, dass die fünf Referenzstrategien die Heterogenität möglicher strategischer Ausrichtungen des Werkzeugeinkaufs unterschiedlicher produzierender Unternehmen sehr gut abbilden. Ein Unternehmensexperte aus dem strategischen Werkzeugeinkauf der Firma Weidmüller, der bereits in unterschiedlichen Unternehmen verschiedener Branchen im Bereich des Werkzeugeinkaufs tätig war, bestätigte die Plausibilität der unterschiedlichen strategischen Ausrichtungen. Im Rahmen des Workshops wurde in Bezug auf die jeweiligen Referenzstrategien diskutiert, dass bei einer individuellen Gestaltung des strategischen Werkzeugeinkaufs vereinzelt Details von der vorgegebenen Referenzstrategie abweichen können. In Bezug auf Referenzstrategie drei – das technologieorientierte Werkzeugmanagement – wurde bspw. angemerkt, dass die operative Bestellausführung in Abhängigkeit von der Organisationsstruktur des produzierenden Unternehmens entweder vom Zentraleinkauf oder von der Auftragssteuerung im Werkzeugbau ausgeführt werden kann. Bezogen auf Referenzstrategie vier – den kostenorientierten Werkzeugeinkauf – wurde darauf hingewiesen, dass bei einigen Unternehmen die operative Bestellausführung und das Lieferantenmanagement in Abhängigkeit von der Organisation des Zentraleinkaufs entweder durch das technologische Kompetenzzentrum oder den Zentraleinkauf durchgeführt werden kann. Unabhängig von diesen individuellen Anpassungen der Referenzstrategien, welche in Schritt B3 der Methodik berücksichtigt werden, wurde einvernehmlich festgehalten, dass die Grundausrichtung jeder Referenzstrategie sinnvoll und plausibel ist. Dieses Diskussionsergebnis bestätigt zum einen die inhaltliche Beschreibung sowie die jeweilige Abgrenzung der typisierten Referenzstrategien. Zum anderen wird dadurch das der Arbeit zugrundeliegende Verständnis einer Referenzstrategie bekräftigt. D

Nachdem die Referenzstrategien vorgestellt und diskutiert wurden, erfolgte die Anwendung der Methodik. Der Fokus lag dabei auf den Methodikschritten A1, A2 sowie B1, B2 und B3. Methodikschritt A3 konnte aufgrund einer zum Zeitpunkt der Anwendung nicht vollständig vorliegenden Datenbasis lediglich auf Basis des Erfahrungswissens der Unternehmensexperten abgeschätzt werden.

Im ersten Schritt wurde wie in Schritt A1 beschrieben der **Werkzeugbedarf** analysiert und das Werkzeugspektrum von Weidmüller klassifiziert. Auf der obersten Ebene wurde zunächst in einzelne Produktbereiche wie z. B. „Cabinet Products" oder „Device and Field Connectivity" unterschieden. Bezogen auf die Auftragsart werden sowohl Serien- als auch Wiederholwerkzeuge benötigt. Zudem umfasst das Werkzeugspektrum von Weidmüller wie eingangs beschrieben sowohl Spritzgieß- und Blechumformwerkzeuge, die in Bezug auf die Ausbringungsmenge und die Werkzeugkomplexität wiederum weiter unterschieden werden können. Damit wurden sowohl anspruchsvolle als auch einfachere Werkzeugtypen identifiziert. Als Beispiele können Hochkavität-Klemmwerkzeuge oder Folgeverbundwerkzeuge mit hohen Anforderungen an die Standzeit, komplexe Schieberwerkzeuge oder einfache Auf-Zu-Werkzeuge genannt werden. Aufgrund der hohen Produktvielfalt des Unternehmens werden zahlreiche Neuwerkzeuge benötigt, sodass ein unternehmerisch sinnvoller Betrieb des internen Werkzeugbaus als unkritisch bewertet werden konnte. Trotz der sehr unterschiedlichen Werkzeugtypen konnten im Zuge der Ähnlichkeitsanalyse Werkzeugcluster gebildet werden, da bspw. die Hochkavität-Klemmwerkzeuge und die Schieberwerkzeuge in Bezug auf die für die Werkzeugherstellung benötigten Kompetenzen und Ressourcen eine sehr hohe Ähnlichkeit zueinander aufweisen.

Im zweiten Schritt wurde in Analogie zu Methodikschritt A2 die **strategische Bedeutung** der Werkzeugtypen bewertet, die im Folgenden am Beispiel der Hochkavität-Klemmwerkzeuge im Detail beschrieben wird. Zunächst wurde das in Abbildung 75 dargestellte Zielsystem für den strategischen Werkzeugbau angewendet, um die Bedeutung der jeweiligen strategischen Ziele zu bewerten. Aufgrund der hohen Ausbringungsmenge wurde der Prozessinnovation eine besonders hohe Bedeutung zugeschrieben. Es folgen eine hohe Bedeutung in Bezug auf Know-how-Schutz, Produktinnovation, Lieferzeit sowie Einstands- und Lebenszykluskosten. Eine geringe Bedeutung besitzen die strategischen Ziele Reaktionszeit und Versorgungssicherheit, da externe Lieferanten grundsätzlich in der Lage sind, diese Werkzeuge in der geforderten Qualität und Zeit zu liefern. Unter Berücksichtigung der Gewichtung der jeweiligen strategischen Ziele, die mittels paarweisen Vergleichs bestimmt wurde (vgl. Abbildung 94), konnte die strategische Bedeutung dieses Werkzeugtyps quantifiziert werden.

Wichtiger als...
Weniger wichtig als...

		Differen- zierung			Verfüg- barkeit			Effi- zienz				
		Know-how-Schutz	Produktinnovation	Prozessinnovation	Reaktionszeit	Versorgungssicherheit	Lieferzeit	Einstandskosten	Lebenszykluskosten	Summe Punkte	Gewichtung [%]**	Rangfolge [1 bis 8]*
Differen- zierung	Know-how-Schutz		3	2	3	4	2	4	3	21	19	1
	Produktinnovation	1		1	3	3	1	3	2	14	13	4
	Prozessinnovation	2	3		3	2	2	3	2	17	15	3
Verfüg- barkeit	Reaktionszeit	1	1	1		1	1	4	2	11	10	6
	Versorgungssicherheit	0	1	2	3		2	3	3	14	13	4
	Lieferzeit	2	3	2	3	2		4	4	20	18	2
Effi- zienz	Einstandskosten	0	1	1	0	1	0		1	4	4	8
	Lebenszykluskosten	1	2	2	2	1	0	3		11	10	6
										112	102	

Legende:

Sehr viel wichtiger:	4 Punkte
Wichtiger:	3 Punkte
Gleich wichtig:	2 Punkte
Weniger wichtig:	1 Punkt
Wesentlich weniger wichtig:	0 Punkte

* Rangfolge von am wichtigsten [1] bis am wenigsten wichtig [8]
** Es wurde mit gerundeten Werten gerechnet; daher Summe der Prozentwerte ~100 % (102 %)

Abbildung 94: Gewichtung der strategischen Ziele für Hochkavität-Klemmwerkzeuge[715]

Die Quantifizierung der strategischen Bedeutung in Abbildung 95 zeigt, dass die Höhe der strategischen Bedeutung zum Teil von der Gewichtung der strategischen Ziele abweichen kann. Somit wird die Bedeutung der Einstandskosten unabhängig von den übrigen strategischen Zielen zwar als hoch angesehen. Jedoch zeigt die Gewichtung der strategischen Ziele, dass andere strategische Ziele im Vergleich zu den Einstandskosten als wichtiger angesehen werden, sodass die Einstandskosten nicht so einen starken Einfluss auf die Make-or-Buy-Entscheidung haben. Insgesamt hat der hier im Detail betrachtete Werkzeugtyp Hochkavität-Klemmwerkzeuge mit 0,65 Punkten auf der Skala der strategischen Bedeutung, deren Werte zwischen 0 und 1 liegen können, eine eher hohe strategische Bedeutung.

[715] Eigene Darstellung zur Dokumentation der Workshopergebnisse.

	Strateg. Ziele	Keine Bedeutung	Geringe Bedeutung	Hohe Bedeutung	Sehr hohe Bedeutung	Gewichtung [%]	Punktwert*
Differenzierung	Know-how-Schutz			2		19 %	0,38
	Produkt-innovation			2		13 %	0,26
	Prozess-innovation				3	15%	0,45
Verfügbarkeit	Reaktionszeit		1			10 %	0,1
	Versorgungs-sicherheit		1			13 %	0,13
	Lieferzeit			2		18 %	0,36
Effizienz	Einstands-kosten			2		4 %	0,08
	Lebens-zykluskosten			2		10 %	0,2
					Summe	~100 %	1,96

* Der Punktwert entspricht dem Produkt aus der Bewertung eines strategischen Ziels [0 - 3] und der prozentualen Gewichtung des jeweiligen strategischen Ziels

$$\text{Strategische Bedeutung Werkzeugtyp} = \frac{1{,}96}{3} = 0{,}65$$

Abbildung 95: Strategische Bedeutung der Hochkavität-Klemmwerkzeuge[716]

Nachdem die strategische Bedeutung bewertet wurde, erfolgte die **Bewertung der relativen Leistungsfähigkeit der internen Werkzeugbaukompetenz**. Bezogen auf die Hochkavität-Klemmwerkzeuge wurde auf Basis der Erfahrung des Werkzeugeinkaufs eine leicht höhere Leistungsfähigkeit des internen Werkzeugbaus im Vergleich zu externen Werkzeugbaubetrieben abgeschätzt. Somit wurde dieser Werkzeugtyp in den oberen rechten Quadranten des Make-or-Buy-Werkzeugportfolios eingeordnet und als Make-Werkzeugtyp charakterisiert. Dennoch konnten in Bezug auf die interne Herstellung der Hochkavität-Klemmwerkzeuge Potenziale identifiziert werden. Da die interne Leistungsfähigkeit lediglich leicht über der Leistungsfähigkeit externer Werkzeugbaubetriebe liegt, sollten wie in Methodikschritt B1 beschrieben Maßnahmen zur Steigerung der internen Leistungsfähigkeit erarbeitet werden.

In Bezug auf das gesamte Werkzeugspektrum von Weidmüller wurde konstatiert, dass es neben strategischen Make-Werkzeugtypen auch indifferente sowie Buy-Werkzeugtypen gibt. Daher wurde das **Make-or-Buy-Werkzeugportfolio** von Weidmüller im Rahmen der Fallunterscheidung in Methodikschrittes B2 dem Fall 8 zugeordnet (vgl. Abbildung 87). Aufgrund eines ausreichend hohen Werkzeugbedarfs wurde wie in Abbildung 89 aufgezeigt die dritte Referenzstrategie des technologieorientierten Werkzeugmanagements ausgewählt.

Durch den Vergleich von Status quo und Referenzstrategie in Methodikschritt B3 wurde festgestellt, dass das technologieorientierte Werkzeugmanagement im Wesentlichen der aktuellen strategischen Ausrichtung des Werkzeugbaueinkaufs von Weidmüller entspricht. Mit die-

716 Eigene Darstellung zur Dokumentation der Workshopergebnisse.

sem Ergebnis wurde die aktuelle strategische Ausrichtung des Werkzeugeinkaufs von Weidmüller bestätigt. Dennoch konnten auf Basis der Erkenntnisse durch die Anwendung der Methodik und die Betrachtung der ausgewählten Referenzstrategie Optimierungspotenziale identifiziert werden. Das erste Potenzial besteht in der systematischen Definition strategischer Make- bzw. Buy-Werkzeugtypen auf Basis von Methodikschritt B1. Darauf aufbauend soll im zweiten Schritt eine stärkere Fokussierung des internen Werkzeugbaus auf strategische Make-Werkzeugtypen geprüft werden, um die relative Leistungsfähigkeit der internen Werkzeugbaukompetenz weiter steigern zu können. Zudem wurde das Potenzial identifiziert, die Fremdvergabe strategischer Buy-Werkzeuge zu optimieren. Dazu zählt sowohl die Optimierung der internen Einkaufsorganisation und -prozesse als auch die Identifikation und Qualifizierung weiterer Lieferanten. Durch die Adressierung der Potenziale besteht damit die Möglichkeit, den internen Werkzeugbau mit strategisch bedeutenden Werkzeugen optimal auszulasten und mithilfe einer erweiterten Lieferantenbasis – bspw. in Bezug auf den asiatischen Beschaffungsmarkt – Werkzeuge mit einer vergleichsweise geringen strategischen Bedeutung kostenoptimal einzukaufen.

7.2.3 Fazit

Die strategische Ausrichtung des Werkzeugeinkaufs von Weidmüller besteht darin, dass der interne Werkzeugbau mit seinen Kompetenzen und Ressourcen die Bandbreite des benötigten Werkzeugbedarfs grundsätzlich in Eigenfertigung herstellen kann. Um den internen Werkzeugbau dauerhaft auslasten und Kapazitätsschwankungen ausgleichen zu können, wird ein signifikanter Anteil des Werkzeugbedarfs zusätzlich an externe Werkzeuglieferanten fremdvergeben. Diese strategische Ausrichtung ähnelt der dritten Referenzstrategie des technologieorientierten Werkzeugmanagements und wird bei Weidmüller seit Jahren erfolgreich praktiziert. Dennoch sollte die strategische Ausrichtung durch Anwendung der Dissertationsergebnisse überprüft und nach Möglichkeit bestätigt werden.

Durch die Anwendung der Methodik zur Auswahl einer Referenzstrategie konnte die Sinnhaftigkeit der aktuellen strategischen Ausrichtung des Werkzeugeinkaufs von Weidmüller bestätigt werden. Dieses Ergebnis bekräftig nicht nur Weidmüller in seiner strategischen Ausrichtung, sondern auch die Praktikabilität und Richtigkeit der Methodik. Denn die Anwendung der Dissertationsergebnisse führte zu derselben Empfehlung, die sich bei Weidmüller in der betrieblichen Praxis in der Vergangenheit bereits als erfolgreich erwiesen hat. Zusätzlich dazu konnten die identifizierten und typisierten Referenzstrategien im Rahmen eines Expertenworkshops diskutiert und plausibilisiert werden. Darauf basierend konnten zusätzliche Optimierungspotenziale für den Werkzeugeinkauf von Weidmüller abgeleitet werden. Damit hat dieses Unternehmensbeispiel aufgezeigt, dass die erarbeiteten und dokumentierten Forschungsergebnisse erfolgreich in der Praxis angewendet werden können.

7.3 Kritische Reflexion

Die Unternehmensbeispiele bei der BSH Hausgeräte GmbH und der Weidmüller Interface GmbH & Co. KG zeigen, dass die vorliegenden Forschungsergebnisse produzierende Unternehmen zur Gestaltung des strategischen Werkzeugeinkaufs befähigen. Gemeinsam mit BSH konnten die Analysephase durchlaufen und basierend darauf ein Make-or-Buy-Werkzeugportfolio erstellt werden. Mithilfe des Make-or-Buy-Werkzeugportfolios konnten schließlich eine passende Referenzstrategie ausgewählt und Gestaltungsempfehlungen für die Werkzeugversorgung abgeleitet werden. Bei Weidmüller lag der Fokus zunächst stärker auf der Plausibilisierung der empirisch identifizierten und typisierten Referenzstrategien. Zudem konnten durch Anwendung der Methodik die aktuelle strategische Ausrichtung des Werkzeugeinkaufs bestätigt sowie zusätzliche Optimierungspotenziale identifiziert werden.

Die Validierung hat gezeigt, dass die **allgemeine Anforderung der Typisierung** durch die empirisch identifizierten und typisierten Referenzstrategien erfüllt wird. Zunächst hat die Diskussion mit Experten der betrieblichen Praxis gezeigt, dass der entwickelte morphologische Kasten klare und strukturierte Typisierungsmerkmale für die ganzheitliche Beschreibung des strategischen Werkzeugeinkaufs in den vier Bereichen Produkt- und Werkzeugspektrum, strategische Planung, Einkaufsorganisation sowie Einkaufsprozesse beinhaltet. Zudem wurde die Plausibilität der Referenzstrategien bestätigt. Es wird festgehalten, dass die unterschiedlichen strategischen Ausrichtungen des Werkzeugeinkaufs sowohl die Heterogenität der produzierenden Industrie abbilden als auch in sich betrachtet inhaltlich richtig sind. Des Weiteren hat die Validierung gezeigt, dass die Referenzstrategien unternehmensindividuell an die spezifisch vorherrschenden Rahmenbedingungen angepasst werden müssen. Diese Erkenntnis stimmt mit dem Verständnis dieser Arbeit überein, die Referenzstrategien als Orientierungspunkte für die individuelle strategische Ausrichtung des Werkzeugeinkaufs anzusehen.

Die **analytischen Anforderungen** umfassen die Berücksichtigung des Beschaffungsobjektes, des Zielsystems sowie der internen und externen Leistungsfähigkeit. Die Unternehmensbeispiele von BSH und Weidmüller zeigen, dass mit der Analyse des Werkzeugbedarfs notwendige Bedarfe sowie technische Eigenschaften der Werkzeuge als Beschaffungsobjekte berücksichtigt werden. Die Bewertung der strategischen Bedeutung hat insbesondere am konkret beschriebenen Beispiel der Hochkavität-Klemmwerkzeuge bei Weidmüller verdeutlicht, dass durch das entwickelte Zielsystem klare strategische Ziele vorgegeben werden. Zudem liefert die Methodik ein praktikables Vorgehen, um die strategische Bedeutung einzelner Werkzeugtypen zu quantifizieren. Die Anforderungen der internen und externen Leistungsfähigkeit werden durch die Analyse der relativen Leistungsfähigkeit gleichermaßen adressiert. Die Validierung hat offengelegt, dass diese Bewertung aufgrund der erforderlichen Datengrundlage sehr aufwendig ist. Die Teilnahme von BSH am Wettbewerb „Excellence in Production“ zum Werkzeugbau des Jahres zeigt, dass das Vorgehen im Rahmen eines Benchmarkings dennoch anwendbar ist und dessen Ergebnisse zur Analyse der relativen Leistungsfähigkeit verwendet werden können. Folglich werden durch die Analysephase der Methodik zur Auswahl einer geeigneten Referenzstrategie die vier analytischen Anforderungen in vollem Umfang adressiert.

Die **gestalterischen Anforderungen** umfassen die Berücksichtigung konkreter Elemente und die Vorgabe potenzieller Gestaltungsoptionen in den Bereichen der strategischen Planung sowie der Einkaufsorganisation und Einkaufsprozesse. Die Entwicklung eines Make-or-Buy-Werkzeugportfolios, welches für BSH und Weidmüller aus den Ergebnissen der Analysephase abgeleitet werden konnte, ermöglichte im Rahmen der Fallunterscheidung die Auswahl einer geeigneten Referenzstrategie. Diese Referenzstrategien wurden im Rahmen von Fallstudien empirisch identifiziert und in den Bereichen der strategischen Planung, der Einkaufsorganisation und Einkaufsprozesse mithilfe der entwickelten Morphologie systematisch beschrieben. Dadurch konnten sowohl BSH als auch Weidmüller geeignete Gestaltungsoptionen für den strategischen Werkzeugeinkauf vorgeschlagen werden, die zu einer Identifikation individueller Handlungsfelder und Maßnahmen führten. Daher werden die gestalterischen Anforderungen sowohl durch die identifizierten und typisierten Referenzstrategien als auch durch Anwendung der Gestaltungsphase der Methodik zur Auswahl von Referenzstrategien vollumfänglich adressiert.

Im Rahmen der Validierung konnten sowohl die identifizierten und typisierten Referenzstrategien plausibilisiert als auch die Methodik zur Auswahl einer geeigneten Referenzstrategie erfolgreich angewendet werden. Somit haben die Unternehmensbeispiele gezeigt, dass die erzielten Forschungsergebnisse praktikabel anwendbar sind und produzierende Unternehmen zur Gestaltung des strategischen Werkzeugeinkaufs unter Berücksichtigung von Eigenfertigung und Fremdvergabe der Werkzeuge befähigen. Damit wurden alle problemrelevanten Anforderungen erfüllt und die Forschungsfragen dieser Arbeit beantwortet. Die Zielsetzung dieser Arbeit wurde erfüllt.

8 Zusammenfassung und Ausblick

Produzierende Unternehmen am Hochlohnstandort in Deutschland stehen unter einem zunehmend hohen internationalen Wettbewerbsdruck. Obwohl die deutsche Industrie in den vergangenen Jahrzehnten maßgeblich von der Internationalisierung der Märkte profitiert hat, nimmt die Wettbewerbsfähigkeit aufstrebender Schwellenmärkte in Ost- und Südostasien sowie in Mittel- und Osteuropa zu. Folglich besteht eine wesentliche Herausforderung produzierender Unternehmen darin, die internationale Wettbewerbsfähigkeit insbesondere in Bezug auf Innovationsfähigkeit, Know-how-Schutz, Time-to-Market und gleichzeitiger Kosteneffizienz sicherzustellen.

Sowohl der interne Werkzeugbau als auch externe Werkzeugbaubetriebe haben durch ihre Schnittstellenposition zwischen Produktentwicklung und Serienproduktion maßgeblichen Einfluss auf die Wettbewerbsfähigkeit produzierender Unternehmen. Während die Alleinstellungsmerkmale eines internen Werkzeugbaus aufgrund der Integration in vor- und nachgelagerte Prozessschritte vorrangig in der Entwicklung von Produkt- und Prozessinnovationen sowie dem Know-how-Schutz bestehen, besitzen externe Werkzeugbaubetriebe zumeist günstigere Kostenstrukturen. Insbesondere international aufstrebende Werkzeugbaumärkte, allen voran China, ermöglichen es produzierenden Unternehmen, Werkzeuge kostengünstig extern einzukaufen. Zudem besteht für produzierenden Unternehmen Potenzial darin, durch die Fremdvergabe von Werkzeugprojekten nicht nur intern verfügbare Kapazitäten zu erweitern, sondern auch das Know-how des Marktes für eine höhere Innovationsfähigkeit nutzbar zu machen. Für produzierende Unternehmen stellt sich daher die Frage, welche der benötigten Werkzeuge aus strategischen Gründen in einem internen Werkzeugbau in Eigenfertigung hergestellt oder an externe Werkzeugbaubetriebe fremdvergeben werden sollen.

Diese strategische, werkzeugbezogene Make-or-Buy-Entscheidung ist der Ausgangspunkt für die Gestaltung des strategischen Werkzeugeinkaufs. Der strategische Werkzeugeinkauf bestimmt daher nicht nur die Strategie der Werkzeugversorgung und damit auch die strategische Ausrichtung des internen Werkzeugbaus, sondern befähigt produzierende Unternehmen dazu, ihre Wettbewerbsfähigkeit zu steigern. Daher ist ein Ansatz erforderlich, der produzierende Unternehmen unter Berücksichtigung des Werkzeugbedarfs, der strategischen Bedeutung der Werkzeuge sowie der internen und externen Leistungsfähigkeit befähigt, den strategischen Werkzeugeinkauf in den Bereichen strategische Planung, Einkaufsorganisation und Einkaufsprozesse erfolgreich zu gestalten. Bestehende Forschungsansätze erfüllen diese Anforderungen bisher nicht. Daher besteht die forschungsleitende Fragestellung darin, den strategischen Werkzeugeinkauf industriell produzierender Unternehmen unter Berücksichtigung von Eigen- und Fremdfertigung der Werkzeuge ganzheitlich zu gestalten.

Während sich in der Industrie bei verschiedenen Unternehmen unterschiedliche strategische Ausrichtungen des Werkzeugeinkaufs etabliert haben, stehen andere vor der Herausforderung, eine geeignete strategische Ausrichtung für den Werkzeugeinkauf zu entwickeln. Daher wurde im Rahmen der vorliegenden Arbeit unter Verwendung qualitativer Forschungsmethoden ein zweigeteiltes Zielbild für die Identifikation, Typisierung und Auswahl von Referenzstrategien für den strategischen Werkzeugeinkauf entwickelt. Der erste Teil des Zielbildes umfasst die Durchführung von Fallstudien zur empirischen Identifikation und Typisierung von Referenzstrategien. Der zweite Teil des Zielbildes stellt eine Methodik zur Auswahl und individuellen Anpassung einer geeigneten Referenzstrategie dar.

Für die empirische Identifikation und Typisierung von Referenzstrategien wurden Experten aus vierzehn unterschiedlichen produzierenden Unternehmen mittels leitfadengestützter Interviews befragt. Die Ergebnisse der Interviews wurden im Rahmen von Fallbeispielen strukturiert und verdichtet beschrieben. Aus einer fallübergreifenden Analyse wurde ein Modell in Form eines morphologischen Kastens entwickelt, mithilfe dessen eine Typisierung von Referenzstrategien anhand klarer und strukturierter Typisierungsmerkmale erfolgte. Schließlich wurden mit der vollintegrierten internen Werkzeugherstellung, dem dezentralen Komponenteneinkauf, dem technologieorientierten Werkzeugmanagement, dem kostenorientierten Werkzeugeinkauf sowie dem beschaffungsmarktorientierten Werkzeugeinkauf fünf Referenzstrategien abgeleitet und ganzheitlich beschrieben. Diese Referenzstrategien dienen produzierenden Unternehmen als Orientierungshilfe für die individuelle Gestaltung des strategischen Werkzeugeinkaufs.

Die Methodik zur Auswahl einer geeigneten Referenzstrategie besteht aus einer Analyse- und einer Gestaltungsphase, welche jeweils drei Methodikschritte umfassen. Da die Gestaltung des strategischen Werkzeugeinkaufs von den drei Einflussgrößen Werkzeugbedarf, strategische Bedeutung der Werkzeuge sowie relative Leistungsfähigkeit der internen Werkzeugbaukompetenz abhängig ist, bilden die drei Schritte der Analysephase ein methodisches Vorgehen für deren tiefgehende Analyse ab. Das Ergebnis der Analysephase befähigt produzierende Unternehmen dazu, zu Beginn der Gestaltungsphase eine differenzierte strategische Make-or-Buy-Entscheidung in Bezug auf zuvor definierte Werkzeugtypen zu treffen und ein individuelles Make-or-Buy-Werkzeugportfolio abzuleiten. In Abhängigkeit von dem individuellen Make-or-Buy-Werkzeugportfolio erfolgt eine Fallunterscheidung zur Auswahl einer geeigneten Referenzstrategie. Durch den Vergleich der aktuellen strategischen Ausrichtung des Werkzeugeinkaufs mit der ausgewählten Referenzstrategie können im dritten Methodikschritt der Gestaltungsphase schließlich individuelle Handlungsfelder und Maßnahmen für die Gestaltung des strategischen Werkzeugeinkaufs abgeleitet werden.

Die Validierung der Forschungsergebnisse erfolgte mit zwei Unternehmen – der BSH Hausgeräte GmbH und der Weidmüller Interface GmbH & Co. KG. Zum einen wurden die identifizierten und typisierten Referenzstrategien durch Experten aus Werkzeugbau bzw. dem strategischen Werkzeugeinkauf plausibilisiert. Zum anderen erfolgte eine Anwendung der Methodik zur Auswahl einer geeigneten Referenzstrategie sowie die Ableitung individueller Handlungsfelder und Maßnahmen in den Unternehmen. Die Validierung hat gezeigt, dass die Forschungsergebnisse praktikabel anwendbar sind.

In einem abschließenden Gesamtfazit zur vorliegenden Arbeit wird festgestellt, dass die aus dem Praxisdefizit abgeleiteten Anforderungen an die Gestaltung des strategischen Werkzeugeinkaufs durch den neu entwickelten Lösungsansatz erfüllt wurde. Die empirisch identifizierten und typisierten Referenzstrategien sowie die Methodik zur Auswahl einer geeigneten Referenzstrategie befähigen produzierende Unternehmen zur Gestaltung des strategischen Werkzeugeinkaufs. Damit konnten die übergeordnete Forschungsfrage sowie die daraus abgeleiteten Teilforschungsfragen beantwortet und die Problemstellung der Arbeit gelöst werden.

Weiterführender Forschungsbedarf besteht in dreierlei Hinsicht. Die identifizierten und typisierten Referenzstrategien basieren auf qualitativen und theoriegenerierenden Forschungsmethoden. Obwohl die Auswahl der Fallbeispiele systematisch erfolgte und die fünf abgeleiteten Referenzstrategien durch Experten aus der Praxis plausibilisiert werden konnten, kann nicht mit absoluter Sicherheit garantiert werden, dass diese fünf Strategietypen die gesamte Bandbreite an möglichen strategischen Grundausrichtungen des strategischen Werkzeugeinkaufs produzierender Unternehmen abbilden. Daher liegt weiterer Forschungsbedarf erstens darin begründet, die Richtigkeit und Vollständigkeit der identifizierten Referenzstrategien in einer breit ausgelegten Unternehmensbefragung quantitativ zu überprüfen sowie bei Bedarf anzupassen und zu erweitern. Zweitens sollten die in dieser Arbeit ganzheitlich beschriebenen Referenzstrategien in weiterührenden Arbeiten innerhalb der strategischen Planung, der Einkaufsorganisation und Einkaufsprozesse weiter detailliert werden. Dies betrifft z. B. die Organisationsgestaltung der Werkzeugkoordination in globalen Produktionsnetzwerken, die detaillierte Gestaltung von Lieferantenmanagementprozessen im Werkzeugeinkauf sowie der Kooperation produzierender Unternehmen mit externen Werkzeugbaubetrieben zur Steigerung der Innovationsfähigkeit. Drittens ist es erforderlich neben dem strategischen Einkauf auch den operativen Einkauf zu betrachten, für den mit dieser Arbeit ein strategischer Rahmen geschaffen werden konnte. In diesem Zusammenhang sind beispielsweise die Potenziale der digitalen Vernetzung auf den operativen Werkzeugeinkauf zu übertragen und eine nachhaltig ausgelegte Lieferkette zu gestalten.

V Literaturverzeichnis

Agburu, J. I.; Anza, N. C.; Iyortsuun, A. S. (Effect of Outsourcing Strategies):
Effect of outsourcing strategies on the performance of small and medium scale enterprises (SMEs). In: Journal of Global Entrepreneurship Research, 2017, Jg. 26, Nr. 1, S. 1-34.

Akremi, L. (Stichprobenziehung in der qualitativen Sozialforschung):
Stichprobenziehung in der qualitativen Sozialforschung. In: Baur, N. und Blasius, J. (Hrsg.): Handbuch Methoden der empirischen Sozialforschung. 2., vollständig überarbeitete und erweiterte Aufl. Wiesbaden: Springer VS, 2019, S. 313-331.

Ammer, D. S. (Purchasing Department):
Is your purchasing department a good buy? In: Harvard Business Review, 1974, Jg. 52, Nr. 2, S. 36-57.

Arnold, U. (Materialmanagement):
Ziele, Aufgaben und Instrumente des Materialmanagements. In: Beschaffung aktuell, 1989, Nr. 9, S. 47-54.

Arnold, U. (Sourcing-Konzepte):
Sourcing-Konzepte. In: Kern, W., Schröder, H.-H. und Weber, J. (Hrsg.): Handwörterbuch der Produktionswirtschaft. Enzyklopädie der Betriebswirtschaftslehre. 2., völlig neu gestaltete Aufl. Stuttgart: Schäffer-Poeschel, 1996, S. 1861-1874.

Arnold, U. (Beschaffungsmanagement):
Beschaffungsmanagement. 2., überarbeitete und erweiterte Aufl. Stuttgart: Schäffer-Poeschel, 1997.

Arnold, U. (Einkaufsorganisation):
Einkaufsorganisation. In: Boutellier, R., Wagner, S. M. und Wehrli, H. P. (Hrsg.): Handbuch Beschaffung. Strategien, Methoden, Umsetzung. München, Wien: Carl Hanser, 2003, S. 143-166.

Arnold, U. (Praxishandbuch Beschaffung – Einkaufsorganisation):
Einkaufsorganisation. In: Arnold, U. und Kasulke, G. (Hrsg.): Praxishandbuch innovative Beschaffung. Wegweiser für den strategischen und operativen Einkauf. 1. Aufl. Weinheim: Wiley-VCH-Verlag, 2007, S. 57-84.

Arnold, U. (Strategische Beschaffungsplanung):
Strategisches Beschaffungsmanagement. In: Arnold, U. und Kasulke, G. (Hrsg.): Praxishandbuch innovative Beschaffung. Wegweiser für den strategischen und operativen Einkauf. Weinheim: Wiley-VCH-Verlag, 2007, S. 13-46.

Bachtaler, M. (Anwendung der Systemtechnik):
Entwicklung und Anwendung der Systemtechnik bei komplexen innovativen Vorhaben sowie Mensch-Maschine-Systemen: Eine Systemmethodik für das Technische Management. Düsseldorf: VDI Verlag, 2000.

Ballmer, R. (Traditionellen Einkauf hinter sich lassen):
Den traditionellen Einkauf hinter sich lassen. In: Boutellier, R., Wagner, S. M. und Wehrli, H. P. (Hrsg.): Handbuch Beschaffung. Strategien, Methoden, Umsetzung. München, Wien: Carl Hanser, 2003, S. 947-971.

Bandte, H. (Komplexität in Organisationen):
Komplexität in Organisationen: Organisationstheoretische Betrachtungen und agentenbasierte Simulation. Wiesbaden: Deutscher Universitätsverlag, 2007.

Bardmann, M. (Grundlagen der Allgemeinen Betriebswirtschaftslehre):
Grundlagen der Allgemeinen Betriebswirtschaftslehre: Geschichte – Konzepte – Digitalisierung. 3., vollständig überarbeitete und erweiterte Aufl. Wiesbaden: Springer Gabler, 2019.

Bardt, H.; Lichtblau, K. (Industriepolitische Herausforderungen):
Industriepolitische Herausforderungen: Horizontale Ansätze und neue Aufgaben für den Staat. IW-Analysen, No. 139. Köln: Institut der deutschen Wirtschaft Köln e. V., 2020.

Baumöl, U.; Bockshecker, A. (Digitale Wertschöpfung):
Controlling in der digitalen Wertschöpfung. In: Ulrich, P. und Baltzer, B. (Hrsg.): Wertschöpfung in der Betriebswirtschaftslehre. Festschrift für Prof. Dr. habil. Wolfgang Becker zum 65. Geburtstag. Wiesbaden: Springer Gabler, 2019, S. 145-166.

Baur, N.; Blasius, J. (Methoden der empirischen Sozialforschung):
Methoden der empirischen Sozialforschung – Ein Überblick. In: Baur, N. und Blasius, J. (Hrsg.): Handbuch Methoden der empirischen Sozialforschung. Handbuch. 2., vollständig überarbeitete und erweiterte Aufl. Wiesbaden: Springer VS, 2019, S. 1-28.

Begovic, A. (Datenbasiertes Wissensmanagement im Werkzeugbau):
Datenbasiertes Wissensmanagement im Werkzeugbau. Aachen: Apprimus, 2017.

Berens, W.; Delfmann, W. (Quantitative Planung):
Quantitative Planung: Konzeption, Methoden und Anwendungen. Stuttgart: Schäffer-Poeschel, 1994.

Berghaus, M. (Einführung Systemtheorie):
Luhmann leicht gemacht: Eine Einführung in die Systemtheorie. Köln, Stuttgart: Böhlau; UTB GmbH, 2011.

Berning, R. (Beschaffungsmarketing):
Beschaffungsmarketing. Wiesbaden: Gabler, 1996.

Bichler, K. (Beschaffungs- und Lagerwirtschaft):
Beschaffungs- und Lagerwirtschaft: Praxisorientierte Darstellung der Grundlagen, Technologien und Verfahren. 9., aktualisierte und überarbeitete Aufl. Wiesbaden: Gabler, 2010.

Bickhoff, N.; Böhmer, C.; Eilenberger, G.; Hansmann, K.-W.; Niggemann, M.; Ringle, C.; Spremann, K.; Tjaden, G. (Mit Virtuellen Unternehmen zum Erfolg):
Mit Virtuellen Unternehmen zum Erfolg: Ein Quick-Check für Manager. Softcover reprint of the original 1st edition. Berlin, Heidelberg: Springer, 2003.

Bilsing, A. P. (Bewertung der Leistungsfähigkeit im Werkzeugbau):
Kennzahlengestützte Bewertung der technologischen Leistungsfähigkeit der Fertigung im Werkzeug- und Formenbau. Aachen: Shaker, 2007.

Binder, V.; Kantowsky, J. (Technologiepotentiale):
Technologiepotentiale: Neuausrichtung der Gestaltungsfelder des Strategischen Technologiemanagements. Wiesbaden: Deutscher Universitätsverlag, 1996.

Binner, H. F. (Methoden-Baukasten):
Methoden-Baukasten für ganzheitliches Prozessmanagement: Systematische Problemlösungen zur Organisationsentwicklung und -gestaltung. Wiesbaden: Springer Fachmedien, 2016.

Bloech, J.; Bogaschewsky, R.; Buscher, U.; Daub, A.; Götze, U.; Roland, F. (Einführung in die Produktion):
Einführung in die Produktion. 7., korrigierte und aktualisierte Aufl. Berlin, Heidelberg: Springer, 2014.

Bogner, A.; Littig, B.; Menz, W. (Interviews mit Experten):
Interviews mit Experten: Eine praxisorientierte Einführung. Wiesbaden: Springer Fachmedien, 2014.

Boos, W. (Modulare Werkzeuge):
Methodik zur Gestaltung und Bewertung von modularen Werkzeugen. Aachen: Apprimus, 2008.

Boos, W.; Kelzenberg, C.; Helbig, J.; Graberg, T. (Werkzeugeinkauf):
Werkzeugeinkauf in Krisenzeigen. In: Industrieanzeiger, 2020, Jg. 142, Nr. 11.20, S. 24-25.

Boos, W.; Kelzenberg, C.; de Lange, J.; Boshof, J.; Ochel, T. (Tooling in Slovenia):
Tooling in Slovenia. Aachen: WBA Aachener Werkzeugbau Akademie GmbH im Eigenverlag, 2019.

Boos, W.; Kelzenberg, C.; de Lange, J.; Schultes, T.; Busch, M. (Lieferantenmanagement im Werkzeugbau):
Erfolgreich Lieferanten managen im Werkzeugbau. Aachen: WBA Aachener Werkzeugbau Akademie GmbH im Eigenverlag, 2018.

Boos, W.; Kelzenberg, C.; Wiese, J.; Goertz, D. (Tooling in Czech Republic):
Tooling in Czech Republic. Aachen: WBA Aachener Werkzeugbau Akademie GmbH im Eigenverlag, 2018.

Boos, W.; Pitsch, M.; Hensen, T.; Heeschen, D.; Johannsen, L. (Tooling in China: Großblech- und Massivumformung):
Tooling in China: Großblech- und Massivumformung. Aachen: WBA Aachener Werkzeugbau Akademie GmbH im Eigenverlag, 2015.

Boos, W.; Pitsch, M.; Komorek, N. J.; Kuhlmann, T.; Stark, M.; Rittstieg, F. (Tooling in South Africa):
Tooling in South Africa. Aachen: WBA Aachener Werkzeugbau Akademie GmbH im Eigenverlag, 2014.

Boos, W.; Salmen, M.; Johannsen, L.; Hensen, T.; Begovic, A.; Wollbrink, M. (Tooling in China: Spritzgießwerkzeugbau):
Tooling in China: Spritzgießwerkzeugbau. Aachen: WBA Aachener Werkzeugbau Akademie GmbH im Eigenverlag, 2016.

Boos, W.; Salmen, M.; Kelzenberg, C.; Johannsen, L.; Helbig, J.; Ebbecke, C. (Tooling in Germany):
Tooling in Germany. Aachen: WBA Aachener Werkzeugbau Akademie GmbH im Eigenverlag, 2018.

Boos, W.; Salmen, M.; Kelzenberg, C.; Stark, M.; Schultes, T.; Graberg, T. (World of Tooling):
World of Tooling. Aachen: WBA Aachener Werkzeugbau Akademie GmbH im Eigenverlag, 2018.

Boos, W.; Salmen, M.; Kuhlmann, T.; Rittstieg, F.; de Lange, J. (Tooling in Turkey):
Tooling in Turkey. Aachen: WBA Aachener Werkzeugbau Akademie GmbH im Eigenverlag, 2016.

Borchardt, A.; Göthlich, S. E. (Erkenntnisgewinnung durch Fallstudien):
Erkenntnisgewinnung durch Fallstudien. In: Albers, S., Klapper, D., Konradt, U., Walter, A. und Wolf, J. (Hrsg.): Methodik der empirischen Forschung. 2., überarbeitete und erweiterte Aufl. Wiesbaden: Gabler, 2007, S. 33-48.

Boutellier, R. (Make-or-Buy):
Make-or-Buy: Eigenfertigung versus Fremdbezug. In: Boutellier, R., Wagner, S. M. und Wehrli, H. P. (Hrsg.): Handbuch Beschaffung. Strategien, Methoden, Umsetzung. München, Wien: Carl Hanser, 2003, S. 453-470.

Bräkling, E.; Oidtmann, K. (Erfolgreich einkaufen):
Beschaffungsmanagement: Erfolgreich einkaufen mit Power in Procurement. 2., aktualisierte und überarbeitete Aufl. Wiesbaden: Springer Gabler, 2019.

Brankamp, K. (Wettbewerbsfaktor Werkzeug- und Betriebsmittelbau):
Wettbewerbsfaktor Werkzeug- und Betriebsmittelbau. Zürich, Köln: Industrielle Organisation; TÜV Rheinland, 1991.

Brem, A.; Esner, R. (Make-or-buy Decisions on technology intensive Products):
Make-or-buy decisions on technology intensive products: Insights from the consumer goods industry. In: International Journal of Innovation Management, 2018, Jg. 22, Nr. 6, S. 1-17.

Bruns, M. (Systemtechnik):
Systemtechnik: Ingenieurwissenschaftliche Methodik zur interdisziplinären Systementwicklung. Berlin: Springer, 1991.

Bundesministerium für Wirtschaft (Wirtschaftliche Entwicklung):
Die wirtschaftliche Lage in Deutschland im Januar 2021. (https://www.bmwi.de/Redaktion/DE/Pressemitteilungen/Wirtschaftliche-Lage/2021/20210114-die-wirtschaftliche-lage-in-deutschland-im-januar-2021.html), zuletzt geprüft am 23.03.2021, 2021.

Burt, D. N.; Soukup, W. R. (Purchasing's Role in New Product Development):
Purchasing's role in new product development. In: Harvard Business Review, 1985, Jg. 63, Nr. 5, S. 90-97.

Büsch, M. (Praxishandbuch Strategischer Einkauf):
Praxishandbuch Strategischer Einkauf. 3., korrigierte Aufl. Wiesbaden: Gabler, 2013.

Byrne, J. A. (The Virtual Cooperation):
The Virtual Cooperation. In: Bloomberg Businessweek, 1993, Nr. 3304, S. 36-41.

Carr, A. S.; Smeltzer, L. R. (Definition of strategic Purchasing):
An empirically based operational definition of strategic purchasing. In: European Journal of Purchasing & Supply Management, 1997, Jg. 3, Nr. 4, S. 199-207.

Cezanne, W. (Allgemeine Volkswirtschaftslehre):
Allgemeine Volkswirtschaftslehre. 4., überarbeitete Aufl. München, Wien: Oldenbourg, 1999.

Chandler, A. D. (Strategy and Structure):
Strategy and Structure: Chapter in the History of the American Industrial Enterprise. Cambridge, Massachusetts: MIT Press, 1962.

Cohen, S.; Eimicke, W. (Management Fundamentals):
Management Fundamentals. New York: Columbia University Press, 2020.

Corsten, H.; Gössinger, R. (Dienstleistungsmanagement):
Dienstleistungsmanagement. 5., vollständig überarbeitete und wesentlich erweiterte Aufl. München, Wien: Oldenbourg, 2007.

Dawes, J. (Point Scales):
Do Data Characteristics Change According to the Number of Scale Points Used? An Experiment Using 5-Point, 7-Point and 10-Point Scales. In: International Journal of Market Research, 2008, Jg. 50, Nr. 1, S. 61-104.

de Lange, J. (Prozessmodell Werkzeugbau):
Prozessmodell für den Werkzeugbau im iterativen Produktentwicklungsprozess. Aachen: Apprimus, 2020.

Dilger, A. (Rigor, wissenschaftliche und praktische Relevanz):
Rigor, wissenschaftliche und praktische Relevanz. Diskussionspapier des Instituts für Organisationsökonomik der Westfälischen Wilhelms-Universität Münster, 2012.

Döring, N.; Bortz, J. (Forschungsmethoden und Evaluation):
Forschungsmethoden und Evaluation in den Sozial- und Humanwissenschaften. 5. Aufl. Berlin, Heidelberg: Springer, 2016.

Dyckhoff, H. (Betriebliche Produktion):
Betriebliche Produktion: Theoretische Grundlagen einer umweltorientierten Produktionswirtschaft. 2., verbesserte Aufl. Berlin, Heidelberg, New York, Tokyo: Springer, 1994.

Dyckhoff, H. (Konzeption der Produktionstheorie):
Eine moderne Konzeption der Produktionstheorie. In: Wildemann, H. (Hrsg.): Moderne Produktionskonzepte für Güter- und Dienstleistungsproduktion. München: TCW-Transfer-Centrum, 2003, S. 13-32.

Dyckhoff, H. (Produktionstheorie):
Produktionstheorie: Grundzüge industrieller Produktionswirtschaft: mit 20 Tabellen. 5., überarbeitete Aufl. Berlin, Heidelberg: Springer, 2006.

Eichhorn, P.; Merk, J. (Das Prinzip Wirtschaftlichkeit):
Das Prinzip Wirtschaftlichkeit: Basiswissen der Betriebswirtschaftslehre. 4., vollständig überarbeitete Aufl. Wiesbaden: Springer Gabler, 2016.

Eisenhardt, K. M. (Building Theories from Case Study Research):
Building Theories from Case Study Research. In: Academy of Management Review, 1989, Jg. 14, Nr. 4, S. 532-550.

Eppinger, S. D.; Browning, T. R. (Design Structure Matrix):
Design Structure Matrix Methods and Applications. Cambridge, Massachusetts: MIT Press, 2012.

Eßig, M. (Beschaffungskooperation):
Beschaffungskooperation. In: Arnold, U. und Kasulke, G. (Hrsg.): Praxishandbuch innovative Beschaffung. Wegweiser für den strategischen und operativen Einkauf. Weinheim: Wiley-VCH-Verlag, 2007, S. 101-127.

Essig-Kreysa, J. (Einkaufsstrategiebildung für technologisch anspruchsvolle Güter):
Einkaufsstrategiebildung für technologisch anspruchsvolle Güter auf Grundlage der Beschaffungsmarktattraktivität. Aachen: Apprimus, 2014.

Eversheim, W.; Klocke, F. (Werkzeugbau mit Zukunft):
Werkzeugbau mit Zukunft: Strategie und Technologie. Berlin: Springer, 1998.

Fariñas, J. C.; López, A.; Martín-Marcos, A. (Sourcing Strategies and Productivity):
Sourcing strategies and productivity: Evidence for Spanish manufacturing firms. In: BRQ Business Research Quarterly, 2016, Jg. 19, Nr. 2, S. 90-106.

Farmer, D. (Developing Purchasing Strategies):
Developing Purchasing Strategies. In: International Journal of Physical Distribution & Materials Management, 1981, Jg. 11, Nr. 2/3, S. 114-121.

Felbermayr, G.; Sandkamp, A.; Mahlkow, H.; Gans, S. (Lieferketten nach Corona):
Lieferketten in der Zeit nach Corona: Kurzgutachten im Auftrag der Impuls-Stiftung. Frankfurt: Impuls-Stiftung für den Maschinen- und Anlagenbau und die Informationstechnik, 2020.

Flach, L.; Steininger, M. (Globalisierung nach Covid-19):
Globalisierung nach Covid-19: Die Folgen der Pandemie für die deutsche Wirtschaft. In: ifo Schnelldienst, 2020, Jg. 73, Nr. 7, S. 17-23.

Flick, U. (Mapping the Field):
Mapping the Field. In: Flick, U. (Hrsg.): The Sage Handbook of Qualitative Data Analysis. London, Thousand Oaks, New Delhi, Singapore: Sage Publications, 2014, S. 3-20.

Fortmann, H.-J.; Gburek, G. (Make-or-Buy-Entscheidung):
Von der Make-or-Buy-Entscheidung zur Ausschreibung logistischer Dienstleistungen. In: Bundesverband Materialwirtschaft, Einkauf und Logistik (Hrsg.): Best practice in Einkauf und Logistik. 2., völlig neue und erweiterte Aufl. Wiesbaden: Gabler, 2008, S. 375-389.

Frick, L. (Erfolgreiche Geschäftsmodelle im Werkzeugbau):
Erfolgreiche Geschäftsmodelle im Werkzeugbau. Aachen: Shaker, 2005.

Fröhlich, L.; Lingohr, T. (Organisatorischer Wandel im Einkauf):
Organisatorischer Wandel im Einkauf: Wohin führt die Reise? In: Fröhlich, L. und Lingohr, T. (Hrsg.): Gibt es die optimale Einkaufsorganisation? Organisatorischer Wandel und pragmatische Methoden zur Effizienzsteigerung. Wiesbaden: Gabler, 2010, S. 15-30.

Fuchs, A.; Kaufmann, L. (Von Zielen zu Erfolgen):
Von Zielen zu Erfolgen – strategische Lieferantenbeziehungen gestalten. In: Bundesverband Materialwirtschaft, Einkauf und Logistik (Hrsg.): Best practice in Einkauf und Logistik. 2., völlig neue und erweiterte Aufl. Wiesbaden: Gabler, 2008.

Gadde, L.-E.; Häkansson, H. (The changing Role of Purchasing):
The changing role of purchasing: reconsidering three strategic issues. In: European Journal of Purchasing & Supply Management, 1994, Jg. 1, Nr. 1, S. 27-35.

Gassner, S.; Gökeler, J.; Stärk, J. (Strategische Beschaffung im Anlagenbau):
Strategische Beschaffung im Anlagenbau. In: Wenger, W., Geiger, M. J. und Kleine, A. (Hrsg.): Business Excellence in Produktion und Logistik. Festschrift für Prof. Dr. Walter Habenicht. Wiesbaden: Gabler, 2011, S. 227-242.

Gelderman, C. J.; van Weele, A. J. (Purchasing Portfolio Models):
Purchasing Portfolio Models: A Critique and Update. In: The Journal of Supply Chain Management, 2005, Jg. 41, Nr. 3, S. 19-28.

Gierhake, O. (Integriertes Geschäftsprozessmanagement):
Integriertes Geschäftsprozessmanagement: Gestaltungsrahmen, Vorgehensmodelle, Integrationsansätze zum effizienten Einsatz von Prozessunterstützungstechnologien. Braunschweig, Wiesbaden: Vieweg, 2001.

Gläser, J.; Laudel, G. (Experteninterviews und qualitative Inhaltsanalyse):
Experteninterviews und qualitative Inhaltsanalyse als Instrumente rekonstruierender Untersuchungen. 3., überarbeitete Aufl. Wiesbaden: VS Verlag für Sozialwissenschaften, 2009.

Grochla, E.; Schönbohm, P. (Beschaffung in der Unternehmung):
Beschaffung in der Unternehmung: Einführung in eine umfassende Beschaffungslehre. Stuttgart: Poeschel, 1980.

Grochla, E.; Wunderlich, D.; Fieten, R. (Erfolgreiche Beschaffung):
Erfolgreiche Beschaffung: Ein aktuelles Problem der Unternehmensführung. Dortmund: Rhein-Ruhr Druck Sander, 1982.

Guba, E. G.; Lincoln, Y. S. (Competing Paradigms):
Competing Paradigms in Qualitative Research. In: Denzin, N. K. und Lincoln, Y. S. (Hrsg.): Handbook of Qualitative Research. Thousand Oaks: Sage Publications, 1994, S. 105-117.

Gulden, A. G. (Wertorientierte Gestaltung):
Wertorientierte Gestaltung kundenindividueller Kleinserienproduktion. Aachen: Shaker, 2009.

Günther, H.-O.; Tempelmeier, H. (Produktion und Logistik):
Produktion und Logistik: Supply Chain und Operations Management. Norderstedt: Books on Demand, 2016.

Haberfellner, R. (Systems Engineering):
Systems Engineering: Grundlagen und Anwendung. 12. Aufl. Zürich: Orell Füssli, 2012.

Haller, A. (Wertschöpfungsrechnung):
Wertschöpfungsrechnung: Ein Instrument zur Steigerung der Aussagefähigkeit von Unternehmensabschlüssen im internationalen Kontext. Stuttgart: Schäffer-Poeschel, 1997.

Hartmann, H. (Lieferantenmanagement):
Lieferantenmanagement: Gestaltungsfelder, Methoden, Instrumente mit Beispielen aus der Praxis. Gernsbach: Deutscher Betriebswirte Verlag, 2004.

Helbig, J.; Ochel, T. (Make-or-Buy-Strategien):
Make-or-Buy – Strategien für eine bedarfsgerechte Werkzeugversorgung durch Eigenfertigung und Fremdvergabe. In: Boos, W. und Hensen, T. (Hrsg.): Forschungsbericht 2020. Aachen: WBA Aachener Werkzeugbau Akademie GmbH im Eigenverlag, 2020, S. 51-56.

Helfferich, C. (Die Qualität qualitativer Daten):
Die Qualität qualitativer Daten: Manual für die Durchführung qualitativer Interviews. 4. Aufl. Wiesbaden: VS Verlag für Sozialwissenschaften; Springer Fachmedien, 2011.

Helfferich, C. (Leitfaden- und Experteninterviews):
Leitfaden- und Experteninterviews. In: Baur, N. und Blasius, J. (Hrsg.): Handbuch Methoden der empirischen Sozialforschung. 2., vollständig überarbeitete und erweiterte Aufl. Wiesbaden: Springer VS, 2019, S. 669-686.

Helmold, M. (Innovatives Lieferantenmanagement):
Innovatives Lieferantenmanagement: Wertschöpfung in globalen Lieferketten. Wiesbaden: Springer Gabler, 2021.

Helmold, M.; Terry, B. (Lieferantenmanagement 2030):
Lieferantenmanagement 2030: Wertschöpfung und Sicherung der Wettbewerbsfähigkeit in digitalen und globalen Märkten. Wiesbaden: Springer Gabler, 2016.

Hensen, T. (Strategische Auslegung):
Strategische Auslegung industrieller Werkzeugbaubetriebe. Aachen: Apprimus, 2017.

Hering, L.; Jungmann, R. (Einzelfallanalyse):
Einzelfallanalyse. In: Baur, N. und Blasius, J. (Hrsg.): Handbuch Methoden der empirischen Sozialforschung. 2., vollständig überarbeitete und erweiterte Aufl. Wiesbaden: Springer VS, 2019, S. 619-632.

Heß, G. (Prozessansatz Beschaffungs- und Materialstrategien):
Prozessansatz zur Formulierung von Beschaffungs- und Materialfeldstrategien: Basiskonzept und Forschungsleitfragen. In: Schriftenreihe Georg-Simon-Ohm-Fachhochschule Nürnberg, 2004, Nr. 12, S. 19-86.

Heß, G. (Supply-Strategien in Einkauf und Beschaffung):
Supply-Strategien in Einkauf und Beschaffung: Systematischer Ansatz und Praxisfälle. Wiesbaden: Gabler; GWV Fachverlage, 2008.

Heß, G. (Strategischer Einkauf und Supply-Strategie):
Strategischer Einkauf und Supply-Strategie: Schrittweise Entwicklung des strategischen Einkaufs mit der 15M-Architektur 2.0. 4. Aufl. Wiesbaden: Springer Fachmedien, 2017.

Hienzsch, M. (Leistungsfähigkeit von Werkzeugbaubetrieben):
Bewertungsmodell für die lebenszyklusorientierte Leistungsfähigkeit von Werkzeugbaubetrieben am Beispiel von Spritzgießwerkzeugen. Aachen: Apprimus, 2016.

Hinterhuber, H. H. (Strategische Unternehmensführung):
Strategische Unternehmensführung: I. Strategisches Denken – Vision, Unternehmenspolitik, Strategie. 7., grundlegend neu bearbeitete Aufl. Berlin: Walter de Gruyter, 2004.

Hirschsteiner, G. (Einkaufs- und Beschaffungsmanagement):
Einkaufs- und Beschaffungsmanagement: Strategien, Verfahren und moderne Konzepte. Ludwigshafen: Kiehl, 2002.

Hofbauer, G.; Mashhour, T.; Fischer, M. (Wertorientierte Gestaltung der Lieferbeziehung):
Lieferantenmanagement: Die wertorientierte Gestaltung der Lieferbeziehung. 2., aktualisierte Aufl. München: Oldenbourg, 2012.

Hofmann, E.; Maucher, D.; Hornstein, J.; den Ouden, R. (Investitionsgütereinkauf):
Investitionsgütereinkauf: Erfolgreiches Beschaffungsmanagement komplexer Leistungen. Berlin, Heidelberg: Springer, 2012.

Hofmann E.; Staiger F. (Beschaffungskompetenzen 4.0):
Beschaffungskompetenzen 4.0: Berufsbilder im Zeitalter des digitalisierten Einkaufs. Berlin: Springer Gabler, 2020.

Homburg, C.; Garbe, B. (Industrielle Dienstleistungen):
Industrielle Dienstleistungen: Bestandsaufnahme und Entwicklungsrichtungen. In: Zeitschrift für Betriebswirtschaft (ZfB), 1996, Jg. 66, Nr. 3, S. 253-282.

Hug, T. (Erhebung und Auswertung empirischer Daten):
Erhebung und Auswertung empirischer Daten: Eine Skizze für AnfängerInnnen und leicht Fortgeschrittene. In: Hug, T. (Hrsg.): Einführung in die Forschungsmethodik und Forschungspraxis. Baltmannsweiler: Schneider, 2001, S. 11-29.

Hungenberg, H. (Strategisches Management in Unternehmen):
Strategisches Management in Unternehmen: Ziele – Prozesse – Verfahren. 8., aktualisierte Aufl. Wiesbaden: Springer Fachmedien, 2014.

Irle, C. (Rationalität von Make-or-Buy):
Rationalität von Make-or-buy-Entscheidungen in der Produktion. Wiesbaden: Gabler, 2011.

Jäger, U.; Reinecke, S. (Expertengespräch):
Expertengespräch. In: Baumgarth, C., Eisend, M. und Evanschitzky, H. (Hrsg.): Empirische Mastertechniken. Eine anwendungsorientierte Einführung für die Marketing- und Managementforschung. Wiesbaden: Gabler, 2009, S. 29-76.

Kaiser, R. (Qualitative Experteninterviews):
Qualitative Experteninterviews: Konzeptionelle Grundlagen und praktische Durchführung. Wiesbaden: Springer Fachmedien, 2014.

Kaplan, R. S.; Norton D. P. (Balanced Scorecard):
The Balanced Scorecard – Translating Strategy into Action. Boston: Harvard Business School Press, 1996.

Kaufmann, L. (Purchasing and Supply Management):
Purchasing and Supply Management – A Conceptual Framework. In: Hahn, D. und Kaufmann, L. (Hrsg.): Handbuch Industrielles Beschaffungsmanagement. Internationale Konzepte – Innovative Instrumente – Aktuelle Praxisbeispiele. 2. Aufl. Wiesbaden: Gabler, 2002, S. 3-34.

Kellner, F.; Lienland, B.; Lukesch, M. (Produktionswirtschaft):
Produktionswirtschaft: Planung, Steuerung und Industrie 4.0. Berlin: Springer Gabler, 2018.

Kerkhoff, G.; Michalak, C. (Erfolgsgarantie Einkaufsorganisation):
Erfolgsgarantie Einkaufsorganisation: Effiziente Strukturen zur Optimierung von Einkaufspreisen. Weinheim: Wiley-VCH-Verlag, 2007.

Kett, I. W.; Schewe, G. (Management Skills):
Management Skills: Beziehungen nutzen, Probleme lösen, effektiv kommunizieren. Wiesbaden: Gabler, 2010.

Killinger, S. (Produktbegleitende Dienstleistungen):
Produktbegleitende Dienstleistungen: Dienstleistungen im Leistungsspektrum industrieller Unternehmen. In: Corsten, H. und Schneider, H. (Hrsg.): Wettbewerbsfaktor Dienstleistung. Produktion von Dienstleistungen – Produktion als Dienstleistung. München: Vahlen, 1999, S. 129-156.

Kirst, P. (Lieferantenintegration im Produktentstehungsprozess):
Lieferantenintegration im Produktentstehungsprozess. In: Schuh, G., Stölzle, W. und Straube, F. (Hrsg.): Anlaufmanagement in der Automobilindustrie erfolgreich umsetzen. Ein Leitfaden für die Praxis. VDI. Berlin: Springer, 2008, S. 93-106.

Klein, C. (Werkzeugbau):
Spezial Werkzeugbau. In: Automobil Produktion, 2019, Nr. 2, S. 56-62.

Klocke, F.; Arntz, K. (Technologien für den Werkzeug- und Formenbau):
Technologien für den Werkzeug- und Formenbau von morgen. In: 4. Internationales Kolloquium "Werkzeugbau mit Zukunft". Aachen, 2004, 10-1-10-26.

Klocke, F.; Schuh, G.; Zohm, F.; Fricker, I.; Sauer, A.; Wegehaupt, P. (Zukunftsstudie Werkzeug- und Formenbau):
Zukunftsstudie Werkzeug- und Formenbau. Aachen: Eigendruck WZL Aachen GmbH, 2005.

Klotzbach, C. (Industrieller Werkzeugbau):
Gestaltungsmodell für den industriellen Werkzeugbau. Aachen: Shaker, 2007.

Kluge, S. (Empirisch begründete Typenbildung):
Empirisch begründete Typenbildung in der qualitativen Sozialforschung. In: FQS Forum: Qualitative Sozialforschung, 2000, Nr. 1.

Knecht, F. (Wertschöpfungsnetzwerke):
Strategische Positionierung in Wertschöpfungsnetzwerken. Bamberg: Difo-Druck GmbH, 2003.

Komorek, N. J. (Kollaborative Wertschöpfung):
Gestaltungsmodell für kollaborative Wertschöpfung im industriellen Werkzeugbau. Aachen: Apprimus, 2014.

Kozielski, S. A. (Integratives Kennzahlensystem):
Integratives Kennzahlensystem für den Werkzeugbau. Aachen: Apprimus, 2011.

Kraljic, P. (Purchasing must become Supply Management):
Purchasing must become supply management. In: Harvard Business Review, 1983, Jg. 61, Nr. 5, S. 109-117.

Kremic, T.; Icmeli Tukel, O.; Rom, W. O. (Outsourcing decision support):
Outsourcing decision support: A survey of benefits, risks, and decision factors. In: Supply Chain Management, 2006, Jg. 11, Nr. 6, S. 467-482.

Kubicek, H. (Heuristische Bezugsrahmen):
Heuristische Bezugsrahmen und heuristisch angelegte Forschungsdesigns als Elemente einer Konstruktionsstrategie empirischer Forschung. In: Köhler, R. (Hrsg.): Empirische und handlungstheoretische Forschungskonzeptionen in der Betriebswirtschaftslehre. Stuttgart: Poeschel, 1977, S. 3-36.

Kuhlmann, K. (Geschäftsprozesse im Werkzeugbau):
Methodik zur Gestaltung von Geschäftsprozessen im industriellen Werkzeugbau. Aachen: Apprimus, 2011.

Kuhlmann, T. (Corporate Tooling):
Corporate Tooling: Modularer Werkzeugbau als Befähiger internationaler Produktionsnetzwerke. Aachen: Apprimus, 2017.

Kühn, T. (Lebenszyklusorientierte Leistungssysteme im Werkzeugbau):
Lebenszyklusorientierte Leistungssysteme im Werkzeugbau. Aachen: Apprimus, 2016.

Kühn, T.; Komorek, N. J. (Kennzahlen- und Zielsysteme):
Kennzahlen- und Zielsysteme. In: Schuh, G. und Boos, W. (Hrsg.): WBA Aachener Werkzeugbau Akademie – Forschungsbericht 2011/2012. Aachen: Apprimus, 2012, S. 8-18.

Kuss, J.; Thießen, A.; Rademacher, L.; Langen, R.; Wreschniok, R. (Strategieaufruf):
Strategieaufruf: Theoriegeleitete Neubestimmung des Strategiebegriffs. In: Zerfaß, A., Rademacher, L. und Wehmeier, S. (Hrsg.): Organisationskommunikation und Public Relations. Forschungsparadigmen und neue Perspektiven. Wiesbaden: Springer Fachmedien, 2013, S. 193-221.

Lang, S.; Ruesch Schweizer, C. (Qualitative Inhaltsanalyse und Typenbildung):
Idetaltypische subjektive Theorien – eine theoretisch fundierte Konkretisierung der Kombination von zusammenfassender qualitativer Inhaltsanalyse und empirisch begründeter Typenbildung. In: FQS Forum: Qualitative Sozialforschung, 2020, Nr. 1.

Large, R. (Beschaffungsmarktforschung):
Beschaffungsmarktforschung. In: Arnold, U. und Kasulke, G. (Hrsg.): Praxishandbuch innovative Beschaffung. Wegweiser für den strategischen und operativen Einkauf. Weinheim: Wiley-VCH-Verlag, 2007, S. 131-148.

Large, R. (Strategisches Beschaffungsmanagement):
Strategisches Beschaffungsmanagement: Eine praxisorientierte Einführung mit Fallstudien. 5. Aufl. Wiesbaden: Gabler, 2012.

Laufenberg, L. (Integrierte Projektgestaltung):
Methodik zur integrierten Projektgestaltung für die situative Umsetzung des Simultaneous Engineering. Aachen: Shaker, 1996.

Lehner, F.; Wildner, S.; Scholz, M. (Wirtschaftsinformatik):
Wirtschaftsinformatik: Eine Einführung. 2. Aufl. München: Hanser, 2008.

Lemme, M. (Sparen mit Einkaufskooperation):
Sparen Sie mit der Einkaufskooperation. (https://www.foerderland.de/managen/einkauf/news/sparen-sie-mit-der-einkaufskooperation/), zuletzt geprüft am 11.05.2021, 2010.

Linacre, J. M. (Rating Scale Category Effectiveness):
Optimizing Rating Scale Category Effectiveness. In: Journal of Applied Measurement, 2002, Jg. 3, Nr. 1, S. 85-106.

Lorenzen, K. D.; Krokowski, W. (Einkauf):
Einkauf. Wiesbaden: Springer Gabler, 2018.

Luczak, H.; Klaus, M.; Hinschläger, M. (Fremdbezug):
Durch Fremdbezug zum schlanken Unternehmen: Gestaltung von Entscheidungshilfen. In: Zülch, G. (Hrsg.): Vereinfachen und verkleinern – die neuen Strategien in der Produktion. Stuttgart: Schäffer-Poeschel, 1994, S. 171-217.

McIvor, R.; Humphreys, P.; McAleer, E. (The Evolution of Purchasing):
The evolution of the purchasing function. In: Strategic Change, 1997, Jg. 6, Nr. 3, S. 165-179.

Medina Serrano, R.; González Ramírez, M. R.; Gascó Gascó, J. L. (Should we Make or Buy):
Should we make or buy?: An update and review. In: European Research on Management and Business Economics, 2018, Jg. 24, Nr. 3, S. 137-148.

Meuser, M.; Nagel, U. (Das Experteninterview):
Das Experteninterview – konzeptionelle Grundlage und methodische Anlage. In: Pickel, S., Pickel, G., Lauth, H.-J. und Jahn, D. (Hrsg.): Methoden der vergleichenden Politik- und Sozialwissenschaft. Neue Entwicklungen und Anwendungen. Wiesbaden: VS Verlag für Sozialwissenschaften, 2009, S. 465-479.

Mikus, B. (Make-or-buy-Entscheidungen):
Make-or-buy-Entscheidungen: Führungsprozesse, Risikomanagement und Modellanalysen. 2. Aufl. Chemnitz: GUC – Verlag der Gesellschaft für Unternehmensrechnung und Controlling, 2001.

Mintzberg, H. (Strategische Planung):
Die Strategische Planung: Aufstieg, Niedergang und Neubestimmung. München, Wien, London: Carl Hanser; Prentice-Hall International, 1994.

Mintzberg, H.; Ahlstrand, B.; Lampel, J. (Strategy Safari):
Strategy Safari: Eine Reise durch die Wildnis des strategischen Managements. Wien: Ueberreuter, 1999.

Mintzberg, H.; McHugh, A. (Strategy Formation):
Strategy Formation in an Adhocracy. In: Administrative Science Quarterly, 1985, Jg. 30, Nr. 2, S. 160-197.

Möller, K. (Wertschöpfung in Netzwerken):
Wertschöpfung in Netzwerken. München: Vahlen, 2006.

Morgan, I. P. (The Purchasing Revolution):
The purchasing revolution. In: McKinsey Quarterly, 1987, Nr. 2, S. 25-38.

Morgenstern, O. (Spieltheorie):
Spieltheorie: Ein neues Paradigma der Sozialwissenschaft. In: Zeitschrift für Nationalökonomie, 1968, Jg. 28, Nr. 2, S. 145-164.

Moschuris, S. J. (Decision-making Criteria in tactical Make-or-Buy):
Decision-making criteria in tactical make-or-buy issues: An empirical analysis. In: EuroMed Journal of Business, 2015, Jg. 10, Nr. 1, S. 2-20.

Moser, H. (Instrumentenkoffer für die Praxisforschung):
Instrumentenkoffer für die Praxisforschung: Eine Einführung. 6., überarbeitete und ergänzte Aufl. Freiburg im Breisgau: Lambertus, 2015.

Müller-Stewens, G.; Lechner, C. (General Management Navigator):
Strategisches Management: Wie strategische Initiativen zum Wandel führen. 3., aktualisierte Aufl. Stuttgart: Schäffer-Poeschel, 2005.

Müller-Stewens, G.; Lechner, C. (Strategic Management Navigator):
Strategisches Management: Wie strategische Initiativen zum Wandel führen. 5., überarbeitete Aufl. Stuttgart: Schäffer-Poeschel, 2016.

Neemann, C. W. (Schutz gegen Produktimitationen):
Methodik zum Schutz gegen Produktimitationen. Aachen: Shaker, 2007.

Neuhausen, J. (Gestaltung modularer Produktionssysteme):
Methodik zur Gestaltung modularer Produktionssysteme für Unternehmen der Serienproduktion. Aachen, 2002.

Neumann, J. v.; Morgenstern, O. (Spieltheorie und wirtschaftliches Verhalten):
Spieltheorie und wirtschaftliches Verhalten. 2. Aufl. Würzburg: Physica, 1961.

Owen Swift, C.; Coe, B. J. (Sourcing Preference Scale):
Sourcing Preference Scale: Measuring Preferences of Purchasing Managers for Single Sourcing or Multiple Sourcing of Products. In: Industrial Marketing Management, 1994, Jg. 23, Nr. 2, S. 171-180.

o. V. (BSH Hausgeräte GmbH):
Offizielle Internetseite der BSH Hausgeräte GmbH (https://www.bsh-group.com), zuletzt geprüft am 08.04.2021, 2021.

o. V. (Weidmüller Interface GmbH & Co. KG):
Offizielle Internetseite der Weidmüller Interface GmbH & Co. KG (https://www.weidmueller.de), zuletzt geprüft am 28.04.2021, 2021.

Palupski, R. (Management von Beschaffung):
Management von Beschaffung, Produktion und Absatz: Leitfaden mit Praxisbeispielen. 2., ergänzte und durchgesehene Aufl. Wiesbaden: Gabler, 2002.

Patzak, G. (Systemtechnik Grundlagen):
Systemtechnik – Planung komplexer innovativer Systeme: Grundlagen, Methoden, Techniken. Berlin, Heidelberg, New York: Springer, 1982.

Pfaffmann, E. (Kompetenzbasiertes Management):
Kompetenzbasiertes Management in der Produktentwicklung: Make-or-buy-Entscheidungen und Integration von Zulieferern. Wiesbaden: Deutscher UniversitätsVerlag; Gabler, 2001.

Pfeiffer, W.; Bischof, P. (Investitionsgüterabsatz):
Investitionsgüterabsatz. In: Tietz, B. (Hrsg.): Handwörterbuch der Absatzwirtschaft. Enzyklopädie der Betriebswirtschaftslehre. Stuttgart: Poeschel, 1974, S. 918-938.

Picot, A. (Gestaltung der Leistungstiefe):
Ein neuer Ansatz zur Gestaltung der Leistungstiefe. In: Schmalenbachs Zeitschrift für betriebswirtschaftliche Forschung, 1991, Jg. 43, Nr. 12, 336-357.

Pilgram, C.; Winkler, H. (Beschaffungsoptimierung in Industrieunternehmen):
Gestaltungsempfehlungen zur Beschaffungsoptimierung in Industrieunternehmen. Berlin: Logos, 2011.

Pitsch, M. (Vernetzung von Werkzeugbaustandorten):
Kompetenzfeldbasierte Vernetzung von Werkzeugbaustandorten. Aachen: Apprimus, 2014.

Porter, M. E. (Competitive Strategy):
Competitive Strategy: Techniques for analyzing industries and competitors. New York: The free press, 1998.

Porter, M. E. (Local Clusters in a Global Economy):
Location, Competition, and Economic Development: Local Clusters in a Global Economy. In: Economic Development Quarterly, 2000, Jg. 14, Nr. 1, S. 15-34.

Porter, M. E. (Wettbewerbsvorteile):
Wettbewerbsvorteile (Competitive Advantage): Spitzenleistungen erreichen und behaupten. 8., durchgesehene Aufl. Frankfurt, New York: Campus, 2014.

Redlich, T.; Moritz, M. (Zukunft der Wertschöpfung):
Die Zukunft der Wertschöpfung – dezentral, vernetzt und kollaborativ. In: Redlich, T., Moritz, M. und Wulfsberg, J. P. (Hrsg.): Interdisziplinäre Perspektiven zur Zukunft der Wertschöpfung. Wiesbaden: Springer Gabler, 2018, S. 1-6.

Reinelt, G. R. (Multimediale Beschaffungsmarktforschung):
Multimediale Beschaffungsmarktforschung. In: Hahn, D. und Kaufmann, L. (Hrsg.): Handbuch Industrielles Beschaffungsmanagement. Internationale Konzepte – Innovative Instrumente – Aktuelle Praxisbeispiele. 2. Aufl. Wiesbaden: Gabler, 2002, S. 563-592.

Reinelt, G. R. (Zentraler oder dezentraler Einkauf):
Zentral, dezentral oder wie? Ein Erfahrungsbericht zur Umsetzung in einem Unternehmen der Hausgeräteindustrie. In: Fröhlich, L. und Lingohr, T. (Hrsg.): Gibt es die optimale Einkaufsorganisation? Organisatorischer Wandel und pragmatische Methoden zur Effizienzsteigerung. Wiesbaden: Gabler, 2010, S. 31-46.

Riesenhuber, F. (Großzahlige empirische Forschung):
Großzahlige empirische Forschung. In: Albers, S., Klapper, D., Konradt, U., Walter, A. und Wolf, J. (Hrsg.): Methodik der empirischen Forschung. 2., überarbeitete und erweiterte Aufl. Wiesbaden: Gabler, 2007, S. 1-16.

Ropohl, G. (Systemtheorie der Technik):
Allgemeine Technologie: Eine Systemtheorie der Technik. 3., überarbeitete Aufl. Karlsruhe: Universitätsverlag Karlsruhe, 2009.

Röthlisberger, O.; Ninck, A. (Entwicklung einer Beschaffungsstrategie):
Modell zur Entwicklung einer Beschaffungsstrategie. In: Tokarski, K. O., Schellinger, J. und Berchtold, P. (Hrsg.): Unternehmensentwicklung. Strategien und Instrumente aus Forschung und Praxis. Wiesbaden: Springer Fachmedien, 2016, S. 109-128.

Salmen, M. (Digital vernetzter Shopfloor):
Gestaltungsmodell für den digital vernetzten Shopfloor im Werkzeugbau. Aachen: Apprimus, 2016.

Schanz, S. (Wissenschaftstheoretische Grundfragen):
Wissenschaftstheoretische Grundfragen der Führungsforschung. In: Kieser, A.; Reber, G. und Wunderer, R. (Hrsg.): Handwörterbuch der Führung. Stuttgart: Poeschel, 1987, S. 2039-2047.

Schawel, C.; Billing, F. (Top 100 Management Tools):
Top 100 Management Tools: Das wichtigste Buch eines Managers von ABC-Analyse bis Zielvereinbarung. Wiesbaden: Springer Fachmedien, 2018.

Schiele, H. (Cluster Sourcing):
Serie Cluster Sourcing – erfolgreich in Deutschland einkaufen (Teil 1): Die Heimat von Innovation und Wettbewerb. In: Beschaffung aktuell, 2007, Nr. 5, S. 16.

Schiele, H. (Early Supplier Integration):
Early supplier integration: the dual role of purchasing in new product development. In: R&D Management, 2010, Jg. 40, Nr. 2, S. 138-153.

Schittny, B. S. (Wertschöpfungstiefengestaltung im Werkzeugbau):
Methodik zur Wertschöpfungstiefengestaltung im Werkzeugbau. Aachen: Apprimus, 2015.

Schleyer, C. C. (Kooperationsmanagement):
Erfolgreiches Kooperationsmanagement im Werkzeugbau. Aachen: Shaker, 2006.

Schmidt, B. (Systemanalyse und Modellaufbau):
Systemanalyse und Modellaufbau: Grundlagen der Simulationstechnik. Berlin, Heidelberg, New York, Tokyo: Springer, 1985.

Schuh, G. (Referenzstrategien):
Referenzstrategien in einer vernetzten Welt. In: Milberg, J. und Schuh, G. (Hrsg.): Erfolg in Netzwerken. Berlin, Heidelberg: Springer, 2002, S. 17-31.

Schuh, G.; Aghassi, S.; Bremer, D.; Graw, M. (Einkaufsstrukturen):
Einkaufsstrukturen. In: Schuh, G. (Hrsg.): Einkaufsmanagement. Handbuch Produktion und Management. Berlin, Heidelberg: Springer, 2014, S. 25-74.

Schuh, G.; Boos, W.; Kuhlmann, K.; Rittstieg, M. (Operative Exzellenz im Werkzeugbau):
Operative Exzellenz im Werkzeug- und Formenbau. Aachen: Apprimus, 2010.

Schuh, G.; Guo, D. (Grundlagen des Einkaufsmanagements):
Grundlagen des Einkaufsmanagements. In: Schuh, G. (Hrsg.): Einkaufsmanagement. Handbuch Produktion und Management. Berlin, Heidelberg: Springer, 2014, S. 17-24.

Schuh, G.; Guo, D.; Hoppe, M.; Ünlü, V. (Steuerung der Lieferantenbasis):
Steuerung der Lieferantenbasis. In: Schuh, G. (Hrsg.): Einkaufsmanagement. Handbuch Produktion und Management. Berlin, Heidelberg: Springer, 2014, S. 255-342.

Schuh, G.; Hoppe, M. (Einleitung und Abgrenzung Einkaufsmanagement):
Einleitung und Abgrenzung. In: Schuh, G. (Hrsg.): Einkaufsmanagement. Handbuch Produktion und Management. Berlin, Heidelberg: Springer, 2014, S. 5-8.

Schuh, G.; Hoppe, M.; Schubert, J., von Mangoldt, J. (Lieferantenauswahl):
Lieferantenauswahl. In: Schuh, G. (Hrsg.): Einkaufsmanagement. Handbuch Produktion und Management. Berlin, Heidelberg: Springer, 2014, S. 183-253.

Schuh, G.; Kampker, A.; Rittstieg, M. (Vernetzte Wertschöpfung):
Vernetzte Wertschöpfung und Kooperationsmanagement. In: Schuh, G. und Kampker, A. (Hrsg.): Strategie und Management produzierender Unternehmen. Handbuch Produktion und Management 1. VDI-Buch. 2., vollständig neu bearbeitete und erweiterte Aufl. Berlin, Heidelberg: Springer, 2011, S. 463-535.

Schuh, G.; Kremeier, M.; Essig, J.; Schulte-Gehrmann, A.-L. (Einkaufsstrategie):
Einkaufsstrategie. In: Schuh, G. (Hrsg.): Einkaufsmanagement. Handbuch Produktion und Management. Berlin, Heidelberg: Springer, 2014, S. 75-118.

Schuh, G.; Nee, C.; Schittny, B.; Bender, D. (Geschäftsmodelle im Werkzeugbau):
Analyse der Geschäftsmodelle im deutschen Werkzeugbau In: ZWF – Zeitschrift für wirtschaftlichen Fabrikbetrieb, 2012, Jg. 107, Nr. 10, S. 752-756.

Schuh, G.; Pitsch, M.; Kuhlmann, T.; Schippers, M. (Internationaler Werkzeugbau):
Internationaler Werkzeugbau. In: Beschaffung aktuell, 2015, Nr. 6, 37-39.

Schuh, G.; Schittny, B.; Komorek, N. (Wertschöpfungstiefe im Werkzeugbau):
Management der Wertschöpfungstiefe im Werkzeugbau. In: ZWF – Zeitschrift für wirtschaftlichen Fabrikbetrieb, 2012, Jg. 107, Nr. 11, S. 795-800.

Schuh, G.; Ünlü, V. (Ordnungsrahmen Einkaufsmanagement):
Ordnungsrahmen Einkaufsmanagement. In: Schuh, G. (Hrsg.): Einkaufsmanagement. Handbuch Produktion und Management. Berlin, Heidelberg: Springer, 2014, S. 9-16.

Schuh, G.; Varnhagen, V.; Kuhlmann, K.; Pitsch, M.; Komorek, N. J.; Bechthold, J.; Stich, C.; Lauenstein, C. (Fokus Automobilindustrie):
Fokus Automobilindustrie: Digitale Wertschöpfungsnetzwerke im Werkzeugbau. Aachen: Apprimus, 2013.

Schulte, C. (Logistik):
Logistik: Wege zur Optimierung der Supply Chain. 4., überarbeitete Aufl. München: Vahlen, 2005.

Schultes, T. K. (Lieferantenvernetzung im Werkzeugbau):
Gestaltungsmodell zur digitalen Vernetzung von Werkzeugbaubetrieben mit Lieferanten. Aachen: Apprimus, 2020.

Schwenk, J. (Maverick Buying):
Maverick Buying: Anarchie im Indirect Procurement. (https://de.slideshare.net/SchwenkConsulting/white-paper-maverick-buying-31121836), zuletzt geprüft am 11.05.2021, 2011.

Shlopak, M.; Rod, E.; Hofinger Jünge, G. (Purchasing Strategies):
Purchasing Strategies, Tactics, and Activities in Engineer-to-Order Manufacturing. In: Ameri, F., Stecke, K. E., Cieminski, G. von und Kiritsis, D. (Hrsg.): Advances in Production Management Systems. Production Management for the Factory of the Future. Cham: Springer International Publishing, 2019, S. 562-569.

Snow, C. C.; Miles, R. E.; Coleman, H. J. (Network Organizations):
Managing 21st Century Network Organizations. In: Organizational Dynamics, 1992, Jg. 20, Nr. 3, S. 5-20.

Stachowiak, H. (Allgemeine Modelltheorie):
Allgemeine Modelltheorie. Wien, New York: Springer, 1973.

Statistisches Bundesamt (Stichwort: "Erwerbstätige in den Wirtschaftssektoren"):
Europäische Union: Verteilung der Erwerbstätigen auf die Wirtschaftssektoren in den Mitgliedsstaaten im Jahr 2020. (https://de.statista.com/statistik/daten/studie/249086/umfrage/erwerbstaetige-nach-wirtschaftssektoren-in-den-eu-laendern), zuletzt geprüft am 12.04.2021, 2021.

Statistisches Bundesamt (Stichwort: "Verarbeitendes Gewerbe"):
Kennzahlen der Unternehmen des Verarbeitenden Gewerbes 2017. (https://www.destatis.de/DE/Themen/Branchen-Unternehmen/Industrie-Verarbeitendes-Gewerbe/Tabellen/kennzahlen-verarbeitendes-gewerbe.html), zuletzt geprüft am 13.10.2019, 2017.

Statistisches Bundesamt (Zahl der Woche):
Zahl der Woche Nr. 38 vom 17. September 2019. (https://www.destatis.de/DE/Presse/Pressemitteilungen/Zahl-der-Woche/2019/PD19_38_p002.html), zuletzt geprüft am 13.10.2019, 2019.

Statistisches Bundesamt (Stichwort: "Anteile Bruttowertschöpfung in Deutschland"):
Anteil der Wirtschaftszweige an der Bruttowertschöpfung in Deutschland im Jahr 2020. (https://de.statista.com/statistik/daten/studie/36846/umfrage/anteil-der-wirtschaftsbereiche-am-bruttoinlandsprodukt/), zuletzt geprüft am 23.03.2021, 2021.

Statistisches Bundesamt (Stichwort: "Bruttowertschöpfung in Deutschland"):
Bruttowertschöpfung in Deutschland von 1991 bis 2020 nach Wirtschaftsbereichen. (https://de.statista.com/statistik/daten/studie/255682/umfrage/bruttowertschoepfung-nach-wirtschaftsbereichen/), zuletzt geprüft am 23.03.2021, 2021.

Steward, D. V. (Design Structure System):
The Design Structure System: A Method for Managing the Design of Complex Systems. In: IEEE Transactions on Engineering Management, 1981, Jg. 28, Nr. 3, S. 71-74.

Stölzle, W. (Beziehungsmanagement mit Lieferanten):
Beziehungsmanagement mit Lieferanten. In: Arnold, U. und Kasulke, G. (Hrsg.): Praxishandbuch innovative Beschaffung. Wegweiser für den strategischen und operativen Einkauf. Weinheim: Wiley-VCH-Verlag, 2007, S. 149-196.

Sutton, R. I. (Qualitative Research):
The Virtues of Closet Qualitative Research. In: Organization Science, 1997, Jg. 8, Nr. 1, S. 97-106.

Sydow, J. (Strategische Netzwerke):
Strategische Netzwerke: Evolution und Organisation. Wiesbaden: Gabler, 1992.

Sydow, J.; Möllering, G. (Produktion in Netzwerken):
Produktion in Netzwerken: Make, buy & cooperate. 2., aktualisierte Aufl. München: Vahlen, 2009.

Thommen, J.-P.; Achleitner, A.-K.; Gilbert, D. U.; Hachmeister, D.; Kaiser, G. (Allgemeine Betriebswirtschaftslehre):
Allgemeine Betriebswirtschaftslehre: Umfassende Einführung aus managementorientierter Sicht. 8. Aufl. Wiesbaden: Springer Fachmedien, 2017.

Tomczak, T. (Forschungsmethoden):
Forschungsmethoden in der Marketingwissenschaft. In: Marketing – Zeitschrift für Forschung und Praxis, 1992, Jg. 14, Nr. 2, S. 77-87.

Trent, R. J.; Monczka, R. M. (Purchasing Trends and Changes):
Purchasing and Supply Management: Trends and Changes Throughout the 1990s. In: International Journal of Purchasing and Materials Management, 1998, Jg. 34, Nr. 3, S. 2-11.

Trent, R. J.; Monczka, R. M. (Excellence in Global Sourcing):
Achieving Excellence in Global Sourcing. In: MIT Sloan Management Review, 2005, Jg. 47, Nr. 1, S. 23-32.

Ulrich, H. (Unternehmen als soziales System):
Das Unternehmen als produktives soziales System: Grundlagen der allgemeinen Unternehmenslehre. Bern, Stuttgart: Paul Haupt, 1968.

Ulrich, H. (Management):
Management. Bern: Paul Haupt, 1984.

Ulrich, H. (Systemorientiertes Management):
Systemorientiertes Management: Das Werk von Hans Ulrich. Bern, Stuttgart, Wien: Paul Haupt, 2001.

Ulrich, P.; Hill, W. (Wissenschaftstheoretische Grundlagen Teil I):
Wissenschaftstheoretische Grundlagen der Betriebswirtschaftslehre (Teil I). In: WiST Zeitschrift für Ausbildung und Hochschulkontakt, 1976, Jg. 5, Nr. 7, S. 304-309.

Ulrich, P.; Hill, W. (Wissenschaftstheoretische Grundlagen Teil II):
Wissenschaftstheoretische Grundlagen der Betriebswirtschaftslehre (Teil II). In: WiST Zeitschrift für Ausbildung und Hochschulkontakt, 1976, Jg. 5, Nr. 8, S. 345–350.

United Nations Commodity Trade Statistics Database (UN Comtrade):
United Nations Comtrade Database. (https://comtrade.un.org/data), zuletzt geprüft am 12.11.2019, 2019.

van Weele, A. J. (Purchasing Management):
Purchasing Management: Analysis, planning and practice. London: Chapman & Hall, 1994.

van Weele, A. J.; Eßig, M. (Strategische Beschaffung):
Strategische Beschaffung: Grundlagen, Planung und Umsetzung eines integrierten Supply Management. Wiesbaden: Springer Fachmedien, 2017.

von Clausewitz, C. (Vom Kriege):
Vom Kriege. Erftstadt: Area, 2004.

Wannenwetsch, H. (Erfolgreiche Verhandlungsführung):
Erfolgreiche Verhandlungsführung in Einkauf und Logistik: Praxisstrategien und Wege zur Kostensenkung – für Einkauf, Logistik und Vertrieb. 4., neu bearbeitete Aufl. Berlin, Heidelberg: Springer, 2013.

Wannenwetsch, H. (Integrierte Materialwirtschaft und Logistik):
Integrierte Materialwirtschaft, Logistik und Beschaffung. 5., neu bearbeitete Aufl. Berlin, Heidelberg: Springer, 2014.

Weber, W.; Kabst, R.; Baum, M. (Einführung in die Betriebswirtschaftslehre):
Einführung in die Betriebswirtschaftslehre. 10., aktualisierte und überarbeitete Aufl. Wiesbaden: Springer Gabler, 2018.

Wegehaupt, P. (Führung von Produktionsnetzwerken):
Führung von Produktionsnetzwerken: Aachen, 2004.

Weigel, U.; Rücker, M. (Praxisguide Strategischer Einkauf):
Praxisguide Strategischer Einkauf: Know-how, Tools und Techniken für den globalen Beschaffer. Wiesbaden: Springer Fachmedien, 2015.

Welge, M. K.; Al-Laham, A.; Eulerich, M. (Strategisches Management):
Strategisches Management: Grundlagen – Prozess – Implementierung. 7. Aufl. Wiesbaden: Springer Fachmedien, 2017.

Werner, H. (Supply Chain Management):
Supply Chain Management: Grundlagen, Strategien, Instrumente und Controlling. 4., aktualisierte und überarbeitete Aufl. Wiesbaden: Gabler, 2010.

Westkämper, E.; Löffler, C. (Strategien der Produktion):
Strategien der Produktion: Technologien, Konzepte und Wege in die Praxis. Berlin, Heidelberg: Springer Vieweg, 2016.

Wildemann, H. (Einkaufspotenzialanalyse):
Einkaufspotenzialanalyse: Programme zur partnerschaftlichen Erschließung von Rationalisierungspotenzialen. 2., neubearbeitete Aufl. München: TCW Transfer-Centrum, 2008.

Wildemann, H. (Electronic Sourcing):
Electronic Sourcing: Leitfaden zur Nutzung von IT-Systemen für die Beschaffung. 11. Aufl. München: TCW Transfer-Centrum, 2009.

Williamson, O. E. (The Transaction Cost Approach):
The Economics of Organization: The Transaction Cost Approach. In: The American Journal of Sociology, 1981, Jg. 87, Nr. 3, S. 548-577.

Wunderer, R.; Jaritz, A. (Unternehmerisches Personalcontrolling):
Unternehmerisches Personalcontrolling: Evaluation der Wertschöpfung im Personalmanagement. 3., aktualisierte und erweiterte Aufl. München: Luchterhand, 2006.

Yin, R. K. (Case Study Research):
Case Study Research and Applications: Design and Methods. 6th edition. Los Angeles: Sage Publications, 2018.

Yin, R. K. (Qualitative Research from Start to Finish):
Qualitative Research from Start to Finish. New York, London: Guilford Press, 2011.

Zohm, F. (Management von Diskontinuitäten):
Management von Diskontinuitäten am Beispiel der Mechatronik in der Automobilzuliefererindustrie. Wiesbaden: Deutscher Universitätsverlag, 2004.

Zwicker, R. (Interner Werkzeugbau als Erfolgsfaktor):
Der interne Werkzeugbau als Erfolgsfaktor im Wettbewerb. In: Der Stahlformenbauer, 2014, Nr. 6, S. 100-102.

VI Anhang

A.1. Interviewleitfaden für die Experteninterviews

Nr.	Erzählaufforderung	Weitere wichtige Aspekte	Konkrete Fragen/Ergänzungen
1	Briefing/Thematische Einführung	• Vorstellung des Interviewers • Vorstellung des Interviewpartners • Angaben zum Zeitrahmen des Interviews • Erlaubnis zum Aufnehmen erfragen • Vorstellung des Themas	• Die strategische Auslegung des Werkzeugeinkaufs bzw. der Werkzeugversorgung ist von zahlreichen individuellen Unternehmensanforderungen abhängig, sodass Unternehmen bei der Gestaltung der Werkzeugversorgung vor großen Herausforderungen stehen. Gleichzeitig haben sich in der betrieblichen Praxis unterschiedliche erfolgreiche Strategien im Werkzeugeinkauf etabliert. Das folgende Experteninterview soll dazu dienen, Details unterschiedlicher Strategien herausarbeiten, um eine Typisierung etablierter Strategien im Kontext der Anforderungen produzierender Unternehmen zu ermöglichen. Ein besonderer Bestandteil stellt dabei die werkzeugbezogene Make-or-Buy-Entscheidung sowie die Auslegung interner bzw. externer werkzeugbaubezogener Aktivitäten dar. • Welche Position bekleiden Sie im Unternehmen und was sind Ihre Tätigkeiten?
2	Können Sie Ihr Unternehmen kurz in Bezug auf Anzahl Mitarbeiter, Branche, Produkte und den Werkzeugbau beschreiben?	• Anzahl Mitarbeiter • Branche • Produkte • Anzahl Mitarbeiter interner Werkzeugbau • Kernleistungen/-aufgaben/ -aktivitäten interner Werkzeugbau	• Wie viele Mitarbeiter hat Ihr Unternehmen insgesamt? • In welchen Branchen sind Sie tätig? • Welche Produkte stellen Sie her? • Wie viele Mitarbeiter hat der interne Werkzeugbau? • Was sind die Kernleistungen und die Kernaufgaben bzw. -aktivitäten des internen Werkzeugbaus?
3	Wie würden Sie den Werkzeugbedarf in Ihrem Unternehmen charakterisieren?	• Werkzeugspektrum • Anzahl jährlich benötigte Werkzeuge • Werkzeugkomplexität • Strategische Erfolgsposition Werkzeugbedarf	• Wie würden Sie Ihr benötigtes Werkzeugspektrum klassifizieren? • Wie hoch ist der jährliche Werkzeugbedarf bezogen auf das benötigte Werkzeugspektrum? • Wie würden Sie das Werkzeugspektrum bezogen auf die Werkzeugkomplexität charakterisieren? • Was sind die strategischen Erfolgspositionen bezogen auf die Werkzeugversorgung und wie hoch ist deren Bedeutung (z. B. Kosten - Bedeutung mittel; Know-how-Schutz - Bedeutung hoch)?

4	Wie und durch wen erfolgt bei Ihnen im Unternehmen die werkzeugbezogene Make-or-Buy-Entscheidung?	• Umfang intern hergestellter Werkzeuge • Umfang extern hergestellter Werkzeuge • Externer Leistungsumfang • Sonstiger Fremdvergabeumfang • Strategischer Hintergrund • Entscheidungsträger	• Gibt es eine grundsätzliche Zuordnung von Werkzeugtypen zu Make-or-Buy oder ist jede Make-or-Buy-Entscheidung eine Einzelfallentscheidung? • Welche Werkzeuge fertigen Sie grundsätzlich intern und welche Werkzeuge kaufen Sie grundsätzlich zu? • In welcher Form unterscheidet sich der externe Leistungsumfang vom Leistungsumfang des internen Werkzeugbaus (z. B. bezogen auf produktbegleitende Dienstleistungen oder Engineering/Konstruktion)? • Welche strategische Motivation steht hinter der Make-or-Buy-Entscheidung (auch in Bezug auf die genannten strategischen Erfolgspositionen)? • Welche Faktoren spielen bei der Make-or-Buy-Entscheidung außerdem eine Rolle (z. B. Kapazitäten, Termin)? • Wer trifft die werkzeugbezogene Make-or-Buy-Entscheidung?
5	Wie und durch wen erfolgt die operative Fremdvergabe von Werkzeugen?	• Verantwortung Werkzeugeinkauf • Bestellabwicklung • Lieferantenbetreuung • Lieferantenintegration	• Wer ist für den Werkzeugeinkauf verantwortlich? • Wer wickelt den operativen Bestellvorgang ab? • Wie erfolgt die Betreuung der Lieferanten während der Werkzeugherstellung? • In welcher Form sind die Lieferanten in interne Prozessabläufe integriert?
6	Wie würden Sie Ihre Lieferantenbasis bezogen auf den Einkauf von Komplettwerkzeugen charakterisieren?	• Anzahl Lieferanten • Regionale Verteilung Lieferanten • Leistungsfähigkeit der Lieferanten • Lieferantenklassifizierung • Kooperationsformen	• Wie viele Lieferanten beliefern Sie mit Komplettwerkzeugen? • In welchen Regionen/Ländern sind die Lieferanten ansässig? • Wie würden Sie die Leistungsfähigkeit Ihrer Lieferanten bewerten? • Erfolgt eine Art Lieferantenklassifizierung? Wenn ja, welche? • Gibt es irgendeine besondere Form der Kooperation (z. B. Zeithorizont, Flexibilität der Zusammenarbeit)?
7	Wie und durch wen erfolgt in Ihrem Unternehmen die Durchführung strategischer Einkaufsaktivitäten?	• Beschaffungsmarktforschung • Lieferantenidentifikation/-auswahl • Lieferantenqualifizierung	• Wer ist für die Beschaffungsmarktforschung sowie die Identifikation und Auswahl potenzieller Lieferanten verantwortlich? • In welcher Form qualifizieren Sie Ihre Lieferanten (z. B. Audits, Zielsetzungen, Beratung, Mitarbeiteraustausch)? • Wer ist für die Lieferantenqualifizierung verantwortlich?

8	Offene Fragen	• Vor- und Nachteile der Einkaufsstrategie • Potenziale • Entwicklung des Status Quo • Geplante Maßnahmen	• Wo sehen Sie in Bezug auf die Strategie des Werkzeugeinkaufs bzw. der Werkzeugversorgung Ihres Unternehmens Vor- und Nachteile? • Welche Potenziale sehen Sie in Bezug auf die Werkzeugversorgung? • Sind die aktuellen Strukturen historisch gewachsen oder basieren sie auf konkreten Entscheidungen? • Gibt es konkrete Maßnahmen, deren Umsetzung Sie bereits planen?
9	Danksagung	• Für das Interview bedanken • Nächste Schritte erläutern	

VII Lebenslauf

Persönliche Daten

Name, Vorname:	Helbig, Jens Philipp
Geburtsdatum:	24.02.1989
Geburtsort:	Steinfurt
Staatsangehörigkeit:	Deutsch

Ausbildung

2014 – 2016	Master of Science Wirtschaftsingenieurwesen Fachrichtung Maschinenbau, Vertiefung Produktionstechnik, RWTH Aachen
2011 – 2012	Bachelor of Science Mechanical Engineering, Technical University Istanbul
2009 – 2014	Bachelor of Science Wirtschaftsingenieurwesen Fachrichtung Maschinenbau, Vertiefung Produktionstechnik, RWTH Aachen
2008 – 2009	Zivildienst, Jakobi Altenzentrum Rheine
1999 – 2008	Abitur, Gymnasium Dionysianum Rheine

Beruflicher Werdegang

Seit 2021	Head of Corporate Development, Behr-Hella Thermocontrol GmbH
2016 – 2021	Wissenschaftlicher Mitarbeiter und Gruppenleiter am Werkzeugmaschinenlabor WZL der RWTH Aachen, Abteilung Unternehmensentwicklung
2016 – 2021	Unternehmensberater, WBA Aachener Werkzeugbau Akademie GmbH
2014 – 2016	Studentischer Mitarbeiter am Werkzeugmaschinenlabor WZL der RWTH Aachen, Abteilung Unternehmensentwicklung
2013 – 2014	Praktikant und Abschlussarbeiter, Robert Bosch GmbH
2012 – 2013	Studentischer Mitarbeiter am Institut für Getriebetechnik, Maschinendynamik und Robotik der RWTH Aachen
2009	Praktikant, CEDS Duradrive GmbH

In der Reihe **Ergebnisse aus der Produktionstechnik** zuletzt erschienen:

Wenning, Marius:
Kontextabhängige Anomaliedetektion zur visuellen Hinderniserkennung für automatisierte PKW im End-of-Line-Bereich
ISBN: 978-3-98555-121-7
Erscheinungsdatum: 19.12.2022

Helbig, Jens:
Typisierung und Auswahl von Referenzstrategien für den Werkzeugeinkauf
ISBN: 978-3-98555-122-4
Erscheinungsdatum: 19.12.2022

Schlegel, Peter:
Bewertung und Optimierung der Vollständigkeit von Betriebsdaten im Kontext der Fehlerprädiktion
ISBN: 978-3-98555-120-0
Erscheinungsdatum: 18.11.2022

Kukla, Christian:
Prozesstemperaturregelung in der laserunterstützten Verarbeitung von faserverstärkten thermoplastischen Verbundkunststoffen
ISBN: 978-3-98555-116-3
Erscheinungsdatum: 19.10.2022

Kiesel, Raphael:
Techno-Economic Evaluation of 5G Technology for Latency-Critical Applications in Production
ISBN: 978-3-98555-115-6
Erscheinungsdatum: 19.10.2022

Hahn, Viviane:
Bewertung der Wandlungsfähigkeit in der automatisierten Fabrikplanung
ISBN: 978-3-98555-102-6
Erscheinungsdatum: 10.10.2022

Solf, Mareike:
Modellierung der Schleifkraft beim Kegelradschleifen
ISBN: 978-3-98555-106-4
Erscheinungsdatum: 12.08.2022

Schäkel, Martin:
Adaptiver laserunterstützter Tapewickelprozess für die Herstellung von Druckbehältern aus endlosfaserverstärkten Thermoplasten
ISBN: 978-3-98555-107-1
Erscheinungsdatum: 12.08.2022

Elser, Hannes:
Fähigkeit von Bluetooth Low Energy zur signalstärkebasierten Rückverfolgung von Bauteilen in der Einzel- und Kleinserienfertigung
ISBN: 978-3-98555-099-9
Erscheinungsdatum: 12.08.2022

Henkel, Jérôme
Strategien zur Steigerung der Flächeneffizienz von Fabriken im urbanen Umfeld ISBN
ISBN: 978-3-98555-098-2
Erscheinungsdatum: 27.07.2022

Edition Wissenschaft
Apprimus

Busch, Max:
Intelligente Produktionsplanungsprozesse im Werkzeugbau
ISBN: 978-3-98555-095-1
Erscheinungsdatum: 14.07.2022

Fölling, Carsten:
Komplexitätsbeherrschung durch hybride Montageplanung
ISBN: 978-3-98555-090-6
Erscheinungsdatum: 30.06.2022

Ays, Johanna:
Kontextbasierte Integration agiler und plangetriebener Entwicklungsprozesse
ISBN: 978-3-98555-087-6
Erscheinungsdatum: 23.06.2022

Maslo, Semir:
Simulation of the Dynamic Vibration Behaviour and Spindle Speed Optimization During the Milling Process of Turbomachinery Components
ISBN: 978-3-98555-082-1
Erscheinungsdatum: 25.05.2022

Goertz, David:
Gestaltungsmodell für eine vernetzte adaptive Montage im Werkzeugbau
ISBN 978-3-98555-072-2
Erscheinungsdatum: 05.05.2022

Wollbrink, Moritz:
Methodik zur Integration pulverbettbasierter additiver Fertigungstechnologien in Fertigungsprozessketten
ISBN 978-3-98555-070-8
Erscheinungsdatum: 22.04.2022

Eßer, Bastian:
Analyse des Betriebsverhaltens von Kugelgewindetrieben unter statischen axialen Betriebslasten
ISBN: 978-3-98555-065-4
Erscheinungsdatum: 11.07.2022

Schulz, Martin:
Optimierung des Temperaturfeldes beim Laserstrahlhärten
ISBN: 978-3-98555-078-4
Erscheinungsdatum: 23.06.2022

Ebade Esfahani, Matthias:
Ontologie der Fabrikplanung mit Hilfe von Building Information Modeling (BIM)
ISBN: 978-3-98555-084-5
Erscheinungsdatum: 07.06.2022

Schmitz, Seth:
Datenbasierte Beschreibung der Prozessperformance in der Auftragsabwicklung
ISBN: 978-3-98555-079-1
Erscheinungsdatum: 19.05.2022

Scholz, Paul:
Applikation maschinell lernender Systeme in der vernetzten adaptiven Produktion
ISBN 978-3-98555-069-2
Erscheinungsdatum: 28.04.2022

Ochs, Jelena Katherina:
Model-Based Process Prediction for Predictive-Reactive Scheduling in Automated Stem Cell Production
ISBN 978-3-98555-059-3
Erscheinungsdatum: 22.04.2022

Edition Wissenschaft
Apprimus

FSC
www.fsc.org
MIX
Papier | Fördert
gute Waldnutzung
FSC® C083411

Zeitfracht Medien GmbH
Ferdinand-Jühlke-Straße 7
99095 Erfurt, Deutschland
produktsicherheit@kolibri360.de